自主创新
方法先行

性代数及其应用

版）

李乃华　安建业　罗蕴玲　赵俊英　编著

XIANXING DAISHU JIQI YINGYONG

高等教育出版社·北京

内容提要

本书基本内容是依据最新的"经济和管理类本科数学基础课程教学基本要求"确定的。全书分为五章,内容包括行列式、矩阵、向量 线性方程组、矩阵的对角化、二次型。

本书在保持内容系统性和完整性的基础上,融入了数学软件Mathematica 的有关内容,并以 Mathematica 软件为基础介绍线性代数的实际应用,使得学习者在学习相关理论的基础上,可以轻松完成复杂计算和分析,实现理论与实践的结合;同时本书还为学习者配置了数字化资源,包括重点难点讲解、相关定理证明、教学演示实验、数学家小传、上机实验讲解、习题答案与提示等开放资源,便于学习者自主学习,提升学习效果。学习者可通过扫描相应二维码或登录易课程平台,方便地获取相应的资源。

本书可作为高等学校经济和管理类本科专业教材,也可作为其他非数学类本科专业教材或参考书。

图书在版编目(CIP)数据

线性代数及其应用 / 李乃华等编著. --2 版. --北京:高等教育出版社,2016.9(2020.8重印)
    ISBN 978-7-04-045741-4

Ⅰ.①线… Ⅱ.①李… Ⅲ.①线性代数-高等学校-教材 Ⅳ.①O151.2

中国版本图书馆 CIP 数据核字(2016)第 139709 号

策划编辑 贾翠萍   责任编辑 贾翠萍   封面设计 张 楠   版式设计 张 楠
插图绘制 黄建英   责任校对 李大鹏   责任印制 韩 刚

出版发行	高等教育出版社	网 址	http://www.hep.edu.cn
社 址	北京市西城区德外大街 4 号		http://www.hep.com.cn
邮政编码	100120	网上订购	http://www.hepmall.com.cn
印 刷	保定市中画美凯印刷有限公司		http://www.hepmall.com
开 本	787mm×960mm 1/16		http://www.hepmall.cn
印 张	19.5	版 次	2010 年 8 月第 1 版
字 数	300 千字		2016 年 9 月第 2 版
购书热线	010-58581118	印 次	2020 年 8 月第 3 次印刷
咨询电话	400-810-0598	定 价	35.50元

本书如有缺页、倒页、脱页等质量问题,请到所购图书销售部门联系调换
版权所有   侵权必究
物 料 号   45741-00

高等学校大学数学教学研究与发展中心
项目研究成果

致 读 者

古语道:“授人以鱼,不如授人以渔”,说的是与其传授知识,不如传授获取知识的方法与能力。这正是我们编写本教材的初衷。那么,本教材何以能“授人以渔”?

一、“从实际中来,到实际中去”,授人以“用数学的意识”

如果把数学形象地比作一条鱼,那么本教材一改通常教材“掐头去尾、只烧中段”的做法,努力让读者能品尝“全鱼”之美味,了解数学的源头与去向,领略数学的威力,培养用数学的意识。

在概念的引入上,从实际问题出发,力求通过创设现实情境,使读者感受到数学就在自己身边,体会到数学的应用价值,树立用数学的信念;在公式推导或定理证明上,做到适可而止,避免将鲜活的思维淹没在复杂的推导与证明过程中;在计算的方法上,淡化繁难的技巧,尽可能通过简单的题目讲授一般的解题思路与方法;在理论讲授结束后,又回到实际应用中去,选择贴近生活的相关实例,运用数学符号、数学式子以及数量关系建立相应的数学模型,对其本质特性进行分析,将用数学的意识落到实处。

每一章的开篇之语,将内隐于概念、定理、公式等数学知识中的数学思想,进行了精心提炼,便于读者更好地领悟这些思想的精髓,增强用数学的意识。

二、挖掘信息技术的潜力,授人以“用数学的能力”

伴随着信息技术的发展,数学插上了腾飞的翅膀,无论从应用的深度还是在拓展的广度上,都有了质的飞跃。为此,本教材将信息技术与大学数学知识相融合,借助于信息技术,增强用数学的能力。

为了准确理解抽象的数学概念、定理或公式,并应用其解决实际问题,我们研制了教学演示实验,读者可以方便地通过改变这些演示实验中各种控制参数的数值,直观、形象地领会其中的数学思想,这是用好数学的基础。

为了更好地借助计算机解决繁难的计算问题和应用问题,每章都设置了 Mathematica 软件的内容,一方面介绍如何运用数学软件求解该章涵盖的符号演算、科学计算、绘制图形等问题，另一方面选取具有代表性的应用实例，读者通过自主探究与实验，可强化其数学软件的应用技能，提高用数学的能力。

三、围绕“发现问题、分析问题、解决问题”这条主线，授人以“学数学的能力”

较强的学习能力是成功人士必备的素质。为此，我们围绕“发现问题、分析问题、解决问题”这条主线，精心设计教材的每一个环节，并编写了配套的辅助教材《伴你学数学——线性代数及其应用导学(第二版)》及数字化资源，为提高读者自主学习数学的能力而不懈努力。

例如，导学教材中的“问题搜索”栏目，不仅让读者带着问题去预习，而且希望读者在学习的过程中提出问题，力求培养读者发现问题的能力；教材中的“停下来想一想”板块，旨在让读者在学习过程中主动思考，养成善于分析的良好习惯，力求培养分析问题的能力；教材中有关“应用”的章节内容和导学教材中的“探究与应用”栏目，或者为读者提供了解决问题的范例，或者需读者对精选的典型问题自主探究，目的都是培养其解决问题的能力。

为便于读者学习，本教材配备了丰富的数字化资源，包括重点难点讲解、相关定理证明、教学演示实验、数学家小传、上机实验讲解、习题答案与提示等，学习者通过扫描相应二维码或登录易课程平台，即可获取这些资源。

同时，本书还配有电子教案，可与作者联系获取，电子邮箱是:lxylnh@tjcu.edu.cn.

总之，授人以鱼，三餐之需；授人以渔，终生之用。希望您细细品味其中的道理。

第二版前言

本教材自2010年出版至今已经6年，结合6年的教学改革实践及同行和使用者的意见和建议,我们对第一版教材进行了修订。

本次教材修订遵循了下面四条原则:

1. 依照《大学数学课程教学基本要求(2014年版)》,更加突出本教材面向经济和管理类本科各专业学生的定位;

2. 按照精品教材的要求,在保持本书第一版的优点和特色的基础上,从结构的编排和内容的选材上,更加注重“学数学的能力”、“用数学的意识”和“用数学的能力”的培养;

3. 充分考虑当今教学改革中分层教学的需要,采用“纸质教材+纸质导学教材+数字化资源”形式,学习者可以通过扫描相应的二维码或登录易课程平台,方便地获取相应的资源;

4. 在习题配置方面,充分吸收国内外一些优秀教材的优点,增加概念题、图形题、匹配题、分析题的题量,同时在每章最后增设了复习题。

为便于学习者全面了解本教材的特色和有效地使用本教材,增设了寄语学习者专栏——致读者。

本版教材的修订工作由李乃华、安建业、罗蕴玲、赵俊英完成。在此,对提出宝贵意见和建议的同行和使用者表示真诚的谢意！欢迎广大同行和使用者继续提出宝贵意见。

编著者

2016年3月

第一版前言

随着科学技术的迅猛发展，数量分析已渗透到人文科学、社会科学和自然科学等各个领域，数学的重要性为社会所公认，数学的普及也越来越广泛；与此同时，由于计算机技术的普及与提高，繁难的数学计算、庞大的数据分析和抽象的数学推理已不再是高不可攀，数学的应用也越来越深入。伴随着社会对人的素质要求的不断提高，数学素质教育已成为公民教育的必修课。

为适应新形势下社会发展的需要，作为天津市优秀教学团队的天津商业大学"大学数学基础课程教学团队"，近年来一直致力于"信息技术与数学课程整合"这一教育教学改革问题的研究与实践，并取得了一些可喜的成果。为了深化教育教学改革的成果，团队教师编著了这套经济管理类本科专业数学基础课程教材，这套教材包括《高等数学及其应用》《线性代数及其应用》和《概率统计及其应用》。

本套教材是科技部项目"科学思维、科学方法在高等学校教学创新中的应用与实践"和高等学校大学数学教学研究与发展中心项目"基于创新人才培养的大学数学课程教学体系的统筹设计与实践"的研究成果。教材内容涵盖了教育部数学基础课程教学指导分委员会对经济管理类各本科专业三门数学基础课程教学内容的全部要求，并力求体现以下特点：

1. 传统与现代融合

数学基础知识、多媒体技术、计算机应用软件三者有机融合。以数学为本，辅之多媒体技术使抽象概念可视化、静态图形动态化，辅之计算机应用软件使复杂计算窗口化，使过去靠手工难以完成的绘图、数据分析和模拟逼近等，可以轻松自如地实现。多媒体技术、计算机应用软件融入数学基础知识学习中，调动了学生学习数学的兴趣，促进学生数学素质的提高。

2. 知识与能力并重

适时插入"停下来想一想"注释，通过设疑、提醒、警示、猜想、归纳、推广（条件与结论变更）、理清关系、总结思路等方法，或引出新的思考，或提出更深层次、更广范围的问题，把对内容的理解引向深入，让学生回味和联想，帮助学生掌握知识重点、领会问题本质，引导学生自觉思考，开拓学生的思路和视野，启迪学生发现、分析和解决问题，激发学生的求知欲，培养学生的创新意识和自主学习能力。

3. 理论与应用兼备

理论的准确理解是实际正确应用的基础，实际应用又是对理论理解的深化。教材以实际问题为背景，将数学建模思想融入其中，在概念阐述上，做到通俗简明，举例贴近生活；在理论阐述上，做到讲清楚数学思想和原理，讲明白应用的条件、方法和结果（解释）；在应用案例上，做到生活化、大众化、科学化，力求使学生消除对数学的陌生感、抽象感、恐惧感，树立学生学好数学、用好数学的信心。

4. 基础与提高共存

例题选择做到少而精，重在有代表性，重在对概念的理解掌握和思维方法的培养。教材习题配置做到数量适宜、难度合理、循序渐进，每节后习题均分为 A，B 两组。A 组是基本题，是对课程的基本要求，要求学生必须完成；B 组是提高题，大部分题目是历届全国硕士研究生入学统一考试试题，是为学有余力的学生准备的，重在综合性，力求通过这些习题加深和拓广教材内容，帮助学生提高综合运用所学知识的能力。此外，习题中有意识地增加了图形题和实际应用题（部分题目需要用计算机来完成），使学生感到数学这门课学了有用、学了会用。

本套教材融入软件，突出技能，实用性强。内容可视化——让读者不再因抽象而烦恼，计算软件化——让读者不再被繁难所困扰，方法现实化——让读者不再因不知其用而厌学。

本套教材在“做中学、学中悟、悟中醒、醒中行”方面做了有益的尝试。教材中涉及的教学演示实验可在“天津市大学数学精品资源网”下载，也可与作者联系获取，电子邮箱是：lxylnh@tjcu.edu.cn.

天津市教育委员会高教处的领导对本项目的研究给予了热心的指导和资助，在他们的关心和支持下，教学改革得以深化、教学资源得以共研、共建、共享、共赢。高等教育出版社的同志对本书的出版给予了热情的支持。在此，我们一并致以最诚挚的感谢。

天津商业大学理学院长期从事经济管理类专业线性代数课程教学建设的老师们在项目的教学研讨和实践中付出了辛勤劳动，正是由于他们的积极支持和鼓励才使我们以充沛的精力高标准地完成了本书的编著工作。

在此，我们也致以最诚挚的谢意。

我们期盼本套教材能为广大读者带来学数学的轻松、做数学的快乐和用数学的效益。同时，热情欢迎广大读者提出批评与建议，让我们共同为持续提高数学课程的教学质量、发挥数学课程在人才培养中的作用而不懈努力。

编著者

2010.03.18

目　　录

第 1 章 行列式

共性寓于个性之中.通过对特殊的具体现象透视剖析,认识发现事物内在的属性规律,往往是获得一般抽象问题解决方案的有效途径.这种从特殊到一般,由外而内,由表及里的思维方法有效地渗透于数学问题的研究中.从 n 阶行列式的构建,到克拉默法则的形成,无不闪现着这种思维的火花.

行列式是线性代数的一个重要组成部分.它不仅是研究矩阵理论、线性方程组求解等问题的重要工具,而且在数学的许多分支及经济、管理、工程技术等领域有着极其广泛的应用.本章以三阶行列式为基础,建立了 n 阶行列式的概念,讨论了 n 阶行列式的性质,给出了利用行列式求解 n 元线性方程组的克拉默法则.学习本章后,应该理解 n 阶行列式的定义,掌握行列式的性质及计算方法.

第 1.1 节 n 阶行列式

1. 二阶与三阶行列式

考虑含有两个未知量 x_1,x_2 的线性方程组

$$\begin{cases} a_{11}x_1 + a_{12}x_2 = b_1, \\ a_{21}x_1 + a_{22}x_2 = b_2. \end{cases}$$

为求得上述方程组的解,利用加减消元法,得

$$\begin{cases} (a_{11}a_{22} - a_{12}a_{21})x_1 = b_1a_{22} - b_2a_{12}, \\ (a_{11}a_{22} - a_{12}a_{21})x_2 = b_2a_{11} - b_1a_{21}. \end{cases}$$

当 $a_{11}a_{22} - a_{12}a_{21} \neq 0$ 时,方程组有唯一解

$$x_1 = \frac{b_1a_{22} - b_2a_{12}}{a_{11}a_{22} - a_{12}a_{21}}, \quad x_2 = \frac{b_2a_{11} - b_1a_{21}}{a_{11}a_{22} - a_{12}a_{21}}.$$

注意:上式中的分子、分母都是 4 个数分两对相乘再相减而得.为便于记忆,引进如下记号

$$\begin{vmatrix} a_{11} & a_{12} \\ a_{21} & a_{22} \end{vmatrix} = a_{11}a_{22} - a_{12}a_{21}, \tag{1.1.1}$$

并称其为**二阶行列式**.

二阶行列式(1.1.1)的右端表示式又称为**行列式的展开式**,可以用**对角线法则**得到,即

$$\begin{vmatrix} a_{11} & a_{12} \\ a_{21} & a_{22} \end{vmatrix},$$

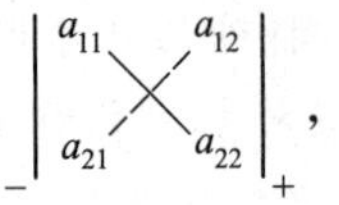

其中实线称为行列式的主对角线,虚线称为行列式的次对角线.

根据式(1.1.1),方程组解中的分子可分别写作

$$D_1 = \begin{vmatrix} b_1 & a_{12} \\ b_2 & a_{22} \end{vmatrix}, \quad D_2 = \begin{vmatrix} a_{11} & b_1 \\ a_{21} & b_2 \end{vmatrix},$$

它们分别是把式(1.1.1)中的第1、2列换为方程组右端的常数项 b_1, b_2 所得. 因此,当方程组的**系数行列式** $D = \begin{vmatrix} a_{11} & a_{12} \\ a_{21} & a_{22} \end{vmatrix} \neq 0$ 时,方程组的解可用行列式表示为

$$x_1 = \frac{\begin{vmatrix} b_1 & a_{12} \\ b_2 & a_{22} \end{vmatrix}}{\begin{vmatrix} a_{11} & a_{12} \\ a_{21} & a_{22} \end{vmatrix}} = \frac{D_1}{D}, \quad x_2 = \frac{\begin{vmatrix} a_{11} & b_1 \\ a_{21} & b_2 \end{vmatrix}}{\begin{vmatrix} a_{11} & a_{12} \\ a_{21} & a_{22} \end{vmatrix}} = \frac{D_2}{D}. \tag{1.1.2}$$

例 1.1.1　解二元线性方程组 $\begin{cases} 2x_1 + x_2 = 1, \\ x_1 + x_2 = -2. \end{cases}$

解　方程组的系数行列式 $D = \begin{vmatrix} 2 & 1 \\ 1 & 1 \end{vmatrix} = 1 \neq 0$,方程组有唯一解.由

$$D_1 = \begin{vmatrix} 1 & 1 \\ -2 & 1 \end{vmatrix} = 3, \quad D_2 = \begin{vmatrix} 2 & 1 \\ 1 & -2 \end{vmatrix} = -5,$$

得方程组的解

$$x_1 = \frac{D_1}{D} = \frac{3}{1} = 3, \quad x_2 = \frac{D_2}{D} = \frac{-5}{1} = -5.$$

类似地,在利用加减消元法求解含有未知量 x_1, x_2, x_3 的三元线性方程组

$$\begin{cases} a_{11}x_1 + a_{12}x_2 + a_{13}x_3 = b_1, \\ a_{21}x_1 + a_{22}x_2 + a_{23}x_3 = b_2, \\ a_{31}x_1 + a_{32}x_2 + a_{33}x_3 = b_3 \end{cases}$$

的过程中,引进记号

$$\begin{vmatrix} a_{11} & a_{12} & a_{13} \\ a_{21} & a_{22} & a_{23} \\ a_{31} & a_{32} & a_{33} \end{vmatrix} = a_{11}a_{22}a_{33} + a_{12}a_{23}a_{31} + a_{13}a_{21}a_{32} - a_{13}a_{22}a_{31} - a_{12}a_{21}a_{33} - a_{11}a_{23}a_{32}, \tag{1.1.3}$$

并称其为**三阶行列式**.当方程组的系数行列式 $D = \begin{vmatrix} a_{11} & a_{12} & a_{13} \\ a_{21} & a_{22} & a_{23} \\ a_{31} & a_{32} & a_{33} \end{vmatrix} \neq 0$ 时,方程组有唯一解

$$x_1 = \frac{D_1}{D}, \quad x_2 = \frac{D_2}{D}, \quad x_1 = \frac{D_3}{D}, \tag{1.1.4}$$

式中 $D_j(j = 1,2,3)$ 是将系数行列式 D 的第 j 列换为右端常数项得到的行列式,即

$$D_1 = \begin{vmatrix} b_1 & a_{12} & a_{13} \\ b_2 & a_{22} & a_{23} \\ b_3 & a_{32} & a_{33} \end{vmatrix}, \quad D_2 = \begin{vmatrix} a_{11} & b_1 & a_{13} \\ a_{21} & b_2 & a_{23} \\ a_{31} & b_3 & a_{33} \end{vmatrix}, \quad D_3 = \begin{vmatrix} a_{11} & a_{12} & b_1 \\ a_{21} & a_{22} & b_2 \\ a_{31} & a_{32} & b_3 \end{vmatrix}.$$

式(1.1.3)所确定的三阶行列式可由**对角线法则**得到,即

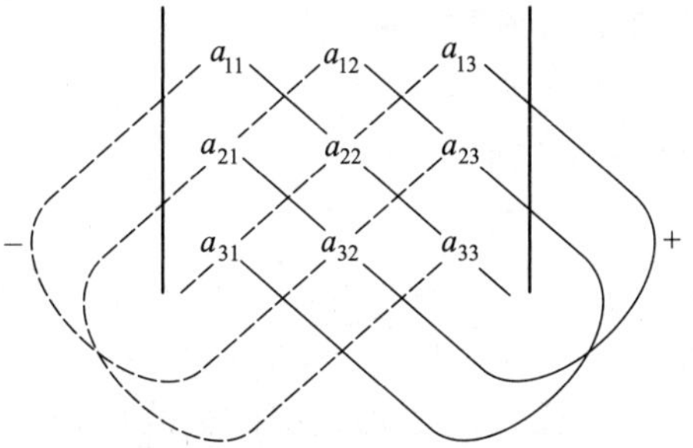

每一条实线上的三个元素乘积带正号,每一条虚线上的三个元素乘积带负号. 所得 6 项的代数和就是三阶行列式的值.这里 a_{ij} 代表行列式的第 i 行第 j 列的元素 $(i,j = 1,2,3)$.

例如　三阶行列式 $\begin{vmatrix} 0 & 1 & 2 \\ -2 & 3 & 5 \\ 7 & 9 & 4 \end{vmatrix}$ 中,第 2 行第 3 列的元素 $a_{23} = 5$,第 3 行第 1 列的元素 $a_{31} = 7$.

例 1.1.2　计算三阶行列式 $D=\begin{vmatrix}1 & -2 & 3\\4 & 5 & 1\\6 & 2 & 7\end{vmatrix}$.

解　由式(1.1.3),有

$$\begin{aligned}D&=1\times5\times7+(-2)\times1\times6+3\times4\times2-3\times5\times6-\\&\quad(-2)\times4\times7-1\times1\times2\\&=35+(-12)+24-90-(-56)-2=11.\end{aligned}$$

例 1.1.3　解三元线性方程组 $\begin{cases}x_1+x_2+x_3=0,\\4x_1+2x_2+x_3=3,\\9x_1-3x_2+x_3=28.\end{cases}$

解　方程组的系数行列式

$$D=\begin{vmatrix}1 & 1 & 1\\4 & 2 & 1\\9 & -3 & 1\end{vmatrix}=2+9+(-12)-18-4-(-3)=-20\neq0,$$

方程组有唯一解.由

$$D_1=\begin{vmatrix}0 & 1 & 1\\3 & 2 & 1\\28 & -3 & 1\end{vmatrix}=-40,\quad D_2=\begin{vmatrix}1 & 0 & 1\\4 & 3 & 1\\9 & 28 & 1\end{vmatrix}=60,$$

$$D_3=\begin{vmatrix}1 & 1 & 0\\4 & 2 & 3\\9 & -3 & 28\end{vmatrix}=-20,$$

得方程组的解

$$x_1=\frac{D_1}{D}=\frac{-40}{-20}=2,\quad x_2=\frac{D_2}{D}=\frac{60}{-20}=-3,\quad x_3=\frac{D_3}{D}=\frac{-20}{-20}=1.$$

注意到求解二元、三元线性方程组解的公式(1.1.2)及(1.1.4)在形式上相似的特点,我们自然会考虑:对一般的 n 元线性方程组

$$\begin{cases}a_{11}x_1+a_{12}x_2+\cdots+a_{1n}x_n=b_1,\\a_{21}x_1+a_{22}x_2+\cdots+a_{2n}x_n=b_2,\\\cdots\cdots\cdots\cdots\\a_{n1}x_1+a_{n2}x_2+\cdots+a_{nn}x_n=b_n,\end{cases}$$

是否也有类似于二元、三元线性方程组解的表达形式？如果有,涉及的 n 阶行列式的值等于什么？这是本节要讨论的核心问题.

为了给出 n 阶行列式的定义，首先介绍有关排列的概念与性质.

2. 排列及其逆序数

定义 1.1.1　由正整数 $1,2,\cdots,n$ 组成的一个有序数组 $i_1 i_2 \cdots i_n$ 称为一个 n **级排列**.

显然，n 级排列的总数为 $n!$. 例如，由 1,2,3 组成的 3 级排列的总数为 $3!=6$，即

$$123,132,213,231,312,321.$$

若排列中各数是按照由小到大的自然顺序排列，通常称为**标准排列**. 上述排列中的 123 是标准排列，而其余排列都或多或少地破坏了自然顺序（较大的数排在较小的数之前），对此我们有如下定义.

定义 1.1.2　在一个 n 级排列 $i_1 i_2 \cdots i_n$ 中，若两个数的位置与大小顺序相反，称这一对数构成一个**逆序**（reverse order）；而排列 $i_1 i_2 \cdots i_n$ 中逆序的总数称为它的**逆序数**（number of reverse order），记为 $\tau(i_1 i_2 \cdots i_n)$.

例如　$\tau(132)=1,\tau(231)=2,\tau(321)=3,\tau(123)=0.$

根据定义，可以得到求 n 级排列 $i_1 i_2 \cdots i_n$ 逆序数 $\tau(i_1 i_2 \cdots i_n)$ 的方法：

考虑元素 $i_k(k=1,2,\cdots,n)$，若比 i_k 大且排在 i_k 前面的元素共有 t_k 个，则 i_k 和这些元素共构成 t_k 个逆序. 因此，排列的逆序数为

$$\tau(i_1 i_2 \cdots i_n)=t_1+t_2+\cdots+t_n.$$

称逆序数为奇数的排列为**奇排列**，逆序数为偶数的排列为**偶排列**.

例 1.1.4　求下列排列的逆序数，并指出它们的奇偶性.

(1) 53214；　　(2) $n(n-1)\cdots 21$.

解　(1) $\tau(53214)=1+3+2+1+0=7$，该排列为奇排列；

(2) $\tau[n(n-1)\cdots 21]=(n-1)+(n-2)+\cdots+1=\dfrac{n(n-1)}{2}$,

故当 $n=4k$ 或 $n=4k+1$ 时，排列为偶排列；当 $n=4k+2$ 或 $n=4k+3$ 时，排列为奇排列.

以下给出与排列有关的另一概念.

定义 1.1.3　在一个排列 $i_1\cdots i_s\cdots i_t\cdots i_n$ 中，若其中某两数 i_s 和 i_t 互换位置，其余各数位置不变得到另一排列 $i_1\cdots i_t\cdots i_s\cdots i_n$，这种变换称为一个**对换**（transposition），记为 $(i_s i_t)$. 特别地，相邻两元素的对换称为**相邻对换**（adjacent transposition）.

例如　排列 3421（奇）经（31）对换成为 1423（偶），1423 经（42）对换

成为 1243(奇)，1243 经(43)对换成为 1234(偶)，即

$$3421 \xrightarrow{(31)} 1423 \xrightarrow{(42)} 1243 \xrightarrow{(43)} 1234.$$
$$\tau=5 \quad \tau=2 \quad \tau=1 \quad \tau=0$$

一般地，有

定理 1.1.1 (1) 对换改变排列的奇偶性；

(2) 任一排列都可经过对换化为标准排列.

3. n 阶行列式定义

定理 1.1.1 的证明

在给出 n 阶行列式定义之前，首先观察三阶行列式

$$\begin{vmatrix} a_{11} & a_{12} & a_{13} \\ a_{21} & a_{22} & a_{23} \\ a_{31} & a_{32} & a_{33} \end{vmatrix} = a_{11}a_{22}a_{33}+a_{12}a_{23}a_{31}+a_{13}a_{21}a_{32}-a_{13}a_{22}a_{31}-a_{12}a_{21}a_{33}-a_{11}a_{23}a_{32}$$

的结构.从展开式可以看出如下特征：

① 若不考虑正负号，三阶行列式的每一项都是取自不同行、不同列的三个元素的乘积，且元素的行标按自然顺序(从小到大)排列，列标为 1,2,3 的一个 3 级排列.因此，一般项可表示为 $a_{1j_1}a_{2j_2}a_{3j_3}$.

② 各项前的正负号规律为：

取“+”号的项，列标排列 $j_1j_2j_3$ 为偶排列 123,231,312，

取“-”号的项，列标排列 $j_1j_2j_3$ 为奇排列 321,213,132.

当行标按自然顺序排好后，每一项的正负号由列标排列 $j_1j_2j_3$ 的奇偶性决定.因此，一般项 $a_{1j_1}a_{2j_2}a_{3j_3}$ 的符号可表示为 $(-1)^{\tau(j_1j_2j_3)}$.

③ 三阶行列式的项数，恰好是所有 3 级排列的个数 $3!=6$，且含正、负号的项数正好各半.

于是，三阶行列式可以写成

$$\begin{vmatrix} a_{11} & a_{12} & a_{13} \\ a_{21} & a_{22} & a_{23} \\ a_{31} & a_{32} & a_{33} \end{vmatrix} = \sum_{j_1j_2j_3}(-1)^{\tau(j_1j_2j_3)}a_{1j_1}a_{2j_2}a_{3j_3},$$

其中 $\sum\limits_{j_1j_2j_3}$ 表示对 1,2,3 三个数的所有排列 $j_1\,j_2\,j_3$ 求和.

显然，二阶行列式

$$\begin{vmatrix} a_{11} & a_{12} \\ a_{21} & a_{22} \end{vmatrix} = a_{11}a_{22}-a_{12}a_{21}=(-1)^{\tau(12)}a_{11}a_{22}+(-1)^{\tau(21)}a_{12}a_{21}$$

$$= \sum_{j_1j_2} (-1)^{\tau(j_1j_2)} a_{1j_1}a_{2j_2}$$

也具有特征①②③.

类似地,可以给出 n 阶行列式定义.

定义 1.1.4　将 n^2 个元素排成 n 行、n 列

$$D = \begin{vmatrix} a_{11} & a_{12} & \cdots & a_{1n} \\ a_{21} & a_{22} & \cdots & a_{2n} \\ \vdots & \vdots & & \vdots \\ a_{n1} & a_{n2} & \cdots & a_{nn} \end{vmatrix}$$

称为 n **阶行列式**(determinant),其值等于所有取自不同行、不同列的 n 个元素的乘积 $a_{1j_1}a_{2j_2}\cdots a_{nj_n}$,并冠以符号 $(-1)^{\tau(j_1j_2\cdots j_n)}$ 的项的和,即

$$\begin{vmatrix} a_{11} & a_{12} & \cdots & a_{1n} \\ a_{21} & a_{22} & \cdots & a_{2n} \\ \vdots & \vdots & & \vdots \\ a_{n1} & a_{n2} & \cdots & a_{nn} \end{vmatrix} = \sum_{j_1j_2\cdots j_n} (-1)^{\tau(j_1j_2\cdots j_n)} a_{1j_1}a_{2j_2}\cdots a_{nj_n} \overset{\text{记}}{=} \det(a_{ij}).$$

例 1.1.5　利用定义,计算 4 阶行列式 $D = \begin{vmatrix} 0 & 1 & 0 & 0 \\ 0 & 0 & 2 & 0 \\ 0 & 0 & 0 & 3 \\ 4 & 0 & 0 & 0 \end{vmatrix}$.

解　由定义

$$D = \sum_{j_1j_2j_3j_4} (-1)^{\tau(j_1j_2j_3j_4)} a_{1j_1}a_{2j_2}a_{3j_3}a_{4j_4},$$

和式中只有当 $j_1 = 2, j_2 = 3, j_3 = 4, j_4 = 1$ 时, $a_{1j_1}a_{2j_2}a_{3j_3}a_{4j_4} \neq 0$. 所以

$$D = (-1)^{\tau(2341)} a_{12}a_{23}a_{34}a_{41} = (-1)^3 \times 1 \times 2 \times 3 \times 4 = -24.$$

例 1.1.6　计算 n 阶行列式 $D = \begin{vmatrix} 0 & \cdots & 0 & a_{1n} \\ 0 & \cdots & a_{2,n-1} & a_{2n} \\ \vdots & & \vdots & \vdots \\ a_{n1} & \cdots & a_{n,n-1} & a_{nn} \end{vmatrix}$.

解　由定义

$$D = \sum_{j_1j_2\cdots j_n} (-1)^{\tau(j_1j_2\cdots j_n)} a_{1j_1}a_{2j_2}\cdots a_{nj_n},$$

和式中只有当 $j_1 = n, j_2 = n-1, \cdots, j_n = 1$ 时, $a_{1j_1}a_{2j_2}\cdots a_{nj_n} \neq 0$. 所以

$$D=(-1)^{\tau(n(n-1)\cdots321)}a_{1n}a_{2,n-1}\cdots a_{n1}=(-1)^{\frac{n(n-1)}{2}}a_{1n}a_{2,n-1}\cdots a_{n1}.$$

例 1.1.7 证明上三角形行列式

$$D=\begin{vmatrix}a_{11}&a_{12}&\cdots&a_{1n}\\0&a_{22}&\cdots&a_{2n}\\\vdots&\vdots&&\vdots\\0&0&\cdots&a_{nn}\end{vmatrix}=a_{11}a_{22}\cdots a_{nn}.$$

证 由定义

$$D=\sum_{j_1j_2\cdots j_n}(-1)^{\tau(j_1j_2\cdots j_n)}a_{1j_1}a_{2j_2}\cdots a_{nj_n},$$

和式中只有当 $j_n=n,j_{n-1}=n-1,\cdots,j_1=1$ 时，$a_{1j_1}a_{2j_2}\cdots a_{nj_n}\neq 0$. 所以

$$D=(-1)^{\tau(123\cdots n)}a_{11}a_{22}\cdots a_{nn}=a_{11}a_{22}\cdots a_{nn}.$$

该结果表明:上三角形行列式的值等于其主对角线上各元素的乘积.

类似地,下三角形行列式 $\begin{vmatrix}a_{11}&0&\cdots&0\\a_{21}&a_{22}&\cdots&0\\\vdots&\vdots&&\vdots\\a_{n1}&a_{n2}&\cdots&a_{nn}\end{vmatrix}=a_{11}a_{22}\cdots a_{nn}.$

特别地,对角行列式 $\begin{vmatrix}a_{11}&0&\cdots&0\\0&a_{22}&\cdots&0\\\vdots&\vdots&&\vdots\\0&0&\cdots&a_{nn}\end{vmatrix}=a_{11}a_{22}\cdots a_{nn}.$

停下来想一想

① 通过观察不难发现:二、三阶行列式的展开式中取“+”或“-”号的项数一样多,分别为$\frac{2!}{2}$及$\frac{3!}{2}$,这是否意味着 n 阶行列式($n\geqslant 2$)定义式中含“+”或“-”号的项数为$\frac{n!}{2}$? 从什么角度能证明这一推断?

② 通过对二、三阶行列式的分析研究,获得了一般的 n 阶行列式的定义. 这种从特殊到一般的认识过程，是思维的升华过程，也是知识层次的提升过程，在课程学习中要多加重视.

由于数的乘法满足交换律，故行列式各项中 n 个元素的顺序可以任意交换.一般地，有

定理 1.1.2　n 阶行列式 $D=\det(a_{ij})$ 的项可以写作

$$(-1)^{\tau(i_1i_2\cdots i_n)+\tau(j_1j_2\cdots j_n)}a_{i_1j_1}a_{i_2j_2}\cdots a_{i_nj_n},$$

其中 $i_1i_2\cdots i_n$ 和 $j_1j_2\cdots j_n$ 都是 $1,2,\cdots,n$ 的排列.

定理 1.1.2 的证明

据此，n 阶行列式定义又可表述为

$$D=\begin{vmatrix} a_{11} & a_{12} & \cdots & a_{1n} \\ a_{21} & a_{22} & \cdots & a_{2n} \\ \vdots & \vdots & & \vdots \\ a_{n1} & a_{n2} & \cdots & a_{nn} \end{vmatrix}=\sum_{i_1i_2\cdots i_n}(-1)^{\tau(i_1i_2\cdots i_n)}a_{i_11}a_{i_22}\cdots a_{i_nn} \tag{1.1.5}$$

教学演示 实验 1-1 行列式的几何解释

$$\overset{\text{或}}{=}\sum(-1)^{\tau(i_1i_2\cdots i_n)+\tau(j_1j_2\cdots j_n)}a_{i_1j_1}a_{i_2j_2}\cdots a_{i_nj_n}.$$

习题 1.1(A)

1. 单项选择题.

(1) $\begin{vmatrix} 0 & 0 & 0 & 1 \\ 0 & 0 & 2 & 0 \\ 0 & 3 & 0 & 0 \\ 4 & 0 & 0 & 0 \end{vmatrix}=($　　$)$;

(A) 24　　(B) −24　　(C) 6　　(D) −6

(2) 已知 $D=\begin{vmatrix} -1 & 1 & 1 \\ 1 & -1 & x \\ 1 & 1 & -1 \end{vmatrix}$，则 D 的展开式中 x 的系数为(　　);

(A) 1　　(B) 2　　(C) −1　　(D) −2

(3) 若 $\begin{vmatrix} 3 & 1 & x \\ 4 & x & 0 \\ 1 & 0 & x \end{vmatrix}\neq 0$，则(　　).

(A) $x\neq 0$ 且 $x\neq 2$　　(B) $x\neq 0$ 或 $x\neq 2$

(C) $x\neq 0$　　(D) $x\neq 2$

2. 判断题.

(1) 314728965 为偶排列；(　　)

(2) $\tau(135\cdots(2n-1)(2n)(2n-2)\cdots 642)=n(n-1)$；(　　)

(3) 当 $k=4$、$l=6$ 时，排列 $231k5l7$ 为奇排列；(　　)

(4) 4 阶行列式中含有 $a_{23}a_{41}$ 并带有负号的项为 $a_{12}a_{23}a_{34}a_{41}$.(　　)

3. 计算 3 阶行列式 $D=\begin{vmatrix} 2 & 3 & 4 \\ 5 & -2 & 1 \\ 1 & 2 & 3 \end{vmatrix}$.

4. 解方程 $\begin{vmatrix} x & x & 1 \\ 1 & -2 & x \\ 1 & 2 & 3 \end{vmatrix}=-6$.

5. 计算下列行列式.

(1) $D=\begin{vmatrix} 0 & 1 & 0 & \cdots & 0 \\ 0 & 0 & 2 & \cdots & 0 \\ \vdots & \vdots & \vdots & & \vdots \\ 0 & 0 & 0 & \cdots & n-1 \\ n & 0 & 0 & \cdots & 0 \end{vmatrix}$;

(2) $D=\begin{vmatrix} 0 & 0 & \cdots & 0 & 1 & 0 \\ 0 & 0 & \cdots & 2 & 0 & 0 \\ \vdots & \vdots & & \vdots & \vdots & \vdots \\ 2\,015 & 0 & \cdots & 0 & 0 & 0 \\ 0 & 0 & \cdots & 0 & 0 & 2\,016 \end{vmatrix}$.

6. 证明 $\begin{vmatrix} 1 & 0 & 0 & 0 \\ x & 2 & 0 & 0 \\ 1 & 1 & 1 & 3 \\ 4 & 0 & 2 & x \end{vmatrix}=2$ 的充分必要条件为 $x=7$.

7. 根据行列式的几何意义,完成下列各题.

(1) 计算下列平行四边形的面积:

a. 平行四边形的四个顶点坐标为 $O(0,0)$、$A(5,2)$、$B(6,4)$及 $C(11,6)$;

b. 平行四边形的四个顶点坐标为 $A(-2,-2)$、$B(0,3)$、$C(4,-1)$及$D(6,4)$;

(2) 计算四个顶点坐标分别为 $O(0,0)$、$A(5,1)$、$B(5,3)$及 $C(2,5)$的四边形(图 1.1.1 所示)的面积;

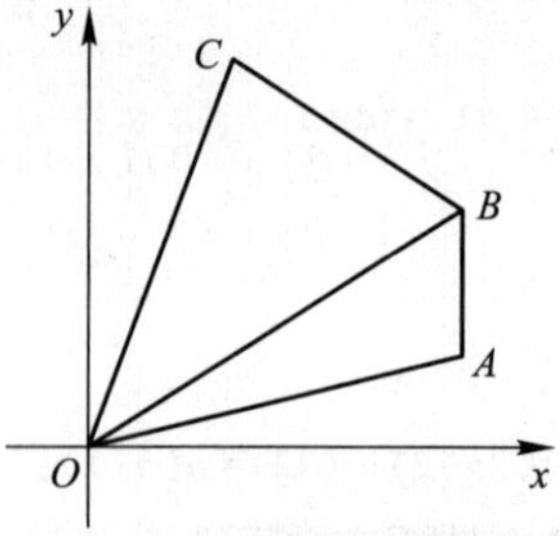

图 1.1.1　四边形 $OABC$

(3) 求一个顶点在 $A(1,1,1)$，相邻顶点在 $B(1,0,2)$、$C(1,3,2)$ 及 $D(-2,1,1)$ 的平行六面体的体积.

习题 1.1(B)

1. 已知一个排列 $x_1x_2\cdots x_{n-1}x_n$ 的逆序数为 I，求排列 $x_nx_{n-1}\cdots x_2x_1$ 的逆序数.

2. 利用 $D_n=\begin{vmatrix}1&1&\cdots&1\\1&1&\cdots&1\\\vdots&\vdots&&\vdots\\1&1&\cdots&1\end{vmatrix}=0$，证明 $1,2,\cdots,n$ 所构成的 n 级排列中，奇偶排列各占一半.

3. 证明：若 n 阶行列式 D_n 中等于零的元素多于 n^2-n 个，则 $D_n=0$.

4. 计算下列行列式.

(1) $\begin{vmatrix}1&1&1&0\\0&1&0&1\\0&1&1&0\\0&0&1&0\end{vmatrix}$；　(2) $D_n=\begin{vmatrix}a_1&a_2&a_3&\cdots&a_{n-1}&a_n\\b_1&0&0&\cdots&0&0\\0&b_2&0&\cdots&0&0\\\vdots&\vdots&\vdots&&\vdots&\vdots\\0&0&0&\cdots&b_{n-1}&0\end{vmatrix}$.

5. 证明 $\begin{vmatrix}a_1&a_2&a_3&a_4&a_5\\b_1&b_2&b_3&b_4&b_5\\c_1&c_2&0&0&0\\d_1&d_2&0&0&0\\e_1&e_2&0&0&0\end{vmatrix}=0$.

第 1.2 节　行列式的性质

当行列式的阶数 n 较大时，直接利用定义计算行列式的值很困难或几乎是不可能的. 以计算一个 18 阶的行列式为例，要作乘法运算 $17\times18!\approx1.1\times10^{17}$ 次以上，对一台乘法运算速度为 1.8 亿次/s 的计算机而言（相当于处理器主频为 2.21 GHz 的计算机），也要花费大约 19 年的时间. 因此，揭示行列式的计算规律，并利用这些规律简化行列式的计算是十分必要的.

以下讨论行列式的运算性质.

定义 1.2.1　如果将行列式 D 的行换为同序数的列，得到的新行列式

称为 D 的**转置行列式**(transpose determinant),记为 D^{T}. 即若

$$D=\begin{vmatrix} a_{11} & a_{12} & \cdots & a_{1n} \\ a_{21} & a_{22} & \cdots & a_{2n} \\ \vdots & \vdots & & \vdots \\ a_{n1} & a_{n2} & \cdots & a_{nn} \end{vmatrix},\quad 则\ D^{\mathrm{T}}=\begin{vmatrix} a_{11} & a_{21} & \cdots & a_{n1} \\ a_{12} & a_{22} & \cdots & a_{n2} \\ \vdots & \vdots & & \vdots \\ a_{1n} & a_{2n} & \cdots & a_{nn} \end{vmatrix}.$$

性质 1 行列式与它的转置行列式具有相同的值,即 $D=D^{\mathrm{T}}$.

证 记 $D=\det(a_{ij})$ 的转置行列式为 $D^{\mathrm{T}}=\det(b_{ij})$, 则

$$b_{ij}=a_{ji}\ (i,j=1,2,\cdots,n),$$

由定义 1.1.4 及式(1.1.5),有

$$D^{\mathrm{T}}=\sum(-1)^{\tau(j_1j_2\cdots j_n)}b_{1j_1}b_{2j_2}\cdots b_{nj_n}=\sum(-1)^{\tau(j_1j_2\cdots j_n)}a_{j_11}a_{j_22}\cdots a_{j_nn}=D.$$

该性质表明,在行列式中行、列所处的地位是同等的,即行列式的性质中对"行"成立的性质,对"列"也成立. 因此,下面只讨论有关行列式行的性质.

性质 2 互换行列式的两行(列),行列式改变符号,即

$$\begin{vmatrix} a_{11} & a_{12} & \cdots & a_{1n} \\ \vdots & \vdots & & \vdots \\ a_{i1} & a_{i2} & \cdots & a_{in} \\ \vdots & \vdots & & \vdots \\ a_{j1} & a_{j2} & \cdots & a_{jn} \\ \vdots & \vdots & & \vdots \\ a_{n1} & a_{n2} & \cdots & a_{nn} \end{vmatrix}=-\begin{vmatrix} a_{11} & a_{12} & \cdots & a_{1n} \\ \vdots & \vdots & & \vdots \\ a_{j1} & a_{j2} & \cdots & a_{jn} \\ \vdots & \vdots & & \vdots \\ a_{i1} & a_{i2} & \cdots & a_{in} \\ \vdots & \vdots & & \vdots \\ a_{n1} & a_{n2} & \cdots & a_{nn} \end{vmatrix}$$

通常,以 $r_i\leftrightarrow r_j$ 表示互换行列式的第 i 行和第 j 行, $c_i\leftrightarrow c_j$ 表示互换行列式的第 i 列和第 j 列.

推论 若行列式有两行(列)完全相同,则行列式的值为零.

性质 3 行列式中某一行(列)所有元素的公因子可以提到行列式的外面,即

$$\begin{vmatrix} a_{11} & a_{12} & \cdots & a_{1n} \\ \vdots & \vdots & & \vdots \\ ka_{i1} & ka_{i2} & \cdots & ka_{in} \\ \vdots & \vdots & & \vdots \\ a_{n1} & a_{n2} & \cdots & a_{nn} \end{vmatrix}=k\begin{vmatrix} a_{11} & a_{12} & \cdots & a_{1n} \\ \vdots & \vdots & & \vdots \\ a_{i1} & a_{i2} & \cdots & a_{in} \\ \vdots & \vdots & & \vdots \\ a_{n1} & a_{n2} & \cdots & a_{nn} \end{vmatrix}.$$

证　由定义,有

$$\text{左边}=\sum_{j_1j_2\cdots j_n}(-1)^{\tau(j_1j_2\cdots j_n)}a_{1j_1}a_{2j_2}\cdots(ka_{ij_i})\cdots a_{nj_n}$$
$$=k\sum_{j_1j_2\cdots j_n}(-1)^{\tau(j_1j_2\cdots j_n)}a_{1j_1}a_{2j_2}\cdots a_{ij_i}\cdots a_{nj_n}=\text{右边}.$$

推论 1　若行列式中一行(列)的元素全为零,则行列式的值为零.

推论 2　若行列式有两行(列)元素成比例,则行列式的值为零.

性质 4　若行列式的某一行(列)的元素都是两个数的和,则该行列式等于两个行列式的和,这两个行列式这一行(列)的元素分别为对应的两个加数之一,其余位置的元素不变. 即

$$\begin{vmatrix} a_{11} & a_{12} & \cdots & a_{1n} \\ \vdots & \vdots & & \vdots \\ a_{i1}+b_{i1} & a_{i2}+b_{i2} & \cdots & a_{in}+b_{in} \\ \vdots & \vdots & & \vdots \\ a_{n1} & a_{n2} & \cdots & a_{nn} \end{vmatrix}=\begin{vmatrix} a_{11} & a_{12} & \cdots & a_{1n} \\ \vdots & \vdots & & \vdots \\ a_{i1} & a_{i2} & \cdots & a_{in} \\ \vdots & \vdots & & \vdots \\ a_{n1} & a_{n2} & \cdots & a_{nn} \end{vmatrix}+\begin{vmatrix} a_{11} & a_{12} & \cdots & a_{1n} \\ \vdots & \vdots & & \vdots \\ b_{i1} & b_{i2} & \cdots & b_{in} \\ \vdots & \vdots & & \vdots \\ a_{n1} & a_{n2} & \cdots & a_{nn} \end{vmatrix}.$$

证　由行列式定义,有

$$D=\sum_{j_1j_2\cdots j_n}(-1)^{\tau(j_1j_2\cdots j_n)}a_{1j_1}\cdots(a_{ij_i}+b_{ij_i})\cdots a_{nj_n}$$
$$=\sum_{j_1j_2\cdots j_n}(-1)^{\tau(j_1j_2\cdots j_n)}a_{1j_1}\cdots a_{ij_i}\cdots a_{nj_n}+\sum_{j_1j_2\cdots j_n}(-1)^{\tau(j_1j_2\cdots j_n)}a_{1j_1}\cdots b_{ij_i}\cdots a_{nj_n}$$
$$=D_1+D_2.$$

停下来想一想

① 性质 4 能否推广? 其推广形式是什么? 下式是否正确?

$$\begin{vmatrix} a_1+a_2+a_3 & 1 \\ b_1+b_2+b_3 & 2 \end{vmatrix}=\begin{vmatrix} a_1 & 1 \\ b_1 & 2 \end{vmatrix}+\begin{vmatrix} a_2 & 1 \\ b_2 & 2 \end{vmatrix}+\begin{vmatrix} a_3 & 1 \\ b_3 & 2 \end{vmatrix}.$$

② 应当注意:行列式拆行(列)时,一次只能拆一行(列);行列式不可以在对角线上进行拆分.

例如
$$\begin{vmatrix} a+1 & b+2 \\ c+3 & d+4 \end{vmatrix}\neq\begin{vmatrix} a & b \\ c & d \end{vmatrix}+\begin{vmatrix} 1 & 2 \\ 3 & 4 \end{vmatrix}.$$
$$\begin{vmatrix} a+a_1 & b \\ c & d+d_1 \end{vmatrix}\neq\begin{vmatrix} a & b \\ c & d \end{vmatrix}+\begin{vmatrix} a_1 & b \\ c & d_1 \end{vmatrix}.$$

事实上,应有

$$\begin{vmatrix} a+1 & b+2 \\ c+3 & d+4 \end{vmatrix} = \begin{vmatrix} a & b \\ c & d \end{vmatrix} + \begin{vmatrix} a & 2 \\ c & 4 \end{vmatrix} + \begin{vmatrix} 1 & b \\ 3 & d \end{vmatrix} + \begin{vmatrix} 1 & 2 \\ 3 & 4 \end{vmatrix}.$$

$$\begin{aligned} \begin{vmatrix} a+a_1 & b \\ c & d+d_1 \end{vmatrix} &= \begin{vmatrix} a & b \\ c & d+d_1 \end{vmatrix} + \begin{vmatrix} a_1 & b \\ 0 & d+d_1 \end{vmatrix} \\ &= \begin{vmatrix} a & b \\ c & d \end{vmatrix} + \begin{vmatrix} a & 0 \\ c & d_1 \end{vmatrix} + \begin{vmatrix} a_1 & b \\ 0 & d \end{vmatrix} + \begin{vmatrix} a_1 & 0 \\ 0 & d_1 \end{vmatrix}. \end{aligned}$$

利用性质3和性质4还可以得到行列式的另一性质.

性质5 若将行列式的某一行(列)的 k 倍加到另一行(列)的对应元素上,行列式的值不变. 即

$$\begin{vmatrix} a_{11} & a_{12} & \cdots & a_{1n} \\ \vdots & \vdots & & \vdots \\ a_{i1} & a_{i2} & \cdots & a_{in} \\ \vdots & \vdots & & \vdots \\ a_{j1} & a_{j2} & \cdots & a_{jn} \\ \vdots & \vdots & & \vdots \\ a_{n1} & a_{n2} & \cdots & a_{nn} \end{vmatrix} = \begin{vmatrix} a_{11} & a_{12} & \cdots & a_{1n} \\ \vdots & \vdots & & \vdots \\ a_{i1}+ka_{j1} & a_{i2}+ka_{j2} & \cdots & a_{in}+ka_{jn} \\ \vdots & \vdots & & \vdots \\ a_{j1} & a_{j2} & \cdots & a_{jn} \\ \vdots & \vdots & & \vdots \\ a_{n1} & a_{n2} & \cdots & a_{nn} \end{vmatrix}.$$

该性质在行列式的化简、计算中用得较多.通常以 $r_i + kr_j$ 表示以数 k 乘行列式的第 j 行元素加到第 i 行对应元素上,以 $c_i + kc_j$ 表示以数 k 乘行列式的第 j 列元素加到第 i 列对应元素上.

例 1.2.1 计算三阶行列式 $D = \begin{vmatrix} 1 & 2 & 3 \\ 2 & 3 & 1 \\ 5 & 1 & 4 \end{vmatrix}$.

解 $D \xlongequal[r_3-5r_1]{r_2-2r_1} \begin{vmatrix} 1 & 2 & 3 \\ 0 & -1 & -5 \\ 0 & -9 & -11 \end{vmatrix} \xlongequal{r_3-9r_2} \begin{vmatrix} 1 & 2 & 3 \\ 0 & -1 & -5 \\ 0 & 0 & 34 \end{vmatrix}$

$= 1 \times (-1) \times 34 = -34.$

例 1.2.2 计算四阶行列式:

(1) $D = \begin{vmatrix} 2 & -5 & 1 & 2 \\ -3 & 7 & -1 & 4 \\ 5 & -9 & 2 & 7 \\ 4 & -6 & 1 & 2 \end{vmatrix}$; (2) $D = \begin{vmatrix} 3 & 1 & 1 & 1 \\ 1 & 3 & 1 & 1 \\ 1 & 1 & 3 & 1 \\ 1 & 1 & 1 & 3 \end{vmatrix}$.

解　(1) $D \xlongequal{c_1 \leftrightarrow c_3} -\begin{vmatrix} 1 & -5 & 2 & 2 \\ -1 & 7 & -3 & 4 \\ 2 & -9 & 5 & 7 \\ 1 & -6 & 4 & 2 \end{vmatrix} \xlongequal[r_4 - r_1]{r_2 + r_1, r_3 - 2r_1} -\begin{vmatrix} 1 & -5 & 2 & 2 \\ 0 & 2 & -1 & 6 \\ 0 & 1 & 1 & 3 \\ 0 & -1 & 2 & 0 \end{vmatrix}$

$$\xlongequal{r_2 \leftrightarrow r_3} \begin{vmatrix} 1 & -5 & 2 & 2 \\ 0 & 1 & 1 & 3 \\ 0 & 2 & -1 & 6 \\ 0 & -1 & 2 & 0 \end{vmatrix} \xlongequal[r_4 + r_2]{r_3 - 2r_2} \begin{vmatrix} 1 & -5 & 2 & 2 \\ 0 & 1 & 1 & 3 \\ 0 & 0 & -3 & 0 \\ 0 & 0 & 3 & 3 \end{vmatrix}$$

$$\xlongequal{r_4 + r_3} \begin{vmatrix} 1 & -5 & 2 & 2 \\ 0 & 1 & 1 & 3 \\ 0 & 0 & -3 & 0 \\ 0 & 0 & 0 & 3 \end{vmatrix} = 1 \times 1 \times (-3) \times 3 = -9;$$

(2) 该行列式特点是每行(列)元素之和均为 6,故将第 2~4 列加到第 1 列,得

$$D \xlongequal[j=2,3,4]{c_1 + c_j} \begin{vmatrix} 6 & 1 & 1 & 1 \\ 6 & 3 & 1 & 1 \\ 6 & 1 & 3 & 1 \\ 6 & 1 & 1 & 3 \end{vmatrix} \xlongequal[i=2,3,4]{r_i - r_1} \begin{vmatrix} 6 & 1 & 1 & 1 \\ 0 & 2 & 0 & 0 \\ 0 & 0 & 2 & 0 \\ 0 & 0 & 0 & 2 \end{vmatrix} = 6 \times 2 \times 2 \times 2 = 48.$$

例 1.2.3　证明 $\begin{vmatrix} a^2 & (a+1)^2 & (a+2)^2 & (a+3)^2 \\ b^2 & (b+1)^2 & (b+2)^2 & (b+3)^2 \\ c^2 & (c+1)^2 & (c+2)^2 & (c+3)^2 \\ d^2 & (d+1)^2 & (d+2)^2 & (d+3)^2 \end{vmatrix} = 0.$

证　事实上,

$$左边 \xlongequal[j=2,3,4]{c_j - c_1} \begin{vmatrix} a^2 & 2a+1 & 4a+4 & 6a+9 \\ b^2 & 2b+1 & 4b+4 & 6b+9 \\ c^2 & 2c+1 & 4c+4 & 6c+9 \\ d^2 & 2d+1 & 4d+4 & 6d+9 \end{vmatrix} \xlongequal[c_4 - 3c_2]{c_3 - 2c_2} \begin{vmatrix} a^2 & 2a+1 & 2 & 6 \\ b^2 & 2b+1 & 2 & 6 \\ c^2 & 2c+1 & 2 & 6 \\ d^2 & 2d+1 & 2 & 6 \end{vmatrix}$$

$= 0 =$ 右边.

例 1.2.4 计算 n 阶行列式 $D_n=\begin{vmatrix} a_1-b & a_2 & a_3 & \cdots & a_n \\ a_1 & a_2-b & a_3 & \cdots & a_n \\ a_1 & a_2 & a_3-b & \cdots & a_n \\ \vdots & \vdots & \vdots & & \vdots \\ a_1 & a_2 & a_3 & \cdots & a_n-b \end{vmatrix}$.

解 该行列式的特点是每行元素之和相等,故将第 2~ n 列加到第 1 列,得

$$D_n=\begin{vmatrix} \sum\limits_{i=1}^{n} a_i-b & a_2 & a_3 & \cdots & a_n \\ \sum\limits_{i=1}^{n} a_i-b & a_2-b & a_3 & \cdots & a_n \\ \sum\limits_{i=1}^{n} a_i-b & a_2 & a_3-b & \cdots & a_n \\ \vdots & \vdots & \vdots & & \vdots \\ \sum\limits_{i=1}^{n} a_i-b & a_2 & a_3 & \cdots & a_n-b \end{vmatrix}$$

$$\xlongequal[i=2,3,\cdots,n]{r_i-r_1}\begin{vmatrix} \sum\limits_{i=1}^{n} a_i-b & a_2 & a_3 & \cdots & a_n \\ 0 & -b & 0 & \cdots & 0 \\ 0 & 0 & -b & \cdots & 0 \\ \vdots & \vdots & \vdots & & \vdots \\ 0 & 0 & 0 & \cdots & -b \end{vmatrix}=\left(\sum_{i=1}^{n} a_i-b\right)(-b)^{n-1}.$$

例 1.2.5 计算行列式 $D_n=\begin{vmatrix} 1 & 1 & 1 & \cdots & 1 \\ 1 & 2 & 0 & \cdots & 0 \\ 1 & 0 & 3 & \cdots & 0 \\ \vdots & \vdots & \vdots & & \vdots \\ 1 & 0 & 0 & \cdots & n \end{vmatrix}$.

解　$$D_n \xlongequal[j=2,\cdots,n]{c_1-\frac{1}{j}c_j} \begin{vmatrix} 1-\sum\limits_{j=2}^{n}\frac{1}{j} & 1 & 1 & \cdots & 1 \\ 0 & 2 & 0 & \cdots & 0 \\ 0 & 0 & 3 & \cdots & 0 \\ \vdots & \vdots & \vdots & & \vdots \\ 0 & 0 & 0 & \cdots & n \end{vmatrix} = n!\left(1-\sum_{j=2}^{n}\frac{1}{j}\right).$$

该例中的行列式称为**箭形行列式**,可简单地用符号 $|\nwarrow|$ 代替.其他的箭形行列式有:$|\nearrow|$、$|\searrow|$、$|\swarrow|$,它们都可以用类似的方法化为某种三角形行列式.

上述例子表明,利用行列式的性质可使一些行列式的计算大为简化.对许多行列式常常是利用性质将其化为上(下)三角形,再利用已知结果得出其值.可以说,这是计算数字行列式最基本的方法,许多计算行列式的计算机程序均使用该方法.利用该方法计算一个 18 阶的行列式,只需作乘法运算 $\sum\limits_{i=2}^{18} i(i-1)=1\,938\approx 1.9\times 10^3$ 次,对前面提到的乘法运算速度为 1.8 亿次/s 的计算机而言,仅需大约 1.1×10^{-5} s 的时间即可完成.

习题 1.2(A)

1. 单项选择题.

(1) 3 阶行列式 $\begin{vmatrix} -2 & 3 & 1 \\ 503 & 201 & 298 \\ 5 & 2 & 3 \end{vmatrix}=(\quad)$;

(A) -70　　(B) -63　　(C) 70　　(D) 82

(2) $\begin{vmatrix} 34\,215 & 35\,215 \\ 28\,092 & 29\,092 \end{vmatrix}=(\quad)$;

(A) 6 123 000　　(B) 0

(C) $-6\,123\,000$　　(D) 6 230 700

(3) $\begin{vmatrix} 1 & 1 & 1 \\ 1 & 1+x & 1 \\ 1 & 1 & 1+y \end{vmatrix}=(\quad)$.

(A) $(1+x)(1+y)$　　(B) 0　　(C) $y-x$　　(D) xy

2. 判断题.

(1) 各行元素之和为 0 的行列式之值一定等于 0;(　　)

(2) $\begin{vmatrix} a+1 & b+2 \\ c+3 & 4+d \end{vmatrix} = \begin{vmatrix} a & b \\ c & d \end{vmatrix} + \begin{vmatrix} 1 & 2 \\ 3 & 4 \end{vmatrix}$;( )

(3) $\begin{vmatrix} 0 & a_{12} & a_{13} \\ -a_{12} & 0 & a_{23} \\ -a_{13} & -a_{23} & 0 \end{vmatrix} = \begin{vmatrix} 0 & -a_{12} & -a_{13} \\ a_{12} & 0 & -a_{23} \\ a_{13} & a_{23} & 0 \end{vmatrix}$.( )

3. 计算下列行列式.

(1) $\begin{vmatrix} 1 & 2 & 1 \\ -2 & 0 & 3 \\ 4 & -3 & 5 \end{vmatrix}$; (2) $\begin{vmatrix} 2\,008 & 2\,009 & 2\,010 \\ 2\,011 & 2\,012 & 2\,013 \\ 2\,014 & 2\,015 & 2\,016 \end{vmatrix}$;

(3) $\begin{vmatrix} a & b & c \\ b & c & a \\ c & a & b \end{vmatrix}$; (4) $\begin{vmatrix} -ab & ac & ae \\ bd & -cd & de \\ bf & cf & -ef \end{vmatrix}$;

(5) $\begin{vmatrix} 4 & 1 & 2 & 4 \\ 1 & 2 & 0 & 2 \\ 10 & 5 & 2 & 0 \\ 0 & 1 & 1 & 7 \end{vmatrix}$; (6) $\begin{vmatrix} 1 & -1 & 1 & x-1 \\ 1 & -1 & x+1 & -1 \\ 1 & x-1 & 1 & -1 \\ x+1 & -1 & 1 & -1 \end{vmatrix}$.

4. 计算下列行列式.

(1) $D_n = \begin{vmatrix} a & b & \cdots & b \\ b & a & \cdots & b \\ \vdots & \vdots & & \vdots \\ b & b & \cdots & a \end{vmatrix}$; (2) $D_n = \begin{vmatrix} 1 & 2 & 2 & \cdots & 2 \\ 2 & 2 & 2 & \cdots & 2 \\ 2 & 2 & 3 & \cdots & 2 \\ \vdots & \vdots & \vdots & & \vdots \\ 2 & 2 & 2 & \cdots & n \end{vmatrix}$;

(3) $D_{n+1} = \begin{vmatrix} a_0 & 1 & 1 & \cdots & 1 \\ 1 & a_1 & 0 & \cdots & 0 \\ 1 & 0 & a_2 & \cdots & 0 \\ \vdots & \vdots & \vdots & & \vdots \\ 1 & 0 & 0 & \cdots & a_n \end{vmatrix}$,其中 $a_i \neq 0, i = 1,2,\cdots,n$.

5. 证明下列等式.

(1) $\begin{vmatrix} a^2 & ab & b^2 \\ 2a & a+b & 2b \\ 1 & 1 & 1 \end{vmatrix} = (a-b)^3$;

(2) $\begin{vmatrix} a_1 + kb_1 & a_1k + b_1 & c_1 \\ a_2 + kb_2 & a_2k + b_2 & c_2 \\ a_3 + kb_3 & a_3k + b_3 & c_3 \end{vmatrix} = (1-k^2) \begin{vmatrix} a_1 & b_1 & c_1 \\ a_2 & b_2 & c_2 \\ a_3 & b_3 & c_3 \end{vmatrix}$;

(3) n 为奇数时，$D_n = \begin{vmatrix} 0 & a_{12} & \cdots & a_{1n} \\ -a_{12} & 0 & \cdots & a_{2n} \\ \vdots & \vdots & & \vdots \\ -a_{1n} & -a_{2n} & \cdots & 0 \end{vmatrix} = 0.$

习题 1.2(B)

1. 单项选择题.

(1) $\begin{vmatrix} x-2 & x-1 & x-2 & x-3 \\ 2x-2 & 2x-1 & 2x-2 & 2x-3 \\ 3x-3 & 3x-2 & 4x-5 & 3x-5 \\ 4x & 4x-3 & 5x-7 & 4x-3 \end{vmatrix}=0$ 的根的个数为(　　)；

(A) 1　　(B) 2　　(C) 3　　(D) 4

(2) 如果 $D=\begin{vmatrix} a_{11} & a_{12} & a_{13} \\ a_{21} & a_{22} & a_{23} \\ a_{31} & a_{32} & a_{33} \end{vmatrix}=M\neq 0$，而 $\Delta=\begin{vmatrix} 2a_{11} & 2a_{12} & 2a_{13} \\ a_{31} & a_{32} & a_{33} \\ 2a_{21} & 2a_{22} & 2a_{23} \end{vmatrix}$，则 $\Delta=$(　　)；

(A) $2M$　　(B) $-2M$　　(C) $4M$　　(D) $-4M$

(3) 若 $f_i(x)\,(i=1,2,3,4)$ 均可导，则 $\dfrac{\mathrm{d}}{\mathrm{d}x}\begin{vmatrix} f_1(x) & f_2(x) \\ f_3(x) & f_4(x) \end{vmatrix}=$(　　)；

(A) $\begin{vmatrix} f_1'(x) & f_2'(x) \\ f_3'(x) & f_4'(x) \end{vmatrix}$　　(B) $\begin{vmatrix} f_1'(x) & f_2(x) \\ f_3'(x) & f_4(x) \end{vmatrix}$

(C) $\begin{vmatrix} f_1(x) & f_2'(x) \\ f_3(x) & f_4'(x) \end{vmatrix}$　　(D) $\begin{vmatrix} f_1'(x) & f_2(x) \\ f_3'(x) & f_4(x) \end{vmatrix}+\begin{vmatrix} f_1(x) & f_2'(x) \\ f_3(x) & f_4'(x) \end{vmatrix}$

2. 计算下列行列式.

(1) $\begin{vmatrix} 1 & 1 & 1 & 0 \\ 1 & 1 & 0 & 1 \\ 1 & 0 & 1 & 1 \\ 0 & 1 & 1 & 1 \end{vmatrix}$；　　(2) $\begin{vmatrix} 1 & 1 & 2 & 3 \\ 1 & 2-x^2 & 2 & 3 \\ 2 & 3 & 1 & 5 \\ 2 & 3 & 1 & 9-x^2 \end{vmatrix}$；

(3) $D_n = \begin{vmatrix} a_1+1 & a_1+2 & \cdots & a_1+n \\ a_2+1 & a_2+2 & \cdots & a_2+n \\ \vdots & \vdots & & \vdots \\ a_n+1 & a_n+2 & \cdots & a_n+n \end{vmatrix}\ (n\geqslant 2)$；

$$(4)\ D_n = \begin{vmatrix} a_1 & b_2 & b_3 & \cdots & b_n \\ d_2 & a_2 & 0 & \cdots & 0 \\ d_3 & 0 & a_3 & \cdots & 0 \\ \vdots & \vdots & \vdots & & \vdots \\ d_n & 0 & 0 & \cdots & a_n \end{vmatrix} \quad (\text{其中 } a_i \neq 0, i = 1,2,\cdots,n).$$

3. 设 $f(x) = \begin{vmatrix} 1 & 1 & \cdots & 1 & 1 \\ 1 & 2 & \cdots & n-1 & x \\ 1 & 4 & \cdots & (n-1)^2 & x^2 \\ \vdots & \vdots & & \vdots & \vdots \\ 1 & 2^{n-1} & \cdots & (n-1)^{n-1} & x^{n-1} \end{vmatrix}$，求 $f(x) = 0$ 的全部根.

4. 设 $f(x) = \begin{vmatrix} 1 & x-1 & 2x-1 \\ 1 & x-2 & 3x-1 \\ 1 & -2 & 4x-1 \end{vmatrix}$，证明：存在 $\xi \in (0,1)$，使 $f'(\xi) = 0$.

第 1.3 节 行列式按行（列）展开

计算高阶行列式通常不如计算较低阶来得容易.因此，把高阶行列式化为低阶行列式成为简化行列式计算的一个重要途径.下面介绍行列式的降阶计算法.

1. 行列式按一行（列）展开

定义 1.3.1 在 n 阶行列式

$$D = \begin{vmatrix} a_{11} & a_{12} & \cdots & a_{1n} \\ a_{21} & a_{22} & \cdots & a_{2n} \\ \vdots & \vdots & & \vdots \\ a_{n1} & a_{n2} & \cdots & a_{nn} \end{vmatrix}$$

中，去掉元素 a_{ij} 所在的第 i 行、第 j 列，剩余的元素按原来的次序构成的 $n-1$ 阶行列式，称为元素 a_{ij} 的**余子式**(cofactor)，记作 M_{ij}，即

$$M_{ij}=\begin{vmatrix} a_{11} & \cdots & a_{1,j-1} & a_{1,j+1} & \cdots & a_{1n} \\ \vdots & & \vdots & \vdots & & \vdots \\ a_{i-1,1} & \cdots & a_{i-1,j-1} & a_{i-1,j+1} & \cdots & a_{i-1,n} \\ a_{i+1,1} & \cdots & a_{i+1,j-1} & a_{i+1,j+1} & \cdots & a_{i+1,n} \\ \vdots & & \vdots & \vdots & & \vdots \\ a_{n1} & \cdots & a_{n,j-1} & a_{n,j+1} & \cdots & a_{nn} \end{vmatrix}$$

而 $A_{ij}=(-1)^{i+j}M_{ij}$ 称为元素 a_{ij} 的**代数余子式**(algebraic cofactor).

例如　行列式 $\begin{vmatrix} 1 & -2 & 3 \\ 4 & 5 & -3 \\ 6 & 2 & 7 \end{vmatrix}$ 中元素 a_{11},a_{21},a_{31} 也即 1,4,6 的余子式分别为

$$M_{11}=\begin{vmatrix} 5 & -3 \\ 2 & 7 \end{vmatrix},\quad M_{21}=\begin{vmatrix} -2 & 3 \\ 2 & 7 \end{vmatrix},\quad M_{31}=\begin{vmatrix} -2 & 3 \\ 5 & -3 \end{vmatrix},$$

代数余子式分别为

$$A_{11}=(-1)^{1+1}M_{11}=\begin{vmatrix} 5 & -3 \\ 2 & 7 \end{vmatrix},\quad A_{21}=(-1)^{2+1}M_{21}=-\begin{vmatrix} -2 & 3 \\ 2 & 7 \end{vmatrix},$$

$$A_{31}=(-1)^{3+1}M_{31}=\begin{vmatrix} -2 & 3 \\ 5 & -3 \end{vmatrix}.$$

为了将行列式降阶计算,考察三阶行列式:

$$\begin{aligned}\begin{vmatrix} a_{11} & a_{12} & a_{13} \\ a_{21} & a_{22} & a_{23} \\ a_{31} & a_{32} & a_{33} \end{vmatrix} &= a_{11}a_{22}a_{33}+a_{12}a_{23}a_{31}+a_{13}a_{21}a_{32}-a_{13}a_{22}a_{31}-a_{12}a_{21}a_{33}-a_{11}a_{23}a_{32} \\ &= a_{11}(a_{22}a_{33}-a_{23}a_{32})-a_{12}(a_{21}a_{33}-a_{23}a_{31})+a_{13}(a_{21}a_{32}-a_{22}a_{31}) \\ &= a_{11}\begin{vmatrix} a_{22} & a_{23} \\ a_{32} & a_{33} \end{vmatrix}-a_{12}\begin{vmatrix} a_{21} & a_{23} \\ a_{31} & a_{33} \end{vmatrix}+a_{13}\begin{vmatrix} a_{21} & a_{22} \\ a_{31} & a_{32} \end{vmatrix} \\ &= a_{11}A_{11}+a_{12}A_{12}+a_{13}A_{13}.\end{aligned}$$

上式表明:**三阶行列式的值等于第 1 行各元素与其对应的代数余子式乘积之和**.将其推广,有如下行列式按行(列)展开定理.

定理 1.3.1　n 阶行列式

重点难点讲解 1-1
行列式的计算

$$D=\begin{vmatrix} a_{11} & a_{12} & \cdots & a_{1n} \\ a_{21} & a_{22} & \cdots & a_{2n} \\ \vdots & \vdots & & \vdots \\ a_{n1} & a_{n2} & \cdots & a_{nn} \end{vmatrix}$$

等于它的任一行(列)的各元素与其对应的代数余子式乘积之和,即

$$D=a_{i1}A_{i1}+a_{i2}A_{i2}+\cdots+a_{in}A_{in}\quad(i=1,2,\cdots,n),$$

或

$$D=a_{1j}A_{1j}+a_{2j}A_{2j}+\cdots+a_{nj}A_{nj}\quad(j=1,2,\cdots,n).$$

这里 A_{ij} 为元素 a_{ij} 的代数余子式 $(i,j=1,2,\cdots,n)$.

证 (1) 当 D 的第 1 行只有元素 $a_{11}\neq 0$ 时,即

$$D=\begin{vmatrix} a_{11} & 0 & \cdots & 0 \\ a_{21} & a_{22} & \cdots & a_{2n} \\ \vdots & \vdots & & \vdots \\ a_{n1} & a_{n2} & \cdots & a_{nn} \end{vmatrix},$$

有

$$\begin{aligned} D &= \sum_{j_1=1}(-1)^{\tau(j_1j_2\cdots j_n)}a_{1j_1}a_{2j_2}\cdots a_{nj_n}+\sum_{j_1\neq 1}(-1)^{\tau(j_1j_2\cdots j_n)}a_{1j_1}a_{2j_2}\cdots a_{nj_n} \\ &= a_{11}\sum_{j_2j_3\cdots j_n}(-1)^{\tau(j_2j_3\cdots j_n)}a_{2j_2}\cdots a_{nj_n}\quad(\text{第二个和式的值为零}) \\ &= a_{11}M_{11}, \end{aligned}$$

而 $A_{11}=(-1)^{1+1}M_{11}=M_{11}$, 故 $D=a_{11}A_{11}$;

(2) 当 D 的第 i 行只有元素 $a_{ij}\neq 0$ 时,即

$$D=\begin{vmatrix} a_{11} & \cdots & a_{1j} & \cdots & a_{1n} \\ \vdots & & \vdots & & \vdots \\ 0 & \cdots & a_{ij} & \cdots & 0 \\ \vdots & & \vdots & & \vdots \\ a_{n1} & \cdots & a_{nj} & \cdots & a_{nn} \end{vmatrix},$$

将 D 中第 i 行依次与前 $i-1$ 行对换,经过 $i-1$ 次对换后 a_{ij} 位于第 1 行,再将第 j 列依次与前 $j-1$ 列对换,经过 $j-1$ 次对换后 a_{ij} 位于第 1 列,即总共经过 $(i-1)+(j-1)=i+j-2$ 次对换后, a_{ij} 位于第 1 行、第 1 列,即

$$D\xlongequal{\text{由}(1)}(-1)^{i+j-2}a_{ij}M_{ij}=(-1)^{i+j}a_{ij}M_{ij}=a_{ij}A_{ij};$$

(3) 一般地,

$$D=\begin{vmatrix} a_{11} & a_{12} & \cdots & a_{1n} \\ \vdots & \vdots & & \vdots \\ a_{i1} & a_{i2} & \cdots & a_{in} \\ \vdots & \vdots & & \vdots \\ a_{n1} & a_{n2} & \cdots & a_{nn} \end{vmatrix} = \begin{vmatrix} a_{11} & a_{12} & \cdots & a_{1n} \\ \vdots & \vdots & & \vdots \\ a_{i1}+0+\cdots+0 & 0+a_{i2}+\cdots+0 & \cdots & 0+0+\cdots+a_{in} \\ \vdots & \vdots & & \vdots \\ a_{n1} & a_{n2} & \cdots & a_{nn} \end{vmatrix}$$

$$= \begin{vmatrix} a_{11} & a_{12} & \cdots & a_{1n} \\ \vdots & \vdots & & \vdots \\ a_{i1} & 0 & \cdots & 0 \\ \vdots & \vdots & & \vdots \\ a_{n1} & a_{n2} & \cdots & a_{nn} \end{vmatrix} + \begin{vmatrix} a_{11} & a_{12} & \cdots & a_{1n} \\ \vdots & \vdots & & \vdots \\ 0 & a_{i2} & \cdots & 0 \\ \vdots & \vdots & & \vdots \\ a_{n1} & a_{n2} & \cdots & a_{nn} \end{vmatrix} + \cdots + \begin{vmatrix} a_{11} & a_{12} & \cdots & a_{1n} \\ \vdots & \vdots & & \vdots \\ 0 & 0 & \cdots & a_{in} \\ \vdots & \vdots & & \vdots \\ a_{n1} & a_{n2} & \cdots & a_{nn} \end{vmatrix}$$

$$\xlongequal{\text{由}(2)} a_{i1}A_{i1}+a_{i2}A_{i2}+\cdots+a_{in}A_{in}.$$

同理,有 $D=a_{1j}A_{1j}+a_{2j}A_{2j}+\cdots+a_{nj}A_{nj}$.

该定理称为行列式按行(列)展开定理,它给出了行列式的降阶计算方法.

推论(零值定理)　n 阶行列式 $D=\det(a_{ij})$ 的某一行(列)各元素与另一行(列)对应元素的代数余子式的乘积之和为零,即

$$a_{i1}A_{s1}+a_{i2}A_{s2}+\cdots+a_{in}A_{sn}=0 \quad (i\neq s),$$

或

$$a_{1j}A_{1t}+a_{2j}A_{2t}+\cdots+a_{nj}A_{nt}=0 \quad (j\neq t).$$

证　考虑辅助行列式

$$\Delta=\begin{vmatrix} a_{11} & a_{12} & \cdots & a_{1n} \\ \vdots & \vdots & & \vdots \\ a_{i1} & a_{i2} & \cdots & a_{in} \\ \vdots & \vdots & & \vdots \\ a_{i1} & a_{i2} & \cdots & a_{in} \\ \vdots & \vdots & & \vdots \\ a_{n1} & a_{n2} & \cdots & a_{nn} \end{vmatrix} \begin{matrix} \\ \\ \text{第 } i \text{ 行} \\ \\ \text{第 } s \text{ 行} \\ \\ \\ \end{matrix} \xlongequal{\text{按第 } s \text{ 行展开}} a_{i1}A_{s1}+a_{i2}A_{s2}+\cdots+a_{in}A_{sn} \quad (i\neq s),$$

由于 Δ 中有两行相同,故 $\Delta=0$,即

$$a_{i1}A_{s1}+a_{i2}A_{s2}+\cdots+a_{in}A_{sn}=0 \quad (i\neq s).$$

同理,有

$$a_{1j}A_{1t}+a_{2j}A_{2t}+\cdots+a_{nj}A_{nt}=0 \quad (j\neq t).$$

在第 1.2 节所举例题大多是利用行列式性质将其化为上(下)三角形,然后利用已知结果得出其值.对于一般行列式的计算,我们也常常利用其某行(列)的多“0”性或通过性质把它化为尽可能多“0”的行列式,有效地利用按行(列)展开定理降阶计算.

例 1.3.1 计算 4 阶行列式 $D=\begin{vmatrix}2&1&3&1\\0&0&2&0\\4&-1&3&5\\0&-7&6&8\end{vmatrix}$.

解 $$D\xlongequal{\text{按第 2 行展开}}0\cdot A_{21}+0\cdot A_{22}+2\cdot A_{23}+0\cdot A_{24}$$

$$=2\times(-1)^{2+3}\begin{vmatrix}2&1&1\\4&-1&5\\0&-7&8\end{vmatrix}\xlongequal{r_2-2r_1}-2\begin{vmatrix}2&1&1\\0&-3&3\\0&-7&8\end{vmatrix}$$

$$\xlongequal{\text{按第 1 列展开}}-2\times2\times(-1)^{1+1}\begin{vmatrix}-3&3\\-7&8\end{vmatrix}=12.$$

例 1.3.2 计算 n 阶行列式

$$(1)\ D_n=\begin{vmatrix}x&y&0&\cdots&0\\0&x&y&\cdots&0\\\vdots&\vdots&\ddots&&\vdots\\0&0&\cdots&x&y\\y&0&\cdots&0&x\end{vmatrix};\quad(2)\ D_n=\begin{vmatrix}1&2&2&\cdots&2\\2&2&2&\cdots&2\\2&2&3&\cdots&2\\\vdots&\vdots&\vdots&&\vdots\\2&2&2&\cdots&n\end{vmatrix}.$$

解 $$(1)\ D_n\xlongequal{\text{按第1列展开}}x\begin{vmatrix}x&y&\cdots&0\\0&x&\cdots&0\\\vdots&\vdots&&\vdots\\0&0&\cdots&x\end{vmatrix}+(-1)^{n+1}y\begin{vmatrix}y&0&\cdots&0\\x&y&\cdots&0\\\vdots&\vdots&&\vdots\\0&0&\cdots&y\end{vmatrix}$$

$$=x^n+(-1)^{n+1}y^n;$$

$$(2)\ D_n\xlongequal[i=1,3,\cdots,n]{r_i-r_2}\begin{vmatrix}-1&0&0&\cdots&0\\2&2&2&\cdots&2\\0&0&1&\cdots&0\\\vdots&\vdots&\vdots&&\vdots\\0&0&0&\cdots&n-2\end{vmatrix}$$

$$\xlongequal{\text{按第 1 行展开}} -\begin{vmatrix} 2 & 2 & 2 & \cdots & 2 \\ 0 & 1 & 0 & \cdots & 0 \\ 0 & 0 & 2 & \cdots & 0 \\ \vdots & \vdots & \vdots & & \vdots \\ 0 & 0 & 0 & \cdots & n-2 \end{vmatrix}$$

$$= -2(n-2)!\ .$$

例 1.3.3　证明范德蒙德(Vandermonde)行列式

数学家小传 1-1
范德蒙德

$$D_n = \begin{vmatrix} 1 & 1 & \cdots & 1 & 1 \\ x_1 & x_2 & \cdots & x_{n-1} & x_n \\ x_1^2 & x_2^2 & \cdots & x_{n-1}^2 & x_n^2 \\ \vdots & \vdots & & \vdots & \vdots \\ x_1^{n-1} & x_2^{n-1} & \cdots & x_{n-1}^{n-1} & x_n^{n-1} \end{vmatrix} = \prod_{n \geqslant i > j \geqslant 1} (x_i - x_j),$$

其中记号“Π”表示全体同类因子的乘积.

证　采用数学归纳法. 当 $n = 2$ 时,

$$D_2 = \begin{vmatrix} 1 & 1 \\ x_1 & x_2 \end{vmatrix} = x_2 - x_1,$$

结论成立.

假设对 $n-1$ 阶范德蒙德行列式结论成立,以下考虑 n 阶情形.

$$D_n \xlongequal[i = n, n-1, \cdots, 3, 2]{r_i - x_1 r_{i-1}} \begin{vmatrix} 1 & 1 & 1 & \cdots & 1 \\ 0 & x_2 - x_1 & x_3 - x_1 & \cdots & x_n - x_1 \\ 0 & x_2(x_2 - x_1) & x_3(x_3 - x_1) & \cdots & x_n(x_n - x_1) \\ \vdots & \vdots & \vdots & & \vdots \\ 0 & x_2^{n-2}(x_2 - x_1) & x_3^{n-2}(x_3 - x_1) & \cdots & x_n^{n-2}(x_n - x_1) \end{vmatrix}$$

$$\xlongequal[\text{提取公因子}]{\text{按第 1 列展开}} \prod_{i=2}^{n} (x_i - x_1) \begin{vmatrix} 1 & 1 & \cdots & 1 \\ x_2 & x_3 & \cdots & x_n \\ \vdots & \vdots & & \vdots \\ x_2^{n-2} & x_3^{n-2} & \cdots & x_n^{n-2} \end{vmatrix} = \prod_{n \geqslant i > j \geqslant 1} (x_i - x_j).$$

故结论成立.

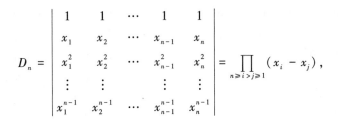

例 1.3.4 计算行列式 $D_n=\begin{vmatrix}9&5&0&0&\cdots&0&0&0\\4&9&5&0&\cdots&0&0&0\\0&4&9&5&\cdots&0&0&0\\\vdots&\vdots&\vdots&\vdots&&\vdots&\vdots&\vdots\\0&0&0&0&\cdots&4&9&5\\0&0&0&0&\cdots&0&4&9\end{vmatrix}$.

解 按第 1 列展开,有

$$D_n=9\begin{vmatrix}9&5&0&0&\cdots&0&0&0\\4&9&5&0&\cdots&0&0&0\\\vdots&\vdots&\vdots&\vdots&&\vdots&\vdots&\vdots\\0&0&0&0&\cdots&4&9&5\\0&0&0&0&\cdots&0&4&9\end{vmatrix}-4\begin{vmatrix}5&0&0&0&\cdots&0&0&0\\4&9&5&0&\cdots&0&0&0\\\vdots&\vdots&\vdots&\vdots&&\vdots&\vdots&\vdots\\0&0&0&0&\cdots&4&9&5\\0&0&0&0&\cdots&0&4&9\end{vmatrix}$$

$=9D_{n-1}-20D_{n-2}$,

变形为

$$D_n-5D_{n-1}=4(D_{n-1}-5D_{n-2}) \quad 或 \quad D_n-4D_{n-1}=5(D_{n-1}-4D_{n-2}).$$

由于 $D_2=61, D_1=9$, 而

$$D_n-5D_{n-1}=4(D_{n-1}-5D_{n-2})=\cdots=4^{n-2}(D_2-5D_1)=4^n,$$

$$D_n-4D_{n-1}=5(D_{n-1}-4D_{n-2})=\cdots=5^{n-2}(D_2-4D_1)=5^n.$$

联立上述二式,得

$$D_n=5^{n+1}-4^{n+1}.$$

该行列式称为**三对角行列式**.题中所用的计算方法(递推法)对一般的三对角行列式均适用.

例 1.3.5 已知4阶行列式 $D=\begin{vmatrix}1&0&2&0\\-1&4&3&6\\0&-2&5&-3\\\frac{1}{2}&1&\frac{1}{3}&2\end{vmatrix}$,求 $3A_{41}+A_{42}+A_{43}$ 的值,其中 A_{ij} 为 a_{ij} 的代数余子式.

解 方法 1 直接计算 $A_{4j}(j=1,2,3)$ 的值,然后相加(略).

方法 2 由行列式按行(列)展开定理,将所给行列式的第 4 行元素依次换成 3,1,1,0,得

$$3A_{41}+A_{42}+A_{43}=\begin{vmatrix}1&0&2&0\\-1&4&3&6\\0&-2&5&-3\\3&1&1&0\end{vmatrix}\xlongequal[r_4-3r_1]{r_2+r_1}\begin{vmatrix}1&0&2&0\\0&4&5&6\\0&-2&5&-3\\0&1&-5&0\end{vmatrix}$$

$$\xlongequal[r_3+2r_4]{r_2-4r_4}\begin{vmatrix}1&0&2&0\\0&0&25&6\\0&0&-5&-3\\0&1&-5&0\end{vmatrix}=\begin{vmatrix}0&25&6\\0&-5&-3\\1&-5&0\end{vmatrix}=\begin{vmatrix}25&6\\-5&-3\end{vmatrix}=-45.$$

*2. 拉普拉斯定理

行列式按一行(列)展开的性质可以推广到按若干行(列)展开.为此,引入

定义 1.3.2　在 n 阶行列式 D 中,任意选定 k 行、k 列 $(1\leqslant k\leqslant n)$,位于这些行列交叉处的 k^2 个元素按原来顺序构成的一个 k 阶行列式 N,称为行列式 D 的一个 k **阶子式**.在 D 中划去 k 行、k 列后,余下的元素按原来顺序构成的一个 $n-k$ 阶行列式 M,称为 k 阶子式 N 的**余子式**;而 $(-1)^{(i_1+i_2+\cdots+i_k)+(j_1+j_2+\cdots+j_k)}M$ 为 N 的**代数余子式**,这里 $i_1,i_2,\cdots,i_k$ 及 $j_1,j_2,\cdots,j_k$ 分别为 D 的 k 阶子式 N 所在的行、列标号.

例如　行列式 $D=\begin{vmatrix}2&0&3&4\\1&2&-1&2\\-2&1&4&0\\3&1&5&6\end{vmatrix}$ 中,选定第 1、3 行,第 1、4 列,就确定了一个 D 的 2 阶子式 $N=\begin{vmatrix}2&4\\-2&0\end{vmatrix}$,2 阶子式 N 的余子式为 $M=\begin{vmatrix}2&-1\\1&5\end{vmatrix}$,代数余子式为 $(-1)^{(1+3)+(1+4)}M=-M=-\begin{vmatrix}2&-1\\1&5\end{vmatrix}$.

定理 1.3.2(拉普拉斯(Laplace)定理)　在 n 阶行列式 D 中任取 k 行 $(1\leqslant k\leqslant n)$,由这 k 行元素组成的所有 k 阶子式与它们的代数余子式的乘积之和等于行列式 D 的值,即

$$D=N_1A_1+N_2A_2+\cdots+N_tA_t\quad\left(t=\mathrm{C}_n^k=\frac{n!}{k!\,(n-k)!}\right),$$

其中 A_i 是 k 阶子式 $N_i(i=1,2,\cdots,t)$ 对应的代数余子式.

显然,在拉普拉斯定理中令 $k=1$,即为行列式按行(列)展开定理.

数学家小传 1-2
拉普拉斯

例 1.3.6 用拉普拉斯定理计算 $D=\begin{vmatrix}2&0&3&4\\1&2&-1&2\\-2&1&4&0\\3&1&5&6\end{vmatrix}$.

解 选定第1、3行,得到6个二阶子式:

$$N_1=\begin{vmatrix}2&0\\-2&1\end{vmatrix}=2,\quad N_2=\begin{vmatrix}2&3\\-2&4\end{vmatrix}=14,\quad N_3=\begin{vmatrix}2&4\\-2&0\end{vmatrix}=8,$$

$$N_4=\begin{vmatrix}0&3\\1&4\end{vmatrix}=-3,\quad N_5=\begin{vmatrix}0&4\\1&0\end{vmatrix}=-4,\quad N_6=\begin{vmatrix}3&4\\4&0\end{vmatrix}=-16,$$

对应的6个代数余子式分别为

$$A_1=(-1)^{(1+3)+(1+2)}M_1=-\begin{vmatrix}-1&2\\5&6\end{vmatrix}=16,\quad A_2=(-1)^{(1+3)+(1+3)}M_2=\begin{vmatrix}2&2\\1&6\end{vmatrix}=10,$$

$$A_3=(-1)^{(1+3)+(1+4)}M_3=-\begin{vmatrix}2&-1\\1&5\end{vmatrix}=-11,\quad A_4=(-1)^{(1+3)+(2+3)}M_4=-\begin{vmatrix}1&2\\3&6\end{vmatrix}=0,$$

$$A_5=(-1)^{(1+3)+(2+4)}M_5=\begin{vmatrix}1&-1\\3&5\end{vmatrix}=8,\quad A_6=(-1)^{(1+3)+(3+4)}M_6=-\begin{vmatrix}1&2\\3&1\end{vmatrix}=5.$$

所以

$$\begin{aligned}D&\xlongequal{\text{按第 1、3 行展开}}N_1A_1+N_2A_2+N_3A_3+N_4A_4+N_5A_5+N_6A_6\\&=2\times16+14\times10+8\times(-11)+(-3)\times0+(-4)\times8+(-16)\times5\\&=-28.\end{aligned}$$

该例说明,直接应用拉普拉斯定理计算行列式并不容易.但它在理论上有重要意义,并且针对某些特殊类型行列式的计算较为有效.

例 1.3.7 计算行列式 $D=\begin{vmatrix}1&2&0&0\\3&4&0&0\\0&0&-1&3\\0&0&5&1\end{vmatrix}$.

解 选定第1、2行,得6个二阶子式:

$$N_1=\begin{vmatrix}1&2\\3&4\end{vmatrix}=-2,\quad N_2=N_3=\begin{vmatrix}1&0\\3&0\end{vmatrix}=0,$$

$$N_4=N_5=\begin{vmatrix}2&0\\4&0\end{vmatrix}=0,\quad N_6=\begin{vmatrix}0&0\\0&0\end{vmatrix}=0,$$

N_1 的代数余子式为

$$A_1=(-1)^{(1+2)+(1+2)}M_1=\begin{vmatrix}-1&3\\5&1\end{vmatrix}=-16,$$

所以

$$D\xlongequal{\text{按第 1、2 行展开}}N_1A_1+N_2A_2+N_3A_3+N_4A_4+N_5A_5+N_6A_6$$
$$=(-2)\times(-16)+0\times A_2+0\times A_3+0\times A_4+0\times A_5+0\times A_6=32.$$

一般地，有

$$\begin{vmatrix}a_{11}&\cdots&a_{1k}&0&\cdots&0\\ \vdots&&\vdots&\vdots&&\vdots\\ a_{k1}&\cdots&a_{kk}&0&\cdots&0\\ c_{11}&\cdots&c_{1k}&b_{11}&\cdots&b_{1n}\\ \vdots&&\vdots&\vdots&&\vdots\\ c_{n1}&\cdots&c_{nk}&b_{n1}&\cdots&b_{nn}\end{vmatrix}=\begin{vmatrix}a_{11}&\cdots&a_{1k}\\ \vdots&&\vdots\\ a_{k1}&\cdots&a_{kk}\end{vmatrix}\cdot\begin{vmatrix}b_{11}&\cdots&b_{1n}\\ \vdots&&\vdots\\ b_{n1}&\cdots&b_{nn}\end{vmatrix}.$$

看一个应用.

例 1.3.8(八阵图的“玄机”)　有一个流传很广的游戏:任意挑选八个数字,组成一个八阵图,比如 $\begin{pmatrix}1&2&3&7\\5&9&6&4\end{pmatrix}$,当把这些数字分为两组,逐对相乘后进行加减,最后结果都会是同一数字 0. 具体地说,第一次,相邻四个数按对角线法则相乘取加号,第二次,相隔四数对角线法则相乘取减号,第三次,外圈与内圈各四数也按对角线法则相乘后取加号,即

$$\begin{vmatrix}1&2\\5&9\end{vmatrix}\begin{vmatrix}3&7\\6&4\end{vmatrix}-\begin{vmatrix}1&3\\5&6\end{vmatrix}\begin{vmatrix}2&7\\9&4\end{vmatrix}+\begin{vmatrix}1&7\\5&4\end{vmatrix}\begin{vmatrix}2&3\\9&6\end{vmatrix}$$
$$=(1\times9-2\times5)(3\times4-7\times6)-(1\times6-3\times5)(2\times4-7\times9)+(1\times4-7\times5)(2\times6-3\times9)$$
$$=30-495+465=0.$$

能否破解这其中的“玄机”?

解　事实上,这只要对一个值为 0 的行列式进行拉普拉斯展开即可. 这是因为,行列式

$$\begin{vmatrix}1&2&3&7\\5&9&6&4\\1&2&3&7\\5&9&6&4\end{vmatrix}=0,$$

利用拉普拉斯定理将其展开,可得

$$\begin{vmatrix}1&2&3&7\\5&9&6&4\\1&2&3&7\\5&9&6&4\end{vmatrix}=2\left(\begin{vmatrix}1&2\\5&9\end{vmatrix}\begin{vmatrix}3&7\\6&4\end{vmatrix}-\begin{vmatrix}1&3\\5&6\end{vmatrix}\begin{vmatrix}2&7\\9&4\end{vmatrix}+\begin{vmatrix}1&7\\5&4\end{vmatrix}\begin{vmatrix}2&3\\9&6\end{vmatrix}\right)=0.$$

将 $\begin{pmatrix}1&2&3&7\\5&9&6&4\end{pmatrix}$ 换成任意八阵图 $\begin{pmatrix}a_1&a_2&a_3&a_4\\a_5&a_6&a_7&a_8\end{pmatrix}$ 都有类似结论. 可见,数学是无处不在的.

习题 1.3(A)

1. 单项选择题.

(1) $D=\begin{vmatrix}1&2&1\\-2&-1&3\\0&0&4\end{vmatrix}$ 中,元素 2 的代数余子式的值等于(　　);

(A) -8　　(B) 8　　(C) 4　　(D) -4

(2) $\begin{vmatrix}1&1&1\\x&y&z\\x^2&y^2&z^2\end{vmatrix}=$(　　);

(A) $(y-x)(z-x)(z-y)$　　(B) xyz

(C) $(y+x)(z+x)(z+y)$　　(D) $x+y+z$

(3) $\begin{vmatrix}5&2&0&0\\2&1&0&0\\0&0&\lambda-2&3\\0&0&3&\lambda-2\end{vmatrix}=0$ 的充分必要条件为(　　);

(A) $\lambda=1$ 或 $\lambda=-5$　　(B) $\lambda=5$ 或 $\lambda=-1$

(C) $\lambda=2$ 或 $\lambda=-3$　　(D) $\lambda=3$ 或 $\lambda=-2$

(4) 4 阶行列式 $\begin{vmatrix}a_1&0&0&b_1\\0&a_2&b_2&0\\0&b_3&a_3&0\\b_4&0&0&a_4\end{vmatrix}$ 的值等于(　　).

(A) $a_1a_2a_3a_4-b_1b_2b_3b_4$　　(B) $a_1a_2a_3a_4+b_1b_2b_3b_4$

(C) $(a_1a_2-b_1b_2)(a_3a_4-b_3b_4)$　　(D) $(a_2a_3-b_2b_3)(a_1a_4-b_1b_4)$

2. 判断题.

(1) 设 A_{ij} 是 n 阶行列式 D 中元素 a_{ij} 的代数余子式,则 $\sum\limits_{k=1}^{n}a_{ik}A_{jk}=D$;(　　)

(2) $D=\begin{vmatrix}1&2&3\\6&0&-4\\5&2&0\end{vmatrix}$中元素-4 的代数余子式的值应为-8;(　　)

(3) $D=\begin{vmatrix}1&2&3&4\\5&5&5&5\\2&1&1&9\\8&6&4&1\end{vmatrix}$中,第 4 行元素的代数余子式之和 $A_{41}+A_{42}+A_{43}+A_{44}$ 为 0.
(　　)

3. 计算下列行列式.

(1) $\begin{vmatrix}2&0&0&0\\3&1&1&1\\4&x&y&z\\5&x^2&y^2&z^2\end{vmatrix}$;　(2) $\begin{vmatrix}1&1&1&1\\1&2&3&4\\1&4&9&16\\1&8&27&64\end{vmatrix}$;

(3) $\begin{vmatrix}1-a&a&0&0&0\\-1&1-a&a&0&0\\0&-1&1-a&a&0\\0&0&-1&1-a&a\\0&0&0&-1&1-a\end{vmatrix}$.

4. 已知行列式:

(1) $\begin{vmatrix}1&1&1&1\\7&8&1&2\\2&4&3&1\\2&5&7&9\end{vmatrix}$;　(2) $\begin{vmatrix}2&2&3&4\\1&1&2&3\\1&-5&1&3\\1&1&3&4\end{vmatrix}$.

求 $A_{11}+A_{12}+A_{13}+A_{14}$,其中 A_{ij} 为行列式的元素 a_{ij} 的代数余子式.

5. 已知行列式 $D=\begin{vmatrix}1&2&3&4&5\\1&1&1&2&2\\3&2&1&4&6\\2&2&2&1&1\\4&3&1&5&0\end{vmatrix}$,求:

(1) $A_{31}+A_{32}+A_{33}$;　(2) $A_{34}+A_{35}$;　(3) $A_{51}+A_{52}+A_{53}+A_{54}+A_{55}$.

6. 计算下列 n 阶行列式.

(1) $D_n=\begin{vmatrix}1&2&3&\cdots&n-1&n\\1&-1&0&\cdots&0&0\\0&2&-2&\cdots&0&0\\\vdots&\vdots&\vdots&&\vdots&\vdots\\0&0&0&\cdots&2-n&0\\0&0&0&\cdots&n-1&1-n\end{vmatrix}$;

(2) $D_n = \begin{vmatrix} 1 & 1 & \cdots & 1 & -n \\ 1 & 1 & \cdots & -n & 1 \\ \vdots & \vdots & & \vdots & \vdots \\ 1 & -n & \cdots & 1 & 1 \\ -n & 1 & \cdots & 1 & 1 \end{vmatrix}$;

(3) $D_n = \begin{vmatrix} 2 & 1 & 0 & \cdots & 0 & 0 \\ 1 & 2 & 1 & \cdots & 0 & 0 \\ 0 & 1 & 2 & \cdots & 0 & 0 \\ \vdots & \vdots & \vdots & & \vdots & \vdots \\ 0 & 0 & 0 & \cdots & 2 & 1 \\ 0 & 0 & 0 & \cdots & 1 & 2 \end{vmatrix}$; (4) $D_n = \begin{vmatrix} 1 & 1 & \cdots & 1 & 1 \\ 2 & 2^2 & \cdots & 2^{n-1} & 2^n \\ 3 & 3^2 & \cdots & 3^{n-1} & 3^n \\ \vdots & \vdots & & \vdots & \vdots \\ n & n^2 & \cdots & n^{n-1} & n^n \end{vmatrix}$.

7. 证明：$\begin{vmatrix} a & 0 & b & 0 \\ 0 & c & 0 & d \\ y & 0 & x & 0 \\ 0 & w & 0 & z \end{vmatrix} = \begin{vmatrix} a & b \\ y & x \end{vmatrix} \cdot \begin{vmatrix} c & d \\ w & z \end{vmatrix}$.

习题 1.3(B)

1. 已知 $D = \begin{vmatrix} a_1 & a_2 & a_3 & a_4 \\ a_2 & a_2 & a_4 & a_5 \\ a_3 & a_2 & a_5 & a_6 \\ a_4 & a_2 & a_6 & a_7 \end{vmatrix}$，求 $A_{13} + A_{23} + A_{33} + A_{43}$.

2. 设行列式 $D = \begin{vmatrix} 3 & 0 & 4 & 0 \\ 2 & 2 & 2 & 2 \\ 0 & -7 & 0 & 0 \\ 5 & 3 & -2 & 2 \end{vmatrix}$，求第 4 行各元素余子式之和.

3. 证明：

(1) $\begin{vmatrix} a_{11} & a_{12} & 0 & 0 \\ a_{21} & a_{22} & 0 & 0 \\ *_1 & *_2 & b_{11} & b_{12} \\ *_3 & *_4 & b_{21} & b_{22} \end{vmatrix} = \begin{vmatrix} a_{11} & a_{12} \\ a_{21} & a_{22} \end{vmatrix} \cdot \begin{vmatrix} b_{11} & b_{12} \\ b_{21} & b_{22} \end{vmatrix}$，其中 $*_i (i = 1,2,3,4)$ 为任意数；

(2) $D_n=\begin{vmatrix} x & -1 & 0 & \cdots & 0 & 0 \\ 0 & x & -1 & \cdots & 0 & 0 \\ 0 & 0 & x & \cdots & 0 & 0 \\ \vdots & \vdots & \vdots & & \vdots & \vdots \\ 0 & 0 & 0 & \cdots & x & -1 \\ a_n & a_{n-1} & a_{n-2} & \cdots & a_2 & a_1+x \end{vmatrix}=a_n+a_{n-1}x+a_{n-2}x^2+\cdots+a_1x^{n-1}+x^n$;

(3) $D_{n+1}=\begin{vmatrix} a^n & (a-1)^n & \cdots & (a-n)^n \\ a^{n-1} & (a-1)^{n-1} & \cdots & (a-n)^{n-1} \\ \vdots & \vdots & & \vdots \\ a & a-1 & \cdots & a-n \\ 1 & 1 & \cdots & 1 \end{vmatrix}=\prod_{0\leqslant j<i\leqslant n}(i-j)$;

(4) $D_n=\begin{vmatrix} \cos\theta & 1 & 0 & \cdots & 0 \\ 1 & 2\cos\theta & 1 & \cdots & 0 \\ 0 & 1 & 2\cos\theta & \cdots & 0 \\ \vdots & \vdots & \vdots & & \vdots \\ 0 & 0 & 0 & \cdots & 2\cos\theta \end{vmatrix}=\cos n\theta$.

第 1.4 节 克拉默法则

下面以行列式为工具，研究含有 n 个未知量、n 个方程的 n 元线性方程组的问题.

定理 1.4.1（克拉默（Cramer）法则） 如果 n 元线性方程组

$$\begin{cases} a_{11}x_1+a_{12}x_2+\cdots+a_{1n}x_n=b_1, \\ a_{21}x_1+a_{22}x_2+\cdots+a_{2n}x_n=b_2, \\ \cdots\cdots\cdots\cdots \\ a_{n1}x_1+a_{n2}x_2+\cdots+a_{nn}x_n=b_n \end{cases} \tag{1.4.1}$$

数学家小传 1-3
克拉默

的系数行列式 $D=\begin{vmatrix} a_{11} & a_{12} & \cdots & a_{1n} \\ a_{21} & a_{22} & \cdots & a_{2n} \\ \vdots & \vdots & & \vdots \\ a_{n1} & a_{n2} & \cdots & a_{nn} \end{vmatrix}\neq 0$，则方程组有唯一解

$$x_1=\frac{D_1}{D},\quad x_2=\frac{D_2}{D},\quad \cdots,\quad x_n=\frac{D_n}{D}, \tag{1.4.2}$$

其中 $D_j(j=1,2,\cdots,n)$ 是把系数行列式 D 中第 j 列的元素换成方程组常数项 $b_1,b_2,\cdots,b_n$，其余各列保持不变所构成的 n 阶行列式，即

$$D_j=\begin{vmatrix} a_{11} & \cdots & a_{1,j-1} & b_1 & a_{1,j+1} & \cdots & a_{1n} \\ a_{21} & \cdots & a_{2,j-1} & b_2 & a_{2,j+1} & \cdots & a_{2n} \\ \vdots & & \vdots & \vdots & \vdots & & \vdots \\ a_{n1} & \cdots & a_{n,j-1} & b_n & a_{n,j+1} & \cdots & a_{nn} \end{vmatrix}.$$

定理的结论有两层含义：①方程组(1.4.1)有解；②解唯一且可由式(1.4.2)给出.

证　首先证明方程组(1.4.1)有解.事实上，将 $x_j=\dfrac{D_j}{D}\ (j=1,2,\cdots,n)$ 代入第 i 个方程的左端，再利用定理 1.3.1，将 D_j 按第 j 列展开

$$D_j=b_1A_{1j}+b_2A_{2j}+\cdots+b_nA_{nj}\quad(j=1,2,\cdots,n),$$

得

$$\begin{aligned}
&a_{i1}\frac{D_1}{D}+a_{i2}\frac{D_2}{D}+\cdots+a_{in}\frac{D_n}{D}\\
=&\frac{1}{D}[a_{i1}(b_1A_{11}+b_2A_{21}+\cdots+b_nA_{n1})+a_{i2}(b_1A_{12}+b_2A_{22}+\cdots+\\
&b_nA_{n2})+\cdots+a_{in}(b_1A_{1n}+b_2A_{2n}+\cdots+b_nA_{nn})]\\
=&\frac{1}{D}[b_1(a_{i1}A_{11}+a_{i2}A_{12}+\cdots+a_{in}A_{1n})+b_2(a_{i1}A_{21}+a_{i2}A_{22}+\cdots+a_{in}A_{2n})+\cdots+\\
&b_i(a_{i1}A_{i1}+a_{i2}A_{i2}+\cdots+a_{in}A_{in})+\cdots+b_n(a_{i1}A_{n1}+a_{i2}A_{n2}+\cdots+a_{in}A_{nn})]\\
=&\frac{1}{D}b_iD=b_i.
\end{aligned}$$

即式(1.4.2)给出的 $x_1,x_2,\cdots,x_n$ 是方程组(1.4.1)的解.

下证解唯一. 设 $x_j=c_j(j=1,2,\cdots,n)$ 为方程组(1.4.1)的任意一个解，则

$$\begin{cases} a_{11}c_1+a_{12}c_2+\cdots+a_{1n}c_n=b_1, \\ a_{21}c_1+a_{22}c_2+\cdots+a_{2n}c_n=b_2, \\ \cdots\cdots\cdots\cdots \\ a_{n1}c_1+a_{n2}c_2+\cdots+a_{nn}c_n=b_n. \end{cases}$$

用 D 的第 j 列元素的代数余子式 $A_{1j},A_{2j},\cdots,A_{nj}$ 依次乘方程组中各等式，相加得

$$\left(\sum_{k=1}^{n} a_{k1}A_{kj}\right)c_1 + \cdots + \left(\sum_{k=1}^{n} a_{kj}A_{kj}\right)c_j + \cdots + \left(\sum_{k=1}^{n} a_{kn}A_{kj}\right)c_n = \sum_{k=1}^{n} b_k A_{kj},$$

从而

$$Dc_j = D_j,$$

由于 $D \neq 0$, 因此

$$c_j = \frac{D_j}{D} \quad (j = 1,2,\cdots,n).$$

此即说明,若 $x_j = c_j(j = 1,2,\cdots,n)$ 为方程组(1.4.1)的解,则必有 $c_j = \frac{D_j}{D}(j = 1,2,\cdots,n)$, 即方程组的解是唯一的.

推论 1　如果线性方程组(1.4.1)无解或解不唯一,则 $D = 0$.

推论 2　如果齐次线性方程组

$$\begin{cases} a_{11}x_1 + a_{12}x_2 + \cdots + a_{1n}x_n = 0, \\ a_{21}x_1 + a_{22}x_2 + \cdots + a_{2n}x_n = 0, \\ \cdots\cdots\cdots\cdots \\ a_{n1}x_1 + a_{n2}x_2 + \cdots + a_{nn}x_n = 0 \end{cases} \tag{1.4.3}$$

的系数行列式 $D \neq 0$, 则方程组只有零解,而若方程组有非零解,则 $D = 0$.

可以证明, 系数行列式 $D = 0$, 是方程组(1.4.3)有非零解的充分必要条件.

例 1.4.1　解线性方程组 $\begin{cases} 6x_1 + 4x_3 + x_4 = 3, \\ x_1 - x_2 + 2x_3 + x_4 = 1, \\ 4x_1 + x_2 + 2x_3 = 1, \\ x_1 + x_2 + x_3 + x_4 = 0. \end{cases}$

解　系数行列式 $D = \begin{vmatrix} 6 & 0 & 4 & 1 \\ 1 & -1 & 2 & 1 \\ 4 & 1 & 2 & 0 \\ 1 & 1 & 1 & 1 \end{vmatrix} = -5 \neq 0$, 由克拉默法则,方程组有唯一解.此时

$$D_1 = \begin{vmatrix} 3 & 0 & 4 & 1 \\ 1 & -1 & 2 & 1 \\ 1 & 1 & 2 & 0 \\ 0 & 1 & 1 & 1 \end{vmatrix} = -5, \qquad D_2 = \begin{vmatrix} 6 & 3 & 4 & 1 \\ 1 & 1 & 2 & 1 \\ 4 & 1 & 2 & 0 \\ 1 & 0 & 1 & 1 \end{vmatrix} = 5,$$

$$D_3=\begin{vmatrix}6&0&3&1\\1&-1&1&1\\4&1&1&0\\1&1&0&1\end{vmatrix}=5,\qquad D_4=\begin{vmatrix}6&0&4&3\\1&-1&2&1\\4&1&2&1\\1&1&1&0\end{vmatrix}=-5.$$

所以

$$x_1=\frac{D_1}{D}=1,\quad x_2=\frac{D_2}{D}=-1,\quad x_3=\frac{D_3}{D}=-1,\quad x_4=\frac{D_4}{D}=1.$$

例 1.4.2 若齐次线性方程组 $\begin{cases}(1-\lambda)x_1+x_2+x_3=0,\\ x_1+(1-\lambda)x_2+x_3=0,\\ x_1+x_2+(1-\lambda)x_3=0\end{cases}$

有非零解，求 λ 的值.

解 系数行列式

$$D=\begin{vmatrix}1-\lambda&1&1\\1&1-\lambda&1\\1&1&1-\lambda\end{vmatrix}=\begin{vmatrix}3-\lambda&3-\lambda&3-\lambda\\1&1-\lambda&1\\1&1&1-\lambda\end{vmatrix}=(3-\lambda)\begin{vmatrix}1&1&1\\1&1-\lambda&1\\1&1&1-\lambda\end{vmatrix}$$

$$=(3-\lambda)\lambda^2,$$

方程组有非零解，则 $D=0$. 于是 $\lambda=3$ 或 $\lambda=0$.

停下来想一想

① 是否任意线性方程组都能利用克拉默法则求解? 试考察线性方程组

$$\begin{cases}x_1-2x_2+4x_3=1,\\2x_1+x_2+x_3=0,\\3x_1-x_2+5x_3=1.\end{cases}$$

克拉默法则失效是否意味着方程组无解? 试考察方程组

$$\begin{cases}x_1-2x_2+4x_3=1,\\2x_1-4x_2+8x_3=2.\end{cases}$$

你得出了什么结论?

② 克拉默法则应用条件苛刻:只有当方程组中方程个数与未知量个数相等且系数行列式不等于零时有效;对一般的线性方程组应该怎样求解? 如何判别是否有解?

最后，看两个应用问题.

例 1.4.3 在平面上给出不共线的三个点 $P_i(x_i,y_i)$，$i=1,2,3$，且 x_1，x_2，x_3 互不相同，求通过这三点的一条抛物线，使其对称轴平行于 y 轴.

解 对称轴平行于 y 轴的抛物线可设为

$$y = ax^2 + bx + c.$$

依题意，点 $P_i(x_i,y_i)$，$i=1,2,3$ 在抛物线上，故有

$$\begin{cases} ax^2 + bx + c - y = 0, \\ ax_1^2 + bx_1 + c - y_1 = 0, \\ ax_2^2 + bx_2 + c - y_2 = 0, \\ ax_3^2 + bx_3 + c - y_3 = 0, \end{cases}$$

将其视为以 $a,b,c,-1$ 为解的 4 元齐次线性方程组，因其有非零解，知必有系数行列式 $\begin{vmatrix} x^2 & x & 1 & y \\ x_1^2 & x_1 & 1 & y_1 \\ x_2^2 & x_2 & 1 & y_2 \\ x_3^2 & x_3 & 1 & y_3 \end{vmatrix} = 0$. 这就是所求抛物线方程. 题目条件保证了该行列式按第 1 行展开时，y 及 x^2 的系数均不为零.

例 1.4.4(商品利润率问题) 某公司 A、B、C、D 四类商品 4 个月的销售额和总利润(万元)如表 1.4.1 所示，试求出每类商品的利润率.

表 1.4.1 公司数据报表 单位:万元

销售额		商品				总利润
		A	B	C	D	
月份	1	4	6	8	10	2.74
	2	4	6	9	9	2.76
	3	5	6	8	10	2.89
	4	5	5	9	9	2.79

解 若设 A、B、C、D 四类商品的利润率分别为 x_1,x_2,x_3,x_4，由于总利润等于销售额与利润率乘积，故有

$$\begin{cases}4x_1+6x_2+8x_3+10x_4=2.74,\\4x_1+6x_2+9x_3+9x_4\ =2.76,\\5x_1+6x_2+8x_3+10x_4=2.89,\\5x_1+5x_2+9x_3+9x_4\ =2.79,\end{cases}$$

由于系数行列式 $D=\begin{vmatrix}4&6&8&10\\4&6&9&9\\5&6&8&10\\5&5&9&9\end{vmatrix}=18\neq0$,由克拉默法则知,方程组有唯一解;而

$$D_1=\begin{vmatrix}2.74&6&8&10\\2.76&6&9&9\\2.89&6&8&10\\2.79&5&9&9\end{vmatrix}=2.7,\quad D_2=\begin{vmatrix}4&2.74&8&10\\4&2.76&9&9\\5&2.89&8&10\\5&2.79&9&9\end{vmatrix}=2.16,$$

$$D_3=\begin{vmatrix}4&6&2.74&10\\4&6&2.76&9\\5&6&2.89&10\\5&5&2.79&9\end{vmatrix}=1.62,\quad D_4=\begin{vmatrix}4&6&8&2.74\\4&6&9&2.76\\5&6&8&2.89\\5&5&9&2.79\end{vmatrix}=1.26,$$

所以

$$x_1=\frac{D_1}{D}=0.15=15\%,x_2=\frac{D_2}{D}=0.12=12\%,x_3=\frac{D_3}{D}=0.09=9\%,x_4=\frac{D_4}{D}=0.07=7\%,$$

即 A、B、C、D 四类商品的利润率分别为 15%、12%、9%和 7%.

习题 1.4(A)

1. 用克拉默法则解线性方程组 $\begin{cases}2x_1-x_2-x_3=4,\\3x_1+4x_2-2x_3=11,\\3x_1-2x_2+4x_3=11.\end{cases}$

2. 若齐次线性方程组 $\begin{cases}kx_1+x_2+x_3=0,\\x_1+kx_2+x_3=0,\\x_1+x_2+kx_3=0\end{cases}$ 有非零解,求 k 的值.

3. 求一个二次多项式 $f(x)$,使得

$$f(1)=0,\quad f(2)=3,\quad f(-3)=28.$$

4. 设 $a_1, a_2, \cdots, a_n$ 各不相等，证明方程组 $\begin{cases} x_1 + a_1x_2 + a_1^2x_3 + \cdots + a_1^{n-1}x_n = 1, \\ x_1 + a_2x_2 + a_2^2x_3 + \cdots + a_2^{n-1}x_n = 1, \\ \cdots\cdots\cdots\cdots \\ x_1 + a_nx_2 + a_n^2x_3 + \cdots + a_n^{n-1}x_n = 1 \end{cases}$ 有唯一解，并求其解.

5. 某工厂分三批生产 A、B、C 三种产品，具体生产数据信息如表 1.4.2 所示，试求出每种商品的单位成本（单位：万元）.

表 1.4.2　生产数据信息

产量/t		产品			总成本
		A	B	C	
批次	1	0.30	0.40	0.50	5.0
	2	0.25	0.35	0.45	4.3
	3	0.15	0.20	0.30	2.6

习题 1.4（B）

1. 设 a, b, c, d 是不全为零的实数，证明方程组 $\begin{cases} ax_1 + bx_2 + cx_3 + dx_4 = 0, \\ bx_1 - ax_2 + dx_3 - cx_4 = 0, \\ cx_1 - dx_2 - ax_3 + bx_4 = 0, \\ dx_1 + cx_2 - bx_3 - ax_4 = 0 \end{cases}$ 只有零解.

2. 已知平面上三条不同直线的方程分别为 $l_1: ax + 2by + 3c = 0$，$l_2: bx + 2cy + 3a = 0$，$l_3: cx + 2ay + 3b = 0$. 试证：这三条直线相交于一点的条件为 $a + b + c = 0$.

3. 设 $a_1, a_2, \cdots, a_n$ 各不相等，求证方程组

$$\begin{cases} x_1 + x_2 + \cdots + x_n = 1, \\ a_1x_1 + a_2x_2 + \cdots + a_nx_n = b, \\ a_1^2x_1 + a_2^2x_2 + \cdots + a_n^2x_n = b^2, \\ \cdots\cdots\cdots\cdots \\ a_1^{n-1}x_1 + a_2^{n-1}x_2 + \cdots + a_n^{n-1}x_n = b^{n-1} \end{cases}$$

有唯一解，并求其解.

第 1.5 节 Mathematica 软件应用

行列式与矩阵求解的 Mathematica 实

本节通过具体实例介绍如何应用 Mathematica 进行行列式的相关计算. 内容包括计算行列式与克拉默法则求解线性方程组.

1. 相关命令

利用命令 **Det**[■]可以计算行列式.

2. 应用示例

例 1.5.1 计算行列式:

(1) $\begin{vmatrix} 2 & 2 & 4 & 6 & -3 & 2 \\ 7 & 9 & 16 & -5 & 8 & -7 \\ 8 & 11 & 20 & 1 & 5 & 5 \\ 17 & 15 & 28 & 13 & -1 & 9 \\ 12 & 10 & 36 & 25 & -7 & 23 \\ 2 & 5 & 6 & -3 & 0 & 5 \end{vmatrix}$;

(2) $\begin{vmatrix} 0 & 1 & 2 & 3 \\ 1 & 1+a & 1 & 3 \\ 1 & 1 & 1-a & 0 \\ -2 & 4 & 0 & a \end{vmatrix}$.

解 (1) 打开 Mathematica 4.0 窗口,键入命令

$$\mathbf{Det}\left[\begin{matrix} 2 & 2 & 4 & 6 & -3 & 2 \\ 7 & 9 & 16 & -5 & 8 & -7 \\ 8 & 11 & 20 & 1 & 5 & 5 \\ 17 & 15 & 28 & 13 & -1 & 9 \\ 12 & 10 & 36 & 25 & -7 & 23 \\ 2 & 5 & 6 & -3 & 0 & 5 \end{matrix}\right]$$

按“Shift+Enter”键,得所求值.如图 1.5.1.

(2) 打开 Mathematica 4.0 窗口,键入命令

$$\mathbf{Det}\left[\begin{matrix} 0 & 1 & 2 & 3 \\ 1 & 1+a & 1 & 3 \\ 1 & 1 & 1-a & 0 \\ -2 & 4 & 0 & a \end{matrix}\right]$$

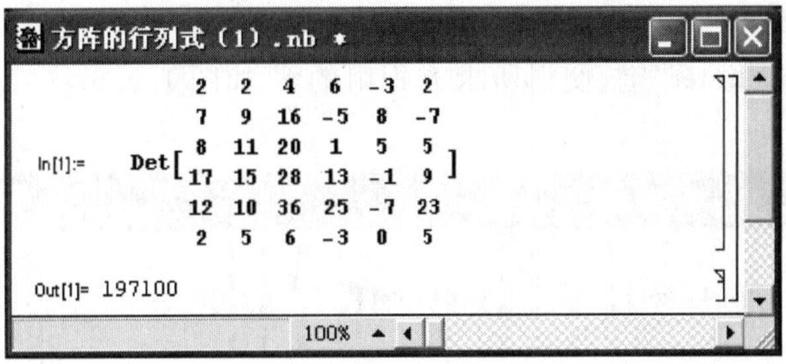

图 1.5.1

按“Shift+Enter”键，得所求值．如图 1.5.2.

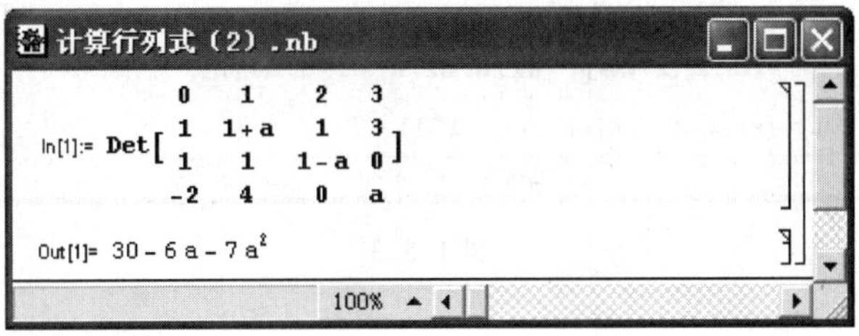

图 1.5.2

例 1.5.2　用克拉默法则解线性方程组 $\begin{cases}6x_1 + 4x_3 + x_4 = 3,\\ x_1 - x_2 + 2x_3 + x_4 = 1,\\ 4x_1 + x_2 + 2x_3 = 1,\\ x_1 + x_2 + x_3 + x_4 = 0.\end{cases}$

解　打开 Mathematica 4.0 窗口，键入命令

$$\mathbf{d = Det}\begin{bmatrix}6&0&4&1\\1&-1&2&1\\4&1&2&0\\1&1&1&1\end{bmatrix};\mathbf{d1 = Det}\begin{bmatrix}3&0&4&1\\1&-1&2&1\\1&1&2&0\\0&1&1&1\end{bmatrix};\mathbf{d2 = Det}\begin{bmatrix}6&3&4&1\\1&1&2&1\\4&1&2&0\\1&0&1&1\end{bmatrix};$$

$$\mathbf{d3 = Det}\begin{bmatrix}6&0&3&1\\1&-1&1&1\\4&1&1&0\\1&1&0&1\end{bmatrix};\mathbf{d4 = Det}\begin{bmatrix}6&0&4&3\\1&-1&2&1\\4&1&2&1\\1&1&1&0\end{bmatrix};$$

"[x1,x2,x3,x4]="[d1/d,d2/d,d3/d,d4/d]

按"Shift+Enter"键,便得所求方程组的解.如图 1.5.3.

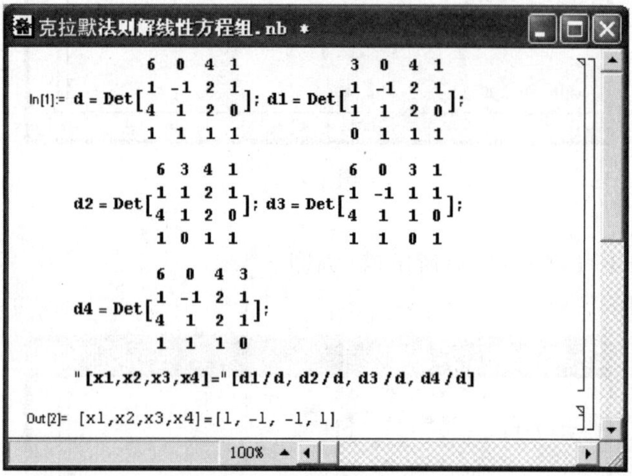

图 1.5.3

3. 技能训练

(1) 计算行列式 $\begin{vmatrix} 1 & 2 & 0 & 4 \\ -2 & 3 & 6 & 1 \\ 3 & 4 & 1 & 2 \\ -1 & 5 & 10 & 2 \end{vmatrix}$;

(2) 计算行列式 $\begin{vmatrix} 3 & 4 & 2 & 9+4a & 0 \\ 7 & 6-a & -8 & 4 & 1 \\ 2 & 3 & a^2-5 & 7 & 9 \\ 0 & 67 & 3 & 55a & 12 \\ 34 & 23 & 1 & 2 & 10 \end{vmatrix}$;

(3) 计算行列式 $\begin{vmatrix} 0.7 & -0.8 & 8 & 9 \\ 10 & 9.2 & 3.6 & 1 \\ 87 & 15.3 & 0 & 32.7 \\ 9 & 22 & 17.5 & 34.7 \end{vmatrix}$;

(4) 解线性方程组 $\begin{cases} x_1+ax_2+a^2x_3+a^3x_4=1, \\ x_1+bx_2+b^2x_3+b^3x_4=1, \\ x_1+cx_2+c^2x_3+c^3x_4=1, \\ x_1+dx_2+d^2x_3+d^3x_4=1, \end{cases}$ 其中 a,b,c,d 为互不相同的常数；

(5) 设水银密度 ρ 与温度 t 的关系为

$$\rho=a_0+a_1t+a_2t^2+a_3t^3,$$

由实验测得的数据如表 1.5.1：

表 1.5.1 实验数据

t/℃	0	10	20	30
ρ/(10^3 kg · m^{-3})	13.60	13.57	13.55	13.52

求 $t=15$ ℃，40 ℃时水银的密度（精确到小数点两位）.

提示：首先，将所给数据代入给定关系式，得线性方程组

$$\begin{cases} a_0 = 13.6, \\ a_0+10a_1+100a_2+1\,000a_3=13.57, \\ a_0+20a_1+400a_2+8\,000a_3=13.55, \\ a_0+30a_1+900a_2+27\,000a_3=13.52. \end{cases}$$

其次，应用克拉默法则求解方程组，得

$$a_0=13.6,\quad a_1=-0.004\,2,\quad a_2=0.000\,15,\quad a_3=-0.000\,003\,3.$$

第三，写出水银密度 ρ 与温度 t 的关系式，计算得

$$\rho(15)=13.56,\qquad \rho(40)=13.46.$$

(6) 求一个顶点在 $A(2,1,3)$，相邻顶点在 $B(1,-1,4)$、$C(2,-1,5)$ 及 $D(-3,2,1)$ 的平行六面体的体积.

复习题 1

一、单项选择题.

1. 关于 n 级排列 $i_1i_2\cdots i_n$ 以下结论不正确的为（　　）；

(A) 逆序数是一个非负整数

(B) 对换改变排列的奇偶性

(C) 逆序数最大为 n

(D) 该排列可经若干次对换变为排列 $12\cdots n$

2. 乘积是 5 阶行列式的项,且符号为正的为(　　);

(A) $a_{31}a_{45}a_{12}a_{24}a_{53}$　　(B) $a_{45}a_{54}a_{32}a_{12}a_{23}$

(C) $a_{53}a_{21}a_{45}a_{34}a_{12}$　　(D) $a_{13}a_{34}a_{22}a_{45}a_{51}$

3. 方程 $\begin{vmatrix}1 & 1 & 1\\ x & 3 & 1\\ x^2 & 9 & 1\end{vmatrix}=0$ 的根为(　　);

(A) 3 和 9　　(B) 1 和 0　　(C) 0 和 9　　(D) 1 和 3

4. 若 $\begin{vmatrix}a_{11} & a_{12} & a_{13}\\ a_{21} & a_{22} & a_{23}\\ a_{31} & a_{32} & a_{33}\end{vmatrix}=2$,则 $\begin{vmatrix}a_{11}-2a_{12} & 2a_{12} & 2a_{12}-a_{13}\\ a_{21}-2a_{22} & 2a_{22} & 2a_{22}-a_{23}\\ a_{31}-2a_{32} & 2a_{32} & 2a_{32}-a_{33}\end{vmatrix}=$(　　);

(A) 8　　(B) −8　　(C) 4　　(D) −4

5. 设线性方程组 $\begin{cases}(k+1)x_1+x_2+x_3=-2,\\ x_1+(k+1)x_2+x_3=1,\\ x_1+x_2+(k+1)x_3=1,\end{cases}$ k 为何值时可以用克拉默法则求解(　　).

(A) 不等于 0　　(B) 不等于 0 或−3

(C) 大于 0　　(D) 任何实数

二、填空题.

1. $2n$ 级排列 $1(2n)2(2n-1)3(2n-2)\cdots n(n+1)$ 的逆序数为________;

2. $\begin{vmatrix}2 & 1 & 1 & 1\\ 1 & 2 & 1 & 1\\ 1 & 1 & 2 & 1\\ 1 & 1 & 1 & 2\end{vmatrix}=$________;

3. 若 n 阶行列式 D 中等于零的元素的个数大于 n^2-n,则 $D=$________;

4. 若行列式 $D=\begin{vmatrix}4 & 0 & 1 & 1\\ 2 & 0 & 2 & 4\\ 3 & 3 & 3 & 9\\ 1 & 0 & 4 & 16\end{vmatrix}$,则 $A_{11}+A_{21}+A_{31}+A_{41}$________,这里 A_{ij} 为元

素 a_{ij}的代数余子式.

三、判断题.

1. 排列 1357246 的逆序数和排列 6427531 的逆序数相加为奇数;(　　)
2. 行列式某一行的代数余子式与该行元素取值无关;(　　)
3. n 阶行列式展开式共含有 n^2 项;(　　)
4. 当线性方程组可以用克拉默法则求解时,该方程组一定只有唯一解.(　　)

四、计算题.

1. $\begin{vmatrix} a & 0 & 0 & b \\ 0 & 0 & b & a \\ 0 & b & a & 0 \\ b & a & 0 & 0 \end{vmatrix}$;　　2. $\begin{vmatrix} 4+a & 3 & 2 & 1 \\ 4 & 3-a & 2 & 1 \\ 4 & 3 & 2+a & 1 \\ 4 & 3 & 2 & 1-a \end{vmatrix}$;

3. $\begin{vmatrix} \lambda & 1 & 1 & \cdots & 1 & 1 \\ 1 & \lambda & 0 & \cdots & 0 & 0 \\ 1 & 0 & \lambda & \cdots & 0 & 0 \\ \vdots & \vdots & \vdots & & \vdots & \vdots \\ 1 & 0 & 0 & \cdots & 0 & \lambda \end{vmatrix}$　　4. $\begin{vmatrix} 1 & 3 & 3 & \cdots & 3 \\ 3 & 2 & 3 & \cdots & 3 \\ 3 & 3 & 3 & \cdots & 3 \\ \vdots & \vdots & \vdots & & \vdots \\ 3 & 3 & 3 & \cdots & n \end{vmatrix}$;

5. $\begin{vmatrix} 1 & 2 & 3 & \cdots & n-1 & n \\ 1 & -1 & 0 & \cdots & 0 & 0 \\ 0 & 2 & -2 & \cdots & 0 & 0 \\ \vdots & \vdots & \vdots & & \vdots & \vdots \\ 0 & 0 & 0 & \cdots & n-1 & 1-n \end{vmatrix}$.

五、证明题.

1. $\begin{vmatrix} 1 & 1 & 1 & 1 \\ x_1 & x_2 & x_3 & x_4 \\ x_1^2 & x_2^2 & x_3^2 & x_4^2 \\ x_1^4 & x_2^4 & x_3^4 & x_4^4 \end{vmatrix} = (x_1 + x_2 + x_3 + x_4) \prod\limits_{4 \geqslant i > j \geqslant 1} (x_i - x_j)$;

2. 设 $f(x) = \begin{vmatrix} 1 & x & x^2 \\ 1 & 2x-2 & (2x-2)^2 \\ 1 & 3x-2 & (3x-2)^2 \end{vmatrix}$,则至少有一点 $\xi \in (1,2)$,使 $f'(\xi) = 0$.

六、应用题.

联合收入问题:已知三家公司 A、B、C 具有图 1 所示的股份关系,即 A

公司掌握 C 公司 50%的股份，C 公司掌握 A 公司 30%的股份，而 A 公司 70%的股份不受另两家公司控制.

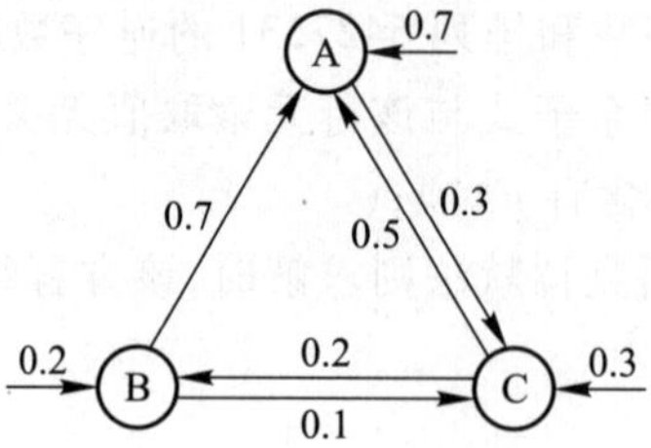

图 1 各公司股份关系示意图

现设 A、B、C 公司各自的营业净收入分别是 12 万元、10 万元、8 万元，每家公司的联合收入是其净收入加上在其他公司的股份按比例的提成收入，试确定各公司的联合收入及实际收入.

第 2 章 矩阵

它山之石，可以攻玉.通过两个事物的对比，找出两者的相似或相同点，以这些相似或相同点为桥梁，实现从已知推向未知的目标.这种利用已有知识结构，发现属性相似的其他事物、求同存异、跨越新领域、解决新问题的类比思维蕴含于自然科学的发明创造之中.从数的运算到矩阵运算，再从矩阵运算到分块矩阵运算，类比思维得到诠释.

矩阵是线性代数的主要研究对象和重要工具，许多理论问题和实际问题都可以用矩阵来表示，并通过矩阵方法得以解决. 本章主要介绍矩阵的概念及其运算，并讨论它们的一些性质.学习本章后，应该理解矩阵的概念，掌握矩阵的线性运算、乘法、转置以及它们的运算规律；掌握矩阵的初等变换；理解矩阵等价、逆矩阵的概念，掌握可逆矩阵的性质和矩阵可逆的充分必要条件及求法；理解矩阵的秩的概念并掌握其求法.

第 2.1 节 矩阵的概念

1. 矩阵的概念

矩阵是从解决实际问题的过程中抽象出来的一个数学概念，是数（或函数）的矩形阵表. 在给出矩阵定义之前，先看几个例子.

例 2.1.1 力达公司的物资调运中，某类物资有甲、乙、丙三个产地，A、B、C、D 四个销地，一季度调运情况如表 2.1.1.

表 2.1.1 物资调运情况 单位：t

调运量		销地			
		A	B	C	D
产地	甲	0	15	20	28
	乙	16	8	18	0
	丙	10	12	2	14

在表 2.1.1 中，我们主要关心的对象是数字信息，因此可以将表中数据按原来次序排列成一个 3 行 4 列的矩形阵表——**矩阵**，来表示该调运方案，即

$$\begin{array}{c} \\ 甲 \\ 乙 \\ 丙 \end{array}\begin{array}{c} \begin{array}{cccc} \mathrm{A} & \mathrm{B} & \mathrm{C} & \mathrm{D} \end{array} \\ \begin{pmatrix} 0 & 15 & 20 & 28 \\ 16 & 8 & 18 & 0 \\ 10 & 12 & 2 & 14 \end{pmatrix} \end{array}$$

其中每一行表示每一个产地调往四个销地的调运量，每一列表示三个产地调往每个销地的调运量.

例 2.1.2 设有 5 个城市 A, B, C, D, E, 其城市间有道路相通(用线段相连表示)如图 2.1.1 所示. A, B, C, D, E 之间的通路关系可以利用矩形阵表——**矩阵**简明地表示出来，即

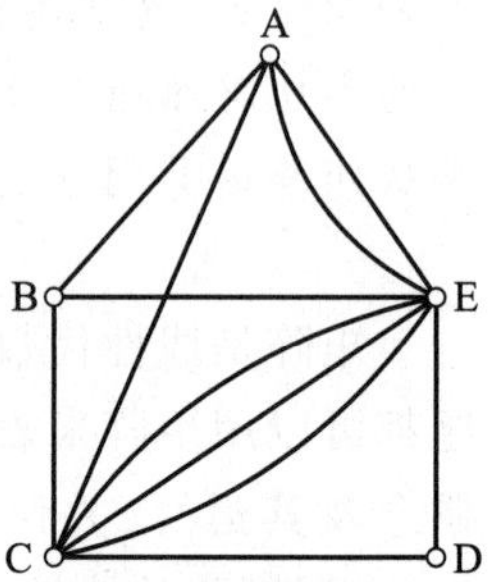

图 2.1.1

$$\begin{array}{c} \\ \mathrm{A} \\ \mathrm{B} \\ \mathrm{C} \\ \mathrm{D} \\ \mathrm{E} \end{array}\begin{array}{c} \begin{array}{ccccc} \mathrm{A} & \mathrm{B} & \mathrm{C} & \mathrm{D} & \mathrm{E} \end{array} \\ \begin{pmatrix} 1 & 1 & 1 & 0 & 2 \\ 1 & 1 & 1 & 0 & 1 \\ 1 & 1 & 1 & 1 & 3 \\ 0 & 0 & 1 & 1 & 1 \\ 2 & 1 & 3 & 1 & 1 \end{pmatrix} \end{array}.$$

每一个数字给出了各个城市之间的道路相通情况，例如第 3 行第 4 列的数字 1 表明 C 与 D 两城市间有一条道路相通.

例 2.1.3 甲、乙二人的“石头—剪子—布”游戏中，当二人各选定一个出法(亦称策略)时，就确定了一个“局势”，即定出了各自的输赢.若规定：胜者得 1 分，负者得-1 分，平手各得 0 分，则对于各种可能的局势(每一局势得分之和为零，即零和)，甲的得分情况可用下面的赢得**矩阵**清晰地表示出来：

$$\begin{array}{c} \text{乙策略} \rightarrow \\ \begin{array}{ccc} \text{石头} & \text{剪子} & \text{布} \end{array} \end{array}$$

$$\text{甲策略}\downarrow \quad \begin{array}{c} \text{石头} \\ \text{剪子} \\ \text{布} \end{array}\begin{pmatrix} 0 & 1 & -1 \\ -1 & 0 & 1 \\ 1 & -1 & 0 \end{pmatrix}.$$

一般地,有

定义 2.1.1　由 $m\times n$ 个数 $a_{ij}(i=1,2,\cdots,m;j=1,2,\cdots,n)$ 排成的 m 行、n 列的矩形数表

$$\begin{pmatrix} a_{11} & a_{12} & \cdots & a_{1n} \\ a_{21} & a_{22} & \cdots & a_{2n} \\ \vdots & \vdots & & \vdots \\ a_{m1} & a_{m2} & \cdots & a_{mn} \end{pmatrix} \tag{2.1.1}$$

称为 $m\times n$ **矩阵**(matrix).一般用大写粗体字母 $\boldsymbol{A},\boldsymbol{B},\boldsymbol{C}$ 等表示,有时为表述矩阵的某些属性,也记为 $\boldsymbol{A}=(a_{ij})_{m\times n}$ 或 $\boldsymbol{A}_{m\times n}$，其中 a_{ij} 称为矩阵的**元素**,它位于数表中第 i 行第 j 列 $(i=1,2,\cdots,m;j=1,2,\cdots,n)$.

如

$$\boldsymbol{A}=\begin{pmatrix} 2 & 1 & 0 \\ -1 & 2 & 4 \\ 0 & -1 & 2 \\ 1 & 2 & 3 \end{pmatrix}$$

是一个 4×3 的矩阵,元素 $a_{32}=-1$, $a_{43}=3$.

特别地,当 $m=n$ 时,$\boldsymbol{A}=(a_{ij})_{n\times n}$ 称为 n **阶矩阵**或 n **阶方阵**,如例 2.1.2 和例 2.1.3 中矩阵分别为 5 阶方阵和 3 阶方阵.1 阶方阵显然是一个数.

只有一行的矩阵, 即 $m=1$, 称为**行矩阵**,也称为**行向量**, 记为

$$\boldsymbol{A}=(a_1,a_2,\cdots,a_n).$$

只有一列的矩阵, 即 $n=1$, 称为**列矩阵**,也称为**列向量**, 记为

$$\boldsymbol{A}=\begin{pmatrix} a_1 \\ a_2 \\ \vdots \\ a_m \end{pmatrix}.$$

元素全为零的矩阵称为**零矩阵**,记作 $\boldsymbol{O}_{m\times n}$ 或 $\boldsymbol{O}$.

以元素 $-a_{ij}$ 代替 a_{ij} 所得的矩阵,称为矩阵 $\boldsymbol{A}$ 的**负矩阵**,记作

$$-\boldsymbol{A}=\begin{pmatrix} -a_{11} & -a_{12} & \cdots & -a_{1n} \\ -a_{21} & -a_{22} & \cdots & -a_{2n} \\ \vdots & \vdots & & \vdots \\ -a_{m1} & -a_{m2} & \cdots & -a_{mn} \end{pmatrix}.$$

当两个矩阵具有相同的行数和相同的列数时,称它们为**同型矩阵**.

如

$$A=\begin{pmatrix}1&2&3\\-1&0&1\end{pmatrix},\quad B=\begin{pmatrix}1&1&1\\3&4&2\end{pmatrix},\quad C=\begin{pmatrix}0&1\\1&2\end{pmatrix}$$

中 $\boldsymbol{A}$ 与 $\boldsymbol{B}$ 是同型矩阵,$\boldsymbol{A}$ 与 $\boldsymbol{C}$、$\boldsymbol{B}$ 与 $\boldsymbol{C}$ 不是同型矩阵.

定义 2.1.2 如果两个同型矩阵 $\boldsymbol{A}=(a_{ij})_{m\times n}$ 和 $\boldsymbol{B}=(b_{ij})_{m\times n}$ 的对应元素都相等,即

$$a_{ij}=b_{ij}\quad(i=1,2,\cdots,m;\ j=1,2,\cdots,n),$$

称矩阵 $\boldsymbol{A}$ 与 $\boldsymbol{B}$ **相等**(equal),记作 $\boldsymbol{A}=\boldsymbol{B}$.

2. 几种特殊的矩阵

(1) 对角矩阵

如果 n 阶矩阵 $\boldsymbol{A}=(a_{ij})_{n\times n}$ 的主对角线以外的元素全为零,即

$$a_{ij}=0\ \ (i\neq j;i,j=1,2,\cdots,n),$$

称 $\boldsymbol{A}$ 为**对角矩阵**(diagonal matrix),即

$$\boldsymbol{A}=\begin{pmatrix}a_{11}&0&\cdots&0\\0&a_{22}&\cdots&0\\\vdots&\vdots&&\vdots\\0&0&\cdots&a_{nn}\end{pmatrix},$$

常简记为 $\boldsymbol{A}=\operatorname{diag}(a_{11},a_{22}\cdots,a_{nn})$.

例如 $\operatorname{diag}(1,2,3)=\begin{pmatrix}1&0&0\\0&2&0\\0&0&3\end{pmatrix}$ 为一个 3 阶对角矩阵.

(2) 数量矩阵

如果 n 阶对角矩阵的对角元素都相等,即

$$a_{ij}=\begin{cases}0, & i\neq j,\\ a, & i=j,\end{cases}\quad(i,j=1,2,\cdots,n)$$

称 $\boldsymbol{A}$ 为**数量矩阵**(scalar matrix), 即

$$\boldsymbol{A}=\begin{pmatrix}a&0&\cdots&0\\0&a&\cdots&0\\\vdots&\vdots&&\vdots\\0&0&\cdots&a\end{pmatrix}.$$

(3) 单位矩阵

如果 n 阶对角矩阵的主对角元素均为 1,称为 n 阶**单位矩阵**(identity

matrix)，记作 $\boldsymbol{E}_n$ 或 $\boldsymbol{E}$，即

$$\boldsymbol{E}=\begin{pmatrix}1&0&\cdots&0\\0&1&\cdots&0\\\vdots&\vdots&&\vdots\\0&0&\cdots&1\end{pmatrix}.$$

单位矩阵在矩阵运算中的地位与数字运算中数“1”的地位一样，是非常重要的.

(4) 上(下)三角形矩阵

如果 n 阶矩阵 $\boldsymbol{A}=(a_{ij})_{n\times n}$ 的主对角线以下元素全为零，即

$$a_{ij}=0\ \ (i>j;\ i,j=1,2,\cdots,n),$$

称 $\boldsymbol{A}$ 为**上三角形矩阵**(upper triangular matrix)，即

$$\boldsymbol{A}=\begin{pmatrix}a_{11}&a_{12}&\cdots&a_{1n}\\0&a_{22}&\cdots&a_{2n}\\\vdots&\vdots&&\vdots\\0&0&\cdots&a_{nn}\end{pmatrix}.$$

如果 n 阶矩阵 $\boldsymbol{A}=(a_{ij})_{n\times n}$ 的主对角线以上元素全为零，即

$$a_{ij}=0\ \ (i<j;\ i,j=1,2,\cdots,n),$$

称 $\boldsymbol{A}$ 为**下三角形矩阵**(lower triangular matrix)，即

$$\boldsymbol{A}=\begin{pmatrix}a_{11}&0&\cdots&0\\a_{21}&a_{22}&\cdots&0\\\vdots&\vdots&&\vdots\\a_{n1}&a_{n2}&\cdots&a_{nn}\end{pmatrix}.$$

上(下)三角形矩阵统称为**三角形矩阵**.

(5) 对称矩阵与反对称矩阵

如果在 n 阶矩阵 $\boldsymbol{A}=(a_{ij})_{n\times n}$ 中，元素 $a_{ij}=a_{ji}(i,j=1,2,\cdots,n)$，称 $\boldsymbol{A}$ 为**对称矩阵**(symmetric matrix)；若元素 $a_{ij}=-a_{ji}(i,j=1,2,\cdots,n)$，称 $\boldsymbol{A}$ 为**反对称矩阵**(skew-symmetric matrix). 显然，反对称矩阵的主对角元素均为零.

例如　$\boldsymbol{A}=\begin{pmatrix}3&-1&2&0\\-1&1&3&4\\2&3&5&1\\0&4&1&0\end{pmatrix}$，$\boldsymbol{B}=\begin{pmatrix}0&1&-3&5\\-1&0&3&2\\3&-3&0&0\\-5&-2&0&0\end{pmatrix}$，分别为 4 阶对称矩阵与反对称矩阵.

(6) 线性变换的矩阵

变量替换是研究问题中常用的数学方法之一. 线性变换是一种简单的变量替换.

定义 2.1.3 关系式

$$\begin{cases} x_1 = c_{11}y_1 + c_{12}y_2 + \cdots + c_{1n}y_n, \\ x_2 = c_{21}y_1 + c_{22}y_2 + \cdots + c_{2n}y_n, \\ \cdots\cdots\cdots\cdots \\ x_n = c_{n1}y_1 + c_{n2}y_2 + \cdots + c_{nn}y_n \end{cases} \tag{2.1.2}$$

称为由 $x_1, x_2, \cdots, x_n$ 到 $y_1, y_2, \cdots, y_n$ 的一个**线性变换**(linear transform).

线性变换式(2.1.2)中,系数构成的矩阵

$$\boldsymbol{C} = \begin{pmatrix} c_{11} & c_{12} & \cdots & c_{1n} \\ c_{21} & c_{22} & \cdots & c_{2n} \\ \vdots & \vdots & & \vdots \\ c_{n1} & c_{n2} & \cdots & c_{nn} \end{pmatrix}$$

称为**线性变换的矩阵**.一个线性变换与其线性变换的矩阵是 1—1 对应的.

如,线性变换

$$\begin{cases} x_1 = 2y_1 + y_3, \\ x_2 = -2y_1 + 3y_2 + 2y_3, \\ x_3 = 4y_1 + y_2 + 5y_3 \end{cases}$$

的矩阵为

$$\boldsymbol{C} = \begin{pmatrix} 2 & 0 & 1 \\ -2 & 3 & 2 \\ 4 & 1 & 5 \end{pmatrix},$$

线性变换

$$\begin{cases} x_1 = d_1y_1, \\ x_2 = d_2y_2, \\ \cdots\cdots\cdots\cdots \\ x_n = d_ny_n \end{cases}$$

的矩阵为

$$A_n=\begin{pmatrix} d_1 & 0 & \cdots & 0 \\ 0 & d_2 & \cdots & 0 \\ \vdots & \vdots & & \vdots \\ 0 & 0 & \cdots & d_n \end{pmatrix}.$$

需要注意的是:矩阵与行列式是两个不同的概念,记号也不相同. 行列式是一个算式,一个数字行列式通过计算可求得其值;而矩阵仅仅是一个数表,它的行数与列数可以不同.对于 n 阶方阵,尽管有时需要计算它的行列式(记作 $|\boldsymbol{A}|$),但 $\boldsymbol{A}$ 与 $|\boldsymbol{A}|$ 是不同的.

习题 2.1(A)

1. 在下列矩阵中,哪些是对角矩阵、三角形矩阵、数量矩阵或单位矩阵?

$$\boldsymbol{A}=\begin{pmatrix} 1 & 6 \\ 0 & 5 \end{pmatrix},\boldsymbol{B}=\begin{pmatrix} 1 & 0 & 0 & 0 \\ 0 & 1 & 0 & 0 \\ 0 & 0 & 1 & 0 \end{pmatrix},\boldsymbol{C}=\begin{pmatrix} 1 & 0 & 0 \\ 2 & 3 & 0 \\ 0 & 4 & 5 \end{pmatrix},\boldsymbol{D}=\begin{pmatrix} 8 & 0 & 0 \\ 0 & 8 & 0 \\ 0 & 0 & 8 \end{pmatrix}.$$

2. 某港口在一月份出口到三个地区的两种货物的数量以及两种货物的单位价格、重量、体积如表 2.1.2.

表 2.1.2　港口出口情况

出口量		地区			单位价格/万元	单位重量/t	单位体积/m^3
		北美	西欧	非洲			
货物	$\boldsymbol{A}_1$	3 000	1 500	1 000	0.5	0.04	0.2
	$\boldsymbol{A}_2$	1 400	1 300	800	0.4	0.06	0.4

试将该港口两种货物出口量与单位价格、重量、体积情况分别用矩阵表示.

习题 2.1(B)

1. (指派问题)某所大学打算在暑假期间对三幢教学楼进行维修.校方让三个建筑公司对每幢大楼的修理费用进行报价承包,报价情况如表 2.1.3.

表 2.1.3　报 价 情 况　　单位:万元

	教学 1 楼	教学 2 楼	教学 3 楼
建筑一公司	13	24	10
建筑二公司	17	19	15
建筑三公司	20	22	21

由于暑假期间每个建筑公司只能修理一幢教学楼,因此该大学必须把各教学大楼指派给不同的建筑公司.为了使报价的总和最小,应指定各建筑公司承包哪一幢教学大楼?

2. 有6名选手参加乒乓球比赛成绩如下:选手1胜选手2、4、5、6负于选手3;选手2胜选手4、5、6负于选手1、3;选手3胜选手1、2、4负于选手5、6;选手4胜选手5、6负于选手1、2、3;选手5胜选手3、6负于选手1、2、4;若胜一场得1分,负一场得零分,试用矩阵表示赢得状况.

第2.2节 矩阵的基本运算

引进矩阵的目的不仅在于用它来描述一些问题,而是在于探讨它们之间的相互关系——矩阵运算,从而达到解决问题的目的.本节将介绍矩阵的线性运算、乘法、转置,方阵的幂、多项式、行列式等.这些运算有些与通常的数字运算相似,有些则有很大区别.

1. 矩阵的线性运算

(1) 矩阵的加法

先看一个例子.

例 2.2.1 某工厂生产甲、乙、丙三种产品,各种产品所需的各类成本(单位:元/天)如表2.2.1所示.

表 2.2.1 产品所需的各类成本

	2016年2月26日			2016年2月27日		
	甲	乙	丙	甲	乙	丙
原材料	1 024	989	1 000	1 224	1 189	2 000
劳动力	600	480	650	650	580	650
管理费	35	25	37	36	30	37

试将两天所用总成本用矩阵表示出来.

解 若记

$$\boldsymbol{A}=\begin{pmatrix}1\,024 & 989 & 1\,000\\ 600 & 480 & 650\\ 35 & 25 & 37\end{pmatrix},\quad \boldsymbol{B}=\begin{pmatrix}1\,224 & 1\,189 & 2\,000\\ 650 & 580 & 650\\ 36 & 30 & 37\end{pmatrix},$$

则两天所用总成本为

$$C=\begin{pmatrix}1\,024+1\,224 & 989+1\,189 & 1\,000+2\,000\\600+650 & 480+580 & 650+650\\35+36 & 25+30 & 37+37\end{pmatrix},$$

即矩阵 $\boldsymbol{C}$ 为矩阵 $\boldsymbol{A}$ 与 $\boldsymbol{B}$ 的和.

一般地,有

定义 2.2.1　设矩阵 $\boldsymbol{A}=(a_{ij})_{m\times n}$ 与 $\boldsymbol{B}=(b_{ij})_{m\times n}$, $m\times n$ 矩阵

$$\boldsymbol{C}=\begin{pmatrix}a_{11}+b_{11} & a_{12}+b_{12} & \cdots & a_{1n}+b_{1n}\\a_{21}+b_{21} & a_{22}+b_{22} & \cdots & a_{2n}+b_{2n}\\\vdots & \vdots & & \vdots\\a_{m1}+b_{m1} & a_{m2}+b_{m2} & \cdots & a_{mn}+b_{mn}\end{pmatrix}$$

称为矩阵 $\boldsymbol{A}$ **与** $\boldsymbol{B}$ **的和**(sum),记作 $\boldsymbol{C}=\boldsymbol{A}+\boldsymbol{B}$ 或 $\boldsymbol{C}=(a_{ij}+b_{ij})_{m\times n}$.

显然,只有同型矩阵才能相加,和矩阵 $\boldsymbol{C}$ 与 $\boldsymbol{A},\boldsymbol{B}$ 同型,它的每一个元素是 $\boldsymbol{A}$ 与 $\boldsymbol{B}$ 对应元素之和.

很自然,**矩阵的减法**可定义为:$\boldsymbol{A}-\boldsymbol{B}=\boldsymbol{A}+(-\boldsymbol{B})=(a_{ij}-b_{ij})_{m\times n}$.

利用定义,不难验证矩阵的加法满足以下运算规则:

① 加法交换律　$\boldsymbol{A}+\boldsymbol{B}=\boldsymbol{B}+\boldsymbol{A}$;

② 加法结合律　$(\boldsymbol{A}+\boldsymbol{B})+\boldsymbol{C}=\boldsymbol{A}+(\boldsymbol{B}+\boldsymbol{C})$;

③ $\boldsymbol{A}+\boldsymbol{O}=\boldsymbol{A}$;

④ $\boldsymbol{A}+(-\boldsymbol{A})=\boldsymbol{O}$.

可见,零矩阵 $\boldsymbol{O}$ 在矩阵加法中与数“0”在数的加法中起着类似的作用.

例 2.2.2　设矩阵 $\boldsymbol{A}=\begin{pmatrix}1 & 3 & -1\\2 & 0 & 1\end{pmatrix}$, $\boldsymbol{B}=\begin{pmatrix}1 & -2 & 0\\2 & 3 & 4\end{pmatrix}$, 求 $\boldsymbol{A}+\boldsymbol{B}$ 与 $\boldsymbol{A}-\boldsymbol{B}$.

解　$$\boldsymbol{A}+\boldsymbol{B}=\begin{pmatrix}1 & 3 & -1\\2 & 0 & 1\end{pmatrix}+\begin{pmatrix}1 & -2 & 0\\2 & 3 & 4\end{pmatrix}$$

$$=\begin{pmatrix}1+1 & 3+(-2) & -1+0\\2+2 & 0+3 & 1+4\end{pmatrix}=\begin{pmatrix}2 & 1 & -1\\4 & 3 & 5\end{pmatrix};$$

$$\boldsymbol{A}-\boldsymbol{B}=\begin{pmatrix}1&3&-1\\2&0&1\end{pmatrix}-\begin{pmatrix}1&-2&0\\2&3&4\end{pmatrix}$$

$$=\begin{pmatrix}1-1&3-(-2)&-1-0\\2-2&0-3&1-4\end{pmatrix}=\begin{pmatrix}0&5&-1\\0&-3&-3\end{pmatrix}.$$

停下来想一想

矩阵加法与行列式加法有何不同?通过下述运算得到什么启示?

$$\begin{pmatrix}1&2\\3&4\end{pmatrix}+\begin{pmatrix}a&b\\c&d\end{pmatrix}=\begin{pmatrix}1+a&2+b\\3+c&4+d\end{pmatrix},$$

$$\begin{vmatrix}1+a&2+b\\3+c&4+d\end{vmatrix}=\begin{vmatrix}1&2\\3&4\end{vmatrix}+\begin{vmatrix}1&b\\3&d\end{vmatrix}+\begin{vmatrix}a&2\\c&4\end{vmatrix}+\begin{vmatrix}a&b\\c&d\end{vmatrix}.$$

(2) 矩阵的数乘

在例 2.2.1 中,由于进行了技术改造,三种产品的各类成本较前一天有所下降,降为前一天的 90%.于是,此时(2016 年 2 月 27 日)的各类成本矩阵为

$$\boldsymbol{C}=\begin{pmatrix}0.9\times1\,024&0.9\times989&0.9\times1\,000\\0.9\times600&0.9\times480&0.9\times650\\0.9\times35&0.9\times25&0.9\times37\end{pmatrix},$$

即矩阵 $\boldsymbol{C}$ 为数 0.9 与矩阵 $\boldsymbol{A}$ 的乘积,记作 $0.9\boldsymbol{A}$.

一般地,有

定义 2.2.2 设矩阵 $\boldsymbol{A}=(a_{ij})_{m\times n}$, k 是一个数, 矩阵

$$(ka_{ij})_{m\times n}=\begin{pmatrix}ka_{11}&ka_{12}&\cdots&ka_{1n}\\ka_{21}&ka_{22}&\cdots&ka_{2n}\\\vdots&\vdots&&\vdots\\ka_{m1}&ka_{m2}&\cdots&ka_{mn}\end{pmatrix}$$

称为数 k 与矩阵 $\boldsymbol{A}$ 的**数量乘积**(scalar multiplication),简称为数乘,记作 $k\boldsymbol{A}$.

由定义知,数 k 乘矩阵 $\boldsymbol{A}$ 是用数 k 乘矩阵 $\boldsymbol{A}$ 的每一个元素.

例如 $$5\begin{pmatrix}1&2&3\\4&5&6\end{pmatrix}=\begin{pmatrix}5\times1&5\times2&5\times3\\5\times4&5\times5&5\times6\end{pmatrix}=\begin{pmatrix}5&10&15\\20&25&30\end{pmatrix}.$$

利用定义,不难验证数乘运算满足以下运算规则:

(1) $1\boldsymbol{A}=\boldsymbol{A}$;

(2) $k(\boldsymbol{A}+\boldsymbol{B})=k\boldsymbol{A}+k\boldsymbol{B}$;

(3) $(k+l)\boldsymbol{A}=k\boldsymbol{A}+l\boldsymbol{A}$;

(4) $k(l\boldsymbol{A})=(kl)\boldsymbol{A}$.

其中 k,l 是数, $\boldsymbol{A},\boldsymbol{B}$ 为同型矩阵.

例 2.2.3　设矩阵 $\boldsymbol{A}=\begin{pmatrix}3&0\\1&2\\-1&1\end{pmatrix}$, $\boldsymbol{B}=\begin{pmatrix}2&2\\-2&-2\\2&2\end{pmatrix}$,求 $2\boldsymbol{A}$, $3\boldsymbol{B}$ 及 $2\boldsymbol{A}-3\boldsymbol{B}$.

解　$2\boldsymbol{A}=2\begin{pmatrix}3&0\\1&2\\-1&1\end{pmatrix}=\begin{pmatrix}6&0\\2&4\\-2&2\end{pmatrix}$,　$3\boldsymbol{B}=3\begin{pmatrix}2&2\\-2&-2\\2&2\end{pmatrix}=\begin{pmatrix}6&6\\-6&-6\\6&6\end{pmatrix}$,

$$2\boldsymbol{A}-3\boldsymbol{B}=\begin{pmatrix}6&0\\2&4\\-2&2\end{pmatrix}-\begin{pmatrix}6&6\\-6&-6\\6&6\end{pmatrix}=\begin{pmatrix}0&-6\\8&10\\-8&-4\end{pmatrix}.$$

例 2.2.4　已知 $3\begin{pmatrix}x&y\\z&w\end{pmatrix}=\begin{pmatrix}x&6\\-1&2w\end{pmatrix}+\begin{pmatrix}4&x+y\\z+w&3\end{pmatrix}$, 求 x,y,z 和 w.

解　由已知,有

$$\begin{pmatrix}3x&3y\\3z&3w\end{pmatrix}=\begin{pmatrix}x+4&6+x+y\\-1+z+w&2w+3\end{pmatrix}.$$

由矩阵相等, 得

$$\begin{cases}3x=x+4,\\3y=6+x+y,\\3z=-1+z+w,\\3w=2w+3,\end{cases}\quad\text{即}\quad\begin{cases}2x=4,\\2y=6+x,\\2z=-1+w,\\w=3,\end{cases}$$

解之,得 $x=2, y=4, z=1, w=3$.

例 2.2.5　设矩阵 $\boldsymbol{A}=\begin{pmatrix}1&3&-1\\2&0&1\end{pmatrix}$, $\boldsymbol{B}=\begin{pmatrix}1&-2&0\\-2&3&4\end{pmatrix}$.若 $\boldsymbol{X}$ 满足 $\boldsymbol{X}+3\boldsymbol{A}=\boldsymbol{B}$, 求 $\boldsymbol{X}$.

解 $X=B-3A=\begin{pmatrix}1&-2&0\\-2&3&4\end{pmatrix}-3\begin{pmatrix}1&3&-1\\2&0&1\end{pmatrix}=\begin{pmatrix}-2&-11&3\\-8&3&1\end{pmatrix}.$

2. 矩阵的乘法

矩阵的乘法运算是最重要的运算之一,也是从实际需要中产生的. 看一个例子.

例 2.2.6 某工厂由车间Ⅰ、车间Ⅱ、车间Ⅲ生产甲、乙两种商品.三个车间一天内生产甲、乙产品的数量矩阵(单位:kg)及甲、乙产品的单价(单位:元)和单位利润矩阵(单位:元)分别为

$$\begin{array}{c} \\ A=\end{array}\begin{array}{c}\begin{matrix}\text{甲}&\qquad\text{乙}\end{matrix}\\ \begin{pmatrix}120&200\\150&180\\115&220\end{pmatrix}\end{array}\begin{array}{l}\\ \text{车间 Ⅰ}\\ \text{车间 Ⅱ},\\ \text{车间 Ⅲ}\end{array}\qquad \begin{array}{c} \\ B=\end{array}\begin{array}{c}\begin{matrix}\text{单价}&\text{利润}\end{matrix}\\ \begin{pmatrix}50&20\\40&15\end{pmatrix}\end{array}\begin{array}{l}\\ \text{甲}\\ \text{乙}\end{array}$$

试将该厂三个车间一天内各自的总产值和总利润用矩阵表示出来.

解 车间Ⅰ的总产值=甲产品生产数量×甲产品单价+乙产品生产数量×乙产品单价

$$=120\times50+200\times40,$$

车间 Ⅰ 的总利润=甲产品生产数量×甲产品单位利润+乙产品生产数量×乙产品单位利润

$$=120\times20+200\times15.$$

容易得出,三个车间一天内各自的总产值和总利润矩阵为

$$C=\begin{pmatrix}120\times50+200\times40 & 120\times20+200\times15\\150\times50+180\times40 & 150\times20+180\times15\\115\times50+220\times40 & 115\times20+220\times15\end{pmatrix}\begin{matrix}\text{车间 Ⅰ}\\\text{车间 Ⅱ}.\\\text{车间 Ⅲ}\end{matrix}$$

(列标:总产值、总利润)

由于总产值是产品生产数量与产品单价之积,总利润是产品生产数量与产品单位利润之积,因此可以把总产值和总利润矩阵 C 看成是产品的数量矩阵 A 与单价和单位利润矩阵 B 之积,即

$$AB=\begin{pmatrix}120&200\\150&180\\115&220\end{pmatrix}\begin{pmatrix}50&20\\40&15\end{pmatrix}=\begin{pmatrix}120\times50+200\times40 & 120\times20+200\times15\\150\times50+180\times40 & 150\times20+180\times15\\115\times50+220\times40 & 115\times20+220\times15\end{pmatrix}=C,$$

其中乘积矩阵 C 的第 i 行第 j 列元素 $c_{ij}(i=1,2,3;j=1,2)$ 是矩阵 A 的第 i

行各元素与矩阵 $\boldsymbol{B}$ 的第 j 列对应元素乘积之和，即

$$c_{ij}=a_{i1}b_{1j}+a_{i2}b_{2j}\quad(i=1,2,3;\ j=1,2).$$

受此启发，可以给出矩阵的乘法定义.

定义 2.2.3　设矩阵 $\boldsymbol{A}=(a_{ij})_{m\times s}$，$\boldsymbol{B}=(b_{ij})_{s\times n}$，$m\times n$ 矩阵

$$\boldsymbol{C}=(c_{ij})_{m\times n}=\begin{pmatrix}c_{11}&c_{12}&\cdots&c_{1n}\\c_{21}&c_{22}&\cdots&c_{2n}\\\vdots&\vdots&&\vdots\\c_{m1}&c_{m2}&\cdots&c_{mn}\end{pmatrix}$$

称为矩阵 $\boldsymbol{A}$ 与 $\boldsymbol{B}$ 的**乘积**(multiplication)，其中

$$c_{ij}=a_{i1}b_{1j}+a_{i2}b_{2j}+\cdots a_{is}b_{sj}=\sum_{k=1}^{s}a_{ik}b_{kj}\quad(i=1,2,\cdots,m;j=1,2,\cdots,n),$$

并记作 $\boldsymbol{C}=\boldsymbol{AB}$.

两个矩阵相乘的规则可以直观地表示如下：

$$\begin{pmatrix}c_{11}&\cdots&c_{1j}&\cdots&c_{1n}\\\vdots&&\vdots&&\vdots\\c_{i1}&\cdots&\boxed{c_{ij}}&\cdots&c_{in}\\\vdots&&\vdots&&\vdots\\c_{m1}&\cdots&c_{mj}&\cdots&c_{mn}\end{pmatrix}=\begin{pmatrix}a_{11}&a_{12}&\cdots&a_{1s}\\\vdots&\vdots&&\vdots\\\boxed{a_{i1}\ \ a_{i2}\ \ \cdots\ \ a_{is}}\\\vdots&\vdots&&\vdots\\a_{m1}&a_{m2}&\cdots&a_{ms}\end{pmatrix}\begin{pmatrix}b_{11}&\cdots&b_{1j}&\cdots&b_{1n}\\b_{21}&\cdots&b_{2j}&\cdots&b_{2n}\\\vdots&&\vdots&&\vdots\\b_{s1}&\cdots&b_{sj}&\cdots&b_{sn}\end{pmatrix}.$$

由定义 2.2.3，可知

① 只有当左矩阵 $\boldsymbol{A}$ 的列数等于右矩阵 $\boldsymbol{B}$ 的行数时，$\boldsymbol{A}$ 与 $\boldsymbol{B}$ 才能作乘法运算 $\boldsymbol{C}=\boldsymbol{AB}$；

② 乘积矩阵 $\boldsymbol{C}=(c_{ij})_{m\times n}$ 的行数等于左矩阵 $\boldsymbol{A}$ 的行数，列数等于右矩阵 $\boldsymbol{B}$ 的列数；

③ $\boldsymbol{C}$ 的第 i 行、第 j 列元素 $c_{ij}(i=1,2,\cdots,m;\ j=1,2,\cdots,n)$ 是矩阵 $\boldsymbol{A}$ 的第 i 行各元素与矩阵 $\boldsymbol{B}$ 的第 j 列对应元素乘积之和.

例 2.2.7　(1) 设矩阵 $\boldsymbol{A}=\begin{pmatrix}3&0&4\\-1&5&2\end{pmatrix}$，$\boldsymbol{B}=\begin{pmatrix}1&0&-1\\0&-1&1\\1&1&2\end{pmatrix}$，求 $\boldsymbol{AB}$；

(2) 设矩阵 $A=(1,2,3)$, $B=\begin{pmatrix}1\\2\\6\end{pmatrix}$, 求 AB 与 BA.

解 (1) $AB=\begin{pmatrix}3&0&4\\-1&5&2\end{pmatrix}\begin{pmatrix}1&0&-1\\0&-1&1\\1&1&2\end{pmatrix}$

$$=\begin{pmatrix}3+0+4&0+0+4&-3+0+8\\-1+0+2&0-5+2&1+5+4\end{pmatrix}=\begin{pmatrix}7&4&5\\1&-3&10\end{pmatrix};$$

(2) $AB=(1,2,3)_{1\times3}\begin{pmatrix}1\\2\\6\end{pmatrix}_{3\times1}=(1\times1+2\times2+3\times6)_{1\times1}=23$,

$$BA=\begin{pmatrix}1\\2\\6\end{pmatrix}_{3\times1}(1,2,3)_{1\times3}=\begin{pmatrix}1&2&3\\2&4&6\\6&12&18\end{pmatrix}_{3\times3}.$$

由例 2.2.7(1)知:矩阵 A 与 B 可以相乘,但 B 与 A 不能相乘,这是因为 B 的列数为 3, 而 A 的行数为 2,二者不相等;由例 2.2.7(2)知,即使乘积矩阵 AB 与 BA 均有意义, 但结果也不一定相等. 因此,在一般情况下矩阵乘法不满足交换律,即 $AB\neq BA$.

停下来想一想

有没有使 $AB=BA$ 成立的矩阵存在? 如果有,是唯一的吗? 考察

$$A=\begin{pmatrix}1&1\\0&1\end{pmatrix},\quad B=\begin{pmatrix}a&b\\0&a\end{pmatrix}\ (a,b\text{ 为任意常数}),$$

得到什么结论?

例 2.2.8 设矩阵 $A=\begin{pmatrix}2&4\\1&2\end{pmatrix}$, $B=\begin{pmatrix}2&-2\\-1&1\end{pmatrix}$, 求 AB 与 BA.

解 $AB=\begin{pmatrix}2&4\\1&2\end{pmatrix}\begin{pmatrix}2&-2\\-1&1\end{pmatrix}=\begin{pmatrix}0&0\\0&0\end{pmatrix}$,

$$BA=\begin{pmatrix}2&-2\\-1&1\end{pmatrix}\begin{pmatrix}2&4\\1&2\end{pmatrix}=\begin{pmatrix}2&4\\-1&-2\end{pmatrix}.$$

在该例中，$\boldsymbol{A}\neq\boldsymbol{O},\boldsymbol{B}\neq\boldsymbol{O}$，但它们的乘积 $\boldsymbol{AB}=\boldsymbol{O}$，即两个非零矩阵的乘积可能是零矩阵，这意味着：若 $\boldsymbol{AB}=\boldsymbol{O}\nRightarrow\boldsymbol{A}=\boldsymbol{O}$ 或 $\boldsymbol{B}=\boldsymbol{O}$. 由此可推知：若 $\boldsymbol{AB}=\boldsymbol{AC}$ 且 $\boldsymbol{A}\neq\boldsymbol{O}$，并不能推出 $\boldsymbol{B}=\boldsymbol{C}$，即矩阵乘法不满足消去律. 这与数的乘法有很大区别.

例 2.2.9　设矩阵 $\boldsymbol{A}=\begin{pmatrix}2&-3&-5\\-1&4&5\\1&-3&-4\end{pmatrix}$，$\boldsymbol{C}=\begin{pmatrix}2&-2&-4\\-1&3&4\\1&-2&-3\end{pmatrix}$，$\boldsymbol{E}=\begin{pmatrix}1&0&0\\0&1&0\\0&0&1\end{pmatrix}$，计算 $\boldsymbol{AC},\boldsymbol{AE}$.

解

$$\boldsymbol{AC}=\begin{pmatrix}2&-3&-5\\-1&4&5\\1&-3&-4\end{pmatrix}\begin{pmatrix}2&-2&-4\\-1&3&4\\1&-2&-3\end{pmatrix}=\begin{pmatrix}2&-3&-5\\-1&4&5\\1&-3&-4\end{pmatrix}=\boldsymbol{A},$$

$$\boldsymbol{AE}=\begin{pmatrix}2&-3&-5\\-1&4&5\\1&-3&-4\end{pmatrix}\begin{pmatrix}1&0&0\\0&1&0\\0&0&1\end{pmatrix}=\begin{pmatrix}2&-3&-5\\-1&4&5\\1&-3&-4\end{pmatrix}=\boldsymbol{A}.$$

这里 $\boldsymbol{AC}=\boldsymbol{AE}$，但显然 $\boldsymbol{C}\neq\boldsymbol{E}$.

尽管矩阵乘法不满足交换律和消去律，但仍有许多与数的乘法类似的性质. 矩阵乘法满足以下运算规则：

(1) 结合律　$(\boldsymbol{AB})\boldsymbol{C}=\boldsymbol{A}(\boldsymbol{BC})$；

(2) 分配律　$\boldsymbol{A}(\boldsymbol{B}+\boldsymbol{C})=\boldsymbol{AB}+\boldsymbol{AC},(\boldsymbol{B}+\boldsymbol{C})\boldsymbol{A}=\boldsymbol{BA}+\boldsymbol{CA}$；

(3) 数乘结合律　$k(\boldsymbol{AB})=(k\boldsymbol{A})\boldsymbol{B}=\boldsymbol{A}(k\boldsymbol{B})$，$k$ 为常数.

若矩阵 $\boldsymbol{A}$ 和 $\boldsymbol{B}$ 满足 $\boldsymbol{AB}=\boldsymbol{BA}$，称 $\boldsymbol{A}$ 与 $\boldsymbol{B}$ 是**可交换矩阵**.

例 2.2.10　设 $\boldsymbol{A}=\begin{pmatrix}1&3\\0&1\end{pmatrix}$，求所有与 $\boldsymbol{A}$ 可交换的矩阵.

解　设 $\boldsymbol{B}=\begin{pmatrix}x_{11}&x_{12}\\x_{21}&x_{22}\end{pmatrix}$ 与 $\boldsymbol{A}$ 可交换，则

$$\boldsymbol{AB}=\begin{pmatrix}1&3\\0&1\end{pmatrix}\begin{pmatrix}x_{11}&x_{12}\\x_{21}&x_{22}\end{pmatrix}=\begin{pmatrix}x_{11}&x_{12}\\x_{21}&x_{22}\end{pmatrix}\begin{pmatrix}1&3\\0&1\end{pmatrix}=\boldsymbol{BA}.$$

由矩阵相等的定义，有

$$\begin{cases} x_{11}+3x_{21}=x_{11}, \\ x_{12}+3x_{22}=3x_{11}+x_{12}, \\ x_{21}=x_{21}, \\ x_{22}=3x_{21}+x_{22}. \end{cases}$$

解之得 $x_{21}=0$, $x_{11}=x_{22}$, 取 $x_{11}=x_{22}=a$, $x_{12}=b$, 可得所有与 $\boldsymbol{A}$ 可交换的矩阵 $\boldsymbol{B}=\begin{pmatrix} a & b \\ 0 & a \end{pmatrix}$ (a, b 为任意常数).

值得一提的是,线性方程组与线性变换都可以利用矩阵乘法表示出来.

例如 对齐次线性方程组 $\begin{cases} a_{11}x_1+a_{12}x_2+\cdots+a_{1n}x_n=0, \\ a_{21}x_1+a_{22}x_2+\cdots+a_{2n}x_n=0, \\ \cdots\cdots\cdots\cdots \\ a_{m1}x_1+a_{m2}x_2+\cdots+a_{mn}x_n=0, \end{cases}$

若记

$$\boldsymbol{A}=\begin{pmatrix} a_{11} & a_{12} & \cdots & a_{1n} \\ a_{21} & a_{22} & \cdots & a_{2n} \\ \vdots & \vdots & & \vdots \\ a_{m1} & a_{m2} & \cdots & a_{mn} \end{pmatrix}, \quad \boldsymbol{X}=\begin{pmatrix} x_1 \\ x_2 \\ \vdots \\ x_n \end{pmatrix}, \quad \boldsymbol{O}=\begin{pmatrix} 0 \\ 0 \\ \vdots \\ 0 \end{pmatrix},$$

则有 $\boldsymbol{AX}=\boldsymbol{O}$; 同理,第 2.1 节的线性变换式(2.1.2)可写作 $\boldsymbol{X}=\boldsymbol{CY}$.

教学演示实验 2-1
矩阵变换几何解释

3. 矩阵的转置

把一个矩阵的行换为同序号的列所得到的矩阵, 称为这个矩阵的转置,即

定义 2.2.4 设 $\boldsymbol{A}=\begin{pmatrix} a_{11} & a_{12} & \cdots & a_{1n} \\ a_{21} & a_{22} & \cdots & a_{2n} \\ \vdots & \vdots & & \vdots \\ a_{m1} & a_{m2} & \cdots & a_{mn} \end{pmatrix}$, 矩阵 $\begin{pmatrix} a_{11} & a_{21} & \cdots & a_{m1} \\ a_{12} & a_{22} & \cdots & a_{m2} \\ \vdots & \vdots & & \vdots \\ a_{1n} & a_{2n} & \cdots & a_{mn} \end{pmatrix}$

称为 $\boldsymbol{A}$ 的**转置矩阵**(transpose matrix), 简称 $\boldsymbol{A}$ 的转置, 记作 $\boldsymbol{A}^{\mathrm{T}}$.

例如 $\boldsymbol{A}=\begin{pmatrix} 1 & 2 & 3 \\ 6 & 5 & 4 \end{pmatrix}$, $\boldsymbol{A}^{\mathrm{T}}=\begin{pmatrix} 1 & 6 \\ 2 & 5 \\ 3 & 4 \end{pmatrix}$; $\boldsymbol{B}=(6,0,-1)$, $\boldsymbol{B}^{\mathrm{T}}=\begin{pmatrix} 6 \\ 0 \\ -1 \end{pmatrix}$;

$$C=\begin{pmatrix}1&2&3\\0&1&2\\0&0&1\end{pmatrix},C^{\mathrm{T}}=\begin{pmatrix}1&0&0\\2&1&0\\3&2&1\end{pmatrix};F=\begin{pmatrix}1&3\\3&1\end{pmatrix},F^{\mathrm{T}}=\begin{pmatrix}1&3\\3&1\end{pmatrix}.$$

一般来说，$\boldsymbol{A}$ 的转置矩阵并不等于 $\boldsymbol{A}$，只有某些特殊矩阵才有 $\boldsymbol{A}^{\mathrm{T}}=\boldsymbol{A}$．如上例中的矩阵 $\boldsymbol{F}$.

可以证明：$\boldsymbol{A}$ 为对称矩阵$\Leftrightarrow \boldsymbol{A}^{\mathrm{T}}=\boldsymbol{A}$；$\boldsymbol{A}$ 为反对称矩阵$\Leftrightarrow \boldsymbol{A}^{\mathrm{T}}=-\boldsymbol{A}$．

矩阵的转置满足以下运算规则：

(1) $(\boldsymbol{A}^{\mathrm{T}})^{\mathrm{T}}=\boldsymbol{A}$；

(2) $(\boldsymbol{A}+\boldsymbol{B})^{\mathrm{T}}=\boldsymbol{A}^{\mathrm{T}}+\boldsymbol{B}^{\mathrm{T}}$；

(3) $(k\boldsymbol{A})^{\mathrm{T}}=k\boldsymbol{A}^{\mathrm{T}}$；

(4) $(\boldsymbol{AB})^{\mathrm{T}}=\boldsymbol{B}^{\mathrm{T}}\boldsymbol{A}^{\mathrm{T}}$.

证　(4) 设 $\boldsymbol{A}=(a_{ij})_{m\times s}$，$\boldsymbol{B}=(b_{ij})_{s\times n}$，并记 $\boldsymbol{C}=\boldsymbol{AB}=(c_{ij})_{m\times n}$，则 $\boldsymbol{C}^{\mathrm{T}}=(\boldsymbol{AB})^{\mathrm{T}}$ 为 $n\times m$ 矩阵，其第 i 行第 j 列元素为 $c_{ji}=\sum\limits_{k=1}^{s}a_{jk}b_{ki}$；

另一方面，令 $\boldsymbol{B}^{\mathrm{T}}\boldsymbol{A}^{\mathrm{T}}=(d_{ij})_{n\times m}$，$\boldsymbol{B}^{\mathrm{T}}$ 的第 i 行为 $(b_{1i},b_{2i},\cdots,b_{si})$，$\boldsymbol{A}^{\mathrm{T}}$ 的第 j 列为 $(a_{j1},a_{j2},\cdots,a_{js})^{\mathrm{T}}$，因此 $\boldsymbol{B}^{\mathrm{T}}\boldsymbol{A}^{\mathrm{T}}$ 的第 i 行第 j 列元素为

$$d_{ij}=\sum_{k=1}^{s}b_{ki}a_{jk}=\sum_{k=1}^{s}a_{jk}b_{ki}=c_{ji}\quad(i=1,2,\cdots,n;j=1,2,\cdots,m),$$

此即 $(\boldsymbol{AB})^{\mathrm{T}}=\boldsymbol{B}^{\mathrm{T}}\boldsymbol{A}^{\mathrm{T}}$．

该性质可推广到有限个矩阵 $\boldsymbol{A}_1,\boldsymbol{A}_2,\cdots,\boldsymbol{A}_t$ 的情形（假定矩阵是可乘的），即有

$$(\boldsymbol{A}_1\boldsymbol{A}_2\cdots\boldsymbol{A}_t)^{\mathrm{T}}=\boldsymbol{A}_t^{\mathrm{T}}\cdots\boldsymbol{A}_2^{\mathrm{T}}\boldsymbol{A}_1^{\mathrm{T}}.$$

须注意等式两边 $\boldsymbol{A}_1,\boldsymbol{A}_2,\cdots,\boldsymbol{A}_t$ 下标的顺序.

例 2.2.11　设 $\boldsymbol{A}=\begin{pmatrix}1&-1&2\\3&0&4\end{pmatrix},\boldsymbol{B}=\begin{pmatrix}2&-6\\3&5\\1&4\end{pmatrix}$，计算 $(\boldsymbol{AB})^{\mathrm{T}},\boldsymbol{B}^{\mathrm{T}}\boldsymbol{A}^{\mathrm{T}}$ 和 $\boldsymbol{A}^{\mathrm{T}}\boldsymbol{B}^{\mathrm{T}}$．

解　由 $\boldsymbol{AB}=\begin{pmatrix}1&-3\\10&-2\end{pmatrix}$，得

$$(\boldsymbol{AB})^{\mathrm{T}}=\begin{pmatrix}1&10\\-3&-2\end{pmatrix},$$

而

$$B^{T}A^{T}=(AB)^{T}=\begin{pmatrix}1&10\\-3&-2\end{pmatrix},$$

$$A^{T}B^{T}=\begin{pmatrix}1&3\\-1&0\\2&4\end{pmatrix}\begin{pmatrix}2&3&1\\-6&5&4\end{pmatrix}=\begin{pmatrix}-16&18&13\\-2&-3&-1\\-20&26&18\end{pmatrix}.$$

注意到：$(AB)^{T}\neq A^{T}B^{T}$.

例 2.2.12 设 A,B 是 n 阶对称矩阵. 证明：AB 是对称矩阵 $\Leftrightarrow AB=BA$.

证 $(\Rightarrow)$ AB 是对称矩阵，故 $AB=(AB)^{T}=B^{T}A^{T}=BA$；

$(\Leftarrow)$ 若 $AB=BA$，有 $(AB)^{T}=B^{T}A^{T}=BA=AB$，即 AB 为对称矩阵.

4. 方阵的幂

方阵作为一类特殊的矩阵，除了可以进行上述各种运算，还可以进行其他运算，**乘幂运算**是其中之一.

定义 2.2.5 设 A 为 n 阶方阵，m 个 A 的连乘积称为方阵 A 的 m 次幂(power)，记作 A^{m}，即

$$A^{m}=\underbrace{AA\cdots A}_{m个}.$$

规定 $A^{0}=E$.方阵的幂运算满足以下运算规则：

$$A^{k}A^{l}=A^{k+l},\quad (A^{k})^{l}=A^{kl},\quad k,l\text{ 为非负整数}.$$

但需注意：① 由于矩阵乘法不满足交换律，对两个 n 阶方阵 A 与 B，一般说来 $(AB)^{k}\neq A^{k}B^{k}$.

② 若 $A^{2}=A$，称 A 为**幂等矩阵**(idempotent matrix)，若有正整数 m，使 $A^{m}=O$，称 A 为**幂零矩阵**(nilpotent matrix).

例 2.2.13 设 $A=\begin{pmatrix}1&-1\\-1&1\end{pmatrix}$，求 A^{2},A^{3} 及 A^{n}.

解 $A^{2}=AA=\begin{pmatrix}1&-1\\-1&1\end{pmatrix}\begin{pmatrix}1&-1\\-1&1\end{pmatrix}=\begin{pmatrix}2&-2\\-2&2\end{pmatrix}=2A$，

$$A^{3}=A^{2}A=(2A)A=2A^{2}=2(2A)=2^{2}A,$$

假设 $A^{k}=2^{k-1}A$，则

$$A^{k+1}=A^{k}A=(2^{k-1}A)A=2^{k-1}A^{2}=2^{k-1}(2A)=2^{k}A,$$

由数学归纳法，有

$$A^n = 2^{n-1}A = 2^{n-1}\begin{pmatrix} 1 & -1 \\ -1 & 1 \end{pmatrix} = \begin{pmatrix} 2^{n-1} & -2^{n-1} \\ -2^{n-1} & 2^{n-1} \end{pmatrix}.$$

例 2.2.14　设 $A = \begin{pmatrix} 1 & 1 & 0 \\ 0 & 1 & 1 \\ 0 & 0 & 1 \end{pmatrix}$，求 A^3, A^4 及 $A^4 - A^3 + 2A$.

解　计算得 $A^2 = \begin{pmatrix} 1 & 2 & 1 \\ 0 & 1 & 2 \\ 0 & 0 & 1 \end{pmatrix}$，从而有

$$A^3 = A^2A = \begin{pmatrix} 1 & 2 & 1 \\ 0 & 1 & 2 \\ 0 & 0 & 1 \end{pmatrix}\begin{pmatrix} 1 & 1 & 0 \\ 0 & 1 & 1 \\ 0 & 0 & 1 \end{pmatrix} = \begin{pmatrix} 1 & 3 & 3 \\ 0 & 1 & 3 \\ 0 & 0 & 1 \end{pmatrix},$$

$$A^4 = A^3A = \begin{pmatrix} 1 & 3 & 3 \\ 0 & 1 & 3 \\ 0 & 0 & 1 \end{pmatrix}\begin{pmatrix} 1 & 1 & 0 \\ 0 & 1 & 1 \\ 0 & 0 & 1 \end{pmatrix} = \begin{pmatrix} 1 & 4 & 6 \\ 0 & 1 & 4 \\ 0 & 0 & 1 \end{pmatrix},$$

$$A^4 - A^3 + 2A = \begin{pmatrix} 1 & 4 & 6 \\ 0 & 1 & 4 \\ 0 & 0 & 1 \end{pmatrix} - \begin{pmatrix} 1 & 3 & 3 \\ 0 & 1 & 3 \\ 0 & 0 & 1 \end{pmatrix} + 2\begin{pmatrix} 1 & 1 & 0 \\ 0 & 1 & 1 \\ 0 & 0 & 1 \end{pmatrix} = \begin{pmatrix} 2 & 3 & 3 \\ 0 & 2 & 3 \\ 0 & 0 & 2 \end{pmatrix}.$$

设 $f(x) = a_mx^m + a_{m-1}x^{m-1} + \cdots + a_1x + a_0$ 是 x 的一个多项式，A 为 n 阶方阵，E 为与 A 同阶的单位矩阵，称 $f(A) = a_mA^m + a_{m-1}A^{m-1} + \cdots + a_1A + a_0E$ 为**矩阵 A 的多项式**(polynomial of matrix).

例 2.2.15　已知 $f(x) = x^2 - 5x + 3$，$A = \begin{pmatrix} 2 & -1 \\ 0 & 3 \end{pmatrix}$，求 $f(A)$.

解　$A^2 = \begin{pmatrix} 2 & -1 \\ 0 & 3 \end{pmatrix}\begin{pmatrix} 2 & -1 \\ 0 & 3 \end{pmatrix} = \begin{pmatrix} 4 & -5 \\ 0 & 9 \end{pmatrix}$,

$$\begin{aligned} f(A) &= A^2 - 5A + 3E \\ &= \begin{pmatrix} 4 & -5 \\ 0 & 9 \end{pmatrix} - 5\begin{pmatrix} 2 & -1 \\ 0 & 3 \end{pmatrix} + 3\begin{pmatrix} 1 & 0 \\ 0 & 1 \end{pmatrix} = \begin{pmatrix} -3 & 0 \\ 0 & -3 \end{pmatrix}. \end{aligned}$$

例 2.2.16　设 $A = \begin{pmatrix} \lambda & 1 & 0 \\ 0 & \lambda & 1 \\ 0 & 0 & \lambda \end{pmatrix}$，求 $A^2, A^3, A^n \quad (n > 3)$.

解　**方法 1**　由矩阵乘法直接计算，求得 A^2, A^3，再由归纳法求出 A^n；

方法 2 设 $A=\begin{pmatrix}\lambda&0&0\\0&\lambda&0\\0&0&\lambda\end{pmatrix}+\begin{pmatrix}0&1&0\\0&0&1\\0&0&0\end{pmatrix}=\lambda E+B$, 于是,有

$$A^n=(\lambda E+B)^n=\lambda^n E+n\lambda^{n-1}B+\frac{n(n-1)}{2!}\lambda^{n-2}B^2+\cdots+B^n,$$

而

$$B^2=\begin{pmatrix}0&0&1\\0&0&0\\0&0&0\end{pmatrix},\ B^3=B^4=\cdots=B^n=O\ (n\geqslant 3),$$

故

$$A^n=(\lambda E+B)^n=\lambda^n E+n\lambda^{n-1}B+\frac{n(n-1)}{2!}\lambda^{n-2}B^2$$

$$=\begin{pmatrix}\lambda^n & n\lambda^{n-1} & \frac{n(n-1)}{2!}\lambda^{n-2}\\ 0 & \lambda^n & n\lambda^{n-1}\\ 0&0&\lambda^n\end{pmatrix}.$$

在许多实际问题中,经常要计算方阵的幂和矩阵多项式.

例 2.2.17 某高校为促进计算机的普及,对教师进行分批脱产培训.现有教师 600 人,其中参加培训的有 100 人,每年从没有参加培训的教师中抽取 $\frac{1}{5}$ 参加培训, 参加培训的教师中有 $\frac{3}{5}$ 毕业返回工作岗位. 若教师总人数不变,问 1 年后在岗教师和在培训教师各有多少人? 2 年以后又如何?

解 依题意, 设

$$A=\begin{pmatrix}\frac{4}{5}&\frac{3}{5}\\ \frac{1}{5}&\frac{2}{5}\end{pmatrix},$$

其中 A 的第一行元素分别为 1 年后在岗未培训教师和在培训教师返岗的百分比,第二行元素分别为 1 年后离岗培训教师和在培训教师未返岗的百分比.令 $X=\begin{pmatrix}500\\100\end{pmatrix}$, 则 1 年后的人员结构为

$$AX=\begin{pmatrix}\frac{4}{5}&\frac{3}{5}\\\frac{1}{5}&\frac{2}{5}\end{pmatrix}\begin{pmatrix}500\\100\end{pmatrix}=\begin{pmatrix}460\\140\end{pmatrix},$$

即在岗教师 460 人,在培训教师 140 人. 2 年后的人员结构为

$$A^2X=A(AX)=\begin{pmatrix}\frac{4}{5}&\frac{3}{5}\\\frac{1}{5}&\frac{2}{5}\end{pmatrix}\begin{pmatrix}460\\140\end{pmatrix}=\begin{pmatrix}452\\148\end{pmatrix},$$

即在岗教师 452 人，在培训教师 148 人.

类似地,不难求出 k 年以后的情形: $A^kX=A^k\begin{pmatrix}500\\100\end{pmatrix}$.当 k 较大时,计算 A^k 一般比较麻烦,在第 4 章将介绍求 A^k 的一个简便快捷方法.

例 2.2.18（循环比赛的名次） 若有 5 个球队进行单循环比赛,已知他们的比赛结果为:1 队胜 2、3 队,2 队胜 3、4、5 队,4 队胜 1、3、5 队,5 队胜 1、3 队.按获胜的次数排名时,若两队胜的次数相同,则按直接胜和间接胜的次数之和排名(所谓间接胜,包括两步间接胜、三步间接胜、N 步间接胜等.若 1 队胜 2 队,2 队胜 3 队,则 1 队胜 3 队即为两步间接胜). 试为这 5 个队排名.

按照上面的排名原则,不难排出 2 队为冠军,4 队为亚军,1 队为第三名,5 队为第四名,3 队垫底. 问题是:如果参加比赛的队比较多,应如何解决这个问题？有没有解决这类问题的一般方法？

解　可以用邻接矩阵 M 表示各队直接胜的情况. 令 $M=(m_{ij})_{5\times5}$,若第 i 队胜第 j 队,则 $m_{ij}=1$,否则 $m_{ij}=0$ $(i,j=1,2,3,4,5)$. 因此

$$M=\begin{pmatrix}0&1&1&0&0\\0&0&1&1&1\\0&0&0&0&0\\1&0&1&0&1\\1&0&1&0&0\end{pmatrix},\quad M^2=\begin{pmatrix}0&0&1&1&1\\2&0&2&0&1\\0&0&0&0&0\\1&1&2&0&0\\0&1&1&0&0\end{pmatrix}.$$

M 中各行元素之和分别为各队直接胜的次数;而由 $M^2=(d_{ij})_{5\times5}=\left(\sum\limits_{k=1}^{5}m_{ik}m_{kj}\right)_{5\times5}$ 知,M^2 的第 i 行第 j 列元素 d_{ij}表示 i 队两步间接胜 j 队的次数,故 M^2 中各行元素之和分别为各队间接胜的次数. 由

$$M + M^2 = \begin{pmatrix} 0 & 1 & 2 & 1 & 1 \\ 2 & 0 & 3 & 1 & 2 \\ 0 & 0 & 0 & 0 & 0 \\ 2 & 1 & 3 & 0 & 1 \\ 1 & 1 & 2 & 0 & 0 \end{pmatrix}$$

得各行元素之和分别为 5、8、0、7、4，此即各队直接胜和间接胜的次数之和. 因此，比赛的名次依次为 2 队、4 队、1 队、5 队、3 队.

5. 方阵的行列式

定义 2.2.6 由 n 阶方阵 $\boldsymbol{A}$ 的元素按原来的位置所构成的行列式，称为**方阵 $\boldsymbol{A}$ 的行列式**(determinant of matrix)，记作 $|\boldsymbol{A}|$ 或 $\det \boldsymbol{A}$.

方阵与行列式是两个不同的概念：n 阶方阵 $\boldsymbol{A}$ 是由 n^2 个数排成的 n 行 n 列数表，而 $|\boldsymbol{A}|$ 是由该数表按一定的运算法则确定的一个数.

方阵的行列式具有以下性质：

(1) $|\boldsymbol{A}^{\mathrm{T}}| = |\boldsymbol{A}|$；

(2) $|k\boldsymbol{A}| = k^n|\boldsymbol{A}|$；

(3) $|\boldsymbol{AB}| = |\boldsymbol{A}||\boldsymbol{B}|$，其中 $\boldsymbol{A},\boldsymbol{B}$ 均为 n 阶方阵，k 为常数.

证 (2) 设 $\boldsymbol{A} = (a_{ij})_{n\times n}$，则

$$|k\boldsymbol{A}| = |(ka_{ij})_{n\times n}| = \begin{vmatrix} ka_{11} & ka_{12} & \cdots & ka_{1n} \\ ka_{21} & ka_{22} & \cdots & ka_{2n} \\ \vdots & \vdots & & \vdots \\ ka_{n1} & ka_{n2} & \cdots & ka_{nn} \end{vmatrix}$$

$$= \underbrace{kk\cdots k}_{n\text{个}} \begin{vmatrix} a_{11} & a_{12} & \cdots & a_{1n} \\ a_{21} & a_{22} & \cdots & a_{2n} \\ \vdots & \vdots & & \vdots \\ a_{n1} & a_{n2} & \cdots & a_{nn} \end{vmatrix} = k^n|\boldsymbol{A}|.$$

(3) 以 2 阶方阵为例. 设 $\boldsymbol{A} = (a_{ij})_{2\times 2}$，$\boldsymbol{B} = (b_{ij})_{2\times 2}$，并构造 4 阶行列式

$$D = \begin{vmatrix} a_{11} & a_{12} & 0 & 0 \\ a_{21} & a_{22} & 0 & 0 \\ -1 & 0 & b_{11} & b_{12} \\ 0 & -1 & b_{21} & b_{22} \end{vmatrix} = \begin{vmatrix} \boldsymbol{A} & \boldsymbol{O} \\ -\boldsymbol{E} & \boldsymbol{B} \end{vmatrix}.$$

由定理 1.3.2(拉普拉斯定理),有 $D=|\boldsymbol{A}||\boldsymbol{B}|$；而

$$D=\begin{vmatrix} a_{11} & a_{12} & 0 & 0 \\ a_{21} & a_{22} & 0 & 0 \\ -1 & 0 & b_{11} & b_{12} \\ 0 & -1 & b_{21} & b_{22} \end{vmatrix} \xlongequal[\substack{r_2+a_{21}r_3\\ r_2+a_{22}r_4}]{\substack{r_1+a_{11}r_3\\ r_1+a_{12}r_4}} \begin{vmatrix} 0 & 0 & a_{11}b_{11}+a_{12}b_{21} & a_{11}b_{12}+a_{12}b_{22} \\ 0 & 0 & a_{21}b_{11}+a_{22}b_{21} & a_{21}b_{12}+a_{22}b_{22} \\ -1 & 0 & b_{11} & b_{12} \\ 0 & -1 & b_{21} & b_{22} \end{vmatrix}$$

$$=\begin{vmatrix} a_{11}b_{11}+a_{12}b_{21} & a_{11}b_{12}+a_{12}b_{22} & 0 & 0 \\ a_{21}b_{11}+a_{22}b_{21} & a_{21}b_{12}+a_{22}b_{22} & 0 & 0 \\ b_{11} & b_{12} & -1 & 0 \\ b_{21} & b_{22} & 0 & -1 \end{vmatrix}$$

$$=\begin{vmatrix} a_{11}b_{11}+a_{12}b_{21} & a_{11}b_{12}+a_{12}b_{22} \\ a_{21}b_{11}+a_{22}b_{21} & a_{21}b_{12}+a_{22}b_{21} \end{vmatrix} \cdot \begin{vmatrix} -1 & 0 \\ 0 & -1 \end{vmatrix} = |\boldsymbol{AB}|,$$

故 $|\boldsymbol{AB}|=|\boldsymbol{A}||\boldsymbol{B}|$.

类似地,可以证明 n 阶方阵情形.

方阵行列式的性质(3)表明:对于 n 阶矩阵 $\boldsymbol{A},\boldsymbol{B}$, 一般 $\boldsymbol{AB}\neq\boldsymbol{BA}$, 但总有 $|\boldsymbol{AB}|=|\boldsymbol{BA}|$；此外，还有

$$|\boldsymbol{A}_1\boldsymbol{A}_2\cdots\boldsymbol{A}_k|=|\boldsymbol{A}_1||\boldsymbol{A}_2|\cdots|\boldsymbol{A}_k|,\ |\boldsymbol{A}^k|=|\boldsymbol{A}|^k.$$

例 2.2.19　设 $\boldsymbol{A}=\begin{pmatrix} 1 & 2 & 3 \\ 0 & 1 & 2 \\ 2 & 0 & 1 \end{pmatrix}, \boldsymbol{B}=\begin{pmatrix} -1 & 0 & 2 \\ 2 & 1 & 0 \\ 5 & 0 & 3 \end{pmatrix}$, 求 $|\boldsymbol{AB}|$, $|\boldsymbol{A}^2|$ 和 $|2\boldsymbol{A}^{\mathrm{T}}|$.

解　由 $|\boldsymbol{A}|=\begin{vmatrix} 1 & 2 & 3 \\ 0 & 1 & 2 \\ 2 & 0 & 1 \end{vmatrix}=3, |\boldsymbol{B}|=\begin{vmatrix} -1 & 0 & 2 \\ 2 & 1 & 0 \\ 5 & 0 & 3 \end{vmatrix}=-13$,

有

$$|\boldsymbol{AB}|=|\boldsymbol{A}||\boldsymbol{B}|=3\times(-13)=-39,$$

$$|\boldsymbol{A}^2|=|\boldsymbol{A}|^2=3^2=9,$$

$$|2\boldsymbol{A}^{\mathrm{T}}|=2^3|\boldsymbol{A}|=8\times 3=24.$$

例 2.2.20 设 $\boldsymbol{A},\boldsymbol{B}$ 均为 3 阶方阵，且 $|\boldsymbol{A}|=\frac{1}{2}$，$|\boldsymbol{B}|=2$，求 $|-\boldsymbol{A}|$ 及 $|2\boldsymbol{B}^{\mathrm{T}}\boldsymbol{A}^2|$.

解 $|-\boldsymbol{A}|=(-1)^3|\boldsymbol{A}|=(-1)\times\frac{1}{2}=-\frac{1}{2}$,

$$|2\boldsymbol{B}^{\mathrm{T}}\boldsymbol{A}^2|=2^3|\boldsymbol{B}^{\mathrm{T}}||\boldsymbol{A}|^2=2^3|\boldsymbol{B}||\boldsymbol{A}|^2=8\times2\times\frac{1}{4}=4.$$

6. 方阵的迹

定义 2.2.7 设方阵 $\boldsymbol{A}=(a_{ij})_{n\times n}$，$\boldsymbol{A}$ 的主对角线元素之和称为方阵的**迹**(trace)，记作 $\mathrm{tr}(\boldsymbol{A})$，即

$$\mathrm{tr}(\boldsymbol{A})=a_{11}+a_{22}+\cdots+a_{nn}.$$

例如 $\begin{pmatrix}1&2\\3&4\end{pmatrix}$，$\begin{pmatrix}1&4&-1\\2&0&8\\7&8&9\end{pmatrix}$，$\begin{pmatrix}1&0&0&\cdots&0\\1&1&0&\cdots&0\\1&1&1&\cdots&0\\\vdots&\vdots&\vdots&&\vdots\\1&1&1&\cdots&1\end{pmatrix}_{n\times n}$ 的迹分别为 5,10 和 n.

不难证明，方阵的迹有如下性质：

(1) $\mathrm{tr}(\boldsymbol{A}+\boldsymbol{B})=\mathrm{tr}(\boldsymbol{A})+\mathrm{tr}(\boldsymbol{B})$；

(2) $\mathrm{tr}(k\boldsymbol{A})=k\cdot\mathrm{tr}(\boldsymbol{A})$；

(3) $\mathrm{tr}(\boldsymbol{AB})=\mathrm{tr}(\boldsymbol{BA})$.

习题 2.2(A)

1. 单项选择题.

(1) 设 $\boldsymbol{A}$ 是 $m\times n$ 矩阵，$\boldsymbol{B}$ 是 $s\times m$ 矩阵，则 $\boldsymbol{A}^{\mathrm{T}}\boldsymbol{B}^{\mathrm{T}}$ 是(　　)矩阵；

(A) $m\times s$　　(B) $n\times s$　　(C) $m\times n$　　(D) $s\times n$

(2) 设 $\boldsymbol{A}$ 是 $m\times n$ 矩阵，$\boldsymbol{B}$ 是 $n\times m$ 矩阵，$\boldsymbol{C}$ 是 $n\times n$ 矩阵，则下列算式可能没有意义的是(　　)；

(A) $\boldsymbol{AB}$　　(B) $|\boldsymbol{AB}|$　　(C) $\boldsymbol{A}+\boldsymbol{C}$　　(D) $\boldsymbol{CB}$

（3）设 $\boldsymbol{A}$、$\boldsymbol{B}$ 均为 n 阶方阵，且 $\boldsymbol{AB}=\boldsymbol{O}$，则必有（　　）.

（A）$|\boldsymbol{A}|=0$ 或 $|\boldsymbol{B}|=0$　　（B）$\boldsymbol{A}+\boldsymbol{B}=\boldsymbol{O}$

（C）$\boldsymbol{A}=\boldsymbol{O}$ 或 $\boldsymbol{B}=\boldsymbol{O}$　　（D）$|\boldsymbol{A}|+|\boldsymbol{B}|=0$

2. 填空题.

（1）设 $\boldsymbol{A}=\begin{pmatrix}3&5&7\\2&0&4\end{pmatrix}$，$\boldsymbol{B}=\begin{pmatrix}1&3&2\\2&1&5\end{pmatrix}$，则 $\boldsymbol{A}+\boldsymbol{B}=$________，$2\boldsymbol{A}-3\boldsymbol{B}=$________；

（2）设 $\boldsymbol{A}=\begin{pmatrix}1&3\\2&-1\end{pmatrix}$，$\boldsymbol{B}=\begin{pmatrix}3&0\\1&2\end{pmatrix}$，则 $\boldsymbol{AB}-\boldsymbol{BA}=$________；

（3）$\begin{pmatrix}1&-2\\3&4\end{pmatrix}^2=$________；

（4）设 $\boldsymbol{A}$ 为 5 阶方阵，且 $|\boldsymbol{A}|=3$，则 $|\boldsymbol{A}^{\mathrm{T}}|=$________，$|\boldsymbol{A}^2|=$________，$|-2\boldsymbol{A}|=$________；

（5）已知 $f(x)=x^2-5x+3$，$\boldsymbol{A}=\begin{pmatrix}2&-1\\-3&3\end{pmatrix}$，则 $f(\boldsymbol{A})=$________.

3. 计算下列各式.

（1）$(1,2,3)\begin{pmatrix}3\\2\\1\end{pmatrix}$；　　（2）$\begin{pmatrix}4&3&1\\1&-2&3\\5&7&0\end{pmatrix}\begin{pmatrix}7\\2\\1\end{pmatrix}$；

（3）$\begin{pmatrix}1\\2\\3\end{pmatrix}(1,2,3)$；　　（4）$\begin{pmatrix}2&1&4&0\\1&-1&3&4\end{pmatrix}\begin{pmatrix}1&3&1\\0&-1&2\\1&-3&1\\4&0&-2\end{pmatrix}$；

（5）$\begin{pmatrix}1&1&\cdots&1\\1&1&\cdots&1\\\vdots&\vdots&&\vdots\\1&1&\cdots&1\end{pmatrix}_{n\times n}^k$.

4. 设 $\boldsymbol{A}=\begin{pmatrix}a_1&c_1&d_1\\a_2&c_2&d_2\\a_3&c_3&d_3\end{pmatrix}$，$\boldsymbol{B}=\begin{pmatrix}b_1&c_1&d_1\\b_2&c_2&d_2\\b_3&c_3&d_3\end{pmatrix}$，且已知 $|\boldsymbol{A}|=\dfrac{1}{2}$，$|\boldsymbol{B}|=2$，求 $|2\boldsymbol{A}+\boldsymbol{B}|$.

5. 已知矩阵 $\boldsymbol{\alpha}=(1,3,5)$，$\boldsymbol{\beta}=\left(1,\dfrac{1}{3},\dfrac{1}{5}\right)$，令 $\boldsymbol{A}=\boldsymbol{\alpha}^{\mathrm{T}}\boldsymbol{\beta}$，求 $\boldsymbol{A}^n$.

6. 已知两个线性变换 $\begin{cases} x_1 = 2y_1 + y_3, \\ x_2 = -2y_1 + 3y_2 + 2y_3, \\ x_3 = 4y_1 + y_2 + 5y_3, \end{cases}$ $\begin{cases} y_1 = -3z_1 + z_2, \\ y_2 = 2z_1 + z_3, \\ y_3 = -z_2 + 3z_3, \end{cases}$ 求从变量 x_1, x_2, x_3 到变量 z_1, z_2, z_3 的线性变换.

7. 证明：

（1）设 $\boldsymbol{A}, \boldsymbol{B}$ 均为 n 阶方阵，若 $(\boldsymbol{A}+\boldsymbol{B})(\boldsymbol{A}-\boldsymbol{B})=\boldsymbol{A}^2-\boldsymbol{B}^2$，则 $\boldsymbol{AB}=\boldsymbol{BA}$；

（2）已知 $\boldsymbol{A}=\begin{pmatrix} 1 & 1 & 1 \\ a & b & c \\ a^2 & b^2 & c^2 \end{pmatrix}$，则 $|\boldsymbol{AA}^{\mathrm{T}}|=(b-a)^2(c-a)^2(c-b)^2$；

（3）设 $\boldsymbol{A}, \boldsymbol{B}$ 为 n 阶方阵，则

$\operatorname{tr}(\boldsymbol{A}+\boldsymbol{B})=\operatorname{tr}(\boldsymbol{A})+\operatorname{tr}(\boldsymbol{B})$；$\operatorname{tr}(k\boldsymbol{A})=k \cdot \operatorname{tr}(\boldsymbol{A})$；$\operatorname{tr}(\boldsymbol{AB})=\operatorname{tr}(\boldsymbol{BA})$；

（4）两个同阶的上三角形矩阵的乘积仍为上三角形矩阵；

（5）对于任意方阵 $\boldsymbol{A}$，$\boldsymbol{AA}^{\mathrm{T}}$ 和 $\boldsymbol{A}+\boldsymbol{A}^{\mathrm{T}}$ 均为对称矩阵；

（6）若 $\boldsymbol{A}, \boldsymbol{B}$ 为同阶对称矩阵，则 $\boldsymbol{A}+\boldsymbol{B}, k\boldsymbol{A}$（$k$ 为常数）也为对称矩阵. 乘积 $\boldsymbol{AB}$ 是对称矩阵吗？若不是，举例说明.

8. 矩阵 $\boldsymbol{A}$ 为某公司向三个商店发送四种产品的数量表，矩阵 $\boldsymbol{B}$ 是这四种产品的售价（单位：百元）及重量（单位：kg）的信息表：

$$\begin{array}{c} \text{空调 \quad 冰箱 \quad 49 寸彩电 \quad 40 寸彩电} \\ \boldsymbol{A}=\begin{pmatrix} 30 & 20 & 50 & 20 \\ 0 & 7 & 10 & 0 \\ 50 & 40 & 50 & 50 \end{pmatrix} \begin{array}{l} \text{甲商店} \\ \text{乙商店}, \\ \text{丙商店} \end{array} \end{array} \qquad \begin{array}{c} \text{售价 \quad 重量} \\ \boldsymbol{B}=\begin{pmatrix} 30 & 40 \\ 16 & 30 \\ 22 & 30 \\ 18 & 20 \end{pmatrix} \begin{array}{l} \text{空调} \\ \text{冰箱} \\ \text{49 寸彩电} \\ \text{40 寸彩电} \end{array}. \end{array}$$

求该公司向每个商店售出产品的总售价及总重量.

9. 某房地产公司计划在两年内建造三种类型的商品住房，建房数量、各类商品房对材料的消耗量及各种材料的单价如表 2.2.2—表 2.2.4 所示.试求出这两年建造商品房的各种材料的费用.

表 2.2.2 建房数量 单位：1 000 m^2

	Ⅰ	Ⅱ	Ⅲ
第一年	20	10	40
第二年	50	30	60

表 2.2.3　每 1 000 m^2 商品房对材料的消耗量

	水泥/t	钢材/t	木材/m^3
Ⅰ	50	12	15
Ⅱ	55	14	8
Ⅲ	70	13	10

表 2.2.4　材料单价表

	水泥/(元·t^{-1})	钢材/(元·t^{-1})	木材/(元·m^{-3})
单价	250	1 600	960

10. 设某小航空公司在四个城市间的航空运行图为图 2.2.1. 写出它的邻接矩阵 $\boldsymbol{A}$,计算 $\boldsymbol{B}=(b_{ij})=\boldsymbol{A}^{\mathrm{T}}\boldsymbol{A}$, 说明 b_{14} 的意义.

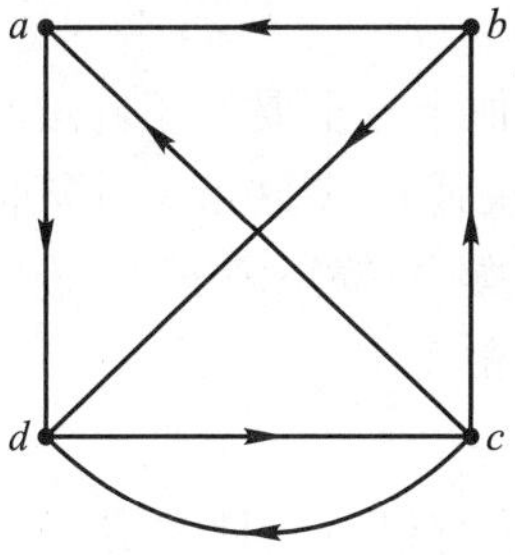

图 2.2.1　航空公司运行图

习题 2.2(B)

1. 设矩阵 $\boldsymbol{A}=\begin{pmatrix}2&1\\-1&2\end{pmatrix}$, $\boldsymbol{E}$ 为 2 阶单位矩阵,矩阵 $\boldsymbol{B}$ 满足 $\boldsymbol{BA}=\boldsymbol{B}+2\boldsymbol{E}$, 求 $|\boldsymbol{B}|$.

2. 设 $\boldsymbol{\alpha}$ 为 3×1 的列矩阵(列向量), $\boldsymbol{\alpha}^{\mathrm{T}}$ 为 $\boldsymbol{\alpha}$ 的转置. 若 $\boldsymbol{\alpha}\boldsymbol{\alpha}^{\mathrm{T}}=\begin{pmatrix}1&-1&1\\-1&1&-1\\1&-1&1\end{pmatrix}$, 求 $\boldsymbol{\alpha}^{\mathrm{T}}\boldsymbol{\alpha}$.

3. 已知 $\boldsymbol{P}=\begin{pmatrix}1\\2\\3\end{pmatrix}$, $\boldsymbol{Q}=(1,1,1)$, 求 $\boldsymbol{A}=\boldsymbol{PQ}$, $\boldsymbol{B}=\boldsymbol{QP}$ 及 $\boldsymbol{A}^{100}$.

4. 设 $\boldsymbol{A}=\begin{pmatrix}1&0&1\\0&2&0\\1&0&1\end{pmatrix}$, $n\geqslant 2$ 为正整数,求 $\boldsymbol{A}^n-2\boldsymbol{A}^{n-1}$.

5. 设 $\boldsymbol{\alpha}=(1,0,-1)^{\mathrm{T}}$, $\boldsymbol{A}=\boldsymbol{\alpha}\boldsymbol{\alpha}^{\mathrm{T}}$, n 为正整数,求 $|\alpha\boldsymbol{E}-\boldsymbol{A}^n|$.

6. 设 $\boldsymbol{A},\boldsymbol{B}$ 为 n 阶矩阵,满足 $\boldsymbol{A}^2=\boldsymbol{E}$, $\boldsymbol{B}^2=\boldsymbol{E}$,且 $|\boldsymbol{A}|+|\boldsymbol{B}|=0$,证明: $|\boldsymbol{A}+\boldsymbol{B}|=0$.

7. 设 $\boldsymbol{A}=\begin{pmatrix}a_{11}&a_{12}\\a_{21}&a_{22}\\a_{31}&a_{32}\end{pmatrix}$, $\boldsymbol{\varepsilon}_1=\begin{pmatrix}1\\0\\0\end{pmatrix}$, $\boldsymbol{\varepsilon}_2=\begin{pmatrix}0\\1\\0\end{pmatrix}$, $\boldsymbol{\varepsilon}_3=\begin{pmatrix}0\\0\\1\end{pmatrix}$, $\boldsymbol{e}_1=\begin{pmatrix}1\\0\end{pmatrix}$, $\boldsymbol{e}_2=\begin{pmatrix}0\\1\end{pmatrix}$,考察 $\boldsymbol{\varepsilon}_i^{\mathrm{T}}\boldsymbol{A}$, $\boldsymbol{A}\boldsymbol{e}_j$, $\boldsymbol{\varepsilon}_i^{\mathrm{T}}\boldsymbol{A}\boldsymbol{e}_j(i=1,2,3;j=1,2)$.根据所得结果,你获得了什么启示?

第 2.3 节 矩阵的初等变换与初等矩阵

矩阵的初等变换是一种十分重要的矩阵运算,它在线性代数中有着极其广泛的应用,尤其在解决线性代数相关计算问题中发挥着重要作用.本节主要介绍矩阵的初等变换、初等矩阵、等价矩阵等概念和性质,并建立矩阵初等变换与矩阵乘法的联系.

1. 矩阵的初等变换

定义 2.3.1 对矩阵施行以下三种变换:

(1) 互换矩阵任意两行(列)的位置;

(2) 用非零数 k 乘矩阵的某一行(列)元素;

(3) 用数 k 乘矩阵的某行(列)各元素加到另一行(列)对应的元素上;称为**矩阵的初等行(列)变换**(elementary row (column) transformation of matrix).

为表述方便,引入记号 $r_i\leftrightarrow r_j(c_i\leftrightarrow c_j)$ 表示互换矩阵中第 i、j 行(列)的变换; $kr_i(kc_i)$ 表示用非零数 k 乘矩阵的第 i 行(列)的变换; $r_i+kr_j(c_i+kc_j)$ 表示用数 k 乘矩阵的第 j 行(列)各元素加到第 i 行(列)对应的元素上的变换.

矩阵的初等行变换与列变换统称为**矩阵的初等变换**(elementary transformation of matrix).

一个矩阵经过初等变换后化为一个新矩阵,二者的关系由下述定义给出.

定义 2.3.2 若矩阵 $\boldsymbol{A}$ 经过有限次初等变换化为矩阵 $\boldsymbol{B}$,则称矩阵 $\boldsymbol{A}$

与 $\boldsymbol{B}$ 等价(equivalence),记作 $\boldsymbol{A}\to\boldsymbol{B}$.

容易验证,该等价关系具有以下性质:

(1) 反身性　$\boldsymbol{A}\to\boldsymbol{A}$;

(2) 对称性　若 $\boldsymbol{A}\to\boldsymbol{B}$, 则 $\boldsymbol{B}\to\boldsymbol{A}$;

(3) 传递性　若 $\boldsymbol{A}\to\boldsymbol{B}$, $\boldsymbol{B}\to\boldsymbol{C}$, 则 $\boldsymbol{A}\to\boldsymbol{C}$.

对给定的矩阵 $\boldsymbol{A}$ 而言,经过初等变换后会化为一个什么形式的矩阵呢?先看一个例子.

例 2.3.1　设矩阵 $\boldsymbol{A}=\begin{pmatrix}1&2&-1&4\\2&4&3&3\\-1&-2&6&-9\end{pmatrix}$, 试对 $\boldsymbol{A}$ 施行初等变换.

解　先对 $\boldsymbol{A}$ 施行初等行变换,有

$$\boldsymbol{A}\xrightarrow[r_3+r_1]{r_2-2r_1}\begin{pmatrix}1&2&-1&4\\0&0&5&-5\\0&0&5&-5\end{pmatrix}\xrightarrow{r_3-r_2}\begin{pmatrix}1&2&-1&4\\0&0&5&-5\\0&0&0&0\end{pmatrix}=\boldsymbol{A}_1,$$

$$\boldsymbol{A}_1\xrightarrow{\frac{1}{5}r_2}\begin{pmatrix}1&2&-1&4\\0&0&1&-1\\0&0&0&0\end{pmatrix}\xrightarrow{r_1+r_2}\begin{pmatrix}1&2&0&3\\0&0&1&-1\\0&0&0&0\end{pmatrix}=\boldsymbol{A}_2;$$

再对最后一个矩阵 $\boldsymbol{A}_2$ 施行初等列变换,得

$$\boldsymbol{A}_2\xrightarrow[c_4-3c_1]{c_2-2c_1}\begin{pmatrix}1&0&0&0\\0&0&1&-1\\0&0&0&0\end{pmatrix}\xrightarrow{c_4+c_3}\begin{pmatrix}1&0&0&0\\0&0&1&0\\0&0&0&0\end{pmatrix}\xrightarrow{c_2\leftrightarrow c_3}\begin{pmatrix}1&0&0&0\\0&1&0&0\\0&0&0&0\end{pmatrix}=\boldsymbol{A}_3.$$

从该例可以看到:矩阵 $\boldsymbol{A}$ 经过初等变换后,许多元素成了 0 或 1,变换后的矩阵 $\boldsymbol{A}_1,\boldsymbol{A}_2,\boldsymbol{A}_3$ 看起来变得“简单”了;而很明显的是矩阵 $\boldsymbol{A}_1,\boldsymbol{A}_2,\boldsymbol{A}_3$ 的“简单程度”又各不相同.

那么,一个矩阵经过初等变换后到底能变成怎样的简单矩阵?如何描述这种“简单程度”的差异?为解决该问题,引入下面定义.

定义 2.3.3　若一个矩阵满足:

(1) 元素全为零的行(如果有的话)均位于矩阵的最下方;

(2) 自上而下每一行的第一个非零元素的列标严格递增;

称该矩阵为**行阶梯形矩阵**(row echelon matrix),简称**行阶梯形**;而所有非零行的第一个非零元素都是 1,且其所在列的其余元素都是零的行阶梯形称为**行最简形矩阵**(reduced row echelon matrix),简称**行最简形**;第一个非零元素都是 1,且其所在行与列的其余元素都是零的行最简形称为**标准形矩阵**(normal form matrix),简称**标准形**.

例如

$$\begin{pmatrix}1&2&3\\0&2&-1\end{pmatrix},\quad \begin{pmatrix}1&2&-1&3\\0&0&3&4\\0&0&0&0\end{pmatrix},\quad \begin{pmatrix}1&1&1\\0&1&1\\0&0&1\end{pmatrix}\text{是行阶梯形矩阵,}$$

$$\begin{pmatrix}1&0&3\\0&1&-1\end{pmatrix},\quad \begin{pmatrix}1&2&0&0\\0&0&1&0\\0&0&0&0\end{pmatrix},\quad \begin{pmatrix}0&1&0\\0&0&1\\0&0&0\end{pmatrix}\text{是行最简形矩阵,}$$

$$\begin{pmatrix}1&0&0\\0&1&0\end{pmatrix},\quad \begin{pmatrix}1&0&0&0\\0&1&0&0\\0&0&0&0\end{pmatrix},\quad \begin{pmatrix}1&0&0\\0&1&0\\0&0&1\end{pmatrix}\text{是标准形矩阵.}$$

行阶梯形或行最简形矩阵的特点是:可以画出一条阶梯线,使线的下方均为 0,每个台阶只有一行,而台阶数就是非零行的行数.

在例 2.3.1 中,对矩阵 $\boldsymbol{A}$ 首先施行初等行变换化为行阶梯形 $\boldsymbol{A}_1$,进一步化为行最简形 $\boldsymbol{A}_2$;再对矩阵 $\boldsymbol{A}_2$ 施行初等列变换化为标准形 $\boldsymbol{A}_3$.

一般地,有

定理 2.3.1 (1)任一矩阵都可经过若干次初等行变换化为行阶梯形矩阵、行最简形矩阵;(2)任一矩阵都可经过若干次初等变换化为标准形矩阵.

下面以例子说明.

例 2.3.2 化矩阵 $\boldsymbol{A}=\begin{pmatrix}0&1&3&-2\\2&1&-4&3\\2&3&2&-1\end{pmatrix}$ 为行阶梯形、行最简形及标准形矩阵.

解 对 $\boldsymbol{A}$ 施行初等行变换,有

$$\boldsymbol{A}=\begin{pmatrix}0&1&3&-2\\2&1&-4&3\\2&3&2&-1\end{pmatrix}\xrightarrow{r_1\leftrightarrow r_2}\begin{pmatrix}2&1&-4&3\\0&1&3&-2\\2&3&2&-1\end{pmatrix}\xrightarrow{r_3-r_1}\begin{pmatrix}2&1&-4&3\\0&1&3&-2\\0&2&6&-4\end{pmatrix}$$

$$\xrightarrow{r_3-2r_2}\begin{pmatrix}2&1&-4&3\\0&1&3&-2\\0&0&0&0\end{pmatrix}\xrightarrow{r_1-r_2}\begin{pmatrix}2&0&-7&5\\0&1&3&-2\\0&0&0&0\end{pmatrix}\xrightarrow{\frac{1}{2}r_1}\begin{pmatrix}1&0&-\frac{7}{2}&\frac{5}{2}\\0&1&3&-2\\0&0&0&0\end{pmatrix}=\boldsymbol{A}_2,$$

行阶梯形矩阵　　行阶梯形矩阵　　行最简形矩阵

再对矩阵 $\boldsymbol{A}_2$ 施行初等列变换，得

$$\boldsymbol{A}_2\xrightarrow[c_3-3c_2,c_4+2c_2]{c_3+\frac{7}{2}c_1,c_4-\frac{5}{2}c_1}\begin{pmatrix}1&0&0&0\\0&1&0&0\\0&0&0&0\end{pmatrix}.$$

标准形矩阵

停下来想一想

一个矩阵的行阶梯形、行最简形及标准形矩阵是否唯一确定?

2. 初等矩阵

矩阵的初等变换建立了矩阵的等价关系，这种关系如何通过等式来刻画？初等矩阵便是解决这一问题的桥梁.

定义 2.3.4　由单位矩阵 $\boldsymbol{E}$ 经过一次初等变换得到的矩阵称为**初等矩阵**(elementary matrix).

与三类初等行(列)变换对应的初等矩阵只有以下三种类型:

(1) 交换单位矩阵的第 i 行(列)与第 j 行(列)，得到初等矩阵 $\boldsymbol{E}(i,j)$;

(2) 以非零数 k 乘单位矩阵的第 i 行(列)，得到初等矩阵 $\boldsymbol{E}(i(k))$;

(3) 把单位矩阵第 j 行的 k 倍加到第 i 行上(或把单位矩阵第 i 列的 k 倍加到第 j 列上)得到初等矩阵 $\boldsymbol{E}(i,j(k))$; 即

$$\boldsymbol{E}(i,j)=\begin{pmatrix}1&&&&&&\\&\ddots&&&&&\\&&0&\cdots&1&&\\&&\vdots&&\vdots&&\\&&1&\cdots&0&&\\&&&&&\ddots&\\&&&&&&1\end{pmatrix}\begin{matrix}\\\\\leftarrow 第\,i\,行\\\\\leftarrow 第\,j\,行\\\\\\\end{matrix},$$

(第 i 列↑　第 j 列↑)

$$E(i(k))=\begin{pmatrix}1&&&&&&\\&\ddots&&&&&\\&&1&&&&\\&&&k&&&\\&&&&1&&\\&&&&&\ddots&\\&&&&&&1\end{pmatrix}\begin{matrix}\\\\\\\leftarrow \text{第 } i \text{ 行},\\\\\\\\\end{matrix}$$

$$\uparrow$$
$$\text{第 } i \text{ 列}$$

$$E(i,j(k))=\begin{pmatrix}1&&&&&&\\&\ddots&&&&&\\&&1&\cdots&k&&\\&&\vdots&&\vdots&&\\&&0&\cdots&1&&\\&&&&&\ddots&\\&&&&&&1\end{pmatrix}\begin{matrix}\\\\\leftarrow \text{第 } i \text{ 行}\\\\\leftarrow \text{第 } j \text{ 行}\\\\\\\end{matrix}.$$

$$\uparrow\qquad\qquad\uparrow$$
$$\text{第 } i \text{ 列}\qquad \text{第 } j \text{ 列}$$

根据矩阵乘法运算的特点知,对矩阵施行初等行(列)变换与初等矩阵有如下关系:

定理 2.3.2 设 $\boldsymbol{A}$ 是 $m\times n$ 矩阵,则

(1) 对 $\boldsymbol{A}$ 作一次初等行变换,相当于在 $\boldsymbol{A}$ 的左边乘上一个相应的 m 阶初等矩阵;

(2) 对 $\boldsymbol{A}$ 作一次初等列变换,相当于在 $\boldsymbol{A}$ 的右边乘上一个相应的 n 阶初等矩阵.

下面以具体矩阵为例, 解释定理的含义.

给定矩阵 $\boldsymbol{A}=\begin{pmatrix}1&2&3&4\\5&6&7&8\\9&10&11&12\end{pmatrix}$, 有

$$A \xrightarrow{r_1 \leftrightarrow r_3} \begin{pmatrix} 9 & 10 & 11 & 12 \\ 5 & 6 & 7 & 8 \\ 1 & 2 & 3 & 4 \end{pmatrix} = \begin{pmatrix} 0 & 0 & 1 \\ 0 & 1 & 0 \\ 1 & 0 & 0 \end{pmatrix} \begin{pmatrix} 1 & 2 & 3 & 4 \\ 5 & 6 & 7 & 8 \\ 9 & 10 & 11 & 12 \end{pmatrix} = \boldsymbol{E}(1,3)\boldsymbol{A},$$

$$A \xrightarrow{5c_2} \begin{pmatrix} 1 & 10 & 3 & 4 \\ 5 & 30 & 7 & 8 \\ 9 & 50 & 11 & 12 \end{pmatrix} = \begin{pmatrix} 1 & 2 & 3 & 4 \\ 5 & 6 & 7 & 8 \\ 9 & 10 & 11 & 12 \end{pmatrix} \begin{pmatrix} 1 & 0 & 0 & 0 \\ 0 & 5 & 0 & 0 \\ 0 & 0 & 1 & 0 \\ 0 & 0 & 0 & 1 \end{pmatrix} = \boldsymbol{A}\boldsymbol{E}(2(5)),$$

$$A \xrightarrow{r_1 + 2r_3} \begin{pmatrix} 19 & 22 & 25 & 28 \\ 5 & 6 & 7 & 8 \\ 9 & 10 & 11 & 12 \end{pmatrix} = \begin{pmatrix} 1 & 0 & 2 \\ 0 & 1 & 0 \\ 0 & 0 & 1 \end{pmatrix} \begin{pmatrix} 1 & 2 & 3 & 4 \\ 5 & 6 & 7 & 8 \\ 9 & 10 & 11 & 12 \end{pmatrix} = \boldsymbol{E}(1,3(2))\boldsymbol{A}.$$

该定理建立了矩阵初等变换与矩阵乘法的联系，同时给出了矩阵等价关系的等式刻画.因此，我们可以用等式来描述矩阵化简的过程.

例 2.3.3　将如下矩阵 $\boldsymbol{A}$ 化为行最简形的过程用矩阵乘法表示.

$$\boldsymbol{A} = \begin{pmatrix} 1 & 3 & 3 \\ 1 & 4 & 3 \\ 1 & 3 & 4 \end{pmatrix} \xrightarrow[r_3 - r_1]{r_2 - r_1} \begin{pmatrix} 1 & 3 & 3 \\ 0 & 1 & 0 \\ 0 & 0 & 1 \end{pmatrix} \xrightarrow[r_1 - 3r_3]{r_1 - 3r_2} \begin{pmatrix} 1 & 0 & 0 \\ 0 & 1 & 0 \\ 0 & 0 & 1 \end{pmatrix} = \boldsymbol{E}.$$

解　这一系列初等变换过程可以表示为

$$\boldsymbol{E}(1,3(-3))\boldsymbol{E}(1,2(-3))\boldsymbol{E}(3,1(-1))\boldsymbol{E}(2,1(-1))\boldsymbol{A} = \boldsymbol{E}.$$

停下来想一想

① 初等矩阵的转置是否仍为初等矩阵？试写出 $\boldsymbol{E}(i,j)^{\mathrm{T}}$，$\boldsymbol{E}(i(k))^{\mathrm{T}}$ 及 $\boldsymbol{E}(i,j(k))^{\mathrm{T}}$.

② 三类初等矩阵的行列式 $|\boldsymbol{E}(i,j)|=?$　$|\boldsymbol{E}(i(k))|=?$　$|\boldsymbol{E}(i,j(k))|=?$

③ 例 2.3.3 的化简过程表明：方阵 $\boldsymbol{A}$ 仅经过初等行变换，就化为标准形，且标准形为单位矩阵.该结果是否具有一般性？若否，$\boldsymbol{A}$ 应具备什么样的性质？

习题 2.3(A)

1. 单项选择题.

(1) 矩阵 $\begin{pmatrix} 1 & -1 \\ 3 & 2 \end{pmatrix}$ 的标准形为(　　　);

(A) $\begin{pmatrix}1&1\\1&1\end{pmatrix}$ (B) $\begin{pmatrix}1&0\\0&1\end{pmatrix}$ (C) 0 (D) 1

(2) 矩阵$\begin{pmatrix}0&2&-3&1\\0&3&-4&3\\0&4&-7&-1\end{pmatrix}$的行最简形为（　　）；

(A) $\begin{pmatrix}0&1&0&5\\0&0&1&3\\0&0&0&0\end{pmatrix}$ (B) $\begin{pmatrix}0&1&0&0\\0&0&1&3\\0&0&0&1\end{pmatrix}$

(C) $\begin{pmatrix}1&0&0&0\\0&0&1&0\\0&0&0&0\end{pmatrix}$ (D) $\begin{pmatrix}1&1&0&0\\0&0&0&0\\0&0&0&0\end{pmatrix}$

(3) 下列矩阵中(　　)不是初等矩阵.

(A) $\begin{pmatrix}0&0&1\\0&1&0\\1&0&0\end{pmatrix}$ (B) $\begin{pmatrix}1&0&0\\0&0&1\\0&1&0\end{pmatrix}$

(C) $\begin{pmatrix}1&0&0\\0&3&0\\0&0&1\end{pmatrix}$ (D) $\begin{pmatrix}1&0&0\\0&1&-4\\0&0&-1\end{pmatrix}$

2. 用初等行变换将下列矩阵化为行最简形.

(1) $\begin{pmatrix}1&-1\\3&2\end{pmatrix}$； (2) $\begin{pmatrix}0&2&-3&1\\0&3&-4&3\\0&4&-7&-1\end{pmatrix}$；

(3) $\begin{pmatrix}1&0&2&-1\\2&0&3&1\\3&0&4&3\end{pmatrix}$； (4) $\begin{pmatrix}1&-1&3&-4&3\\3&-3&5&-4&1\\2&-2&3&-2&0\\3&-3&4&-2&-1\end{pmatrix}$.

3. 设 $\boldsymbol{A}=\begin{pmatrix}a_{11}&a_{12}&a_{13}&a_{14}\\a_{21}&a_{22}&a_{23}&a_{24}\\a_{31}&a_{32}&a_{33}&a_{34}\end{pmatrix}$，计算：

(1) $\boldsymbol{E}(2,3)\boldsymbol{A}$；(2) $\boldsymbol{A}\boldsymbol{E}(3(k))$；(3) $\boldsymbol{E}(2,1(k))\boldsymbol{A}$.

习题 2.3(B)

1. 将下列矩阵化为标准形.

(1) $A = \begin{pmatrix} 1 & 0 & 0 \\ 1 & 2 & 0 \\ 1 & 2 & 3 \end{pmatrix}$;　　(2) $A = \begin{pmatrix} 1 & 2 & 0 & 0 \\ 2 & 5 & 0 & 0 \\ 0 & 0 & 1 & 5 \\ 0 & 0 & 2 & 10 \end{pmatrix}$.

2. 设 $\boldsymbol{A},\boldsymbol{B}$ 为 $m \times n$ 矩阵.

(1) 证明:$\boldsymbol{A}$ 与 $\boldsymbol{B}$ 等价的充分必要条件是 $\boldsymbol{A}$ 与 $\boldsymbol{B}$ 有相同的标准形;

(2) 判别 $\boldsymbol{A} = \begin{pmatrix} 0 & 1 & 2 \\ 1 & 1 & 4 \\ 2 & -1 & 0 \end{pmatrix}$ 与 $\boldsymbol{B} = \begin{pmatrix} 1 & 0 & 0 \\ 0 & 1 & 0 \\ 3 & 2 & 1 \end{pmatrix}$ 的等价性.

第 2.4 节　逆矩阵

在第 2.2 节、2.3 节,已经讨论了矩阵运算.在一定条件下矩阵可以相加、相减以及相乘.作为数表的矩阵,其乘法是否与数的乘法一样也有逆运算?如果有,应该具有怎样的含义?运算性质如何?应该怎样求出?有什么样的应用?这是本节要讨论的内容.

1. 逆矩阵的概念与性质

我们知道,数的乘法有逆运算,关键在于对 $\forall a \neq 0$,其"逆" a^{-1} 可以通过 $aa^{-1} = a^{-1}a = 1$ 来刻画.相仿地,对 n 阶方阵 $\boldsymbol{A}$,有如下定义.

定义 2.4.1　设 $\boldsymbol{A}$ 是 n 阶方阵,若存在 n 阶方阵 $\boldsymbol{B}$,使

$$\boldsymbol{AB} = \boldsymbol{BA} = \boldsymbol{E}, \tag{2.4.1}$$

称 $\boldsymbol{A}$ 是**可逆矩阵**或 $\boldsymbol{A}$ 是**可逆的**,并称 $\boldsymbol{B}$ 为 $\boldsymbol{A}$ 的**逆矩阵**(inverse matrix),记作 $\boldsymbol{B} = \boldsymbol{A}^{-1}$.

例如　$\boldsymbol{A} = \begin{pmatrix} 1 & 2 \\ 0 & 1 \end{pmatrix}$,$\boldsymbol{B} = \begin{pmatrix} 1 & -2 \\ 0 & 1 \end{pmatrix}$,有

$$\boldsymbol{AB} = \begin{pmatrix} 1 & 2 \\ 0 & 1 \end{pmatrix}\begin{pmatrix} 1 & -2 \\ 0 & 1 \end{pmatrix} = \begin{pmatrix} 1 & 0 \\ 0 & 1 \end{pmatrix},\quad \boldsymbol{BA} = \begin{pmatrix} 1 & -2 \\ 0 & 1 \end{pmatrix}\begin{pmatrix} 1 & 2 \\ 0 & 1 \end{pmatrix} = \begin{pmatrix} 1 & 0 \\ 0 & 1 \end{pmatrix},$$

即 $\boldsymbol{AB} = \boldsymbol{BA} = \boldsymbol{E}$,故 $\boldsymbol{B}$ 为 $\boldsymbol{A}$ 的逆矩阵.

对定义 2.4.1,应当注意:

① 可逆矩阵及其逆矩阵是同阶方阵;

② $\boldsymbol{A}$ 与 $\boldsymbol{B}$ 的地位对称,即若 $\boldsymbol{B}$ 为 $\boldsymbol{A}$ 的逆矩阵,则 $\boldsymbol{A}$ 也为 $\boldsymbol{B}$ 的逆矩阵;

③ 若 n 阶方阵 $\boldsymbol{A}$ 可逆,则 $\boldsymbol{A}$ 的逆矩阵是唯一的;

事实上，若设 $\boldsymbol{B},\boldsymbol{C}$ 均为矩阵 $\boldsymbol{A}$ 的逆矩阵，即 $\boldsymbol{AB}=\boldsymbol{BA}=\boldsymbol{E},\boldsymbol{AC}=\boldsymbol{CA}=\boldsymbol{E}$，则有 $\boldsymbol{B}=\boldsymbol{BE}=\boldsymbol{B}(\boldsymbol{AC})=(\boldsymbol{BA})\boldsymbol{C}=\boldsymbol{EC}=\boldsymbol{C}$.

④ 并非任意非零方阵都可逆(零矩阵显然不可逆).

如矩阵 $\boldsymbol{A}=\begin{pmatrix}1&0\\0&0\end{pmatrix}$，由于 $\boldsymbol{A}\begin{pmatrix}a&b\\c&d\end{pmatrix}=\begin{pmatrix}1&0\\0&0\end{pmatrix}\begin{pmatrix}a&b\\c&d\end{pmatrix}=\begin{pmatrix}a&b\\0&0\end{pmatrix}$ 不可能等于 $\boldsymbol{E}=\begin{pmatrix}1&0\\0&1\end{pmatrix}$，因此，$\boldsymbol{A}$ 没有逆矩阵，即 $\boldsymbol{A}$ 不可逆.

可逆矩阵具有以下性质：

(1) $(\boldsymbol{A}^{-1})^{-1}=\boldsymbol{A}$；

(2) $(k\boldsymbol{A})^{-1}=\dfrac{1}{k}\boldsymbol{A}^{-1}\ (k\neq 0)$；

(3) $(\boldsymbol{A}^{\mathrm{T}})^{-1}=(\boldsymbol{A}^{-1})^{\mathrm{T}}$；

(4) $(\boldsymbol{AB})^{-1}=\boldsymbol{B}^{-1}\boldsymbol{A}^{-1}$，$(\boldsymbol{A}_1\boldsymbol{A}_2\cdots\boldsymbol{A}_k)^{-1}=\boldsymbol{A}_k^{-1}\boldsymbol{A}_{k-1}^{-1}\cdots\boldsymbol{A}_1^{-1}$；

(5) $|\boldsymbol{A}^{-1}|=\dfrac{1}{|\boldsymbol{A}|}$.

证明留作练习.

例 2.4.1 设 $\boldsymbol{A}$ 为 n 阶矩阵，满足 $\boldsymbol{A}^2=\boldsymbol{O}$. 证明：矩阵 $\boldsymbol{E}-\boldsymbol{A}$ 可逆，且

$$(\boldsymbol{E}-\boldsymbol{A})^{-1}=\boldsymbol{E}+\boldsymbol{A}.$$

证 由题设，有

$$(\boldsymbol{E}-\boldsymbol{A})(\boldsymbol{E}+\boldsymbol{A})=\boldsymbol{E}^2+\boldsymbol{EA}-\boldsymbol{AE}-\boldsymbol{A}^2=\boldsymbol{E},$$

及

$$(\boldsymbol{E}+\boldsymbol{A})(\boldsymbol{E}-\boldsymbol{A})=\boldsymbol{E},$$

故矩阵 $\boldsymbol{E}-\boldsymbol{A}$ 可逆，且 $(\boldsymbol{E}-\boldsymbol{A})^{-1}=\boldsymbol{E}+\boldsymbol{A}$.

例 2.4.2 设 $\boldsymbol{A}$，$\boldsymbol{B}$，$\boldsymbol{A}+\boldsymbol{B}$ 均为 n 阶可逆矩阵. 证明：$\boldsymbol{A}^{-1}+\boldsymbol{B}^{-1}$ 可逆，且

$$(\boldsymbol{A}^{-1}+\boldsymbol{B}^{-1})^{-1}=\boldsymbol{A}(\boldsymbol{A}+\boldsymbol{B})^{-1}\boldsymbol{B}.$$

证 方法 1 利用定义(略)；

方法 2 利用运算性质. 因 $\boldsymbol{A},\boldsymbol{B}$ 和 $\boldsymbol{A}+\boldsymbol{B}$ 均为可逆矩阵，知 $\boldsymbol{A}(\boldsymbol{A}+\boldsymbol{B})^{-1}\boldsymbol{B}$ 可逆，且

$$[\boldsymbol{A}(\boldsymbol{A}+\boldsymbol{B})^{-1}\boldsymbol{B}]^{-1}=\boldsymbol{B}^{-1}(\boldsymbol{A}+\boldsymbol{B})\boldsymbol{A}^{-1}=\boldsymbol{B}^{-1}(\boldsymbol{E}+\boldsymbol{BA}^{-1})=\boldsymbol{B}^{-1}+\boldsymbol{A}^{-1},$$

即 $\boldsymbol{A}^{-1}+\boldsymbol{B}^{-1}$ 可逆，且 $(\boldsymbol{A}^{-1}+\boldsymbol{B}^{-1})^{-1}=\boldsymbol{A}(\boldsymbol{A}+\boldsymbol{B})^{-1}\boldsymbol{B}$.

方阵 $\boldsymbol{A}$ 是否可逆是 $\boldsymbol{A}$ 的一个重要属性，它在线性代数理论和应用中都起

着重要作用. 那么，如何判别方阵 $\boldsymbol{A}$ 是否可逆？如果 $\boldsymbol{A}$ 可逆，如何求出 $\boldsymbol{A}^{-1}$？

2. 矩阵可逆的条件及求法

(1) 矩阵可逆的充要条件(伴随矩阵求逆法)

为了讨论矩阵可逆的条件，首先引入伴随矩阵的概念.

定义 2.4.2　设 $\boldsymbol{A}=(a_{ij})$ 为 n 阶方阵，A_{ij} 是 $|\boldsymbol{A}|$ 中元素 a_{ij} 的代数余子式，矩阵

$$\boldsymbol{A}^{*}=\begin{pmatrix} A_{11} & A_{21} & \cdots & A_{n1} \\ A_{12} & A_{22} & \cdots & A_{n2} \\ \vdots & \vdots & & \vdots \\ A_{1n} & A_{2n} & \cdots & A_{nn} \end{pmatrix}$$

称为 $\boldsymbol{A}$ 的**伴随矩阵**(adjoint matrix).

应当注意：$\boldsymbol{A}^{*}$ 中的第 i 行元素 $A_{ki}(k=1,2,\cdots,n)$ 是 $|\boldsymbol{A}|$ 中第 i 列元素 $a_{ki}(k=1,2,\cdots,n)$ 的代数余子式. 换句话说，$|\boldsymbol{A}|$ 中第 i 行元素的代数余子式在 $\boldsymbol{A}^{*}$ 中位于第 i 列.

利用 $\boldsymbol{A}$ 的伴随矩阵 $\boldsymbol{A}^{*}$，可以获得许多有用的结果. 看下面的例子.

例 2.4.3　$\boldsymbol{A}$ 为 n 阶方阵，$\boldsymbol{A}^{*}$ 为 $\boldsymbol{A}$ 的伴随矩阵，则

$$\boldsymbol{A}\boldsymbol{A}^{*}=\boldsymbol{A}^{*}\boldsymbol{A}=|\boldsymbol{A}|\boldsymbol{E}. \tag{2.4.2}$$

证　利用矩阵乘法，有

$$\boldsymbol{A}\boldsymbol{A}^{*}=\begin{pmatrix} a_{11} & a_{12} & \cdots & a_{1n} \\ a_{21} & a_{22} & \cdots & a_{2n} \\ \vdots & \vdots & & \vdots \\ a_{n1} & a_{n2} & \cdots & a_{nn} \end{pmatrix}\begin{pmatrix} A_{11} & A_{21} & \cdots & A_{n1} \\ A_{12} & A_{22} & \cdots & A_{n2} \\ \vdots & \vdots & & \vdots \\ A_{1n} & A_{2n} & \cdots & A_{nn} \end{pmatrix}$$

$$=\begin{pmatrix} |\boldsymbol{A}| & 0 & \cdots & 0 \\ 0 & |\boldsymbol{A}| & \cdots & 0 \\ \vdots & \vdots & & \vdots \\ 0 & 0 & \cdots & |\boldsymbol{A}| \end{pmatrix}=|\boldsymbol{A}|\boldsymbol{E}.$$

同理，有 $\boldsymbol{A}^{*}\boldsymbol{A}=|\boldsymbol{A}|\boldsymbol{E}$. 因此 $\boldsymbol{A}\boldsymbol{A}^{*}=\boldsymbol{A}^{*}\boldsymbol{A}=|\boldsymbol{A}|\boldsymbol{E}$.

式(2.4.2)是一个十分重要的基本关系式. 利用该式及可逆矩阵定义，可得如下结论.

定理 2.4.1　n 阶方阵 $\boldsymbol{A}$ 可逆的充分必要条件为 $|\boldsymbol{A}|\neq 0$，且当 $\boldsymbol{A}$ 可逆时，

$$\boldsymbol{A}^{-1}=\frac{1}{|\boldsymbol{A}|}\boldsymbol{A}^{*}, \tag{2.4.3}$$

这里 $\boldsymbol{A}^*$ 为 $\boldsymbol{A}$ 的伴随矩阵.

证 (必要性)因 $\boldsymbol{A}$ 可逆,故存在 $\boldsymbol{A}^{-1}$, 使 $\boldsymbol{A}\boldsymbol{A}^{-1}=\boldsymbol{E}$.等式两端取行列式,得

$$|\boldsymbol{A}||\boldsymbol{A}^{-1}|=|\boldsymbol{E}|=1\neq 0,$$

故 $|\boldsymbol{A}|\neq 0$;

(充分性)由 $\boldsymbol{A}\boldsymbol{A}^*=\boldsymbol{A}^*\boldsymbol{A}=|\boldsymbol{A}|\boldsymbol{E}$ 及 $|\boldsymbol{A}|\neq 0$, 有

$$\boldsymbol{A}\left(\frac{1}{|\boldsymbol{A}|}\boldsymbol{A}^*\right)=\left(\frac{1}{|\boldsymbol{A}|}\boldsymbol{A}^*\right)\boldsymbol{A}=\boldsymbol{E},$$

由逆矩阵的定义,知 $\boldsymbol{A}$ 可逆,且 $\boldsymbol{A}^{-1}=\dfrac{1}{|\boldsymbol{A}|}\boldsymbol{A}^*$.

对于方阵 $\boldsymbol{A}$,若 $|\boldsymbol{A}|\neq 0$, 则称 $\boldsymbol{A}$ 为**非奇异矩阵**(nonsingular matrix)或**非退化矩阵**,否则称 $\boldsymbol{A}$ 为**奇异矩阵**(singular matrix)或**退化矩阵**. 因此,定理 2.4.1 表明:矩阵 $\boldsymbol{A}$ 可逆当且仅当矩阵 $\boldsymbol{A}$ 为非奇异矩阵或非退化矩阵.

定理 2.4.1 不仅给出了矩阵 $\boldsymbol{A}$ 可逆的充分必要条件,而且给出了求 $\boldsymbol{A}^{-1}$ 的一种方法——伴随矩阵求逆法. 其具体步骤为:

(1) 计算 $|\boldsymbol{A}|$,当 $|\boldsymbol{A}|\neq 0$ 时逆矩阵存在;

(2) 求 $\boldsymbol{A}^*$;

(3) 利用 $\boldsymbol{A}^{-1}=\dfrac{1}{|\boldsymbol{A}|}\boldsymbol{A}^*$ 求出 $\boldsymbol{A}^{-1}$.

例 2.4.4 设 $\boldsymbol{A}=\begin{pmatrix}a & b\\ c & d\end{pmatrix}$.试问 $\boldsymbol{A}$ 是否可逆? 可逆时,求 $\boldsymbol{A}^{-1}$.

解 $|\boldsymbol{A}|=\begin{vmatrix}a & b\\ c & d\end{vmatrix}=ad-bc$, 故当 $ad-bc\neq 0$ 时,$\boldsymbol{A}$ 可逆;又

$$\boldsymbol{A}^*=\begin{pmatrix}d & -b\\ -c & a\end{pmatrix},$$

所以

$$\boldsymbol{A}^{-1}=\frac{1}{|\boldsymbol{A}|}\boldsymbol{A}^*=\frac{1}{ad-bc}\begin{pmatrix}d & -b\\ -c & a\end{pmatrix}.$$

总结该例不难发现,形如 $\boldsymbol{A}=\begin{pmatrix}a & b\\ c & d\end{pmatrix}$ 的 2 阶方阵的伴随矩阵 $\boldsymbol{A}^*$ 的

构成:将矩阵 $\boldsymbol{A}$ 的主对角元素 a,d 交换位置,次对角元素 b,c 添加负号即可.

例 2.4.5　设 $\boldsymbol{A}=\begin{pmatrix}0&2&-1\\1&1&2\\-1&-1&-1\end{pmatrix}$,求 $\boldsymbol{A}^{-1}$.

解　因 $|\boldsymbol{A}|=\begin{vmatrix}0&2&-1\\1&1&2\\-1&-1&-1\end{vmatrix}=\begin{vmatrix}0&2&-1\\1&1&2\\0&0&1\end{vmatrix}=-2\neq 0$, 故 $\boldsymbol{A}$ 可逆. 又

$$A_{11}=\begin{vmatrix}1&2\\-1&-1\end{vmatrix}=1,\quad A_{12}=-\begin{vmatrix}1&2\\-1&-1\end{vmatrix}=-1,\quad A_{13}=\begin{vmatrix}1&1\\-1&-1\end{vmatrix}=0,$$

$$A_{21}=-\begin{vmatrix}2&-1\\-1&-1\end{vmatrix}=3,\quad A_{22}=\begin{vmatrix}0&-1\\-1&-1\end{vmatrix}=-1,\quad A_{23}=-\begin{vmatrix}0&2\\-1&-1\end{vmatrix}=-2,$$

$$A_{31}=\begin{vmatrix}2&-1\\1&2\end{vmatrix}=5,\quad A_{32}=-\begin{vmatrix}0&-1\\1&2\end{vmatrix}=-1,\quad A_{33}=\begin{vmatrix}0&2\\1&1\end{vmatrix}=-2,$$

故

$$\boldsymbol{A}^{-1}=\frac{1}{|\boldsymbol{A}|}\boldsymbol{A}^{*}=-\frac{1}{2}\boldsymbol{A}^{*}=-\frac{1}{2}\begin{pmatrix}1&3&5\\-1&-1&-1\\0&-2&-2\end{pmatrix}=\begin{pmatrix}-\frac{1}{2}&-\frac{3}{2}&-\frac{5}{2}\\\frac{1}{2}&\frac{1}{2}&\frac{1}{2}\\0&1&1\end{pmatrix}.$$

下面给出定理 2.4.1 的一个很有用的推论.

推论　若同阶方阵 $\boldsymbol{A},\boldsymbol{B}$ 满足 $\boldsymbol{AB}=\boldsymbol{E}$ (或 $\boldsymbol{BA}=\boldsymbol{E}$), 则 $\boldsymbol{A}$ 可逆,且 $\boldsymbol{A}^{-1}=\boldsymbol{B}$.

证　由 $\boldsymbol{AB}=\boldsymbol{E}$, 有 $|\boldsymbol{A}||\boldsymbol{B}|=|\boldsymbol{E}|=1$, 故 $|\boldsymbol{A}|\neq 0$,所以 $\boldsymbol{A}$ 可逆.于是

$$\boldsymbol{B}=\boldsymbol{EB}=(\boldsymbol{A}^{-1}\boldsymbol{A})\boldsymbol{B}=\boldsymbol{A}^{-1}(\boldsymbol{AB})=\boldsymbol{A}^{-1}\boldsymbol{E}=\boldsymbol{A}^{-1}.$$

该结论表明:要判断 $\boldsymbol{B}$ 是否为 $\boldsymbol{A}$ 的逆矩阵,只需验证一个等式 $\boldsymbol{AB}=\boldsymbol{E}$ (或 $\boldsymbol{BA}=\boldsymbol{E}$),方便易行;同时,结论的证明过程又为矩阵方程(指含有未知矩阵的等式, 如 $\boldsymbol{AX}=\boldsymbol{B},\boldsymbol{XA}=\boldsymbol{B},\boldsymbol{AXB}=\boldsymbol{C}$ 等)的求解提供了有效的方法.

例 2.4.6　已知 n 阶方阵 $\boldsymbol{A}$ 满足 $\boldsymbol{A}^2-\boldsymbol{A}+\boldsymbol{E}=\boldsymbol{O}$.证明:$\boldsymbol{A}$ 可逆,并求 $\boldsymbol{A}^{-1}$.

证　由 $\boldsymbol{A}^2-\boldsymbol{A}+\boldsymbol{E}=\boldsymbol{O}$, 得 $\boldsymbol{A}-\boldsymbol{A}^2=\boldsymbol{E}$,故 $\boldsymbol{A}(\boldsymbol{E}-\boldsymbol{A})=\boldsymbol{E}$, 由推论知, $\boldsymbol{A}$ 可逆,且 $\boldsymbol{A}^{-1}=\boldsymbol{E}-\boldsymbol{A}$.

例 2.4.7 已知 $A=\begin{pmatrix}2&7\\1&4\end{pmatrix}$，$B=\begin{pmatrix}1&-3\\2&1\\3&2\end{pmatrix}$，且 $XA=B$，求 X.

解 因 $|A|=\begin{vmatrix}2&7\\1&4\end{vmatrix}=1\neq 0$，知 A 可逆，且

$$A^{-1}=\begin{pmatrix}4&-7\\-1&2\end{pmatrix};$$

于是

$$X=BA^{-1}=\begin{pmatrix}1&-3\\2&1\\3&2\end{pmatrix}\begin{pmatrix}4&-7\\-1&2\end{pmatrix}=\begin{pmatrix}7&-13\\7&-12\\10&-17\end{pmatrix}.$$

例 2.4.8 已知 $A=\begin{pmatrix}0&2&-1\\1&1&2\\-1&-1&-1\end{pmatrix}$，$B=\begin{pmatrix}2&0\\0&6\\4&0\end{pmatrix}$，且 $AX=B$，求 X.

解 由例 2.4.5 知 A 可逆，由 $AX=B$ 知 $X=A^{-1}B$. 利用例 2.4.5 结果，得

$$X=A^{-1}B=\begin{pmatrix}-\frac{1}{2}&-\frac{3}{2}&-\frac{5}{2}\\\frac{1}{2}&\frac{1}{2}&\frac{1}{2}\\0&1&1\end{pmatrix}\begin{pmatrix}2&0\\0&6\\4&0\end{pmatrix}=\begin{pmatrix}-11&-9\\3&3\\4&6\end{pmatrix}.$$

停下来想一想

① 定理 2.4.1 给出了方阵 A 可逆的充要条件及公式 $A^{-1}=\frac{1}{|A|}A^*$. 那么当 A 可逆时，伴随矩阵 A^* 是否可逆？

若可逆，$(A^*)^{-1}=$？ $(A^*)^{-1}=\frac{1}{|A|}A$ 正确吗？

② 由例 2.4.3 的结果 $AA^*=A^*A=|A|E$，可推得 $|A^*|=|A|^{n-1}$. 还有其他关于 A^* 的结果吗？是否有 $(A^*)^{\mathrm{T}}=(A^{\mathrm{T}})^*$ 成立？

③ 利用正确的公式，对 $A=\begin{pmatrix}1&2&3\\0&2&0\\1&1&4\end{pmatrix}$，求 $|A^*|$ 及 $(A^*)^{-1}$.

(2) 初等变换法求逆矩阵

伴随矩阵法通常只用来求阶数较低矩阵的逆矩阵. 这是因为当阶数较高时,代数余子式个数多、阶数高,不宜或很难计算. 这时常采用**初等变换求逆法**.

重点难点讲解 2-1 方阵可逆的等价条件应用

首先,我们有

定理 2.4.2　(1) 初等矩阵都是可逆的,且

$$\boldsymbol{E}(i,j)^{-1}=\boldsymbol{E}(i,j),\boldsymbol{E}(i(k))^{-1}=\boldsymbol{E}\left(i\left(\frac{1}{k}\right)\right),\boldsymbol{E}(i,j(k))^{-1}=\boldsymbol{E}(i,j(-k)).$$

即初等矩阵的逆矩阵也是初等矩阵;

(2) $\boldsymbol{A}$ 可逆当且仅当它可以表示成一些初等矩阵的乘积.

例如　$$\boldsymbol{A}=\begin{pmatrix}1&3&3\\1&4&3\\1&3&4\end{pmatrix}\xrightarrow[r_3-r_1]{r_2-r_1}\begin{pmatrix}1&3&3\\0&1&0\\0&0&1\end{pmatrix}\xrightarrow[r_1-3r_3]{r_1-3r_2}\begin{pmatrix}1&0&0\\0&1&0\\0&0&1\end{pmatrix}=\boldsymbol{E},$$

这一系列初等变换过程可表示为

$$\boldsymbol{E}(1,3(-3))\boldsymbol{E}(1,2(-3))\boldsymbol{E}(3,1(-1))\boldsymbol{E}(2,1(-1))\boldsymbol{A}=\boldsymbol{E},$$

且有

$$\begin{aligned}\boldsymbol{A}&=\boldsymbol{E}(2,1(-1))^{-1}\boldsymbol{E}(3,1(-1))^{-1}\boldsymbol{E}(1,2(-3))^{-1}\boldsymbol{E}(1,3(-3))^{-1}\\&=\boldsymbol{E}(2,1(1))\boldsymbol{E}(3,1(1))\boldsymbol{E}(1,2(3))\boldsymbol{E}(1,3(3))\end{aligned}$$(一系列初等矩阵之积).

据此,可以获得利用初等变换求 $\boldsymbol{A}$ 的逆矩阵的方法. 事实上,若 $\boldsymbol{A}$ 可逆,则存在初等矩阵 $\boldsymbol{P}_1,\boldsymbol{P}_2,\cdots,\boldsymbol{P}_m$,使

$$\boldsymbol{P}_m\cdots\boldsymbol{P}_2\boldsymbol{P}_1\boldsymbol{A}=\boldsymbol{E},\tag{2.4.4}$$

所以 $\boldsymbol{P}_m\cdots\boldsymbol{P}_2\boldsymbol{P}_1=\boldsymbol{A}^{-1}$,也即

$$\boldsymbol{P}_m\cdots\boldsymbol{P}_2\boldsymbol{P}_1\boldsymbol{E}=\boldsymbol{A}^{-1},\tag{2.4.5}$$

式(2.4.4)和式(2.4.5)表明:在利用初等行变换将 $\boldsymbol{A}$ 化为单位矩阵时,对单位矩阵进行相同的初等行变换,其结果就是 $\boldsymbol{A}^{-1}$.

因此,我们可以构造一个 $n\times 2n$ 矩阵 $(\boldsymbol{A}\mid\boldsymbol{E})$;然后,对其进行初等行变换,目标是把 $\boldsymbol{A}$ 化为单位矩阵,当矩阵 $(\boldsymbol{A}\mid\boldsymbol{E})$ 左边矩阵 $\boldsymbol{A}$ 化为单位矩阵 $\boldsymbol{E}$ 时,右边的单位矩阵就同时化为 $\boldsymbol{A}^{-1}$,即

$$\boldsymbol{P}_m\cdots\boldsymbol{P}_2\boldsymbol{P}_1(\boldsymbol{A}\mid\boldsymbol{E})=(\boldsymbol{P}_m\cdots\boldsymbol{P}_2\boldsymbol{P}_1\boldsymbol{A}\mid\boldsymbol{P}_m\cdots\boldsymbol{P}_2\boldsymbol{P}_1\boldsymbol{E})=(\boldsymbol{E}\mid\boldsymbol{A}^{-1}),$$

也即

$$(\boldsymbol{A} \mid \boldsymbol{E}) \xrightarrow{\text{初等行变换}} (\boldsymbol{E} \mid \boldsymbol{A}^{-1}).$$

例 2.4.9 求矩阵 $\boldsymbol{A}=\begin{pmatrix}1&1&1\\0&1&1\\0&0&1\end{pmatrix}$ 的逆矩阵.

解 构造 3×6 矩阵 $(\boldsymbol{A} \mid \boldsymbol{E})$，对其施行初等行变换，有

$$(\boldsymbol{A} \mid \boldsymbol{E})=\left(\begin{array}{ccc|ccc}1&1&1&1&0&0\\0&1&1&0&1&0\\0&0&1&0&0&1\end{array}\right)\xrightarrow{r_1-r_2}\left(\begin{array}{ccc|ccc}1&0&0&1&-1&0\\0&1&1&0&1&0\\0&0&1&0&0&1\end{array}\right)$$

$$\xrightarrow{r_2-r_3}\left(\begin{array}{ccc|ccc}1&0&0&1&-1&0\\0&1&0&0&1&-1\\0&0&1&0&0&1\end{array}\right)=(\boldsymbol{E} \mid \boldsymbol{A}^{-1}),$$

得

$$\boldsymbol{A}^{-1}=\begin{pmatrix}1&-1&0\\0&1&-1\\0&0&1\end{pmatrix}.$$

例 2.4.10 设 $\boldsymbol{A}=\begin{pmatrix}1&2&3\\2&1&2\\1&3&4\end{pmatrix}$，求 $\boldsymbol{A}$ 的逆矩阵.

解 构造 3×6 矩阵 $(\boldsymbol{A} \mid \boldsymbol{E})$，对其施行初等行变换，有

$$(\boldsymbol{A} \mid \boldsymbol{E})=\left(\begin{array}{ccc|ccc}1&2&3&1&0&0\\2&1&2&0&1&0\\1&3&4&0&0&1\end{array}\right)\rightarrow\left(\begin{array}{ccc|ccc}1&2&3&1&0&0\\0&-3&-4&-2&1&0\\0&1&1&-1&0&1\end{array}\right)$$

$$\rightarrow\left(\begin{array}{ccc|ccc}1&0&1&3&0&-2\\0&1&1&-1&0&1\\0&0&-1&-5&1&3\end{array}\right)\rightarrow\left(\begin{array}{ccc|ccc}1&0&0&-2&1&1\\0&1&0&-6&1&4\\0&0&1&5&-1&-3\end{array}\right)$$

$$=(\boldsymbol{E} \mid \boldsymbol{A}^{-1}),$$

得

$$A^{-1}=\begin{pmatrix}-2&1&1\\-6&1&4\\5&-1&-3\end{pmatrix}.$$

类似地，可以用初等变换法解矩阵方程.

例 2.4.11　解矩阵方程 $AX=B$，其中 $A=\begin{pmatrix}1&2&3\\2&2&1\\3&4&3\end{pmatrix}$，$B=\begin{pmatrix}2&5\\3&1\\4&3\end{pmatrix}$.

解　构造矩阵 $(A\ \vdots\ B)$，对其施行初等行变换，有

$$(A\ \vdots\ B)=\left(\begin{array}{ccc:cc}1&2&3&2&5\\2&2&1&3&1\\3&4&3&4&3\end{array}\right)\xrightarrow[r_3-3r_1]{r_2-2r_1}\left(\begin{array}{ccc:cc}1&2&3&2&5\\0&-2&-5&-1&-9\\0&-2&-6&-2&-12\end{array}\right)$$

$$\xrightarrow[r_3-r_2]{r_1+r_2}\left(\begin{array}{ccc:cc}1&0&-2&1&-4\\0&-2&-5&-1&-9\\0&0&-1&-1&-3\end{array}\right)\xrightarrow[r_2-5r_3]{r_1-2r_3}\left(\begin{array}{ccc:cc}1&0&0&3&2\\0&-2&0&4&6\\0&0&-1&-1&-3\end{array}\right)$$

$$\xrightarrow[-r_3]{-\frac{1}{2}r_2}\left(\begin{array}{ccc:cc}1&0&0&3&2\\0&1&0&-2&-3\\0&0&1&1&3\end{array}\right),$$

故

$$X=\begin{pmatrix}3&2\\-2&-3\\1&3\end{pmatrix}.$$

在许多实际问题中，经常涉及逆矩阵.

例 2.4.12　今有甲、乙两种产品销往 A_1，A_2 两地.已知销售量、总价值与总利润如表 2.4.1 所示（销售量单位：t，总价值与总利润单位：万元），求甲、乙两产品的单位价格与单位利润.

表 2.4.1　产品的销售量、总价值与总利润

销售量/t		销售地		总价值/万元	总利润/万元
		A_1	A_2		
产品	甲	200	240	600	68
	乙	350	300	870	95

解　设产品的销售量矩阵为 A，销往两地的甲、乙两种产品的总价值

与总利润矩阵为 $\boldsymbol{B}$,销往两地产品的单位价值与单位利润矩阵为 $\boldsymbol{C}$,则

$$\boldsymbol{A}=\begin{pmatrix}200 & 240\\350 & 300\end{pmatrix},\ \boldsymbol{B}=\begin{pmatrix}600 & 68\\870 & 95\end{pmatrix},\ \boldsymbol{AC}=\boldsymbol{B}.$$

由
$$\boldsymbol{A}^{-1}=\frac{\boldsymbol{A}^*}{|\boldsymbol{A}|}=\begin{pmatrix}-\frac{1}{80} & \frac{1}{100}\\ \frac{7}{480} & -\frac{1}{120}\end{pmatrix},$$

得
$$\boldsymbol{C}=\boldsymbol{A}^{-1}\boldsymbol{B}=\begin{pmatrix}-\frac{1}{80} & \frac{1}{100}\\ \frac{7}{480} & -\frac{1}{120}\end{pmatrix}\begin{pmatrix}600 & 68\\870 & 95\end{pmatrix}=\begin{pmatrix}1.2 & 0.1\\1.5 & 0.2\end{pmatrix}.$$

因此,甲、乙两种产品的单位价格分别为 1.2 万元与 1.5 万元,而单位利润分别为 0.1 万元与 0.2 万元.

例 2.4.13(信息编码) 密码法是信息编码与解码的技巧,其中的一种是利用可逆矩阵的方法. 先在 26 个英文字母与数字间建立 1—1 对应关系,例如

a	b	c	…	x	y	z
↕	↕	↕	…	↕	↕	↕
1	2	3	…	24	25	26

要发出信息“action”,用上述代码知,信息的编码是:1、3、20、9、15、14,将其写成一个矩阵 $\boldsymbol{B}=\begin{pmatrix}1 & 9\\3 & 15\\20 & 14\end{pmatrix}$.

如果直接发送矩阵 $\boldsymbol{B}$,由于是不加密的,很容易被人破译,从而造成巨大损失,无论是军事上还是商业上都不可行. 因此,考虑利用矩阵乘法来对发出的“信息”进行加密,让其变成“密文”后再进行传递,以增加非法用户破译的难度,而让合法用户轻松解密.

首先,任选一个三阶可逆矩阵,如 $\boldsymbol{A}=\begin{pmatrix}1 & 2 & 3\\1 & 1 & 2\\0 & 1 & 2\end{pmatrix}$,将要发出的信息矩阵经乘 $\boldsymbol{A}$ 变成“密码”

$$AB=\begin{pmatrix}1&2&3\\1&1&2\\0&1&2\end{pmatrix}\begin{pmatrix}1&9\\3&15\\20&14\end{pmatrix}=\begin{pmatrix}67&81\\44&52\\43&43\end{pmatrix}$$

后发出；

其次，收到信息 $\begin{pmatrix}67&81\\44&52\\43&43\end{pmatrix}$ 后，解码(这里选定的矩阵 A 是双方约定的，A 称为解密的钥匙，或者称为“密匙”)，即用 A 的逆矩阵 $A^{-1}=\begin{pmatrix}0&1&-1\\2&-2&-1\\-1&1&1\end{pmatrix}$ 从密码中恢复明码

$$A^{-1}\begin{pmatrix}67&81\\44&52\\43&43\end{pmatrix}=\begin{pmatrix}1&9\\3&15\\20&14\end{pmatrix};$$

最后，反过来查表

a	b	c	…	x	y	z
↕	↕	↕	…	↕	↕	↕
1	2	3	…	24	25	26

即可得到信息“action”.

两点说明：

(1) 如果一个矩阵 A 的元素均为整数，而且其行列式 $|A|=\pm1$，那么由 $A^{-1}=\dfrac{1}{|A|}A^*$ 即知，A^{-1} 的元素均为整数. 我们可以利用这样的矩阵 A 来对明文加密，使加密之后的密文很难破译；

(2) 为构造编码矩阵 A，可以从单位矩阵 E 开始，利用矩阵的初等行变换 $r_i\leftrightarrow r_j$ 及 r_i+kr_j (k 为整数)，这样得到的矩阵 A 的元素必为整数，且有 $|A|=\pm|E|=\pm1$，从而 A^{-1} 的元素也均为整数.

这里讲述的仅是原理，实际应用中用于加密的可逆矩阵阶数可能很高，结构也十分复杂，尤其是随着科学技术的不断发展，加密的方法也越来越多，难度越来越大，破密的手段也越来越高明，这使得许多学科如数论、群论、组合数学、代数几何学、概率统计等都在密码学中找到了用武之地.

停下来想一想

① 利用初等行变换法求逆矩阵如何判定逆矩阵的存在性？如下考虑是否正确？为什么？(可考虑等价矩阵行列式的关系.)

由于矩阵 $\boldsymbol{A}$ 经初等行变换可以化为行阶梯形矩阵，若 $\boldsymbol{A}$ 的行阶梯形矩阵非零行的行数小于矩阵 $\boldsymbol{A}$ 的阶数 n，即出现零行，则 $\boldsymbol{A}$ 是奇异矩阵(或退化矩阵)，即 $\boldsymbol{A}$ 不可逆.

② 容易推知应用初等列变换求 $\boldsymbol{A}^{-1}$ 的方法 $\begin{pmatrix}\boldsymbol{A}\\ \hdashline \boldsymbol{E}\end{pmatrix} \xrightarrow{\text{初等列变换}} \begin{pmatrix}\boldsymbol{E}\\ \hdashline \boldsymbol{A}^{-1}\end{pmatrix}$. 那么，矩阵方程 $\boldsymbol{XA}=\boldsymbol{B}$ 如何通过初等列变换法求解？

习题 2.4(A)

1. 多项选择题.

(1) 若 $\boldsymbol{A},\boldsymbol{B},\boldsymbol{C}$ 是同阶方阵，且 $\boldsymbol{A}$ 可逆，则有结论(　　)；

(A) 若 $\boldsymbol{AB}=\boldsymbol{AC}$ 则 $\boldsymbol{B}=\boldsymbol{C}$　　(B) 若 $\boldsymbol{AB}=\boldsymbol{CB}$ 则 $\boldsymbol{A}=\boldsymbol{C}$

(C) 若 $\boldsymbol{AB}=\boldsymbol{O}$ 则 $\boldsymbol{B}=\boldsymbol{O}$　　(D) 若 $\boldsymbol{BC}=\boldsymbol{O}$ 则 $\boldsymbol{B}=\boldsymbol{O}$

(2) 若 $\boldsymbol{A}$ 是(　　)，则 $\boldsymbol{A}$ 必为方阵；

(A) 对称矩阵　　(B) 可逆矩阵

(C) 反对称矩阵　　(D) 线性方程组的系数矩阵

(3) 设 $\boldsymbol{A},\boldsymbol{B}$ 均为 n 阶矩阵，则必有(　　)；

(A) $|\boldsymbol{A}+\boldsymbol{B}|=|\boldsymbol{A}|+|\boldsymbol{B}|$　　(B) $\boldsymbol{AB}=\boldsymbol{BA}$

(C) $|\boldsymbol{AB}|=|\boldsymbol{BA}|$　　(D) $(\boldsymbol{A}+\boldsymbol{B})^{-1}=\boldsymbol{A}^{-1}+\boldsymbol{B}^{-1}$

(4) 若 $\boldsymbol{A}$ 为 n 阶可逆矩阵，下列各式正确的是(　　).

(A) $(2\boldsymbol{A})^{-1}=2\boldsymbol{A}^{-1}$　　(B) $\boldsymbol{AA}^{*}\neq\boldsymbol{O}$

(C) $(\boldsymbol{A}^{*})^{-1}=\dfrac{\boldsymbol{A}^{-1}}{|\boldsymbol{A}|}$　　(D) $[(\boldsymbol{A}^{-1})^{\mathrm{T}}]^{-1}=[(\boldsymbol{A}^{\mathrm{T}})^{-1}]^{\mathrm{T}}$

2. 填空题.

(1) 设 $\boldsymbol{A},\boldsymbol{B}$ 为 n 阶方阵，则 $\boldsymbol{AB}$ 不可逆的充分必要条件是________；

(2) 设 $\boldsymbol{A}=\begin{pmatrix}1&0&0\\2&2&0\\3&3&3\end{pmatrix}$，则 $(\boldsymbol{A}^{\mathrm{T}})^{-1}=$________；

(3) 设 $\boldsymbol{B}=\begin{pmatrix}1&2\\1&0\end{pmatrix}$，$\boldsymbol{C}=\begin{pmatrix}1&2\\3&4\end{pmatrix}$，且有 $\boldsymbol{BAC}=\boldsymbol{E}$，则 $\boldsymbol{A}^{-1}=$________.

3. 下列矩阵是否可逆？若可逆，求其逆矩阵.

（1）$\begin{pmatrix}1&2\\2&5\end{pmatrix}$；　　（2）$\begin{pmatrix}2&3\\4&6\end{pmatrix}$；

（3）$\begin{pmatrix}1&2&3\\0&3&1\\2&0&6\end{pmatrix}$；　　（4）$\begin{pmatrix}1&1&-1\\2&-3&4\\3&-2&3\end{pmatrix}$.

4. 设 $\boldsymbol{P}^{-1}\boldsymbol{AP}=\boldsymbol{\Lambda}$，其中 $\boldsymbol{P}=\begin{pmatrix}-1&-4\\1&1\end{pmatrix}$，$\boldsymbol{\Lambda}=\begin{pmatrix}-1&0\\0&2\end{pmatrix}$，求 $\boldsymbol{A}^{11}$.

5. 解下列矩阵方程.

（1）$\begin{pmatrix}2&5\\1&3\end{pmatrix}\boldsymbol{X}=\begin{pmatrix}4&-6\\2&1\end{pmatrix}$；　　（2）$\begin{pmatrix}2&1&-1\\0&2&1\\5&2&-3\end{pmatrix}\boldsymbol{X}=\begin{pmatrix}1&0\\2&1\\0&-1\end{pmatrix}$；

（3）$\boldsymbol{X}\begin{pmatrix}2&1&-1\\2&1&0\\1&-1&1\end{pmatrix}=\begin{pmatrix}1&-1&3\\4&3&2\end{pmatrix}$；　　（4）$\begin{pmatrix}1&4\\-1&2\end{pmatrix}\boldsymbol{X}\begin{pmatrix}2&0\\-1&1\end{pmatrix}=\begin{pmatrix}3&1\\0&-1\end{pmatrix}$.

6. 计算题.

（1）设矩阵 $\boldsymbol{A}=\begin{pmatrix}1&-1&1\\-1&1&-1\\1&-1&1\end{pmatrix}$，若矩阵 $\boldsymbol{X}$ 满足 $\boldsymbol{A}+\boldsymbol{X}=\boldsymbol{AX}$，求矩阵 $\boldsymbol{X}$.

（2）已知 3 阶矩阵 $\boldsymbol{A}$、$\boldsymbol{B}$ 满足 $\boldsymbol{A}-\boldsymbol{AB}=\boldsymbol{E}$，且 $\boldsymbol{AB}-2\boldsymbol{E}=\begin{pmatrix}-1&0&0\\0&-1&0\\0&0&-1\end{pmatrix}$，求 $\boldsymbol{A}$，$\boldsymbol{B}$.

（3）已知 $\boldsymbol{A}=\begin{pmatrix}1&1&-1\\0&1&1\\0&0&-1\end{pmatrix}$，且 $\boldsymbol{A}^2-\boldsymbol{AB}=\boldsymbol{E}$，求 $\boldsymbol{B}$.

7. 已知线性变换 $\begin{cases}y_1=-3z_1+z_2\\y_2=2z_1+z_3\\y_3=-z_2+3z_3\end{cases}$，求由 z_1,z_2,z_3 到 y_1,y_2,y_3 的线性变换.

8. 计算题.

（1）已知 $\boldsymbol{A}$ 为 3 阶方阵，$|\boldsymbol{A}|=3$，求 $|\boldsymbol{A}^{-1}|$，$|2\boldsymbol{A}^2|$，$|\boldsymbol{A}^*|$ 及 $|3\boldsymbol{A}^{-1}-2\boldsymbol{A}^*|$；

（2）设 $\boldsymbol{A}=\begin{pmatrix}3&2&0&0\\4&3&0&0\\0&0&3&2\\0&0&2&1\end{pmatrix}$，求 $|\boldsymbol{A}^{-1}-4\boldsymbol{A}^*|$，$(\boldsymbol{A}^*)^{-1}$ 及 $|\boldsymbol{A}|\boldsymbol{AA}^*$.

9. 将下列可逆矩阵表示成初等矩阵的乘积：

(1) $\begin{pmatrix} 1 & -1 \\ 1 & 1 \end{pmatrix}$； (2) $\begin{pmatrix} 1 & 0 & 0 \\ 2 & 4 & 1 \\ 1 & 3 & 1 \end{pmatrix}$.

10. 证明可逆矩阵的以下性质.

(1) $(\boldsymbol{A}^{-1})^{-1} = \boldsymbol{A}$；

(2) $(k\boldsymbol{A})^{-1} = \dfrac{1}{k}\boldsymbol{A}^{-1}\ (k \neq 0)$；

(3) $(\boldsymbol{A}^{\mathrm{T}})^{-1} = (\boldsymbol{A}^{-1})^{\mathrm{T}}$；

(4) $(\boldsymbol{AB})^{-1} = \boldsymbol{B}^{-1}\boldsymbol{A}^{-1}$，$(\boldsymbol{A}_1\boldsymbol{A}_2\cdots\boldsymbol{A}_k)^{-1} = \boldsymbol{A}_k^{-1}\cdots\boldsymbol{A}_2^{-1}\boldsymbol{A}_1^{-1}$；

(5) $|\boldsymbol{A}^{-1}| = \dfrac{1}{|\boldsymbol{A}|}$.

举例说明：可逆矩阵的和未必可逆；即使可逆，和的逆矩阵也未必等于逆矩阵的和，即 $(\boldsymbol{A}+\boldsymbol{B})^{-1} \neq \boldsymbol{A}^{-1} + \boldsymbol{B}^{-1}$.

11. 设方阵 $\boldsymbol{A}$ 满足关系式 $\boldsymbol{A}^2 - \boldsymbol{A} - 2\boldsymbol{E} = \boldsymbol{O}$，试证 $\boldsymbol{A}$ 及 $\boldsymbol{A} + 2\boldsymbol{E}$ 均可逆，并求出逆矩阵.

12. 证明：(1) 若方阵 $\boldsymbol{A}$ 可逆，$\boldsymbol{B}$ 为同阶方阵，且 $\boldsymbol{AB} = \boldsymbol{O}$，则 $\boldsymbol{B} = \boldsymbol{O}$；

(2) 若可逆矩阵 $\boldsymbol{A}$ 是对称矩阵，则 $\boldsymbol{A}^{-1}$ 也是对称矩阵.

13. 若 n 阶矩阵 $\boldsymbol{A}$ 的伴随矩阵为 $\boldsymbol{A}^*$，证明：

(1) 若 $|\boldsymbol{A}| = 0$，则 $|\boldsymbol{A}^*| = 0$；

(2) $|\boldsymbol{A}^*| = |\boldsymbol{A}|^{n-1}$.

14. 设 $\boldsymbol{A}$ 为 n 阶方阵，试证：

(1) 若 $\boldsymbol{A}$ 可逆，则 $\boldsymbol{A}$ 的伴随矩阵 $\boldsymbol{A}^*$ 也可逆，且 $(\boldsymbol{A}^*)^{-1} = \dfrac{1}{|\boldsymbol{A}|}\boldsymbol{A}$；

(2) $(\boldsymbol{A}^*)^* = |\boldsymbol{A}|^{n-2}\boldsymbol{A}\ (n \geqslant 2)$；

(3) 设 $\boldsymbol{A} = \begin{pmatrix} 1 & 2 & 1 \\ 2 & 5 & 3 \\ 2 & 3 & 2 \end{pmatrix}$，求 $(\boldsymbol{A}^*)^{-1}$ 及 $(\boldsymbol{A}^*)^*$.

习题 2.4(B)

1. 设 3 阶方阵 $\boldsymbol{A}$，$\boldsymbol{B}$ 满足 $\boldsymbol{A}^2\boldsymbol{B} - \boldsymbol{A} - \boldsymbol{B} = \boldsymbol{E}$，其中 $\boldsymbol{E}$ 为 3 阶单位矩阵，求 $|\boldsymbol{B}|$，这里 $\boldsymbol{A} = \begin{pmatrix} 1 & 0 & 1 \\ 0 & 2 & 0 \\ -2 & 0 & 1 \end{pmatrix}$.

2. 设 3 阶方阵 $\boldsymbol{A}$，$\boldsymbol{B}$ 满足 $\boldsymbol{AB} = 2\boldsymbol{A} + \boldsymbol{B}$，其中 $\boldsymbol{B} = \begin{pmatrix} 2 & 0 & 2 \\ 0 & 4 & 0 \\ 2 & 0 & 2 \end{pmatrix}$，$\boldsymbol{E}$ 为 3 阶单位矩阵，

求 $(A-E)^{-1}$.

3. 设 A,B 为 3 阶矩阵,且满足 $2A^{-1}B=B-4E$, 其中 E 为 3 阶单位矩阵.

(1) 证明: 矩阵 $A-2E$ 可逆;

(2) 若 $B=\begin{pmatrix}1&-2&0\\1&2&0\\0&0&2\end{pmatrix}$, 求矩阵 A.

4. 设矩阵 $A=(a_{ij})_{3\times3}$ 满足 $A^*=A^{\mathrm{T}}$, 其中 A^* 是 A 的伴随矩阵, A^{T} 为 A 的转置矩阵. 若 a_{11},a_{12},a_{13} 为三个相等的正数, 求 a_{11}.

5. 设 $A=\begin{pmatrix}0&-1&0\\1&0&0\\0&0&-1\end{pmatrix}$, $B=P^{-1}AP$, 其中 P 是 3 阶可逆矩阵, 计算 $B^{2\,004}-2A^2$.

6. 设 $A=\begin{pmatrix}2&1&0\\1&2&0\\0&0&1\end{pmatrix}$, 而 B 满足 $ABA^*=2BA^*+E$(A^* 为 A 的伴随矩阵), 计算 $|B|$.

7. 设 $\boldsymbol{\alpha}=(a,0,\cdots,0,a)^{\mathrm{T}}$, 矩阵 $A=E-\boldsymbol{\alpha}\boldsymbol{\alpha}^{\mathrm{T}}$, $B=E+\frac{1}{a}\boldsymbol{\alpha}\boldsymbol{\alpha}^{\mathrm{T}}$, 其中 A 的逆矩阵为 B, $a<0$, E 为 n 阶单位矩阵求 a.

8. (1) 已知 $A=\begin{pmatrix}1&0&0\\1&1&0\\1&1&1\end{pmatrix}$, $B=\begin{pmatrix}0&1&1\\1&0&1\\1&1&0\end{pmatrix}$, 且满足

$$AXA+BXB=AXB+BXA+E,$$

求 X;

(2) 设 $A=\begin{pmatrix}a&1&0\\1&a&-1\\0&1&a\end{pmatrix}$, 且 $A^3=O$.

(i) 求 a 的值;

(ii) 若矩阵 X 满足

$$X-XA^2-AX+AXA^2=E,$$

其中 E 为 3 阶单位矩阵, 求 X.

9. 设 $f(x)=a_0x^m+a_1x^{m-1}+\cdots+a_{m-1}x+a_m$, $a_m\neq0$, A 是 n 阶方阵, 若 $f(A)=O$, 证明 A 可逆, 并求其逆矩阵.

10. 已知 A 是 n 阶方阵, 若 $A^3=O$, 证明 $E-A$, $E+A$ 均可逆, 并求其逆.

11. 已知 n 阶可逆矩阵 A 的各行元素之和均为常数 a, 试证:

(1) $a\neq0$; (2) A^{-1} 的各行元素之和均为 a^{-1}.

第2.5节 矩阵的秩

学习了第2.3节后不难发现:许多同型但不相等的矩阵有相同的标准形;一个矩阵经过初等行变换可以化为不同的行阶梯形矩阵,但行阶梯形矩阵中非零行的个数却是相同的. 这些均源于矩阵的一种特征量——秩,它是矩阵的一个重要属性,在线性方程组、二次型等理论研究中起着重要作用.

1. 矩阵秩的概念

为建立矩阵秩的概念,首先定义矩阵的子式.

定义 2.5.1 在矩阵 $\boldsymbol{A}=(a_{ij})_{m\times n}$ 中,任取 k 行、k 列 ($k\leqslant\min\{m,n\}$),位于这些行和列交叉点处的 k^2 个元素按原来的次序构成的 k 阶行列式,称为**矩阵 $\boldsymbol{A}$ 的 k 阶子式**(subdeterminant).

易知,$m\times n$ 矩阵 $\boldsymbol{A}$ 中 k 阶子式的个数为 $\mathrm{C}_m^k\cdot\mathrm{C}_n^k$.

例如 矩阵 $\boldsymbol{A}=\begin{pmatrix}1&2&3&5\\0&3&-2&1\\0&0&0&4\end{pmatrix}$ 中,每一个元素都是 $\boldsymbol{A}$ 的1阶子式,

$\begin{vmatrix}1&2\\0&3\end{vmatrix}$,$\begin{vmatrix}2&3\\3&-2\end{vmatrix}$,$\begin{vmatrix}3&-2\\0&0\end{vmatrix}$ 等是 $\boldsymbol{A}$ 的2阶子式,而

$$\begin{vmatrix}1&2&3\\0&3&-2\\0&0&0\end{vmatrix},\begin{vmatrix}1&2&5\\0&3&1\\0&0&4\end{vmatrix},\begin{vmatrix}1&3&5\\0&-2&1\\0&0&4\end{vmatrix},\begin{vmatrix}2&3&5\\3&-2&1\\0&0&4\end{vmatrix}$$

是 $\boldsymbol{A}$ 的全部的3阶子式.

定义 2.5.2 矩阵 $\boldsymbol{A}$ 中非零子式的最高阶数 r 称为**矩阵 $\boldsymbol{A}$ 的秩**(rank),记作 $r(\boldsymbol{A})$.

由于零矩阵的所有子式全为零,所以规定:零矩阵的秩为零,即 $r(\boldsymbol{O})=0$. 对任意 $m\times n$ 非零矩阵 $\boldsymbol{A}$,由于它至少有一个非零元素,故 $0<r(\boldsymbol{A})\leqslant\min\{m,n\}$.

一般地,若 $r(\boldsymbol{A})=m$(或 n),则称 $\boldsymbol{A}$ 为行(或列)满秩矩阵;行满秩与列满秩矩阵均称为满秩矩阵;否则称 $\boldsymbol{A}$ 为降秩矩阵.

显然,对 n 阶方阵 $\boldsymbol{A}$,当 $r(\boldsymbol{A})=n$ 时为满秩矩阵,$r(\boldsymbol{A})<n$ 时为降秩

矩阵.

按定义，如果 $r(\boldsymbol{A})=r$，则 $\boldsymbol{A}$ 有一个 r 阶子式不为零，而 $\boldsymbol{A}$ 的所有 $r+1$ 阶子式(如果有的话)都等于零;反之,若 $\boldsymbol{A}$ 有一个 r 阶子式不为零,而一切 $r+1$ 阶子式都等于零,则由行列式按行(列)展开定理知，$\boldsymbol{A}$ 的所有 $r+2$，$r+3$，$\cdots$ 阶子式都等于零,即 $\boldsymbol{A}$ 的非零子式的最高阶数是 r，所以 $r(\boldsymbol{A})=r$. 因此有

定理 2.5.1　一个 $m\times n$ 矩阵 $\boldsymbol{A}$ 的秩为 r 的充分必要条件是 $\boldsymbol{A}$ 有一个 r 阶子式不为零，而所有 $r+1$ 阶子式(如果有的话)都等于零.

显然,n 阶方阵 $\boldsymbol{A}$ 为满秩矩阵($r(\boldsymbol{A})=n$)$\Leftrightarrow |\boldsymbol{A}|\neq 0$.

例 2.5.1　求矩阵 $\boldsymbol{A}=\begin{pmatrix}1&1&2&3\\2&1&1&3\\1&0&-1&0\end{pmatrix}$ 的秩.

解　$\boldsymbol{A}$ 的 2 阶子式 $\begin{vmatrix}1&1\\2&1\end{vmatrix}=-1\neq 0$，而所有 3 阶子式

$$\begin{vmatrix}1&1&2\\2&1&1\\1&0&-1\end{vmatrix}=0,\quad \begin{vmatrix}1&1&3\\2&1&3\\1&0&0\end{vmatrix}=0,\quad \begin{vmatrix}1&2&3\\2&1&3\\1&-1&0\end{vmatrix}=0,\quad \begin{vmatrix}1&2&3\\1&1&3\\0&-1&0\end{vmatrix}=0,$$

所以 $r(\boldsymbol{A})=2$.

例 2.5.2　求矩阵 $\boldsymbol{A}=\begin{pmatrix}1&2&1&3&1\\0&3&-2&1&4\\0&0&0&3&5\\0&0&0&0&0\end{pmatrix}$ 的秩.

解　由于矩阵 $\boldsymbol{A}$ 的最后一行元素均为零，因此 $\boldsymbol{A}$ 的所有 4 阶子式均为零；又观察看出,$\boldsymbol{A}$ 的一个 3 阶子式 $\begin{vmatrix}1&2&3\\0&3&1\\0&0&3\end{vmatrix}=9\neq 0$，所以 $r(\boldsymbol{A})=3$.

从上面的例子可以看到,利用定义 2.5.2 或定理 2.5.1 求矩阵的秩,计算量一般较大,对高阶矩阵这一问题会更突出.但一个明显的事实是例 2.5.2 比例 2.5.1 较易求出,即阶梯形矩阵的秩比一般矩阵的秩更容易求出,并且**阶梯形矩阵的秩等于其非零行的个数**.那么,能否利用初等变换把矩阵化为行阶梯形(或标准形)来求矩阵的秩？一个矩阵经过初等变换后秩会改变吗？我们下面讨论这些问题.

2. 初等变换求矩阵的秩

定理 2.5.2 初等变换不改变矩阵的秩.

证 只需证经过一次初等行(列)变换矩阵的秩不变. 有三种情形:

(1) $\boldsymbol{A} \xrightarrow{r_i \leftrightarrow r_j} \boldsymbol{B}$. 两行互换,行列式仅改变符号, 因而矩阵 $\boldsymbol{B}$ 与矩阵 $\boldsymbol{A}$ 的子式或者相等或者相差一个符号, 所以秩相等;

(2) $\boldsymbol{A} \xrightarrow{kr_i} \boldsymbol{B}(k \neq 0)$. 用非零数乘矩阵的某一行, 矩阵 $\boldsymbol{B}$ 与矩阵 $\boldsymbol{A}$ 的子式或者相等或者相差一个非零倍数, 所以秩相等;

(3) $\boldsymbol{A} \xrightarrow{r_i + kr_j} \boldsymbol{B}$. 设 $r(\boldsymbol{A}) = r$, 则 $\boldsymbol{A}$ 的所有 $r+1$ 阶子式都等于零.在 $\boldsymbol{B}$ 中任取一个 $r+1$ 阶子式 D, 若

① D 中不含 $\boldsymbol{B}$ 的第 i 行,则 D 与 $\boldsymbol{A}$ 中相应的 $r+1$ 阶子式完全相同,因此 $D = 0$;

② D 中含有 $\boldsymbol{B}$ 的第 i 行,同时也含有 $\boldsymbol{B}$ 的第 j 行,由行列式的性质 5, D 与 $\boldsymbol{A}$ 中相应的 $r+1$ 阶子式值相等,因此 $D = 0$;

③ D 中含有 $\boldsymbol{B}$ 的第 i 行,但不含 $\boldsymbol{B}$ 的第 j 行,由行列式的性质 3 和性质 4, D 可化为两个行列式之和,而每一个行列式都是 $\boldsymbol{A}$ 中的 $r+1$ 阶子式,均为零,因此 $D = 0$.

综合①、②、③,有 $r(\boldsymbol{B}) \leqslant r = r(\boldsymbol{A})$;另一方面,$\boldsymbol{A}$ 也可看作由 $\boldsymbol{B}$ 经过该种变换而得 $\left(\boldsymbol{B} \xrightarrow{r_i + (-k) r_j} \boldsymbol{A}\right)$, 从而有 $r(\boldsymbol{A}) = r \leqslant r(\boldsymbol{B})$, 所以 $r(\boldsymbol{A}) = r(\boldsymbol{B})$.

该定理提供了利用初等变换求矩阵秩的方法:将矩阵用初等行变换化为行阶梯形,行阶梯形矩阵中非零行的个数即为矩阵的秩.

例 2.5.3 求矩阵 $\boldsymbol{A} = \begin{pmatrix} -2 & 0 & 1 & 3 \\ 1 & 2 & 2 & -1 \\ 0 & 4 & 5 & 1 \end{pmatrix}$ 的秩.

解 由

$$\boldsymbol{A} = \begin{pmatrix} -2 & 0 & 1 & 3 \\ 1 & 2 & 2 & -1 \\ 0 & 4 & 5 & 1 \end{pmatrix} \xrightarrow{r_1 + 2r_2} \begin{pmatrix} 0 & 4 & 5 & 1 \\ 1 & 2 & 2 & -1 \\ 0 & 4 & 5 & 1 \end{pmatrix} \xrightarrow[r_1 \leftrightarrow r_2]{r_3 - r_1} \begin{pmatrix} 1 & 2 & 2 & -1 \\ 0 & 4 & 5 & 1 \\ 0 & 0 & 0 & 0 \end{pmatrix},$$

得 $r(\boldsymbol{A}) = 2$.

例 2.5.4　设 $A=\begin{pmatrix}1&1&-2&3&0\\2&1&-6&4&-1\\3&2&a&7&-1\\1&-1&-6&-1&b\end{pmatrix}$，求 A 的秩.

解　由

$$A=\begin{pmatrix}1&1&-2&3&0\\2&1&-6&4&-1\\3&2&a&7&-1\\1&-1&-6&-1&b\end{pmatrix}\xrightarrow[r_4-r_1]{\substack{r_2-2r_1\\r_3-3r_1}}\begin{pmatrix}1&1&-2&3&0\\0&-1&-2&-2&-1\\0&-1&a+6&-2&-1\\0&-2&-4&-4&b\end{pmatrix}$$

$$\xrightarrow[r_4-2r_2]{r_3-r_2}\begin{pmatrix}1&1&-2&3&0\\0&-1&-2&-2&-1\\0&0&a+8&0&0\\0&0&0&0&b+2\end{pmatrix},$$

得当 $a=-8,b=-2$ 时，$r(A)=2$；当 $a=-8,b\neq-2$ 时，$r(A)=3$；当 $a\neq-8,b=-2$ 时，$r(A)=3$；当 $a\neq-8,b\neq-2$ 时，$r(A)=4$.

根据定理 2.5.2，可得

推论 1　等价矩阵具有相同的秩.

推论 2　设 A 为 $m\times n$ 矩阵，则对 m 阶可逆矩阵 P，n 阶可逆矩阵 Q，有

$$r(PA)=r(AQ)=r(PAQ)=r(A).$$

推论 3　$r(A)=r\Leftrightarrow$ 存在可逆矩阵 P,Q，使

$$PAQ=\begin{pmatrix}\underbrace{\begin{matrix}1&&\\&\ddots&\\&&1\end{matrix}}_{r\text{个}1}&\\&\begin{matrix}0&&\\&\ddots&\\&&0\end{matrix}\end{pmatrix}.$$

例 2.5.5　设 4 阶方阵 A 的秩为 2，证明 A 的伴随矩阵 A^* 的秩为零.

证　因为 $r(A)=2<4-1=3$，所以 A 的全部 3 阶子式均为 0.故 $A^*=O$，从而 $r(A^*)=0$.

一般地，若 A 为 n 阶方阵，则

$$r(A^*)=\begin{cases} n, & r(A)=n, \\ 1, & r(A)=n-1, \\ 0, & r(A)<n-1. \end{cases}$$

例 2.5.6 设 $r(A_{4\times 3})=2, B=\begin{pmatrix} 1 & -1 & 0 \\ 2 & 0 & 1 \\ 0 & 2 & 3 \end{pmatrix}$，求 $r(AB)$.

解 因 $|B|\neq 0$，所以 $r(AB)=r(A)=2$.

停下来想一想

① 等价矩阵具有相同的秩，但秩相等的矩阵一定等价吗？试考察

$$A=\begin{pmatrix} 1 & 2 & 3 \\ 0 & 1 & 2 \end{pmatrix},\quad B=\begin{pmatrix} 1 & 1 \\ 0 & 2 \end{pmatrix}.$$

你得到了什么结论？（提示：只有同型矩阵才涉及等价问题.）

② 秩为 r 的矩阵中，是否所有 r 阶子式都不为零？

③ 对 n 阶方阵 A，试写出关于 $r(A)=n$ 的等价命题.例如

$$\begin{aligned} r(A)=n &\Leftrightarrow |A|\neq 0 \\ &\Leftrightarrow A\text{ 可逆} \\ &\Leftrightarrow A\to E \\ &\Leftrightarrow\cdots \end{aligned}$$

习题 2.5(A)

1. 单项选择题.

(1) 矩阵 A 的秩为 r，只需条件（　　）满足即可；

(A) A 中有 r 阶子式不为 0

(B) A 中任何 $r+1$ 阶子式为 0

(C) A 中非 0 的子式的阶数小于等于 r

(D) A 中非 0 的子式的最高阶数等于 r

(2) 设 A 为 3 阶方阵，且 $r(A)=2$，则（　　）正确；

(A) 任意 2 阶子式均不为零　　(B) 至少有一个 2 阶子式不为零

(C) A 的行最简形矩阵为 $\begin{pmatrix} 1 & 0 & 0 \\ 0 & 1 & 0 \\ 0 & 0 & 0 \end{pmatrix}$　　(D) A 有两行元素成比例

(3) 若 n 阶方阵 A 的秩为 r，则结论（　　）成立.

(A) $|\boldsymbol{A}|\neq 0$　　(B) $|\boldsymbol{A}|=0$　　(C) $r>n$　　(D) $r\leqslant n$

2. 填空题.

(1) 设 $\boldsymbol{A}$ 为 $m\times n(m<n)$ 矩阵，当 $\boldsymbol{A}$ 中非零子式的最高阶数是______时，$r(\boldsymbol{A})=r$，其中 $r\leqslant$______；

(2) $\boldsymbol{A}$ 为 3×4 矩阵，且 A 有一个 3 阶子式不等于 0，则 $r(A)=$____；

(3) 设 4 阶方阵 $\boldsymbol{A}$ 的秩为 2，则其伴随矩阵 $\boldsymbol{A}^*$ 的秩为______.

3. 求下列矩阵的秩.

(1) $\begin{pmatrix}1&2&3\\0&1&5\\-1&-2&-4\end{pmatrix}$；　(2) $\begin{pmatrix}1&-3&0&4\\2&1&1&1\\3&-2&1&5\end{pmatrix}$；

(3) $\begin{pmatrix}-4&2&0\\5&-4&-1\\7&1&3\\-10&5&0\end{pmatrix}$；　(4) $\begin{pmatrix}1&-1&0&-1&-2\\-1&2&1&3&6\\0&1&1&2&4\\0&-1&-1&1&1\end{pmatrix}$.

4. 求下列矩阵的秩，并给出一个最高阶非零子式.

(1) $\boldsymbol{A}=\begin{pmatrix}3&1&0&2\\1&-1&2&-1\\1&3&-4&4\end{pmatrix}$；　(2) $\boldsymbol{B}=\begin{pmatrix}2&1&8&3&7\\2&-3&0&7&-5\\3&-2&5&8&0\\1&0&3&2&0\end{pmatrix}$.

5. 设 4 阶矩阵 $\boldsymbol{A}=\begin{pmatrix}1&2&3&4\\2&3&4&5\\3&4&5&6\\4&5&6&7\end{pmatrix}$，试求 $r(\boldsymbol{A})$ 及 $r(\boldsymbol{A}^*)$，这里 $\boldsymbol{A}^*$ 为 $\boldsymbol{A}$ 的伴随矩阵.

6. 确定 λ 的值，使矩阵 $\begin{pmatrix}1&\lambda&-1&2\\2&-1&\lambda&5\\1&10&-6&1\end{pmatrix}$ 的秩最小.

7. 已知矩阵 $\boldsymbol{A}=\begin{pmatrix}1&1&-6&10\\1&4&k+6&-11\\2&3&-7&k+10\end{pmatrix}$ 的秩为 2，求 k.

8. 设 $\boldsymbol{A}=\begin{pmatrix}1&2&-2\\4&t&3\\-1&0&3\end{pmatrix}$，$\boldsymbol{B}$ 为 3 阶非零矩阵，且满足 $\boldsymbol{AB}=\boldsymbol{O}$，求参数 t.

习题 2.5(B)

1. 已知 $\boldsymbol{P}=\begin{pmatrix}0&0&1\\0&1&0\\1&0&0\end{pmatrix}$，$\boldsymbol{PA}=\begin{pmatrix}1&2&0&5\\1&-2&3&6\\2&0&1&5\end{pmatrix}$，求 $\boldsymbol{A}$ 的秩.

2. 设矩阵 $A=\begin{pmatrix}k&1&1&1\\1&k&1&1\\1&1&k&1\\1&1&1&k\end{pmatrix}$，且 $r(A)=3$，求 k.

3. 求 n 阶方阵 $A=\begin{pmatrix}x&a&\cdots&a\\a&x&\cdots&a\\\vdots&\vdots&&\vdots\\a&a&\cdots&x\end{pmatrix}$ 的秩.

4. 证明：若 $r(A_{m\times n})=r$，则 $A_{m\times n}$ 必可表作 r 个秩为 1 的矩阵之和.

第 2.6 节 矩阵的分块

在处理阶数较高矩阵的运算时，常常把它划分成一些小矩阵，这样会使原矩阵显得结构简单而清晰，给问题的处理带来方便.

1. 分块矩阵的概念

定义 2.6.1 用贯通矩阵的若干条横线和纵线将 A 分割成若干个小矩阵，称为**矩阵的分块**，每一个小矩阵称为矩阵的**子块**或**子矩阵**(submatrix)，以这些子块为元素的矩阵称为**分块矩阵**(partitioned matrices).

例如 分块 $A=\left(\begin{array}{c|ccc}a_{11}&a_{12}&a_{13}&a_{14}\\\hline a_{21}&a_{22}&a_{23}&a_{24}\\a_{31}&a_{32}&a_{33}&a_{34}\end{array}\right)$，并记

$$A_{11}=(a_{11}),\ A_{12}=(a_{12},a_{13},a_{14}),\ A_{21}=\begin{pmatrix}a_{21}\\a_{31}\end{pmatrix},\ A_{22}=\begin{pmatrix}a_{22}&a_{23}&a_{24}\\a_{32}&a_{33}&a_{34}\end{pmatrix},$$

则 A 可表示为

$$A=\begin{pmatrix}A_{11}&A_{12}\\A_{21}&A_{22}\end{pmatrix},\tag{2.6.1}$$

式(2.6.1)为 A 的分块矩阵.

矩阵 A 有多种分块的方式，可以根据所讨论的问题或实际需要，选择某一种分块方法.

例 2.6.1　设 $A=\left(\begin{array}{cc:ccc}1&0&0&3&4\\0&1&-1&6&2\\ \hdashline 0&0&-2&3&2\\0&0&1&0&4\end{array}\right)=\begin{pmatrix}\boldsymbol{A}_{11}&\boldsymbol{A}_{12}\\\boldsymbol{A}_{21}&\boldsymbol{A}_{22}\end{pmatrix}$，其中

$$\boldsymbol{A}_{11}=\begin{pmatrix}1&0\\0&1\end{pmatrix}\text{为 2 阶单位矩阵，}\boldsymbol{A}_{12}=\begin{pmatrix}0&3&4\\-1&6&2\end{pmatrix},$$

$$\boldsymbol{A}_{21}=\begin{pmatrix}0&0\\0&0\end{pmatrix}\text{为 2 阶零矩阵，}\boldsymbol{A}_{22}=\begin{pmatrix}-2&3&2\\1&0&4\end{pmatrix}.$$

也可以分块为 $A=\left(\begin{array}{c:cc:cc}1&0&0&3&4\\0&1&-1&6&2\\ \hdashline 0&0&-2&3&2\\0&0&1&0&4\end{array}\right)=\begin{pmatrix}\boldsymbol{A}_{11}&\boldsymbol{A}_{12}&\boldsymbol{A}_{13}\\\boldsymbol{A}_{21}&\boldsymbol{A}_{22}&\boldsymbol{A}_{23}\end{pmatrix}$，其中

$$\boldsymbol{A}_{11}=\begin{pmatrix}1\\0\end{pmatrix},\ \boldsymbol{A}_{12}=\begin{pmatrix}0&0\\1&-1\end{pmatrix},\ \boldsymbol{A}_{13}=\begin{pmatrix}3&4\\6&2\end{pmatrix},$$

$$\boldsymbol{A}_{21}=\begin{pmatrix}0\\0\end{pmatrix},\ \boldsymbol{A}_{22}=\begin{pmatrix}0&-2\\0&1\end{pmatrix},\ \boldsymbol{A}_{23}=\begin{pmatrix}3&2\\0&4\end{pmatrix}.$$

第一种分块方式看起来比第二种“简单”(注意到了矩阵元素分布的特征,划分出了单位矩阵与零矩阵).

2. 分块矩阵的运算

(1) 分块矩阵的加法与数乘

设同型矩阵 $\boldsymbol{A},\boldsymbol{B}$ 按照同一方式分块,即 $\boldsymbol{A},\boldsymbol{B}$ 的子块的行数、列数都相同:

$$\boldsymbol{A}=\begin{pmatrix}\boldsymbol{A}_{11}&\cdots&\boldsymbol{A}_{1r}\\\vdots&&\vdots\\\boldsymbol{A}_{s1}&\cdots&\boldsymbol{A}_{sr}\end{pmatrix}_{m\times n},\quad \boldsymbol{B}=\begin{pmatrix}\boldsymbol{B}_{11}&\cdots&\boldsymbol{B}_{1r}\\\vdots&&\vdots\\\boldsymbol{B}_{s1}&\cdots&\boldsymbol{B}_{sr}\end{pmatrix}_{m\times n},$$

那么

$$\boldsymbol{A}+\boldsymbol{B}=\begin{pmatrix}\boldsymbol{A}_{11}+\boldsymbol{B}_{11}&\cdots&\boldsymbol{A}_{1r}+\boldsymbol{B}_{1r}\\\vdots&&\vdots\\\boldsymbol{A}_{s1}+\boldsymbol{B}_{s1}&\cdots&\boldsymbol{A}_{sr}+\boldsymbol{B}_{sr}\end{pmatrix},k\boldsymbol{A}=\begin{pmatrix}k\boldsymbol{A}_{11}&\cdots&k\boldsymbol{A}_{1r}\\\vdots&&\vdots\\k\boldsymbol{A}_{s1}&\cdots&k\boldsymbol{A}_{sr}\end{pmatrix},$$

k 为一个数.

这就是说,分块矩阵相加等于对应子块相加,数与分块矩阵相乘等于用这个数乘每一个子块.

(2) 分块矩阵的乘法

设 $\boldsymbol{A}$ 为 $m\times l$ 矩阵,$\boldsymbol{B}$ 为 $l\times n$ 矩阵,若 $\boldsymbol{A}$ 的列分块与 $\boldsymbol{B}$ 的行分块一致,即

$$\boldsymbol{A}=\begin{pmatrix}\boldsymbol{A}_{11} & \cdots & \boldsymbol{A}_{1t}\\ \vdots & & \vdots\\ \boldsymbol{A}_{s1} & \cdots & \boldsymbol{A}_{st}\end{pmatrix},\quad \boldsymbol{B}=\begin{pmatrix}\boldsymbol{B}_{11} & \cdots & \boldsymbol{B}_{1r}\\ \vdots & & \vdots\\ \boldsymbol{B}_{t1} & \cdots & \boldsymbol{B}_{tr}\end{pmatrix},$$

其中 $\boldsymbol{A}_{i1},\boldsymbol{A}_{i2},\cdots,\boldsymbol{A}_{it}$ 的列数分别与 $\boldsymbol{B}_{1j},\boldsymbol{B}_{2j},\cdots,\boldsymbol{B}_{tj}$ 的行数相等, 则

$$\boldsymbol{AB}=\begin{pmatrix}\boldsymbol{C}_{11} & \cdots & \boldsymbol{C}_{1r}\\ \vdots & & \vdots\\ \boldsymbol{C}_{s1} & \cdots & \boldsymbol{C}_{sr}\end{pmatrix},$$

这里 $\boldsymbol{C}_{ij}=\sum\limits_{k=1}^{t}\boldsymbol{A}_{ik}\boldsymbol{B}_{kj}\quad(i=1,2,\cdots,s;j=1,2,\cdots,r)$.

举一个例子.

例 2.6.2　设 $\boldsymbol{A}=\begin{pmatrix}4 & -5 & 7 & 0 & 0\\ -1 & 2 & 6 & 0 & 0\\ -3 & 1 & 8 & 0 & 0\\ 0 & 0 & 0 & 5 & 0\\ 0 & 0 & 0 & 0 & 5\end{pmatrix}$, $\boldsymbol{B}=\begin{pmatrix}3 & 0 & 0 & 0 & 0\\ 0 & 3 & 0 & 0 & 0\\ 0 & 0 & 3 & 0 & 0\\ 0 & 0 & 0 & -1 & 3\\ 0 & 0 & 0 & 9 & 4\end{pmatrix}$,

求 $\boldsymbol{AB}$.

解　把 $\boldsymbol{A},\boldsymbol{B}$ 分块成

$$\boldsymbol{A}=\left(\begin{array}{ccc:cc}4 & -5 & 7 & 0 & 0\\ -1 & 2 & 6 & 0 & 0\\ -3 & 1 & 8 & 0 & 0\\ \hdashline 0 & 0 & 0 & 5 & 0\\ 0 & 0 & 0 & 0 & 5\end{array}\right),\quad \boldsymbol{B}=\left(\begin{array}{ccc:cc}3 & 0 & 0 & 0 & 0\\ 0 & 3 & 0 & 0 & 0\\ 0 & 0 & 3 & 0 & 0\\ \hdashline 0 & 0 & 0 & -1 & 3\\ 0 & 0 & 0 & 9 & 4\end{array}\right),$$

记

$$\boldsymbol{A}_1=\begin{pmatrix}4 & -5 & 7\\ -1 & 2 & 6\\ -3 & 1 & 8\end{pmatrix},\ 5\boldsymbol{E}_2=\begin{pmatrix}5 & 0\\ 0 & 5\end{pmatrix},\ 3\boldsymbol{E}_3=\begin{pmatrix}3 & 0 & 0\\ 0 & 3 & 0\\ 0 & 0 & 3\end{pmatrix},\ \boldsymbol{B}_1=\begin{pmatrix}-1 & 3\\ 9 & 4\end{pmatrix},$$

则

$$A=\begin{pmatrix}A_1 & O\\ O & 5E_2\end{pmatrix},\quad B=\begin{pmatrix}3E_3 & O\\ O & B_1\end{pmatrix},$$

$$AB=\begin{pmatrix}A_1 & O\\ O & 5E_2\end{pmatrix}\begin{pmatrix}3E_3 & O\\ O & B_1\end{pmatrix}=\begin{pmatrix}3A_1E_3 & O\\ O & 5E_2B_1\end{pmatrix}=\begin{pmatrix}3A_1 & O\\ O & 5B_1\end{pmatrix}$$

$$=\left(\begin{array}{ccc:cc}12 & -15 & 21 & 0 & 0\\ -3 & 6 & 18 & 0 & 0\\ -9 & 3 & 24 & 0 & 0\\ \hdashline 0 & 0 & 0 & -5 & 15\\ 0 & 0 & 0 & 45 & 20\end{array}\right).$$

容易验证,分块乘法获得的矩阵和直接将 A 与 B 相乘的结果相同,而分块之后,利用零矩阵和单位矩阵使运算简化了.

(3) 分块矩阵的转置

设 $A=\begin{pmatrix}A_{11} & \cdots & A_{1r}\\ \vdots & & \vdots\\ A_{s1} & \cdots & A_{sr}\end{pmatrix}$,则 $A^{\mathrm T}=\begin{pmatrix}A_{11}^{\mathrm T} & \cdots & A_{s1}^{\mathrm T}\\ \vdots & & \vdots\\ A_{1r}^{\mathrm T} & \cdots & A_{sr}^{\mathrm T}\end{pmatrix}$.

即分块矩阵的转置,不但要把以子块为元素的矩阵行、列互换,且每一个子块也相应进行转置.

例 2.6.3　将 $m\times n$ 矩阵 A 作列分块 $A=(\alpha_1,\alpha_2,\cdots,\alpha_n)$,求 $AA^{\mathrm T}$,$A^{\mathrm T}A$.

解　$$AA^{\mathrm T}=(\alpha_1,\alpha_2,\cdots,\alpha_n)\begin{pmatrix}\alpha_1^{\mathrm T}\\ \alpha_2^{\mathrm T}\\ \vdots\\ \alpha_n^{\mathrm T}\end{pmatrix}=\alpha_1\alpha_1^{\mathrm T}+\alpha_2\alpha_2^{\mathrm T}+\cdots+\alpha_n\alpha_n^{\mathrm T},$$

$$A^{\mathrm T}A=\begin{pmatrix}\alpha_1^{\mathrm T}\\ \alpha_2^{\mathrm T}\\ \vdots\\ \alpha_n^{\mathrm T}\end{pmatrix}(\alpha_1,\alpha_2,\cdots,\alpha_n)=\begin{pmatrix}\alpha_1^{\mathrm T}\alpha_1 & \alpha_1^{\mathrm T}\alpha_2 & \cdots & \alpha_1^{\mathrm T}\alpha_n\\ \alpha_2^{\mathrm T}\alpha_1 & \alpha_2^{\mathrm T}\alpha_2 & \cdots & \alpha_2^{\mathrm T}\alpha_n\\ \vdots & \vdots & & \vdots\\ \alpha_n^{\mathrm T}\alpha_1 & \alpha_n^{\mathrm T}\alpha_2 & \cdots & \alpha_n^{\mathrm T}\alpha_n\end{pmatrix}.$$

(4) 分块矩阵的逆矩阵

特殊分块矩阵,如分块三角形矩阵$\begin{pmatrix} \boldsymbol{A} & \boldsymbol{O} \\ \boldsymbol{C} & \boldsymbol{B} \end{pmatrix}$或$\begin{pmatrix} \boldsymbol{A} & \boldsymbol{C} \\ \boldsymbol{O} & \boldsymbol{B} \end{pmatrix}$的逆矩阵的计算,一般较为方便.

设$\boldsymbol{A},\boldsymbol{B}$均可逆,则

$$\begin{pmatrix} \boldsymbol{A} & \boldsymbol{O} \\ \boldsymbol{C} & \boldsymbol{B} \end{pmatrix}^{-1}=\begin{pmatrix} \boldsymbol{A}^{-1} & \boldsymbol{O} \\ -\boldsymbol{B}^{-1}\boldsymbol{C}\boldsymbol{A}^{-1} & \boldsymbol{B}^{-1} \end{pmatrix};$$

$$\begin{pmatrix} \boldsymbol{A} & \boldsymbol{C} \\ \boldsymbol{O} & \boldsymbol{B} \end{pmatrix}^{-1}=\begin{pmatrix} \boldsymbol{A}^{-1} & -\boldsymbol{A}^{-1}\boldsymbol{C}\boldsymbol{B}^{-1} \\ \boldsymbol{O} & \boldsymbol{B}^{-1} \end{pmatrix}.$$

特别地,有

$$\begin{pmatrix} \boldsymbol{A} & \boldsymbol{O} \\ \boldsymbol{O} & \boldsymbol{B} \end{pmatrix}^{-1}=\begin{pmatrix} \boldsymbol{A}^{-1} & \boldsymbol{O} \\ \boldsymbol{O} & \boldsymbol{B}^{-1} \end{pmatrix}.$$

事实上,设$\boldsymbol{P}=\begin{pmatrix} \boldsymbol{A} & \boldsymbol{O} \\ \boldsymbol{C} & \boldsymbol{B} \end{pmatrix}$,因$\boldsymbol{A},\boldsymbol{B}$均可逆,有$|\boldsymbol{P}|=|\boldsymbol{A}||\boldsymbol{B}|\neq 0$,故$\boldsymbol{P}$可逆.令$\boldsymbol{P}^{-1}=\begin{pmatrix} \boldsymbol{X}_1 & \boldsymbol{X}_2 \\ \boldsymbol{X}_3 & \boldsymbol{X}_4 \end{pmatrix}$,则

$$\begin{pmatrix} \boldsymbol{A} & \boldsymbol{O} \\ \boldsymbol{C} & \boldsymbol{B} \end{pmatrix}\begin{pmatrix} \boldsymbol{X}_1 & \boldsymbol{X}_2 \\ \boldsymbol{X}_3 & \boldsymbol{X}_4 \end{pmatrix}=\begin{pmatrix} \boldsymbol{E} & \boldsymbol{O} \\ \boldsymbol{O} & \boldsymbol{E} \end{pmatrix},$$

利用分块矩阵的乘法,得

$$\begin{cases} \boldsymbol{A}\boldsymbol{X}_1=\boldsymbol{E}, \\ \boldsymbol{A}\boldsymbol{X}_2=\boldsymbol{O}, \\ \boldsymbol{C}\boldsymbol{X}_1+\boldsymbol{B}\boldsymbol{X}_3=\boldsymbol{O}, \\ \boldsymbol{C}\boldsymbol{X}_2+\boldsymbol{B}\boldsymbol{X}_4=\boldsymbol{E}, \end{cases} \Rightarrow \begin{cases} \boldsymbol{X}_1=\boldsymbol{A}^{-1}, \\ \boldsymbol{X}_2=\boldsymbol{O}, \\ \boldsymbol{X}_3=-\boldsymbol{B}^{-1}\boldsymbol{C}\boldsymbol{A}^{-1}, \\ \boldsymbol{X}_4=\boldsymbol{B}^{-1}, \end{cases}$$

即$\boldsymbol{P}^{-1}=\begin{pmatrix} \boldsymbol{A}^{-1} & \boldsymbol{O} \\ -\boldsymbol{B}^{-1}\boldsymbol{C}\boldsymbol{A}^{-1} & \boldsymbol{B}^{-1} \end{pmatrix}$;同理可证另一等式.

例 2.6.4 求矩阵$\boldsymbol{P}=\begin{pmatrix} 1 & 2 & 0 & 0 \\ 1 & 3 & 0 & 0 \\ 1 & 1 & 1 & 5 \\ 1 & 2 & 1 & 6 \end{pmatrix}$的逆矩阵.

解　将矩阵分块为 $\boldsymbol{P}=\left(\begin{array}{cc|cc}1&2&0&0\\1&3&0&0\\\hline 1&1&1&5\\1&2&1&6\end{array}\right)=\begin{pmatrix}\boldsymbol{A}&\boldsymbol{O}\\\boldsymbol{C}&\boldsymbol{B}\end{pmatrix}$，则

$$\boldsymbol{A}^{-1}=\begin{pmatrix}3&-2\\-1&1\end{pmatrix},\quad \boldsymbol{B}^{-1}=\begin{pmatrix}6&-5\\-1&1\end{pmatrix},\quad -\boldsymbol{B}^{-1}\boldsymbol{C}\boldsymbol{A}^{-1}=\begin{pmatrix}-7&6\\1&-1\end{pmatrix},$$

从而

$$\boldsymbol{P}^{-1}=\begin{pmatrix}\boldsymbol{A}^{-1}&\boldsymbol{O}\\-\boldsymbol{B}^{-1}\boldsymbol{C}\boldsymbol{A}^{-1}&\boldsymbol{B}^{-1}\end{pmatrix}=\left(\begin{array}{cc|cc}3&-2&0&0\\-1&1&0&0\\\hline -7&6&6&-5\\1&-1&-1&1\end{array}\right).$$

将矩阵进行分块的目的是为了使矩阵运算得以简化.而很多时候，分块运算仅在一些具有特殊结构的矩阵运算中突显其功效.分块对角矩阵就是典型代表.

3. 分块对角矩阵

定义 2.6.2　形如 $\boldsymbol{A}=\begin{pmatrix}\boldsymbol{A}_1&&&\\&\boldsymbol{A}_2&&\\&&\ddots&\\&&&\boldsymbol{A}_s\end{pmatrix}$ 的分块矩阵称为**分块对角矩阵**(block diagonal matrix)或**准对角矩阵**或**拟对角矩阵**，这里 $\boldsymbol{A}_i(i=1,2,\cdots,s)$ 为 $n_i(i=1,2,\cdots,s)$ 阶方阵$\left(\sum\limits_{i=1}^{s}n_i=n \text{ 为 } \boldsymbol{A} \text{ 的阶数}\right)$.

设 $\boldsymbol{A},\boldsymbol{B}$ 为同型的 n 阶分块对角矩阵(子块 $\boldsymbol{A}_i,\boldsymbol{B}_i$ 为同阶矩阵)，即

$$\boldsymbol{A}=\begin{pmatrix}\boldsymbol{A}_1&&&\\&\boldsymbol{A}_2&&\\&&\ddots&\\&&&\boldsymbol{A}_s\end{pmatrix},\quad \boldsymbol{B}=\begin{pmatrix}\boldsymbol{B}_1&&&\\&\boldsymbol{B}_2&&\\&&\ddots&\\&&&\boldsymbol{B}_s\end{pmatrix},$$

则有

$$\boldsymbol{A}+\boldsymbol{B}=\begin{pmatrix}\boldsymbol{A}_1+\boldsymbol{B}_1 & & & \\ & \boldsymbol{A}_2+\boldsymbol{B}_2 & & \\ & & \ddots & \\ & & & \boldsymbol{A}_s+\boldsymbol{B}_s\end{pmatrix};\quad k\boldsymbol{A}=\begin{pmatrix}k\boldsymbol{A}_1 & & & \\ & k\boldsymbol{A}_2 & & \\ & & \ddots & \\ & & & k\boldsymbol{A}_s\end{pmatrix};$$

$$\boldsymbol{A}\boldsymbol{B}=\begin{pmatrix}\boldsymbol{A}_1\boldsymbol{B}_1 & & & \\ & \boldsymbol{A}_2\boldsymbol{B}_2 & & \\ & & \ddots & \\ & & & \boldsymbol{A}_s\boldsymbol{B}_s\end{pmatrix};\quad \boldsymbol{A}^{\mathrm{T}}=\begin{pmatrix}\boldsymbol{A}_1^{\mathrm{T}} & & & \\ & \boldsymbol{A}_2^{\mathrm{T}} & & \\ & & \ddots & \\ & & & \boldsymbol{A}_s^{\mathrm{T}}\end{pmatrix};$$

$$\boldsymbol{A}^{-1}=\begin{pmatrix}\boldsymbol{A}_1^{-1} & & & \\ & \boldsymbol{A}_2^{-1} & & \\ & & \ddots & \\ & & & \boldsymbol{A}_s^{-1}\end{pmatrix};\quad |\boldsymbol{A}|=|\boldsymbol{A}_1||\boldsymbol{A}_2|\cdots|\boldsymbol{A}_s|.$$

但应注意,对 n 阶分块矩阵 $\boldsymbol{A}=\begin{pmatrix}\boldsymbol{O} & \boldsymbol{A}_1\\ \boldsymbol{A}_2 & \boldsymbol{O}\end{pmatrix}$,当 $\boldsymbol{A}_1,\boldsymbol{A}_2$ 可逆时,有

$$\boldsymbol{A}^{-1}=\begin{pmatrix}\boldsymbol{O} & \boldsymbol{A}_2^{-1}\\ \boldsymbol{A}_1^{-1} & \boldsymbol{O}\end{pmatrix}.$$

(留作练习.)

例 2.6.5 设 $\boldsymbol{A}=\begin{pmatrix}5 & 0 & 0 & 0\\ 0 & 1 & 1 & 0\\ 0 & -1 & 1 & 0\\ 0 & 0 & 0 & 2\end{pmatrix}$,求 $\boldsymbol{A}^2$ 及 $\boldsymbol{A}^{-1}$.

解 将矩阵分块为 $\boldsymbol{A}=\left(\begin{array}{c|cc|c}5 & 0 & 0 & 0\\ \hline 0 & 1 & 1 & 0\\ 0 & -1 & 1 & 0\\ \hline 0 & 0 & 0 & 2\end{array}\right)=\begin{pmatrix}\boldsymbol{A}_1 & & \\ & \boldsymbol{A}_2 & \\ & & \boldsymbol{A}_3\end{pmatrix}$,其中

$$\boldsymbol{A}_1=(5),\quad \boldsymbol{A}_2=\begin{pmatrix}1 & 1\\ -1 & 1\end{pmatrix},\quad \boldsymbol{A}_3=(2).$$

而

$$A_1^2=(25),\quad A_2^2=\begin{pmatrix}0&2\\-2&0\end{pmatrix},\quad A_3^2=(4);$$

$$A_1^{-1}=\left(\frac{1}{5}\right),\quad A_2^{-1}=\begin{pmatrix}\frac{1}{2}&-\frac{1}{2}\\\frac{1}{2}&\frac{1}{2}\end{pmatrix},\quad A_3^{-1}=\left(\frac{1}{2}\right).$$

于是

$$A^2=\begin{pmatrix}A_1^2&&\\&A_2^2&\\&&A_3^2\end{pmatrix}=\begin{pmatrix}25&0&0&0\\0&0&2&0\\0&-2&0&0\\0&0&0&4\end{pmatrix},$$

$$A^{-1}=\begin{pmatrix}A_1^{-1}&&\\&A_2^{-1}&\\&&A_3^{-1}\end{pmatrix}=\begin{pmatrix}\frac{1}{5}&0&0&0\\0&\frac{1}{2}&-\frac{1}{2}&0\\0&\frac{1}{2}&\frac{1}{2}&0\\0&0&0&\frac{1}{2}\end{pmatrix}.$$

例 2.6.6　设 $A=\begin{pmatrix}0&0&3\\1&8&0\\1&9&0\end{pmatrix}$，求 A^{-1}.

解　将矩阵分块为 $A=\left(\begin{array}{cc:c}0&0&3\\\hdashline1&8&0\\1&9&0\end{array}\right)=\begin{pmatrix}O&A_1\\A_2&O\end{pmatrix}$，其中

$$A_1=(3),\quad A_2=\begin{pmatrix}1&8\\1&9\end{pmatrix}.$$

而

$$A_1^{-1}=\left(\frac{1}{3}\right),\quad A_2^{-1}=\begin{pmatrix}9&-8\\-1&1\end{pmatrix},$$

所以

$$A^{-1}=\begin{pmatrix} O & A_2^{-1} \\ A_1^{-1} & O \end{pmatrix}=\begin{pmatrix} 0 & 9 & -8 \\ 0 & -1 & 1 \\ \frac{1}{3} & 0 & 0 \end{pmatrix}.$$

恰当地将矩阵分块，对解决线性代数有关问题十分重要.

将矩阵 $\boldsymbol{A}=(a_{ij})_{m\times n}$ 按列分成 n 个子块,即 $\boldsymbol{A}=(\boldsymbol{\alpha}_1,\boldsymbol{\alpha}_2,\cdots,\boldsymbol{\alpha}_n)$，其中 $\boldsymbol{\alpha}_j=(a_{1j},a_{2j},\cdots,a_{mj})^{\mathrm{T}}$ $(j=1,2,\cdots,n)$ 为矩阵第 j 列元素构成的列矩阵(列向量),这种分块矩阵称为**按列分块矩阵**.

若已知 $\boldsymbol{A}=(a_{ij})_{m\times s},\boldsymbol{B}=(b_{ij})_{s\times n}$，且 $\boldsymbol{AB}=\boldsymbol{O}$. 如果将 $\boldsymbol{B}$ 按列分块为

$$\boldsymbol{B}=(\boldsymbol{\beta}_1,\boldsymbol{\beta}_2,\cdots,\boldsymbol{\beta}_n),$$

则

$$\boldsymbol{AB}=\boldsymbol{A}(\boldsymbol{\beta}_1,\boldsymbol{\beta}_2,\cdots,\boldsymbol{\beta}_n)=(\boldsymbol{A\beta}_1,\boldsymbol{A\beta}_2,\cdots,\boldsymbol{A\beta}_n)=(\boldsymbol{0},\boldsymbol{0},\cdots,\boldsymbol{0})=\boldsymbol{O},$$

即

$$\boldsymbol{A\beta}_j=\boldsymbol{0},\ j=1,2,\cdots,n.$$

这意味着矩阵 $\boldsymbol{B}$ 的每一列元素 $\boldsymbol{\beta}_j$ 均为齐次线性方程组 $\boldsymbol{AX}=\boldsymbol{0}$ 的解. 据此，使我们有可能利用线性方程组理论研究矩阵的有关问题.

同样地，对线性方程组

$$\begin{cases} a_{11}x_1+a_{12}x_2+\cdots+a_{1n}x_n=b_1, \\ a_{21}x_1+a_{22}x_2+\cdots+a_{2n}x_n=b_2, \\ \cdots\cdots\cdots\cdots \\ a_{m1}x_1+a_{m2}x_2+\cdots+a_{mn}x_n=b_m, \end{cases}$$

若记

$$\boldsymbol{A}=\begin{pmatrix} a_{11} & a_{12} & \cdots & a_{1n} \\ a_{21} & a_{22} & \cdots & a_{2n} \\ \vdots & \vdots & & \vdots \\ a_{m1} & a_{m2} & \cdots & a_{mn} \end{pmatrix},\ \boldsymbol{x}=\begin{pmatrix} x_1 \\ x_2 \\ \vdots \\ x_n \end{pmatrix},\ \boldsymbol{\beta}=\begin{pmatrix} b_1 \\ b_2 \\ \vdots \\ b_m \end{pmatrix},$$

有

$$\boldsymbol{Ax}=\boldsymbol{\beta}. \tag{2.6.2}$$

若将系数矩阵 $\boldsymbol{A}$ 按列分块为 $\boldsymbol{A}=(\boldsymbol{\alpha}_1,\boldsymbol{\alpha}_2,\cdots,\boldsymbol{\alpha}_n)$，有

$$x_1\boldsymbol{\alpha}_1+x_2\boldsymbol{\alpha}_2+\cdots+x_n\boldsymbol{\alpha}_n=\boldsymbol{\beta}, \tag{2.6.3}$$

式(2.6.2)与式(2.6.3)分别称为线性方程组的**矩阵形式**与**向量形式**.可以预见:矩阵与向量将在线性方程组问题的研究中发挥重要作用.

最后,看一个计算分块矩阵行列式的例子.

例 2.6.7　设三阶矩阵 $\boldsymbol{A}=(\boldsymbol{\alpha}_1,\boldsymbol{\alpha}_2,\boldsymbol{\alpha}_3)$ 的行列式 $|\boldsymbol{A}|=2$,求 $|-\boldsymbol{\alpha}_3,\boldsymbol{\alpha}_1+\boldsymbol{\alpha}_2,\boldsymbol{\alpha}_2|$.

解　$$|-\boldsymbol{\alpha}_3,\boldsymbol{\alpha}_1+\boldsymbol{\alpha}_2,\boldsymbol{\alpha}_2|=|-\boldsymbol{\alpha}_3,\boldsymbol{\alpha}_1,\boldsymbol{\alpha}_2|+|-\boldsymbol{\alpha}_3,\boldsymbol{\alpha}_2,\boldsymbol{\alpha}_2|$$
$$=(-1)^3|\boldsymbol{\alpha}_1,\boldsymbol{\alpha}_2,\boldsymbol{\alpha}_3|+0=-2.$$

也可采用下面的方法计算:

$$(-\boldsymbol{\alpha}_3,\boldsymbol{\alpha}_1+\boldsymbol{\alpha}_2,\boldsymbol{\alpha}_2)=(\boldsymbol{\alpha}_1,\boldsymbol{\alpha}_2,\boldsymbol{\alpha}_3)\begin{pmatrix}0&1&0\\0&1&1\\-1&0&0\end{pmatrix},$$

两端取行列式,得

$$|-\boldsymbol{\alpha}_3,\boldsymbol{\alpha}_1+\boldsymbol{\alpha}_2,\boldsymbol{\alpha}_2|=|\boldsymbol{\alpha}_1,\boldsymbol{\alpha}_2,\boldsymbol{\alpha}_3|\begin{vmatrix}0&1&0\\0&1&1\\-1&0&0\end{vmatrix}=-|\boldsymbol{A}|=-2.$$

习题 2.6(A)

1. 单项选择题.

(1) 设 $\boldsymbol{A},\boldsymbol{B}$ 分别为 m 阶、n 阶方阵,且 $|\boldsymbol{A}|=a$, $|\boldsymbol{B}|=b$, $\boldsymbol{C}=\begin{pmatrix}\boldsymbol{O}&\boldsymbol{A}\\\boldsymbol{B}&\boldsymbol{O}\end{pmatrix}$,则 $|\boldsymbol{C}|=$ (　　);

(A) ab　(B) $-ab$　(C) $(-1)^{m+n}ab$　(D) $(-1)^{mn}ab$

(2) 设矩阵 $\boldsymbol{A}=\begin{pmatrix}\boldsymbol{A}_1&\boldsymbol{B}\\\boldsymbol{O}&\boldsymbol{A}_2\end{pmatrix}$,其中 $\boldsymbol{A}_1,\boldsymbol{A}_2$ 都是方阵,若 $\boldsymbol{A}$ 可逆,则下列结论成立的有(　　).

(A) 仅 $\boldsymbol{A}_1$ 可逆　(B) 仅 $\boldsymbol{A}_2$ 可逆

(C) $\boldsymbol{A}_1$ 与 $\boldsymbol{A}_2$ 可逆性不定　(D) $\boldsymbol{A}_1$ 与 $\boldsymbol{A}_2$ 均可逆

2. 利用分块矩阵,计算乘积 $\begin{pmatrix}a&0&0&0\\0&a&0&0\\1&0&b&0\\0&1&0&b\end{pmatrix}\begin{pmatrix}1&0&c&0\\0&1&0&c\\0&0&d&0\\0&0&0&d\end{pmatrix}$.

3. 利用分块矩阵,求下列矩阵的逆矩阵.

(1) $\begin{pmatrix}2&3&0&0\\3&5&0&0\\0&0&1&8\\0&0&1&9\end{pmatrix}$;　(2) $\begin{pmatrix}1&3&0&0\\2&7&0&0\\1&1&8&3\\1&2&5&2\end{pmatrix}$.

4. 设 n 阶矩阵 $\boldsymbol{A}$ 及 s 阶矩阵 $\boldsymbol{B}$ 均可逆.

(1) 证明 $\begin{pmatrix} \boldsymbol{O} & \boldsymbol{A} \\ \boldsymbol{B} & \boldsymbol{O} \end{pmatrix}^{-1} = \begin{pmatrix} \boldsymbol{O} & \boldsymbol{B}^{-1} \\ \boldsymbol{A}^{-1} & \boldsymbol{O} \end{pmatrix}$;

(2) 设 $\boldsymbol{C} = \begin{pmatrix} 0 & 0 & 1 & 0 & 1 \\ 0 & 0 & 2 & 1 & 5 \\ 0 & 0 & -3 & 0 & -5 \\ 1 & 2 & 0 & 0 & 0 \\ 2 & 3 & 0 & 0 & 0 \end{pmatrix}$, 求 $\boldsymbol{C}^{-1}$.

5. 设 4 阶方阵 $\boldsymbol{A} = (\boldsymbol{\alpha}, \boldsymbol{\gamma}_2, \boldsymbol{\gamma}_3, \boldsymbol{\gamma}_4)$, $\boldsymbol{B} = (\boldsymbol{\beta}, \boldsymbol{\gamma}_2, \boldsymbol{\gamma}_3, \boldsymbol{\gamma}_4)$, 若 $|\boldsymbol{A}| = 4$, $|\boldsymbol{B}| = 1$, 求 $|\boldsymbol{A} + \boldsymbol{B}|$.

6. 证明 $r(\boldsymbol{A}) = r(\boldsymbol{A}_1) + r(\boldsymbol{A}_2)$, 其中 $\boldsymbol{A} = \begin{pmatrix} \boldsymbol{A}_1 & \boldsymbol{O} \\ \boldsymbol{O} & \boldsymbol{A}_2 \end{pmatrix}$.

习题 2.6(B)

1. 已知 $\boldsymbol{A}, \boldsymbol{B}$ 为 2 阶方阵, 且 $\boldsymbol{A} = (2\boldsymbol{\alpha}_1 + \boldsymbol{\alpha}_2, \boldsymbol{\alpha}_1 - \boldsymbol{\alpha}_2)$, $\boldsymbol{B} = (\boldsymbol{\alpha}_1, \boldsymbol{\alpha}_2)$. 若 $|\boldsymbol{A}| = 6$, 求 $|\boldsymbol{B}|$.

2. 设 $\boldsymbol{A}, \boldsymbol{B}$ 为 n 阶方阵, $\boldsymbol{A}^*, \boldsymbol{B}^*$ 分别为 $\boldsymbol{A}, \boldsymbol{B}$ 对应的伴随矩阵, $\boldsymbol{C} = \begin{pmatrix} \boldsymbol{A} & \boldsymbol{O} \\ \boldsymbol{O} & \boldsymbol{B} \end{pmatrix}$, 求 $\boldsymbol{C}$ 的伴随矩阵 $\boldsymbol{C}^*$ (用 $\boldsymbol{A}^*, \boldsymbol{B}^*$ 表示).

3. 设分块矩阵 $\boldsymbol{A} = (\boldsymbol{B} \mid \boldsymbol{C})$, 且 $\boldsymbol{C}^{\mathrm{T}}\boldsymbol{B} = \boldsymbol{O}$, 证明 $|\boldsymbol{A}^{\mathrm{T}}\boldsymbol{A}| = |\boldsymbol{B}^{\mathrm{T}}\boldsymbol{B}||\boldsymbol{C}^{\mathrm{T}}\boldsymbol{C}|$.

4. 设 $\boldsymbol{A}, \boldsymbol{B}$ 为 n 阶可逆矩阵, 且 $|\boldsymbol{A}| = a$, $|\boldsymbol{B}| = b$, 求 $\left| -2\begin{pmatrix} \boldsymbol{A}^{\mathrm{T}} & \boldsymbol{O} \\ \boldsymbol{O} & \boldsymbol{B}^{-1} \end{pmatrix} \right|$.

5. 设 $\boldsymbol{A}$ 为 n 阶可逆矩阵, $\boldsymbol{\alpha}$ 是列矩阵(列向量), b 为常数, 记

$$\boldsymbol{P} = \begin{pmatrix} \boldsymbol{E} & \boldsymbol{O} \\ -\boldsymbol{\alpha}^{\mathrm{T}}\boldsymbol{A}^* & |\boldsymbol{A}| \end{pmatrix}, \quad \boldsymbol{Q} = \begin{pmatrix} \boldsymbol{A} & \boldsymbol{\alpha} \\ \boldsymbol{\alpha}^{\mathrm{T}} & b \end{pmatrix},$$

其中 $\boldsymbol{A}^*$ 为 $\boldsymbol{A}$ 的伴随矩阵, $\boldsymbol{E}$ 为 n 阶单位矩阵.

(1) 计算并化简 $\boldsymbol{PQ}$;

(2) 证明:矩阵 $\boldsymbol{Q}$ 可逆的充分必要条件是 $\boldsymbol{\alpha}^{\mathrm{T}}\boldsymbol{A}^{-1}\boldsymbol{\alpha} \neq b$.

6. 设 $\boldsymbol{A}, \boldsymbol{B}$ 是 n 阶方阵, 证明

$$r(\boldsymbol{A}) + r(\boldsymbol{B}) - n \leqslant r(\boldsymbol{AB}) \leqslant \min\{r(\boldsymbol{A}), r(\boldsymbol{B})\}.$$

第 2.7 节　Mathematica 软件应用

本节通过具体实例介绍如何应用 Mathematica 进行矩阵的相关计算. 内容包括矩阵的线性运算、乘法、转置；方阵的行列式、幂、逆矩阵以及矩阵的行最简形、秩.

1. 相关命令

利用命令 **A+B**、**kA**、**A.B** 可以分别计算矩阵的和、数乘、乘法；

利用命令 **Transpose**[**A**]可以计算矩阵的转置；

利用命令 **Det**[**A**]可以计算方阵 A 的行列式；

利用命令 **MatrixPower**[**A**, m] 可以计算方阵 A 的 m 次幂；

利用命令 **Inverse**[**A**]可以求出矩阵 A 的逆矩阵；

利用命令 **RowReduce**[**A**]可以将矩阵 A 化为行最简形，从而求出 A 的秩.

2. 应用示例

例 2.7.1　设 $A=\begin{pmatrix}1&2&1&4&23\\0&6&5&4&87\\9&-5&-34&2&-13\end{pmatrix}$,

$$B=\begin{pmatrix}-7&4&26&0&8\\8&-94&3&5&7\\-2&0&-6&9&-45\end{pmatrix},$$

求 $2A-3B, AB^{\mathrm{T}}$.

解　打开 Mathematica 4.0 窗口，键入命令

$$\mathbf{A}=\begin{pmatrix}1&2&1&4&23\\0&6&5&4&87\\9&-5&-34&2&-13\end{pmatrix};$$

$$\mathbf{B}=\begin{pmatrix}-7&4&26&0&8\\8&-94&3&5&7\\-2&0&-6&9&-45\end{pmatrix};$$

(2 A−3 B)//MatrixForm

A. Transpose[B]//MatrixForm

按“Shift+Enter”键,即得所求.如图 2.7.1.

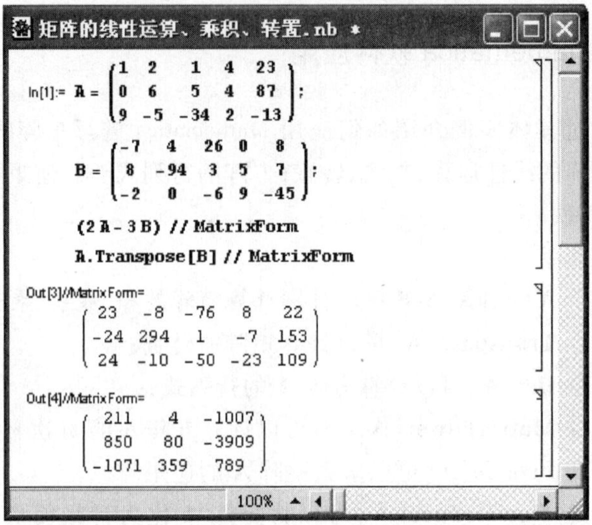

图 2.7.1

例 2.7.2 设 $\boldsymbol{A}=\begin{pmatrix} 2 & 2 & -4 & 6 & -3 & 2 \\ 7 & 9 & 1 & -5 & 8 & -7 \\ 0 & 0 & -2 & 1 & 5 & 5 \\ -7 & 1 & 2 & 0 & -1 & 0 \\ -2 & 0 & 3 & 2 & -7 & 3 \\ 2 & 5 & 6 & -3 & 0 & 5 \end{pmatrix}$,求 $|\boldsymbol{A}|,\boldsymbol{A}^6,\boldsymbol{A}^{-1}$.

解 打开 Mathematica 4.0 窗口,键入命令

$$\mathbf{A}=\begin{pmatrix} 2 & 2 & -4 & 6 & -3 & 2 \\ 7 & 9 & 1 & -5 & 8 & -7 \\ 0 & 0 & -2 & 1 & 5 & 5 \\ -7 & 1 & 2 & 0 & -1 & 0 \\ -2 & 0 & 3 & 2 & -7 & 3 \\ 2 & 5 & 6 & -3 & 0 & 5 \end{pmatrix};$$

```
Det[A]
MatrixPower[A,6]//MatrixForm
Inverse[A]//MatrixForm
```

按“Shift+Enter”键，即得所求.如图 2.7.2.

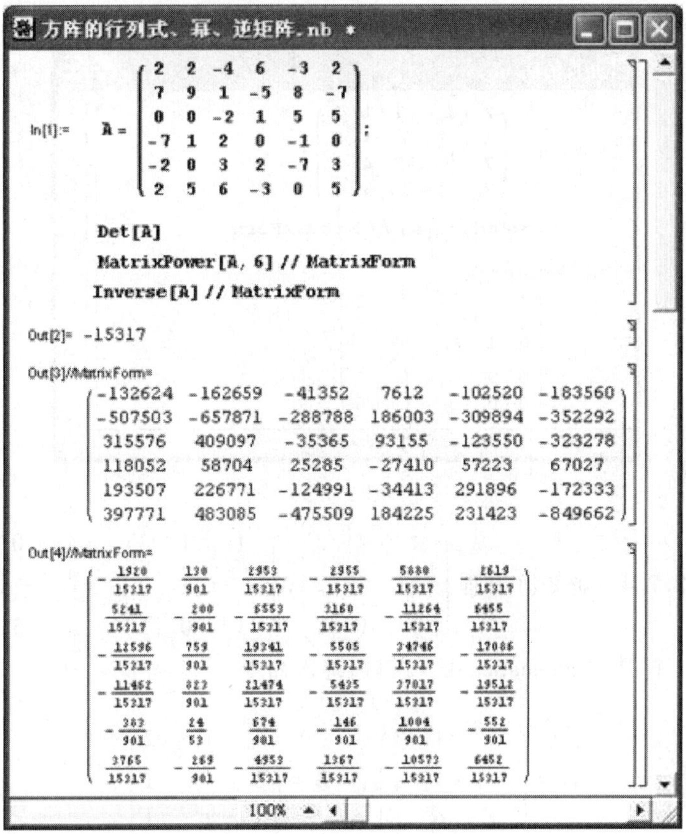

图 2.7.2

例 2.7.3　设 $\boldsymbol{A}=\begin{pmatrix}2 & 1 & -1 & 1 & 1\\ 1 & -1 & 1 & 1 & 2\\ 7 & 2 & -2 & 4 & 5\\ 7 & -1 & 1 & 5 & 2\end{pmatrix}$，求 $r(\boldsymbol{A})$.

解　打开 Mathematica 4.0 窗口，键入命令

$$\mathbf{A}=\begin{pmatrix}2 & 1 & -1 & 1 & 1\\ 1 & -1 & 1 & 1 & 2\\ 7 & 2 & -2 & 4 & 5\\ 7 & -1 & 1 & 5 & 2\end{pmatrix};$$

RowReduce[A]//MatrixForm

按“Shift+Enter”键，即得矩阵 $\boldsymbol{A}$ 的行最简形.如图 2.7.3.根据 $\boldsymbol{A}$ 的行最简形，得 $r(\boldsymbol{A})=3$.

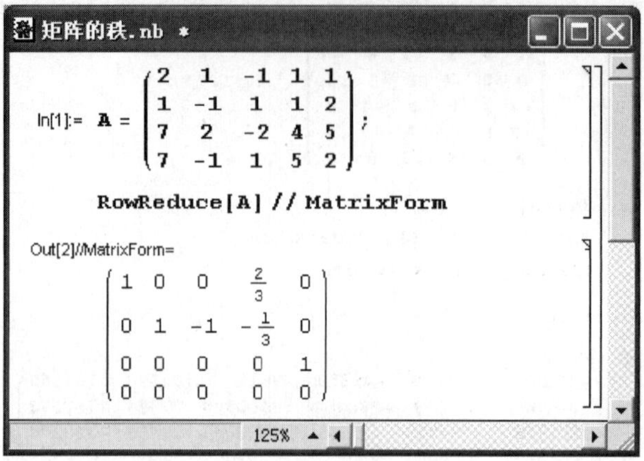

图 2.7.3

例 2.7.4　解矩阵方程 $\begin{pmatrix}1&1&3\\-1&1&2\\1&0&1\end{pmatrix}\boldsymbol{X}\begin{pmatrix}1&1&3\\-1&1&2\\1&0&1\end{pmatrix}=\begin{pmatrix}4&0&2\\2&-1&1\\3&5&1\end{pmatrix}$.

解　打开 Mathematica 4.0 窗口，键入命令

$$\mathbf{A}=\begin{pmatrix}1&1&3\\-1&1&2\\1&0&1\end{pmatrix};\quad \mathbf{B}=\begin{pmatrix}4&0&2\\2&-1&1\\3&5&1\end{pmatrix};$$

Inverse[A]. B.Inverse[A]//MatrixForm

按“Shift+Enter”键，便得矩阵 $\boldsymbol{X}$.如图 2.7.4.

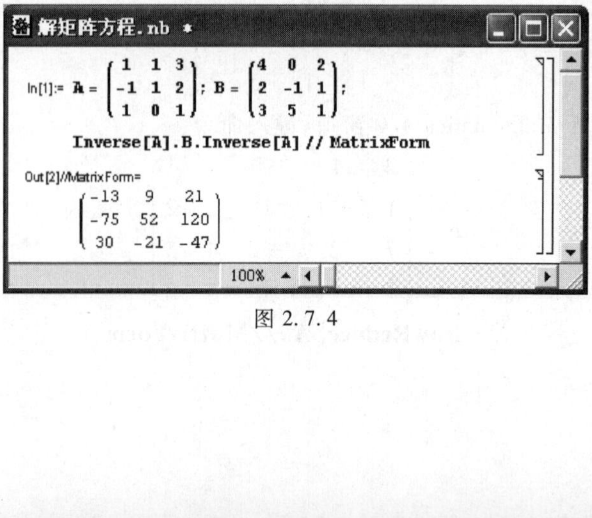

图 2.7.4

3. 技能训练

(1) 设 $\boldsymbol{A}=\begin{pmatrix}6 & -9 & 6 & 8\\ -78 & 4 & 3 & 0\\ 9 & -2 & 66 & 3\end{pmatrix}$，$\boldsymbol{B}=\begin{pmatrix}0 & -44 & 3 & 5\\ 7 & 2 & -1 & 8\\ 100 & -34 & 7 & 6\end{pmatrix}$，求 $-6\boldsymbol{A}+7\boldsymbol{B}$，$5\boldsymbol{A}^{\mathrm{T}}\boldsymbol{B}$.

(2) 设 $\boldsymbol{A}=\begin{pmatrix}-5 & 0 & 0 & 0 & 0\\ 0 & 1 & -1 & 1 & 0\\ 0 & 2 & 4 & -2 & 0\\ 0 & -3 & -3 & 5 & 0\\ 0 & 0 & 0 & 0 & 6\end{pmatrix}$，求 $|\boldsymbol{A}|$，$\boldsymbol{A}^{10}$，$\boldsymbol{A}^{-1}$.

(3) 求矩阵 $\boldsymbol{A}=\begin{pmatrix}-4 & -6 & 0 & 0\\ 3 & 0 & 3 & 0\\ 3 & 6 & -1 & 0\\ 10 & 1 & 1 & 7\end{pmatrix}$ 的秩.

(4) 解矩阵方程

$$\begin{pmatrix}1 & 3 & 5 & 7\\ 0 & 3 & 8 & 9\\ -3 & 7 & 2 & 1\\ -55 & 6 & 9 & 10\end{pmatrix}\boldsymbol{X}\begin{pmatrix}-4 & -9 & 66 & 4\\ 3 & 1 & 8 & 6\\ 4 & -2 & 1 & 0\\ 5 & 88 & 9 & 10\end{pmatrix}=\begin{pmatrix}2 & 4 & 6 & 8\\ 1 & 2 & 1 & 2\\ -5 & 6 & 7 & 8\\ 0 & 3 & 1 & 6\end{pmatrix}.$$

(5) 某些动力系统可借助矩阵 $\boldsymbol{A}$ 与 $\boldsymbol{B}$ 的幂来研究.给定下列矩阵：

$$\boldsymbol{A}=\begin{pmatrix}0.4 & 0.2 & 0.3\\ 0.3 & 0.6 & 0.3\\ 0.3 & 0.2 & 0.4\end{pmatrix},\quad \boldsymbol{B}=\begin{pmatrix}0 & 0.2 & 0.3\\ 0.1 & 0.6 & 0.3\\ 0.9 & 0.2 & 0.4\end{pmatrix}.$$

确定当 k 增加时(例如 $k=2,3,\cdots,16$)，$\boldsymbol{A}^k$ 与 $\boldsymbol{B}^k$ 有何变化，识别 $\boldsymbol{A}$ 和 $\boldsymbol{B}$ 有什么特点？研究类似矩阵的幂，提出关于这类矩阵的猜想.

(6) 给定矩阵 $\boldsymbol{A}=(a_{ij})_{n\times n}$，对 $n=4,5,6,7$ 计算 $\boldsymbol{A}^{-1}$，对更大的 n，提出关于一般的 $\boldsymbol{A}^{-1}$ 的猜想.

(7) 某港口在三月份出口到三个地区的两种货物的数量以及两种货物的单位价格、重量、体积如下表 2.7.1.

表 2.7.1 港口出口情况

数量		地区			单位价格/万元	单位重量/t	单位体积/m^3
		北美	西欧	非洲			
货物	A_1	3 200	1 500	1 200	0.51	0.04	0.21
	A_2	1 600	1 300	810	0.42	0.06	0.40

利用矩阵乘法计算经该港口出口到三个地区的货物总价值、总重量、总体积各为多少.

提示:出口量矩阵 $\boldsymbol{A}=\begin{pmatrix}3\,200 & 1\,500 & 1\,200\\ 1\,600 & 1\,300 & 810\end{pmatrix}$,

单位价格、重量、体积矩阵 $\boldsymbol{B}=\begin{pmatrix}0.51 & 0.42\\ 0.04 & 0.06\\ 0.21 & 0.4\end{pmatrix}$,

所求量分布矩阵 $\boldsymbol{C}=\boldsymbol{AB}$.

(8) 某公司为了技术更新,计划对职工进行脱产轮训.已知该公司现有2 000人正在脱产轮训,而不脱产职工有 8 000 人.若每年从不脱产职工中抽调 30%的人脱产轮训,同时又有 60%脱产轮训职工结业回到生产岗位.设职工总数不变.令

$$\boldsymbol{A}=\begin{pmatrix}0.7 & 0.6\\ 0.3 & 0.4\end{pmatrix},\quad \boldsymbol{X}=\begin{pmatrix}8\,000\\ 2\,000\end{pmatrix}.$$

试用 $\boldsymbol{A}$ 与 $\boldsymbol{X}$ 通过矩阵运算表示一年后和两年后及三年后的职工状况,并据此计算届时不脱产职工与脱产职工各有多少人.

提示:n 年后的职工状况为 $\boldsymbol{A}^n\boldsymbol{X}$.

复习题 2

一、单项选择题.

1. 设行矩阵 $\boldsymbol{A}=(a_1,a_2,a_3)$,$\boldsymbol{B}=(b_1,b_2,b_3)$ 且 $\boldsymbol{A}^{\mathrm{T}}\boldsymbol{B}=\begin{pmatrix}2 & 1 & 1\\ -2 & -1 & -1\\ 2 & 1 & 1\end{pmatrix}$,则

$AB^T=(\quad)$;

(A) -2　　(B) 2　　(C) -1　　(D) 1

2. 设 A,B,C 均为 n 阶矩阵,且 $AB=BC=CA=E$,则 $A^2+(-2B)^2+C^2=(\quad)$;

(A) $(4^n+2)E$　　(B) $(2-4^n)E$　　(C) $6E$　　(D) O

3. 设 A 为 3 阶矩阵,将 A 的第 2 行加到第 1 行得 B,再将 B 的第 1 列的 (-1) 倍加到第 2 列得 C,记 $P=\begin{pmatrix}1&1&0\\0&1&0\\0&0&1\end{pmatrix}$,则$(\quad)$;

(A) $C=P^{-1}AP$　　(B) $C=PAP^{-1}$

(C) $C=P^TAP$　　(D) $C=PAP^T$

4. 下列命题正确的是$(\quad)$;

(A) $A\neq B,|A|\neq|B|$

(B) $(AB)^T=A^TB^T$

(C) 若 A,B 是三角形矩阵,则 $A+B$ 也是三角形矩阵

(D) $A^2-E^2=(A+E)(A-E)$

5. 设 A,B,C 为同阶可逆方阵,则$(ABC)^{-1}=(\quad)$;

(A) $A^{-1}B^{-1}C^{-1}$　　(B) $C^{-1}B^{-1}A^{-1}$

(C) $A^{-1}C^{-1}B^{-1}$　　(D) $(AB)^{-1}C^{-1}$

6. 设 n 阶方阵 A 满足 $A^2-A-2E=O$,则必有$(\quad)$;

(A) $A=2E$　　(B) $A=-E$

(C) $A-E$ 可逆　　(D) A 不可逆

7. 若 $\alpha_1,\alpha_2,\alpha_3,\beta_1,\beta_2$ 都是 4 维列向量,且 4 阶行列式 $|\alpha_1,\alpha_2,\alpha_3,\beta_1|=m$, $|\alpha_1,\alpha_2,\alpha_3,\beta_2|=n$,则 $|\alpha_1,\alpha_2,\alpha_3,\beta_1+\beta_2|=$ ______.

(A) $m+n$　　(B) $-(m+n)$

(C) $n-m$　　(D) $m-n$

二、填空题.

1. 已知 $x_1\begin{pmatrix}1\\1\end{pmatrix}+x_2\begin{pmatrix}1\\-1\end{pmatrix}=\begin{pmatrix}2\\3\end{pmatrix}$,则 $x_1=$ __________ ,$x_2=$ __________;

2. $(1,2,3)\begin{pmatrix}3\\2\\-1\end{pmatrix}=$ __________;

3. 设 $A=(1,2),B=(2,1),C=A^TB$,则 $C^{99}=$ ________ .

4. 设 $\boldsymbol{A},\boldsymbol{B}$ 均为 4 阶矩阵，且 $\boldsymbol{A}^*$ 为 $\boldsymbol{A}$ 的伴随矩阵，$|\boldsymbol{A}|=2$，则 $|3\boldsymbol{A}^*|=$ ________；

5. 已知 $f(x)=x^2-5x+3$，$\boldsymbol{A}=\begin{pmatrix}1&2\\-3&1\end{pmatrix}$，则 $|f(\boldsymbol{A})|=$ ________；

6. 已知 $\boldsymbol{A}=\begin{pmatrix}3&0&0\\1&4&0\\0&0&3\end{pmatrix}$，则 $(\boldsymbol{A}-2\boldsymbol{E})^{-1}=$ ________ .

三、计算题.

1. 已知 $\boldsymbol{\alpha}=\begin{pmatrix}1\\4\\-3\end{pmatrix}$，$\boldsymbol{\beta}=\begin{pmatrix}1\\-1\\0\end{pmatrix}$，$\boldsymbol{E}$ 是 3 阶单位矩阵，求 $\boldsymbol{\alpha}\boldsymbol{\beta}^{\mathrm{T}}\boldsymbol{E}$.

2. 解矩阵方程 $\begin{pmatrix}1&2\\1&3\end{pmatrix}\boldsymbol{X}\begin{pmatrix}3&4\\1&1\end{pmatrix}=\begin{pmatrix}0&1\\1&0\end{pmatrix}$.

3. 设 $\boldsymbol{A}=\begin{pmatrix}1&3&0&0\\-1&-2&0&0\\0&0&2&5\\0&0&1&2\end{pmatrix}$， 求(1) $|\boldsymbol{A}|$，$|2\boldsymbol{A}^*\boldsymbol{A}|$；(2) $\boldsymbol{A}^{-1}$.

4. 设 $\boldsymbol{A}$ 为 4×4 矩阵，$|\boldsymbol{A}|=2$. 计算 $|\boldsymbol{A}^{-1}-\boldsymbol{A}^*|$，这里 $\boldsymbol{A}^*$ 为 $\boldsymbol{A}$ 的伴随矩阵.

5. 设 $\boldsymbol{AP}=\boldsymbol{PB}$，其中 $\boldsymbol{B}=\begin{pmatrix}1&0&0\\0&0&0\\0&0&-1\end{pmatrix}$，$\boldsymbol{P}=\begin{pmatrix}1&0&0\\2&-1&0\\-4&1&1\end{pmatrix}$，求 $\boldsymbol{A}$，$\boldsymbol{A}^5$.

6. 设矩阵 $\boldsymbol{A}=\begin{pmatrix}3&1&-1\\2&3&0\\1&-1&2\end{pmatrix}$，$\boldsymbol{B}=\begin{pmatrix}3&-2\\4&1\\-1&2\end{pmatrix}$，满足 $\boldsymbol{AX}=\boldsymbol{B}+2\boldsymbol{X}$，求矩阵 $\boldsymbol{X}$.

7. 设矩阵 $\boldsymbol{A}=\begin{pmatrix}1&1&-1\\-1&1&1\\1&-1&1\end{pmatrix}$，$\boldsymbol{A}^*\boldsymbol{X}=\boldsymbol{A}^{-1}+2\boldsymbol{X}$，求矩阵 $\boldsymbol{X}$.

8. 已知 $\boldsymbol{A}=\begin{pmatrix}1&2&-1&4\\2&4&3&5\\-1&-2&6&-7\end{pmatrix}$，求 $r(\boldsymbol{A})$.

四、证明题.

1. 设 $\boldsymbol{A}=(a_{ij})_{n\times n}$，且满足 $\boldsymbol{A}\boldsymbol{A}^{\mathrm{T}}=\boldsymbol{E}$，$|\boldsymbol{A}|=1$，则证明必有 $a_{ij}=A_{ij}$.

2. 设 $\boldsymbol{A}^k=\boldsymbol{O}(k\in\mathbf{N})$，证明 $\boldsymbol{E}-\boldsymbol{A}$ 可逆且其逆矩阵为
$(\boldsymbol{E}-\boldsymbol{A})^{-1}=\boldsymbol{E}+\boldsymbol{A}+\boldsymbol{A}^2+\cdots+\boldsymbol{A}^{k-1}$.
3. 已知 n 阶矩阵 $\boldsymbol{A},\boldsymbol{B}$ 满足 $2\boldsymbol{A}-\boldsymbol{B}-\boldsymbol{AB}=\boldsymbol{E},\boldsymbol{A}^2=\boldsymbol{A}$，试证 $\boldsymbol{A}-\boldsymbol{B}$ 可逆，并求$(\boldsymbol{A}-\boldsymbol{B})^{-1}$.
4. 设 n 阶矩阵 $\boldsymbol{A}$ 满足关系式 $\boldsymbol{A}^3+\boldsymbol{A}^2-\boldsymbol{A}-\boldsymbol{E}=\boldsymbol{O}$，且 $|\boldsymbol{A}-\boldsymbol{E}|\neq 0$，试证 $\boldsymbol{A}$ 可逆，且 $\boldsymbol{A}^{-1}=-(\boldsymbol{A}+2\boldsymbol{E})$.

五、应用题.

某股份公司生产四种产品，各类产品在生产过程中的生产成本以及在各季度的产量分别由表 1 和表 2 给出.

表 1　产品生产成本

成本		产品 A	产品 B	产品 C	产品 D
消耗	原材料	0.5	0.8	0.7	0.65
	劳动力	0.8	1.05	0.9	0.85
	经营管理	0.3	0.6	0.7	0.5

表 2　各季度产量

产量		季度 春	季度 夏	季度 秋	季度 冬
产品	A	9 000	10 500	11 000	8 500
	B	6 500	6 000	5 500	7 000
	C	10 500	9 500	9 500	10 000
	D	8 500	9 500	9 000	8 500

在年度股东大会上，公司准备用一个单一的表向股东们介绍所有产品在各个季度的各项生产成本，各个季度的总成本，以及全年各项的总成本.此表应如何做？

第 3 章　向量　线性方程组

条条大路通罗马.从一个目标出发,打破思维定势,从问题的各个角度、各个方面、各个层次进行或横、或纵、或顺、或逆的灵活而敏捷的思考,可以获得多种解决方案.这种从问题要求出发,沿不同方向去探求多种答案的发散思维,是创造力的“源”.透视线性方程组,从展开形式到矩阵形式,再到向量形式,为我们的思维打开了遐想之门。

本章以矩阵理论和向量理论为依托,建立了线性方程组求解与矩阵化简之间的关系,给出了求解线性方程组的高斯消元法及解的判定定理;通过向量组与方程组的关联,获得了线性方程组解的结构表示.学习本章后,应该理解向量的线性相关性、极大无关组和向量组秩的概念;会判断向量组是否线性相关,会求极大无关组和秩;掌握线性方程组的求解方法;理解齐次线性方程组有非零解的条件及基础解系的含义;理解非齐次线性方程组有解的充要条件及解的结构和通解概念.

数学家小传 3-1
高斯

第 3.1 节　高斯消元法

在第 1 章中,我们利用行列式理论解决了一类特殊线性方程组(方程个数与未知量个数相等且系数行列式不为零)的求解问题.本章将讨论在经济管理、工程技术以及社会生活等领域应用更为广泛的一般的线性方程组.

首先介绍一些基本概念.

1. 线性方程组的概念

定义 3.1.1　n 个变量、m 个方程的线性方程组

$$\begin{cases} a_{11}x_1 + a_{12}x_2 + \cdots + a_{1n}x_n = b_1, \\ a_{21}x_1 + a_{22}x_2 + \cdots + a_{2n}x_n = b_2, \\ \cdots\cdots\cdots\cdots \\ a_{m1}x_1 + a_{m2}x_2 + \cdots + a_{mn}x_n = b_m \end{cases} \tag{3.1.1}$$

称为 n **元线性方程组**，其中 $x_1, x_2, \cdots, x_n$ 为未知量，a_{ij} 为第 i 个方程未知量 x_j 的系数，b_i 为第 i 个方程的常数项，$a_{ij}, b_i (i=1,2,\cdots,m; j=1,2,\cdots,n)$ 都是已知数.

若 $b_1, b_2, \cdots, b_m$ 不全为零，称式(3.1.1)为**非齐次线性方程组**(system of non-homogeneous linear equations)；否则称为**齐次线性方程组**(system of homogeneous linear equations)或**非齐次线性方程组的导出组**.

例如
$$\begin{cases} x_1 + x_2 - 2x_3 + 4x_4 = 5, \\ 2x_1 + 2x_2 - 3x_3 - x_4 = 3, \\ 3x_1 + 3x_2 - 4x_3 - 2x_4 = 0 \end{cases}$$
是非齐次线性方程组，而
$$\begin{cases} x_1 + 2x_2 - 5x_3 + 4x_4 = 0, \\ 2x_1 + 3x_2 + x_3 - 2x_4 = 0 \end{cases}$$
是齐次线性方程组.

若记 $\boldsymbol{A} = \begin{pmatrix} a_{11} & a_{12} & \cdots & a_{1n} \\ a_{21} & a_{22} & \cdots & a_{2n} \\ \vdots & \vdots & & \vdots \\ a_{m1} & a_{m2} & \cdots & a_{mn} \end{pmatrix}, \boldsymbol{x} = \begin{pmatrix} x_1 \\ x_2 \\ \vdots \\ x_n \end{pmatrix}, \boldsymbol{\beta} = \begin{pmatrix} b_1 \\ b_2 \\ \vdots \\ b_m \end{pmatrix}$，则方程组(3.1.1)可写为矩阵形式
$$\boldsymbol{Ax} = \boldsymbol{\beta} \tag{3.1.2}$$
$\boldsymbol{A}$ 称为方程组(3.1.2)的**系数矩阵**(coefficient matrix)，$\boldsymbol{x}$ 称为**未知量矩阵**(或未知量向量)，$\boldsymbol{\beta}$ 称为**常数项矩阵**(或常数项向量)，而
$$\overline{\boldsymbol{A}} = (\boldsymbol{A} \mid \boldsymbol{\beta}) = \begin{pmatrix} a_{11} & a_{12} & \cdots & a_{1n} & b_1 \\ a_{21} & a_{22} & \cdots & a_{2n} & b_2 \\ \vdots & \vdots & & \vdots & \vdots \\ a_{m1} & a_{m2} & \cdots & a_{mn} & b_m \end{pmatrix}$$
称为**增广矩阵**(augmented matrix).

显然，线性方程组(3.1.2)与其增广矩阵 $\overline{\boldsymbol{A}}$ 相互唯一确定.

例 3.1.1　试写出线性方程组 $\begin{cases} x_1 + x_2 - 2x_3 + 3x_4 = 4, \\ 2x_1 + 3x_2 + 3x_3 - x_4 = 3, \\ 5x_1 + 7x_2 + 4x_3 + x_4 = 5 \end{cases}$ 的增广矩阵.

解 $\overline{\boldsymbol{A}}=\begin{pmatrix}1 & 1 & -2 & 3 & 4\\ 2 & 3 & 3 & -1 & 3\\ 5 & 7 & 4 & 1 & 5\end{pmatrix}$.

定义 3.1.2 称满足式(3.1.1)的一个有序数组 $x_1=k_1,x_2=k_2,\cdots,x_n=k_n$ 为线性方程组的一个**解**(solution),一般记作列矩阵(或列向量)形式 $\boldsymbol{\eta}=\begin{pmatrix}k_1\\ k_2\\ \vdots\\ k_n\end{pmatrix}$.

当线性方程组有解时,称方程组是**相容的**,否则是**不相容的**.

当线性方程组有无穷多解时,其全部解的集合称为方程组的**通解**或**一般解**;相应地,解集合中的每一个元素(解)称为方程组的**特解**.若两个方程组有相同的解集合,称它们是**同解的**.

所谓"解方程组"就是判断线性方程组是否有解,在有解时求得满足方程组的唯一解或全部解(通解)的过程.

通过几何直观(图3.1.1),不难了解线性方程组解的情况.如 $\begin{cases}x_1-x_2=-3,\\ x_1+2x_2=3\end{cases}$ 有唯一解;$\begin{cases}x_1+x_2=1,\\ 2x_1+2x_2=6\end{cases}$ 无解;$\begin{cases}x_1-x_2=-3,\\ 2x_1-2x_2=-6\end{cases}$ 有无穷多解.

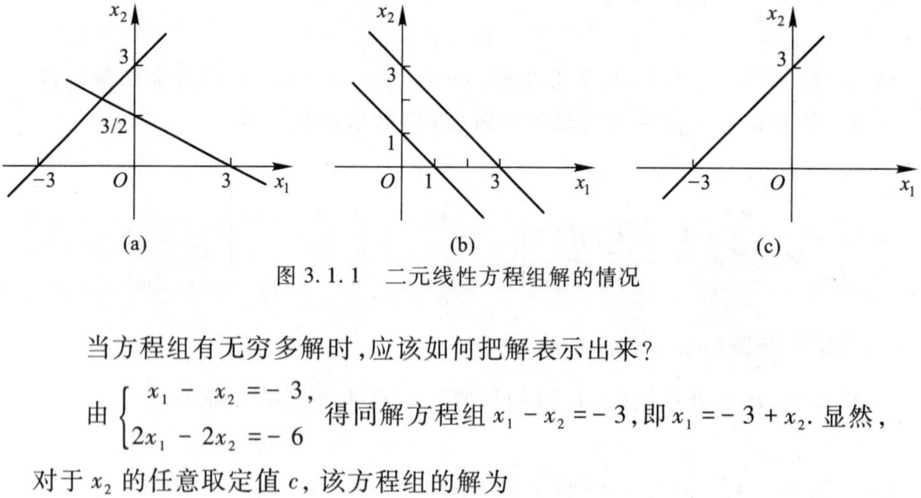

图3.1.1 二元线性方程组解的情况

当方程组有无穷多解时,应该如何把解表示出来?

由 $\begin{cases}x_1-x_2=-3,\\ 2x_1-2x_2=-6\end{cases}$ 得同解方程组 $x_1-x_2=-3$,即 $x_1=-3+x_2$.显然,对于 x_2 的任意取定值 c,该方程组的解为

$$\begin{cases}x_1=-3+c,\\ x_2=\qquad c\end{cases}\quad(c\text{ 为任意实数}).\tag{3.1.3}$$

式(3.1.3)称为**参数形式的通解**,而 x_2 称为**自由未知量**(因为可以取任意值).式(3.1.3)也可写为

$$\begin{pmatrix} x_1 \\ x_2 \end{pmatrix} = \begin{pmatrix} -3 \\ 0 \end{pmatrix} + c\begin{pmatrix} 1 \\ 1 \end{pmatrix}, \quad c \in \mathbf{R},$$

称为**向量形式的通解**.

特别地,取 $c = 0, c = 1$ 得到方程组的两个**特解** $\begin{pmatrix} -3 \\ 0 \end{pmatrix}$ 和 $\begin{pmatrix} -2 \\ 1 \end{pmatrix}$.

教学演示 实验 3-1 线性方程组解的几何解释

2. 高斯消元法

中学代数里,已经学过用消元法解简单的线性方程组,高斯消元法即是这种方法的延续.其基本思想是对线性方程组进行同解变形,简化未知量的系数,从而得到与原方程组同解且易直接求解的阶梯形方程组(称为消元过程);求解该方程组(称为回代过程),即获得原方程组的解.

下面用一个具体例子介绍这种方法.

例 3.1.2　解线性方程组 $\begin{cases} 3x_1 + 4x_2 - 6x_3 = 4, \\ x_1 - x_2 + 4x_3 = 1, \\ -x_1 + 2x_2 - 7x_3 = 0. \end{cases}$

由于线性方程组与其增广矩阵 $\overline{\boldsymbol{A}}$ 相互唯一确定,求解该问题时,我们特别地将求解过程与 $\overline{\boldsymbol{A}}$ 的变化过程分列于左右两侧.

解

$$\begin{cases} 3x_1 + 4x_2 - 6x_3 = 4 & ① \\ x_1 - x_2 + 4x_3 = 1 & ② \\ -x_1 + 2x_2 - 7x_3 = 0 & ③ \end{cases} \qquad \overline{\boldsymbol{A}} = \begin{pmatrix} 3 & 4 & -6 & 4 \\ 1 & -1 & 4 & 1 \\ -1 & 2 & -7 & 0 \end{pmatrix}$$

$$\overset{①\leftrightarrow②}{\Longrightarrow} \begin{cases} x_1 - x_2 + 4x_3 = 1 & ① \\ 3x_1 + 4x_2 - 6x_3 = 4 & ② \\ -x_1 + 2x_2 - 7x_3 = 0 & ③ \end{cases} \qquad \xrightarrow{r_1 \leftrightarrow r_2} \begin{pmatrix} 1 & -1 & 4 & 1 \\ 3 & 4 & -6 & 4 \\ -1 & 2 & -7 & 0 \end{pmatrix}$$

$$\overset{\substack{②-3① \\ ③+①}}{\Longrightarrow} \begin{cases} x_1 - x_2 + 4x_3 = 1 & ① \\ 7x_2 - 18x_3 = 1 & ② \\ x_2 - 3x_3 = 1 & ③ \end{cases} \qquad \xrightarrow{\substack{r_2 - 3r_1 \\ r_3 + r_1}} \begin{pmatrix} 1 & -1 & 4 & 1 \\ 0 & 7 & -18 & 1 \\ 0 & 1 & -3 & 1 \end{pmatrix}$$

$$\xrightarrow{②\leftrightarrow③}\begin{cases}x_1-x_2+4x_3=1 & ①\\ x_2-3x_3=1 & ②\\ 7x_2-18x_3=1 & ③\end{cases}\quad\xrightarrow{r_2\leftrightarrow r_3}\begin{pmatrix}1&-1&4&1\\0&1&-3&1\\0&7&-18&1\end{pmatrix}$$

$$\xrightarrow{③-7②}\begin{cases}x_1-x_2+4x_3=1 & ①\\ x_2-3x_3=1 & ②\\ 3x_3=-6 & ③\end{cases}\quad\xrightarrow{r_3-7r_2}\begin{pmatrix}1&-1&4&1\\0&1&-3&1\\0&0&3&-6\end{pmatrix}$$

至此,通过消元得到了阶梯形方程组及对应的行阶梯形矩阵.继续求解,有

$$\xrightarrow{\frac{1}{3}③}\begin{cases}x_1-x_2+4x_3=1 & ①\\ x_2-3x_3=1 & ②\\ x_3=-2 & ③\end{cases}\quad\xrightarrow{\frac{1}{3}r_3}\begin{pmatrix}1&-1&4&1\\0&1&-3&1\\0&0&1&-2\end{pmatrix}$$

$$\xrightarrow[①-4③]{②+3③}\begin{cases}x_1-x_2=9 & ①\\ x_2=-5 & ②\\ x_3=-2 & ③\end{cases}\quad\xrightarrow[r_1-4r_3]{r_2+3r_3}\begin{pmatrix}1&-1&0&9\\0&1&0&-5\\0&0&1&-2\end{pmatrix}$$

$$\xrightarrow{①+②}\begin{cases}x_1=4\\ x_2=-5\\ x_3=-2\end{cases}\quad\xrightarrow{r_1+r_2}\begin{pmatrix}1&0&0&4\\0&1&0&-5\\0&0&1&-2\end{pmatrix}$$

即方程组的解为 $x_1=4,x_2=-5,x_3=-2$.

这种解线性方程组的方法称为**高斯消元法**.

观察可知:高斯消元法求解线性方程组与对线性方程组增广矩阵 $\overline{A}$ 进行初等行变换一一对应.因此,求解线性方程组可以通过对增广矩阵进行初等行变换实现.实现过程为:利用矩阵的初等行变换将 $\overline{A}$ 化为行阶梯形(消元过程),再继续施行初等行变换将行阶梯形化为行最简形(回代过程),由行最简形直接“读出”了原方程组的解.

需要指出的是,对线性方程组增广矩阵 $\overline{A}$ 仅限于进行初等行变换,且这种变换不改变方程组的同解性.

例 3.1.3 解线性方程组 $\begin{cases}x_1+x_2-2x_3+4x_4=5,\\2x_1+2x_2-3x_3+x_4=3,\\3x_1+3x_2-4x_3-2x_4=1.\end{cases}$

解 对增广矩阵 $\overline{A}$ 施行初等行变换,得

$$\overline{\boldsymbol{A}}=\begin{pmatrix}1&1&-2&4&5\\2&2&-3&1&3\\3&3&-4&-2&1\end{pmatrix}\rightarrow\begin{pmatrix}1&1&-2&4&5\\0&0&1&-7&-7\\0&0&0&0&0\end{pmatrix}$$

$$\rightarrow\begin{pmatrix}1&1&0&-10&-9\\0&0&1&-7&-7\\0&0&0&0&0\end{pmatrix}.$$

矩阵最后一行对应的方程为“ $0=0$”，是多余方程，将其去掉得同解方程组

$$\begin{cases}x_1+x_2\quad-10x_4=-9,\\ \qquad\qquad x_3-7x_4=-7,\end{cases}$$

将 x_2,x_4 移到等号右端，得

$$\begin{cases}x_1=-9-x_2+10x_4,\\ x_3=-7\qquad\quad+7x_4,\end{cases}$$

x_2,x_4 为自由未知量.令 $x_2=c_1,x_4=c_2$，得方程组的解

$$\begin{cases}x_1=-9-c_1+10c_2,\\ x_2=\qquad c_1,\\ x_3=-7\qquad+7c_2,\\ x_4=\qquad\qquad c_2,\end{cases}\quad c_1,c_2\in\mathbf{R}.$$

该方程组有无穷多解.

例 3.1.4　解线性方程组 $\begin{cases}x_1+x_2-2x_3+3x_4=4,\\2x_1+3x_2+3x_3-x_4=3,\\5x_1+7x_2+4x_3+x_4=5.\end{cases}$

解　对增广矩阵 $\overline{\boldsymbol{A}}$ 施行初等行变换，得

$$\overline{\boldsymbol{A}}=\begin{pmatrix}1&1&-2&3&4\\2&3&3&-1&3\\5&7&4&1&5\end{pmatrix}\rightarrow\begin{pmatrix}1&1&-2&3&4\\0&1&7&-7&-5\\0&0&0&0&-5\end{pmatrix}.$$

行阶梯形矩阵最后一行对应的方程为“ $0=-5$”，是矛盾方程，故方程组无解.

显而易见，对于线性方程组的求解来说，消元法是一种最基本最有效的方法.通过求解，我们会知道方程组是有唯一解还是有无穷多解或是无解.问题是：方程组解的情况到底与什么相关联？或者说，什么样的因素制约了方程组解的情形？能否从理论上给出直接由原方程组来判断它是否

有解的方法？答案是肯定的，这就是我们下面要讨论的问题.

3. 线性方程组解的判定

由上一段的讨论知，每一个线性方程组解的情况都与增广矩阵 $\overline{\boldsymbol{A}}$ 的行阶梯形或行最简形矩阵有关.因此，只需对其行最简形矩阵进行研究.

对 $\overline{\boldsymbol{A}}$ 施行初等行变换，不失一般性，设

$$\overline{\boldsymbol{A}} \to \begin{pmatrix} 1 & 0 & \cdots & 0 & c_{1,r+1} & \cdots & c_{1n} & d_1 \\ 0 & 1 & \cdots & 0 & c_{2,r+1} & \cdots & c_{2n} & d_2 \\ \vdots & \vdots & & \vdots & \vdots & & \vdots & \vdots \\ 0 & 0 & \cdots & 1 & c_{r,r+1} & \cdots & c_{rn} & d_r \\ 0 & 0 & \cdots & 0 & 0 & \cdots & 0 & d_{r+1} \\ 0 & 0 & \cdots & 0 & 0 & \cdots & 0 & 0 \\ \vdots & \vdots & & \vdots & \vdots & & \vdots & \vdots \\ 0 & 0 & \cdots & 0 & 0 & \cdots & 0 & 0 \end{pmatrix},$$

相应的同解方程组

$$\begin{cases} x_1 \qquad + c_{1,r+1}x_{r+1} + c_{1,r+2}x_{r+2} + \cdots + c_{1n}x_n = d_1, \\ \quad x_2 \quad + c_{2,r+1}x_{r+1} + c_{2,r+2}x_{r+2} + \cdots + c_{2n}x_n = d_2, \\ \qquad \cdots\cdots\cdots\cdots \\ \qquad x_r + c_{r,r+1}x_{r+1} + c_{r,r+2}x_{r+2} + \cdots + c_{rn}x_n = d_r, \\ \qquad\qquad 0 = d_{r+1}. \end{cases} \tag{3.1.4}$$

(1) 当 $d_{r+1} \neq 0$ 时，方程组(3.1.2)无解；从矩阵秩的角度看，此时 $r(\boldsymbol{A}) < r(\overline{\boldsymbol{A}})$.

(2) 当 $d_{r+1} = 0$ 时，方程组(3.1.2)有解；此时 $r(\boldsymbol{A}) = r(\overline{\boldsymbol{A}}) = r$.

若 $r = n$，由式(3.1.4)知，方程组有唯一解 $x_1 = d_1, x_2 = d_2, \cdots, x_n = d_n$；

若 $r < n$，由式(3.1.4)，得

$$\begin{cases} x_1 = d_1 - c_{1,r+1}x_{r+1} - c_{1,r+2}x_{r+2} - \cdots - c_{1n}x_n, \\ x_2 = d_2 - c_{2,r+1}x_{r+1} - c_{2,r+2}x_{r+2} - \cdots - c_{2n}x_n, \\ \qquad \cdots\cdots\cdots\cdots \\ x_r = d_r - c_{r,r+1}x_{r+1} - c_{r,r+2}x_{r+2} - \cdots - c_{rn}x_n. \end{cases}$$

此时任意给定 $x_{r+1}, x_{r+2}, \cdots, x_n$（自由未知量）一组值，按上式依次代入，就得到 $x_1, x_2, \cdots, x_r$ 的一组值，从而得到方程组的一个解，即方程组有无穷多解.

综上所述，有

定理 3.1.1　线性方程组 $\boldsymbol{Ax}=\boldsymbol{\beta}$ 有解的充分必要条件是系数矩阵 $\boldsymbol{A}$ 与增广矩阵 $\overline{\boldsymbol{A}}$ 的秩相等，即 $r(\boldsymbol{A})=r(\overline{\boldsymbol{A}})$. 当 $r(\boldsymbol{A})=r(\overline{\boldsymbol{A}})=n$ 时，方程组有唯一解；当 $r(\boldsymbol{A})=r(\overline{\boldsymbol{A}})<n$ 时，方程组有无穷多解.

该定理从理论上给出了直接从原方程组判断它是否有解的方法：$r(\boldsymbol{A})$ 是否等于 $r(\overline{\boldsymbol{A}})$.

在例 3.1.2 中，三元线性方程组 $r(\boldsymbol{A})=r(\overline{\boldsymbol{A}})=3$，故方程组有唯一解；在例 3.1.3 中，四元线性方程组 $r(\boldsymbol{A})=r(\overline{\boldsymbol{A}})=2<4$，故方程组有无穷多解；在例 3.1.4 中，四元线性方程组 $r(\boldsymbol{A})=2$，$r(\overline{\boldsymbol{A}})=3$，即 $r(\boldsymbol{A})\neq r(\overline{\boldsymbol{A}})$，故方程组无解.

例 3.1.5　下列线性方程组是否有解？若有解，求出全部解.

(1) $\begin{cases} x_1+3x_2-3x_3=2, \\ 3x_1-x_2+2x_3=3, \\ 4x_1+2x_2-x_3=2; \end{cases}$

(2) $\begin{cases} x_1-x_2-x_3-3x_4=-2, \\ x_1-x_2+x_3+5x_4=4, \\ -4x_1+4x_2+x_3=-1. \end{cases}$

解　对增广矩阵 $\overline{\boldsymbol{A}}$ 施行初等行变换，得

$$(1)\ \overline{\boldsymbol{A}}=\begin{pmatrix} 1 & 3 & -3 & 2 \\ 3 & -1 & 2 & 3 \\ 4 & 2 & -1 & 2 \end{pmatrix}\to\begin{pmatrix} 1 & 3 & -3 & 2 \\ 0 & -10 & 11 & -3 \\ 0 & -10 & 11 & -6 \end{pmatrix}$$
$$\to\begin{pmatrix} 1 & 3 & -3 & 2 \\ 0 & -10 & 11 & -3 \\ 0 & 0 & 0 & -3 \end{pmatrix},$$

$r(\boldsymbol{A})=2\neq r(\overline{\boldsymbol{A}})=3$，故方程组无解；

$$(2)\ \overline{\boldsymbol{A}}=\begin{pmatrix} 1 & -1 & -1 & -3 & -2 \\ 1 & -1 & 1 & 5 & 4 \\ -4 & 4 & 1 & 0 & -1 \end{pmatrix}\to\begin{pmatrix} 1 & -1 & -1 & -3 & -2 \\ 0 & 0 & 2 & 8 & 6 \\ 0 & 0 & -3 & -12 & -9 \end{pmatrix}$$
$$\to\begin{pmatrix} 1 & -1 & -1 & -3 & -2 \\ 0 & 0 & 1 & 4 & 3 \\ 0 & 0 & 0 & 0 & 0 \end{pmatrix}\to\begin{pmatrix} 1 & -1 & 0 & 1 & 1 \\ 0 & 0 & 1 & 4 & 3 \\ 0 & 0 & 0 & 0 & 0 \end{pmatrix},$$

$r(\boldsymbol{A})=r(\overline{\boldsymbol{A}})=2<4$，故方程组有无穷多解；同解方程组为

$$\begin{cases}x_1-x_2\quad+x_4=1,\\ \qquad\quad x_3+4x_4=3,\end{cases}\quad 即\quad \begin{cases}x_1=1+x_2-x_4,\\ x_3=3\qquad\ -4x_4.\end{cases}$$

令 $x_2=c_1, x_4=c_2$，得全部解

$$\begin{cases}x_1=1+c_1-c_2,\\ x_2=\quad c_1,\\ x_3=3\quad -4c_2,\\ x_4=\quad c_2,\end{cases}\quad c_1,c_2\in\mathbf{R},$$

也即

$$\begin{pmatrix}x_1\\x_2\\x_3\\x_4\end{pmatrix}=\begin{pmatrix}1\\0\\3\\0\end{pmatrix}+c_1\begin{pmatrix}1\\1\\0\\0\end{pmatrix}+c_2\begin{pmatrix}-1\\0\\-4\\1\end{pmatrix},\quad c_1,c_2\in\mathbf{R}.$$

停下来想一想

① 对线性方程组增广矩阵 $\overline{\boldsymbol{A}}$ 进行初等行变换为何不改变方程组的同解性?

② 当线性方程组有无穷多解时，会出现自由未知量，自由未知量是如何选取的? 选取方式唯一吗? 试考察例 3.1.5(2) 的求解过程.

例 3.1.6 a,b 为何值时，线性方程组

$$\begin{cases}2x_1+x_2-x_3+x_4=1,\\ x_1-x_2+x_3+x_4=2,\\ 7x_1+2x_2-2x_3+4x_4=a,\\ 7x_1-x_2+x_3+5x_4=b\end{cases}$$

有解? 有解时求出其解.

解 对增广矩阵 $\overline{\boldsymbol{A}}$ 施行初等行变换，得

$$\overline{\boldsymbol{A}}=\begin{pmatrix}2&1&-1&1&1\\1&-1&1&1&2\\7&2&-2&4&a\\7&-1&1&5&b\end{pmatrix}\to\begin{pmatrix}1&-1&1&1&2\\0&3&-3&-1&-3\\0&9&-9&-3&a-14\\0&6&-6&-2&b-14\end{pmatrix}$$

$$\to\begin{pmatrix}1 & -1 & 1 & 1 & 2\\0 & 3 & -3 & -1 & -3\\0 & 0 & 0 & 0 & a-5\\0 & 0 & 0 & 0 & b-8\end{pmatrix}.$$

当 $a=5,b=8$ 时，$r(\boldsymbol{A})=r(\overline{\boldsymbol{A}})=2<4$，方程组有无穷多解，继续化简至行最简形

$$\overline{\boldsymbol{A}}\to\begin{pmatrix}1 & -1 & 1 & 1 & 2\\0 & 3 & -3 & -1 & -3\\0 & 0 & 0 & 0 & 0\\0 & 0 & 0 & 0 & 0\end{pmatrix}\to\begin{pmatrix}1 & 0 & 0 & \frac{2}{3} & 1\\0 & 1 & -1 & -\frac{1}{3} & -1\\0 & 0 & 0 & 0 & 0\\0 & 0 & 0 & 0 & 0\end{pmatrix}.$$

同解方程组为

$$\begin{cases}x_1+\frac{2}{3}x_4=1,\\x_2-x_3-\frac{1}{3}x_4=-1,\end{cases}\quad 即\quad\begin{cases}x_1=1-\frac{2}{3}x_4,\\x_2=-1+x_3+\frac{1}{3}x_4.\end{cases}$$

令 $x_3=c_1,x_4=c_2$，得通解

$$\begin{cases}x_1=1-\frac{2}{3}c_2,\\x_2=-1+c_1+\frac{1}{3}c_2,\\x_3=c_1,\\x_4=c_2,\end{cases}$$

即

$$\begin{pmatrix}x_1\\x_2\\x_3\\x_4\end{pmatrix}=\begin{pmatrix}1\\-1\\0\\0\end{pmatrix}+c_1\begin{pmatrix}0\\1\\1\\0\end{pmatrix}+c_2\begin{pmatrix}-\frac{2}{3}\\\frac{1}{3}\\0\\1\end{pmatrix},\quad c_1,c_2\in\mathbf{R}.$$

将定理 3.1.1 应用到齐次线性方程组 $\boldsymbol{Ax}=\mathbf{0}$，即

$$\begin{cases} a_{11}x_1 + a_{12}x_2 + \cdots + a_{1n}x_n = 0, \\ a_{21}x_1 + a_{22}x_2 + \cdots + a_{2n}x_n = 0, \\ \cdots\cdots\cdots\cdots \\ a_{m1}x_1 + a_{m2}x_2 + \cdots + a_{mn}x_n = 0, \end{cases} \tag{3.1.5}$$

可得如下结论:

定理 3.1.2 n 元齐次线性方程组 $\boldsymbol{Ax}=\mathbf{0}$ 恒有解,当 $r(\boldsymbol{A})=n$ 时有唯一零解;当 $r(\boldsymbol{A})<n$ 时有无穷多解,即有非零解.

推论 1 齐次线性方程组(3.1.5)中,当方程个数少于未知量个数,即 $m<n$ 时,方程组(3.1.5)有非零解.

推论 2 若 $m=n$,则齐次线性方程组(3.1.5)有非零解的充分必要条件是系数矩阵 $\boldsymbol{A}$ 的行列式 $|\boldsymbol{A}|=0$;有唯一解(零解)的充分必要条件是系数矩阵 $\boldsymbol{A}$ 的行列式 $|\boldsymbol{A}|\neq 0$.

例 3.1.7 判别齐次线性方程组 $\begin{cases} x_1 + 2x_2 + x_3 = 0, \\ 2x_1 + 5x_2 - x_3 = 0, \\ 3x_1 - 2x_2 - x_3 = 0 \end{cases}$ 是否有非零解?

解 **方法 1** 这是方程个数与未知量个数相等的情形.由

$$|\boldsymbol{A}| = \begin{vmatrix} 1 & 2 & 1 \\ 2 & 5 & -1 \\ 3 & -2 & -1 \end{vmatrix} = -28 \neq 0,$$

知方程组有唯一零解.

方法 2 由于齐次线性方程组增广矩阵 $\overline{\boldsymbol{A}}$ 的常数项列为零,故只需考虑系数矩阵 $\boldsymbol{A}$.对 $\boldsymbol{A}$ 施行初等行变换,得

$$\boldsymbol{A} = \begin{pmatrix} 1 & 2 & 1 \\ 2 & 5 & -1 \\ 3 & -2 & -1 \end{pmatrix} \to \begin{pmatrix} 1 & 2 & 1 \\ 0 & 1 & -3 \\ 0 & -8 & -4 \end{pmatrix} \to \begin{pmatrix} 1 & 2 & 1 \\ 0 & 1 & -3 \\ 0 & 0 & 1 \end{pmatrix},$$

$r(\boldsymbol{A})=3$(未知量的个数),故方程组有唯一零解.

例 3.1.8 k 为何值,线性方程组 $\begin{cases} kx_1 + x_2 + x_3 = 0, \\ x_1 + kx_2 + x_3 = 0, \\ x_1 + x_2 + kx_3 = 0 \end{cases}$ (1) 只有零解;(2) 有非零解? 并求其解.

解 系数矩阵的行列式

$$|\boldsymbol{A}|=\begin{vmatrix}k&1&1\\1&k&1\\1&1&k\end{vmatrix}=(k+2)(k-1)^2.$$

(1) 当 $|\boldsymbol{A}|\neq 0$,即 $k\neq -2$ 且 $k\neq 1$ 时,方程组有唯一零解;

(2) 当 $|\boldsymbol{A}|=0$, 即 $k=-2$ 或 1 时,方程组有非零解.

$k=-2$ 时,方程组系数矩阵

$$\boldsymbol{A}=\begin{pmatrix}-2&1&1\\1&-2&1\\1&1&-2\end{pmatrix}\to\begin{pmatrix}1&0&-1\\0&1&-1\\0&0&0\end{pmatrix},$$

同解方程组为 $\begin{cases}x_1 \quad -x_3=0,\\ \quad x_2-x_3=0,\end{cases}$ 即 $\begin{cases}x_1=x_3,\\x_2=x_3.\end{cases}$

令 $x_3=c_1$, 得方程组的解

$$\begin{pmatrix}x_1\\x_2\\x_3\end{pmatrix}=c_1\begin{pmatrix}1\\1\\1\end{pmatrix},\quad c_1\in\mathbf{R}.$$

$k=1$ 时,方程组系数矩阵

$$\boldsymbol{A}=\begin{pmatrix}1&1&1\\1&1&1\\1&1&1\end{pmatrix}\to\begin{pmatrix}1&1&1\\0&0&0\\0&0&0\end{pmatrix}.$$

同解方程组为 $x_1+x_2+x_3=0$,即 $x_1=-x_2-x_3$.

令 $x_2=c_1,x_3=c_2$, 得方程组的解

$$\begin{cases}x_1=-c_1-c_2,\\x_2=\quad c_1,\\x_3=\qquad c_2,\end{cases}$$

即

$$\begin{pmatrix}x_1\\x_2\\x_3\end{pmatrix}=c_1\begin{pmatrix}-1\\1\\0\end{pmatrix}+c_2\begin{pmatrix}-1\\0\\1\end{pmatrix},\quad c_1,c_2\in\mathbf{R}.$$

停下来想一想

① 解线性方程组时,对增广矩阵能否既作初等行变换又作初等列变换? 为什么?

② $m<n$ 是齐次线性方程组 $\boldsymbol{A}_{m\times n}\boldsymbol{x}=\boldsymbol{0}$ 有非零解的充分必要条件吗？考察

$$\begin{cases} x_1+x_2=0, \\ 2x_1+2x_2=0, \\ 3x_1+3x_2=0, \end{cases}$$

得到什么结论？

最后，给出两个应用实例.

例 3.1.9 （互付工资问题）互付工资问题是多方合作相互提供劳动过程中产生的. 比如农忙时，几户农民组成互助组，共同完成各户的耕作、播种、收割等农活；又如装修房屋时，掌握不同技术的工人组成互助组，共同完成各家的装潢工作. 由于不同工种的劳动量有所不同，为了均衡各方的利益，就需要计算互付工资的标准.

现有一个木工、一个电工、一个油漆工、一个粉饰工，四人同意彼此相互装修他们自己的房子.并约定，每人工作 13 天（包括给自己家干活），每人的日工资根据市价在 200～280 元，且日工资数应使得每人的总收入与总支出相等.表 3.1.1 是他们协商后制定的工作天数分配方案.试问他们每人应得的工资和每人房子的装修费（只计工钱，不含材料费）是多少？

表 3.1.1 工作天数分配方案

天数		工种			
		木工	电工	油漆工	粉饰工
地点	木工家	4	3	2	3
	电工家	5	4	2	3
	油漆工家	2	5	3	3
	粉饰工家	2	1	6	4

解 这是一个收入-支出的闭合模型.设木工、电工、油漆工、粉饰工的日工资分别为 x_1,x_2,x_3,x_4 元，为满足“平衡”条件，每人收支相等，即每人在 13 天内“总收入=总支出”.可建立如下方程组

$$\begin{cases} 4x_1+3x_2+2x_3+3x_4=13x_1, \\ 5x_1+4x_2+2x_3+3x_4=13x_2, \\ 2x_1+5x_2+3x_3+3x_4=13x_3, \\ 2x_1+x_2+6x_3+4x_4=13x_4, \end{cases}$$

整理得

$$\begin{cases} -9x_1+3x_2+2x_3+3x_4=0, \\ 5x_1-9x_2+2x_3+3x_4=0, \\ 2x_1+5x_2-10x_3+3x_4=0, \\ 2x_1+x_2+6x_3-9x_4=0. \end{cases}$$

解之得

$$x_1=\frac{54}{59}x_4,\ x_2=\frac{63}{59}x_4,\ x_3=\frac{60}{59}x_4,\ 200\leqslant x_4\leqslant 280.$$

因为 x_1,x_2,x_3,x_4 都是整数,所以取 $x_4=236$,得 $x_1=216,x_2=252,x_3=240$.

所以,木工、电工、油漆工、粉饰工的日工资分别为 216 元、252 元、240 元、236 元.每人房子的装修费相当于本人 13 天的工资,因此分别为2 808 元、3 276 元、3 120 元、3 063 元.

例 3.1.10　(交通网络流量问题)城市道路网中每条道路、每个交叉路口的车流量调查,是分析、评价及改善城市交通状况的基础.根据实际车流量信息可以设计流量控制方案,必要时设置单行线,以免大量车辆长时间拥堵.

某城市部分单行街道的交通流量(每小时按箭头方向行驶的车辆数)如图 3.1.2 所示.

(1) 试建立该交通网络数学模型;

(2) 为唯一确定未知部分的具体流量,还需要增添哪几条道路的流量统计?

(3) 当 $x_6=500,x_7=910$ 时,确定 x_1,x_2,x_3,x_4,x_5 的值;

(4) 若 $x_6=500,x_7=750$,则单行线应该如何改动才合理?

假设:(1) 每条道路都是单行线;

(2) 每个交叉路口(节点)进入和离开的车辆数目相等.

解　(1) 由假设,在 A、B、C、D、E、F 六个路口进出的车辆数目满足如下线性方程组

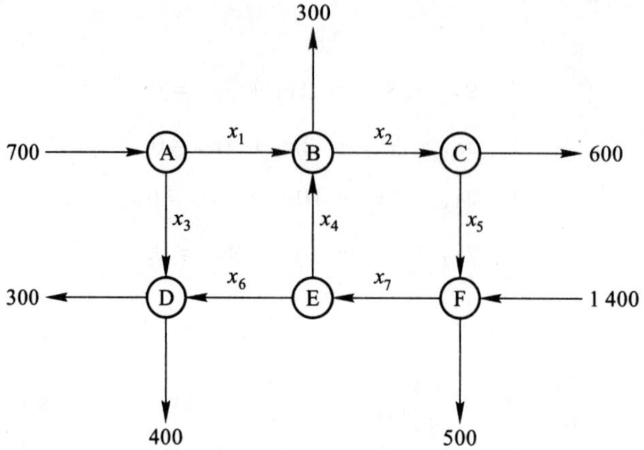

图 3.1.2 交通流量示意图

$$\begin{cases}700 = x_1 + x_3, & (\text{节点 A})\\ x_1 + x_4 = 300 + x_2, & (\text{节点 B})\\ x_2 = 600 + x_5, & (\text{节点 C})\\ x_3 + x_6 = 300 + 400, & (\text{节点 D})\\ x_7 = x_4 + x_6, & (\text{节点 E})\\ 1\,400 + x_5 = 500 + x_7, & (\text{节点 F})\\ x_1, x_2, x_3, x_4, x_5, x_6, x_7 \geqslant 0.\end{cases}$$

整理得

$$\begin{cases}x_1 + x_3 = 700,\\ x_1 - x_2 + x_4 = 300,\\ x_2 - x_5 = 600,\\ x_3 + x_6 = 700,\\ x_4 + x_6 - x_7 = 0,\\ x_5 - x_7 = -900,\\ x_1, x_2, x_3, x_4, x_5, x_6, x_7 \geqslant 0.\end{cases}$$

此即所给交通网络的数学模型;

(2) 对上述线性方程组的增广矩阵 $\overline{A}$ 施行初等行变换,得

$$\overline{A}=\begin{pmatrix}1&0&1&0&0&0&0&700\\1&-1&0&1&0&0&0&300\\0&1&0&0&-1&0&0&600\\0&0&1&0&0&1&0&700\\0&0&0&1&0&1&-1&0\\0&0&0&0&1&0&-1&-900\end{pmatrix}$$

$$\rightarrow\begin{pmatrix}1&0&0&0&0&-1&0&0\\0&1&0&0&0&0&-1&-300\\0&0&1&0&0&1&0&700\\0&0&0&1&0&1&-1&0\\0&0&0&0&1&0&-1&-900\\0&0&0&0&0&0&0&0\end{pmatrix},$$

通解为

$$\begin{cases}x_1= x_6,\\ x_2=-300+x_7,\\ x_3=700-x_6,\\ x_4=-x_6+x_7,\\ x_5=-900+x_7,\end{cases}\quad x_6,x_7\text{ 为自由未知量}.$$

易知,控制 x_6,x_7 的值即可确定其余变量.为了唯一确定未知部分的流量,只要增添 x_6,x_7 的统计值即可;

(3) 当 $x_6=500,x_7=910$ 时,得 $x_1=500,x_2=610,x_3=200,x_4=410,x_5=10$;

(4) 若 $x_6=500,x_7=750$,则 $x_1=500,x_2=450,x_3=200,x_4=250,x_5=-150<0$;变量取值出现“-”号,表明相应支路的车流与图上标的方向相反,即单行线“C→F”应该改为“F →C”才合理.

事实上,只有当变量 x_6,x_7 的值满足 $0\leqslant x_6\leqslant 700,x_7\geqslant 900$ 时,才能确保 $x_1,x_2,x_3,x_4,x_5\geqslant 0$,否则有的变量可能会取负值,而不符合单行条件,此时必须对单行线进行合理改动.

当节点较多时,可借助计算机完成.

习题 3.1(A)

1. 单项选择题.

(1) 方程组 $\begin{cases}x_1-x_2+x_3=3,\\ \qquad x_2+x_3=2\end{cases}$ 的一个特解为(　　);

(A) $(2,1,-1)^T$ (B) $(-2,1,-1)^T$ (C) $(3,1,1)^T$ (D) $(3,-1,-1)^T$

(2) 4元线性方程组$\begin{cases}2x_2-3x_3+x_4=2,\\ x_4=3\end{cases}$的自由变量的个数为( );

(A) 1 (B) 2 (C) 3 (D) 4

(3) 设$r(\boldsymbol{A})=r$,则方程组$\boldsymbol{A}_{m\times n}\boldsymbol{x}=\boldsymbol{\beta}$( );

(A) 当$r=m$时有解 (B) 当$r=n$时有唯一解

(C) 当$m=n$时有唯一解 (D) 当$r<n$时有无穷多解

(4) 下列叙述错误的是( );

(A) $m<n$,方程组$\boldsymbol{A}_{m\times n}\boldsymbol{x}=\boldsymbol{\beta}$仍可能无解

(B) $\boldsymbol{A}_{n\times n}\boldsymbol{x}=\boldsymbol{\beta}$可能无解或有唯一解,但不可能有无穷多组解

(C) $\boldsymbol{Ax}=\boldsymbol{\beta}$有无穷组解是$\boldsymbol{Ax}=\boldsymbol{0}$有非零解的充分不必要条件

(D) $m>n$,方程组$\boldsymbol{A}_{m\times n}\boldsymbol{x}=\boldsymbol{\beta}$仍可能有解

(5) 若非齐次方程组$\boldsymbol{Ax}=\boldsymbol{\beta}$有无穷多解,则方程组$\begin{cases}\boldsymbol{Ax}=\boldsymbol{\beta}\\ \boldsymbol{Ax}=\boldsymbol{0}\end{cases}$必然( ).

(A) 有无穷多解 (B) 无解

(C) 有唯一解 (D) 解的状况不定

2. 填空题.

(1) $\boldsymbol{A}_{m\times n}\boldsymbol{x}=\boldsymbol{\beta}$ 有唯一解的充要条件为________,有无穷多解的充要条件为________;

(2) $\boldsymbol{A}_{m\times n}\boldsymbol{x}=\boldsymbol{0}$ 只有零解的充要条件为________,有非零解的充要条件为________;

(3) 若$\boldsymbol{A}_{m\times n}\boldsymbol{x}=\boldsymbol{0}$只有零解,则$m,n$之间大小关系为________;

(4) 若方程组$\begin{cases}x_1+x_2=a,\\ x_2+x_3=b,\\ x_3+x_4=c,\\ x_1+x_4=d\end{cases}$有解,则常数$a,b,c,d$应满足关系________;

(5) 若$|\boldsymbol{A}|=0$,则$\boldsymbol{A}_{n\times n}\boldsymbol{x}=\boldsymbol{\beta}$解的状况为________.

3. 利用高斯消元法解下列齐次线性方程组.

(1) $\begin{cases}x_1+2x_2-x_3=0,\\ 2x_1+4x_2+7x_3=0;\end{cases}$

(2) $\begin{cases}x_1+x_2+x_3=0,\\ -x_1+x_2+2x_3=0,\\ 2x_1+2x_2+3x_3=0;\end{cases}$

(3) $\begin{cases}x_1-2x_2+x_3+x_4=0,\\ x_1-2x_2+x_3-x_4=0,\\ x_1-2x_2+x_3+5x_4=0;\end{cases}$

(4) $\begin{cases}x_1+2x_2+x_3-x_4=0,\\ 3x_1+6x_2-x_3-3x_4=0,\\ 5x_1+10x_2+x_3-5x_4=0.\end{cases}$

4. 当 a,b 知取何值时,线性方程组 $\begin{cases} x_1+2x_2-2x_3+2x_4=2, \\ x_2-x_3-x_4=1, \\ x_1+x_2-x_3+3x_4=a, \\ x_1-x_2+x_3+5x_4=b \end{cases}$ 无解？有解？并在有解时,求出其解.

5. 根据 k 的不同取值,判定线性方程组解的情况,有解时求出其解.

(1) $\begin{cases} x_1+2x_2-2x_3=0, \\ 2x_1+x_2-x_3=0, \\ 3x_1-4x_2+kx_3=0; \end{cases}$　(2) $\begin{cases} 3x_1+kx_2+x_3=0, \\ 4x_2+x_3=0, \\ kx_1-5x_2-x_3=0. \end{cases}$

(3) $\begin{cases} x_1+x_2+2x_3=6, \\ 4x_1+5x_2+x_3=11, \\ 5x_1+6x_2+3x_3=k; \end{cases}$　(4) $\begin{cases} -2x_1+x_2+x_3=-2, \\ x_1-2x_2+x_3=k, \\ x_1+x_2-2x_3=k^2. \end{cases}$

6. 某公园在湖的周围设有甲、乙、丙三个游船出租点,游客可以在任何一处租船与还船.租船与还船的情况统计如表 3.1.2 所示,即从甲处租的船只中有 80%在甲处还,20%在乙处还;从乙处租的船只中有 20%在甲处还,80%在丙处还;从丙处租的船只中有 20%在甲处还,20%在乙处还,60%在丙处还.为了游客安全,公园要设立一个游船检修站,试问游船检修站建立在哪个点最好(假定公园的船只基本上每天都被人租用)？当丙处拥有公园游船数的 $\dfrac{1}{3}$ 时,甲、乙两处分别拥有的比例是怎样的？

表 3.1.2　租船与还船的情况统计

		还船处		
		甲	乙	丙
借船处	甲	0.8	0.2	0
	乙	0.2	0	0.8
	丙	0.2	0.2	0.6

7. 某高速公路网如图 3.1.3 所示.图上数字是某日测得的交通流量.求支路 x_1 的最小流量.

8. 证明四元线性方程组 $\begin{cases} x_1+x_2=-a_1, \\ x_2+x_3=a_2, \\ x_3+x_4=-a_3, \\ x_1+x_4=a_4 \end{cases}$ 有解的充分必要条件是 $\sum_{i=1}^{4} a_i=0$.

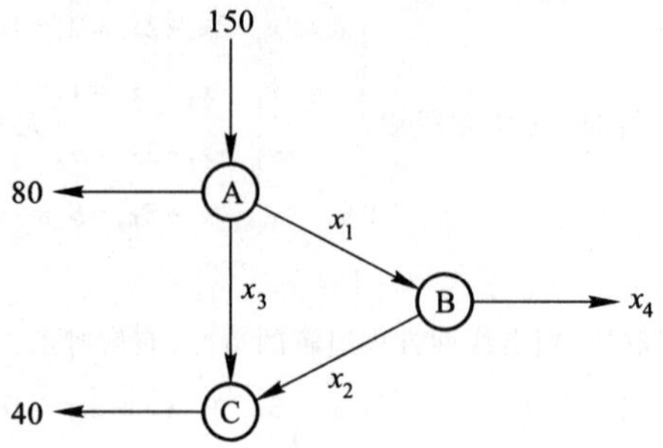

图 3.1.3 支路交通流量示意图

习题 3.1(B)

1. 求如下两个方程组的公共解：

$$(\mathrm{I})\begin{cases}x_1+x_2+2x_3+3x_4=1,\\x_1+3x_2+6x_3+x_4=3;\end{cases}\qquad(\mathrm{II})\begin{cases}x_1+5x_2+10x_3-x_4=5,\\3x_1+5x_2+10x_3+7x_4=5.\end{cases}$$

2. 设 $\boldsymbol{A}=\begin{pmatrix}1&0&-1\\0&2&0\\-1&0&1\end{pmatrix}$，$\lambda$ 为常数，若存在 $\boldsymbol{x}_{3\times1}\neq\boldsymbol{0}$ 使 $\boldsymbol{Ax}=\lambda\boldsymbol{x}$，求 λ 的值.

3. 设矩阵 $\boldsymbol{A}_{m\times n},\boldsymbol{B}_{k\times n}$，若 $\boldsymbol{Ax}=\boldsymbol{0}$ 只有零解，证明：方程组 $\begin{pmatrix}\boldsymbol{A}\\\boldsymbol{B}\end{pmatrix}\boldsymbol{x}=\boldsymbol{0}$ 也只有零解.

4. 设 a,b,c 互不相同，证明：方程组 $\begin{cases}x_1+x_2=1,\\ax_1+bx_2=c,\\a^2x_1+b^2x_2=c^2\end{cases}$ 无解.

5. 已知齐次线性方程组

$$(\mathrm{I})\begin{cases}x_1+2x_2+3x_3=0,\\2x_1+3x_2+5x_3=0,\\x_1+x_2+ax_3=0;\end{cases}\qquad(\mathrm{II})\begin{cases}x_1+bx_2+cx_3=0,\\2x_1+b^2x_2+(c+1)x_3=0\end{cases}$$

同解，求 a,b,c 的值.

6. 方程组(Ⅰ) $\begin{cases}x_1+x_2+x_3=0,\\x_1+2x_2+ax_3=0,\\x_1+4x_2+a^2x_3=0\end{cases}$ 与方程组(Ⅱ) $x_1+x_2+2x_3=a-1$ 有公共解，求 a 的值及所有公共解.

7. 设 n 元线性方程组 $\boldsymbol{Ax}=\boldsymbol{\beta}$，其中

$$A=\begin{pmatrix}2a&1&0&\cdots&0&0\\a^2&2a&1&\cdots&0&0\\0&a^2&2a&\cdots&0&0\\\vdots&\vdots&\vdots&&\vdots&\vdots\\0&0&0&\cdots&2a&1\\0&0&0&\cdots&a^2&2a\end{pmatrix}_{n\times n},\quad x=\begin{pmatrix}x_1\\x_2\\\vdots\\x_n\end{pmatrix},\quad \beta=\begin{pmatrix}1\\0\\\vdots\\0\end{pmatrix}.$$

(1) 证明 $|A|=(n+1)a^n$；

(2) a 为何值，方程组有唯一解？并求此时的 x_1；

(3) a 为何值，方程组有无穷多解？求出通解.

8. 已知两个方程组

$$(\mathrm{I})\begin{cases}x_1+x_2-2x_4=-6,\\4x_1-x_2-x_3-x_4=1,\\3x_1-x_2-x_3=3;\end{cases}\qquad(\mathrm{II})\begin{cases}x_1+mx_2-x_3-x_4=-5,\\nx_2-x_3-2x_4=-11,\\x_3-2x_4=-t+1.\end{cases}$$

求方程组(Ⅰ)的通解；当 m,n,t 为何值时，两方程组同解？

第 3.2 节　向量组的线性相关性

上一节利用消元法讨论了线性方程组解的情况.关于方程组的问题，似乎已得到圆满解决.然而，当我们面对实践中需要的直接从原方程组中“剔除”方程(多余的)，而不影响方程组的解以及解的结构等问题时，消元法就显得力不从心了.这是因为，初等行变换的结果把原方程组改变了，从增广矩阵 $\overline{A}$ 的行阶梯形(或行最简形)矩阵对应的同解方程组看不出原方程组中各方程之间的关系.所以说，消元法仅是从一个侧面(间接地)揭示了线性方程组的解依赖于方程组中各方程之间关系的情况.因此，为了解决问题，需要另辟蹊径——研究方程之间的关系.

注意到，n 元线性方程组(3.1.1)中每一个方程都与一个 $n+1$ 元的有序数组

$$\alpha_i=(a_{i1},a_{i2},\cdots,a_{in},b_i),i=1,2,\cdots,m$$

相对应，方程之间的关系就是代表它们的 $n+1$ 元有序数组 $\alpha_i(i=1,2,\cdots,m)$ 之间的关系.

1. n 维向量的概念

定义 3.2.1 由 n 个数组成的有序数组

$$(a_1,a_2,\cdots,a_n)$$

称为 n **维向量**(vector),其中 a_i 称为向量的第 i 个**分量**(component) $(i=1,2,\cdots,n)$. 一般用小写希腊字母 $\boldsymbol{\alpha},\boldsymbol{\beta},\boldsymbol{\gamma}$ 等来表示 n 维向量.

n 维向量可以写成一行 $(a_1,a_2,\cdots,a_n)$,称为**行向量**(row vector);也可以写成一列 $\begin{pmatrix} a_1 \\ a_2 \\ \vdots \\ a_n \end{pmatrix}$,称为**列向量**(column vector).

行向量和列向量只是向量的两种不同写法,意义是相同的.如不特别声明,本书只讨论实向量.

应当指出,向量不只限于描述线性方程,它是数学中一个重要概念,在数学的各个分支以及其他学科中应用广泛.解析几何中,利用 2 维向量 (x,y) 和 3 维向量 (x,y,z) 分别刻画点在平面、空间中的位置;国民经济问题中,工厂生产 n 种产品的产量,可以用 n 维向量 $(a_1,a_2,\cdots,a_n)$ 表示;空间飞行中的导弹情况,需用定位量 x,y,z,不同方向的速度 v_x,v_y,v_z 及导弹该时刻的质量 m,即 7 维向量 (x,y,z,v_x,v_y,v_z,m) 来描述等.

从矩阵角度看,n 维行向量是 $1\times n$ 的矩阵(行矩阵),n 维列向量是 $n\times 1$ 的矩阵(列矩阵),与第 2 章中称行(列)矩阵为行(列)向量相吻合.

利用矩阵的转置,有

$$(a_1,a_2,\cdots,a_n)^{\mathrm{T}}=\begin{pmatrix} a_1 \\ a_2 \\ \vdots \\ a_n \end{pmatrix}.$$

由于向量是特殊的矩阵,因此有**向量的线性运算**如下:

设 $\boldsymbol{\alpha}=(a_1,a_2,\cdots,a_n)$,$\boldsymbol{\beta}=(b_1,b_2,\cdots,b_n)$,$k\in\mathbf{R}$,则

$$\boldsymbol{\alpha}+\boldsymbol{\beta}=(a_1+b_1,a_2+b_2,\cdots,a_n+b_n);$$

$$k\boldsymbol{\alpha}=(ka_1,ka_2,\cdots,ka_n).$$

运算规律遵从矩阵的相关运算性质.

例 3.2.1 已知 $\boldsymbol{\alpha}=(2,0,-1,3)$,$\boldsymbol{\beta}=(1,7,4,-2)$,$\boldsymbol{\gamma}=(0,1,0,1)$,

(1) 求 $2\boldsymbol{\alpha}+\boldsymbol{\beta}-3\boldsymbol{\gamma}$;

（2）若有 $\boldsymbol{x}$，满足 $3\boldsymbol{\alpha}-\boldsymbol{\beta}+5\boldsymbol{\gamma}+2\boldsymbol{x}=\boldsymbol{0}$，求 $\boldsymbol{x}$.

解　（1）
$$\begin{aligned}2\boldsymbol{\alpha}+\boldsymbol{\beta}-3\boldsymbol{\gamma}&=2(2,0,-1,3)+(1,7,4,-2)-3(0,1,0,1)\\&=(5,4,2,1)\ ;\end{aligned}$$

（2）由 $3\boldsymbol{\alpha}-\boldsymbol{\beta}+5\boldsymbol{\gamma}+2\boldsymbol{x}=\boldsymbol{0}$，得
$$\begin{aligned}\boldsymbol{x}&=\frac{1}{2}(-3\boldsymbol{\alpha}+\boldsymbol{\beta}-5\boldsymbol{\gamma})\\&=\frac{1}{2}[-3(2,0,-1,3)+(1,7,4,-2)-5(0,1,0,1)]\\&=\left(-\frac{5}{2},1,\frac{7}{2},-8\right).\end{aligned}$$

例 3.2.2　已知 n 维向量 $\boldsymbol{\varepsilon}_1=\begin{pmatrix}1\\0\\\vdots\\0\end{pmatrix},\boldsymbol{\varepsilon}_2=\begin{pmatrix}0\\1\\\vdots\\0\end{pmatrix},\cdots,\boldsymbol{\varepsilon}_n=\begin{pmatrix}0\\0\\\vdots\\1\end{pmatrix}$，求 $\boldsymbol{\beta}=\boldsymbol{\varepsilon}_1+2\boldsymbol{\varepsilon}_2+\cdots+n\boldsymbol{\varepsilon}_n$.

解　$$\boldsymbol{\beta}=\begin{pmatrix}1\\0\\\vdots\\0\end{pmatrix}+2\begin{pmatrix}0\\1\\\vdots\\0\end{pmatrix}+\cdots+n\begin{pmatrix}0\\0\\\vdots\\1\end{pmatrix}=\begin{pmatrix}1\\2\\\vdots\\n\end{pmatrix}.$$

一组同维的行向量（或列向量），称为**向量组**.

例如　矩阵 $\boldsymbol{A}=(a_{ij})_{m\times n}$ 按列及按行分块，即 $\boldsymbol{A}=(\boldsymbol{\alpha}_1,\boldsymbol{\alpha}_2,\cdots,\boldsymbol{\alpha}_n)=\begin{pmatrix}\boldsymbol{\beta}_1\\\boldsymbol{\beta}_2\\\vdots\\\boldsymbol{\beta}_m\end{pmatrix}$，便得到矩阵 $\boldsymbol{A}$ 的（m 维）列向量组 $\boldsymbol{\alpha}_j=\begin{pmatrix}a_{1j}\\a_{2j}\\\vdots\\a_{mj}\end{pmatrix}$　$(j=1,2,\cdots,n)$ 及（n 维）行向量组 $\boldsymbol{\beta}_i=(a_{i1},a_{i2},\cdots,a_{in})$ $(i=1,2,\cdots,m)$.

例 3.2.3　将线性方程组（3.1.1），通过向量运算表示出来.

解　令
$$\boldsymbol{\alpha}_j=\begin{pmatrix}a_{1j}\\a_{2j}\\\vdots\\a_{mj}\end{pmatrix}\quad(j=1,2,\cdots,n)\ ;\ \boldsymbol{\beta}=\begin{pmatrix}b_1\\b_2\\\vdots\\b_m\end{pmatrix},$$

则方程组(3.1.1)可写为**向量方程**

$$x_1\boldsymbol{\alpha}_1+x_2\boldsymbol{\alpha}_2+\cdots+x_n\boldsymbol{\alpha}_n=\boldsymbol{\beta}. \tag{3.2.1}$$

式(3.2.1)表明:线性方程组(3.1.1)是否有解相当于是否存在一组数 $x_1,x_2,\cdots,x_n$,使 $\boldsymbol{\alpha}_1,\boldsymbol{\alpha}_2,\cdots,\boldsymbol{\alpha}_n$ 经过线性运算 $x_1\boldsymbol{\alpha}_1+x_2\boldsymbol{\alpha}_2+\cdots+x_n\boldsymbol{\alpha}_n$ 后等于向量 $\boldsymbol{\beta}$.也就是说,线性方程组解的存在性问题同向量的线性关系之间有密切联系!因此,向量组中向量间的线性关系成为我们讨论的重点.

2. 线性组合与线性表示

定义 3.2.2 对于 n 维向量 $\boldsymbol{\alpha}_1,\boldsymbol{\alpha}_2,\cdots,\boldsymbol{\alpha}_s,\boldsymbol{\beta}$,如果存在数 $k_1,k_2,\cdots,k_s$,使得

$$\boldsymbol{\beta}=k_1\boldsymbol{\alpha}_1+k_2\boldsymbol{\alpha}_2+\cdots+k_s\boldsymbol{\alpha}_s,$$

则称向量 $\boldsymbol{\beta}$ 是向量组 $\boldsymbol{\alpha}_1,\boldsymbol{\alpha}_2,\cdots,\boldsymbol{\alpha}_s$ 的一个**线性组合**(linear combination),或称向量 $\boldsymbol{\beta}$ 可由向量组 $\boldsymbol{\alpha}_1,\boldsymbol{\alpha}_2,\cdots,\boldsymbol{\alpha}_s$ **线性表示**(linear representation),而系数 $k_1,k_2,\cdots,k_s$ 称为**组合系数**或**表示系数**.

例如 设 $\boldsymbol{\alpha}_1=\begin{pmatrix}1\\0\end{pmatrix},\boldsymbol{\alpha}_2=\begin{pmatrix}-1\\5\end{pmatrix},\boldsymbol{\beta}=\begin{pmatrix}-1\\15\end{pmatrix}$,有 $\boldsymbol{\beta}=2\boldsymbol{\alpha}_1+3\boldsymbol{\alpha}_2$,即 $\boldsymbol{\beta}$ 可由向量组 $\boldsymbol{\alpha}_1,\boldsymbol{\alpha}_2$ 线性表示.

依据定义 3.2.2,有

(1) 零向量可以由任何向量组 $\boldsymbol{\alpha}_1,\boldsymbol{\alpha}_2,\cdots,\boldsymbol{\alpha}_s$ 线性表示.这是因为

$$\mathbf{0}=0\boldsymbol{\alpha}_1+0\boldsymbol{\alpha}_2+\cdots+0\boldsymbol{\alpha}_s.$$

(2) 向量组 $\boldsymbol{\alpha}_1,\boldsymbol{\alpha}_2,\cdots,\boldsymbol{\alpha}_s$ 中任何向量都可由向量组自身线性表示. 这是因为

$$\boldsymbol{\alpha}_i=0\boldsymbol{\alpha}_1+\cdots+0\boldsymbol{\alpha}_{i-1}+1\boldsymbol{\alpha}_i+0\boldsymbol{\alpha}_{i+1}+\cdots+0\boldsymbol{\alpha}_s.$$

(3) 任意 n 维向量 $\boldsymbol{\alpha}=\begin{pmatrix}a_1\\a_2\\\vdots\\a_n\end{pmatrix}$ 都可由 n **维基本单位向量组**也称 n **维单位坐标向量组** $\boldsymbol{\varepsilon}_1=\begin{pmatrix}1\\0\\\vdots\\0\end{pmatrix},\boldsymbol{\varepsilon}_2=\begin{pmatrix}0\\1\\\vdots\\0\end{pmatrix},\cdots,\boldsymbol{\varepsilon}_n=\begin{pmatrix}0\\0\\\vdots\\1\end{pmatrix}$ 线性表示.这是因为

$$\boldsymbol{\alpha}=a_1\boldsymbol{\varepsilon}_1+a_2\boldsymbol{\varepsilon}_2+\cdots+a_n\boldsymbol{\varepsilon}_n,$$

表示系数恰为 $\boldsymbol{\alpha}$ 的各分量.

（4）向量 $\boldsymbol{\beta}$ 可由向量组 $\boldsymbol{\alpha}_1,\boldsymbol{\alpha}_2,\cdots,\boldsymbol{\alpha}_s$ 线性表示⇔非齐次线性方程组 $x_1\boldsymbol{\alpha}_1+x_2\boldsymbol{\alpha}_2+\cdots+x_s\boldsymbol{\alpha}_s=\boldsymbol{\beta}$，即 $(\boldsymbol{\alpha}_1,\boldsymbol{\alpha}_2,\cdots,\boldsymbol{\alpha}_s)\boldsymbol{x}=\boldsymbol{\beta}$ 有解，这里 $\boldsymbol{x}=\begin{pmatrix}x_1\\x_2\\\vdots\\x_s\end{pmatrix}$.

例 3.2.4　向量 $\boldsymbol{\beta}$ 能否由向量组 $\boldsymbol{\alpha}_1,\boldsymbol{\alpha}_2,\boldsymbol{\alpha}_3$ 线性表示？若能，试求出一组表示系数.

（1）$\boldsymbol{\beta}=\begin{pmatrix}1\\1\\1\end{pmatrix},\boldsymbol{\alpha}_1=\begin{pmatrix}0\\1\\-1\end{pmatrix},\boldsymbol{\alpha}_2=\begin{pmatrix}1\\1\\0\end{pmatrix},\boldsymbol{\alpha}_3=\begin{pmatrix}1\\0\\2\end{pmatrix}$；

（2）$\boldsymbol{\beta}=\begin{pmatrix}2\\2\\0\end{pmatrix},\boldsymbol{\alpha}_1=\begin{pmatrix}-1\\1\\1\end{pmatrix},\boldsymbol{\alpha}_2=\begin{pmatrix}1\\1\\2\end{pmatrix},\boldsymbol{\alpha}_3=\begin{pmatrix}0\\2\\3\end{pmatrix}$；

（3）$\boldsymbol{\beta}=\begin{pmatrix}2\\8\\-2\\0\end{pmatrix},\boldsymbol{\alpha}_1=\begin{pmatrix}1\\2\\-2\\3\end{pmatrix},\boldsymbol{\alpha}_2=\begin{pmatrix}-2\\-4\\4\\-6\end{pmatrix},\boldsymbol{\alpha}_3=\begin{pmatrix}-1\\0\\3\\-6\end{pmatrix}$.

解　考虑 $\boldsymbol{\beta}=k_1\boldsymbol{\alpha}_1+k_2\boldsymbol{\alpha}_2+k_3\boldsymbol{\alpha}_3$.判断向量 $\boldsymbol{\beta}$ 能否由向量组 $\boldsymbol{\alpha}_1,\boldsymbol{\alpha}_2,\boldsymbol{\alpha}_3$ 线性表示就是判断线性方程组 $(\boldsymbol{\alpha}_1,\boldsymbol{\alpha}_2,\boldsymbol{\alpha}_3)\boldsymbol{k}=\boldsymbol{\beta}$ 是否有解，其中 $\boldsymbol{k}=\begin{pmatrix}k_1\\k_2\\k_3\end{pmatrix}$.

（1）对增广矩阵 $\overline{\boldsymbol{A}}=(\boldsymbol{\alpha}_1,\boldsymbol{\alpha}_2,\boldsymbol{\alpha}_3,\boldsymbol{\beta})$ 施行初等行变换，得

$$\overline{\boldsymbol{A}}=\begin{pmatrix}0&1&1&1\\1&1&0&1\\-1&0&2&1\end{pmatrix}\to\begin{pmatrix}1&1&0&1\\0&1&1&1\\0&1&2&2\end{pmatrix}$$
$$\to\begin{pmatrix}1&0&-1&0\\0&1&1&1\\0&0&1&1\end{pmatrix}\to\begin{pmatrix}1&0&0&1\\0&1&0&0\\0&0&1&1\end{pmatrix},$$

方程组有唯一解 $\begin{cases}k_1=1,\\k_2=0,\\k_3=1,\end{cases}$ $\boldsymbol{\beta}$ 可由向量组 $\boldsymbol{\alpha}_1,\boldsymbol{\alpha}_2,\boldsymbol{\alpha}_3$ 唯一线性表示，即

$$\boldsymbol{\beta} = 1\boldsymbol{\alpha}_1 + 0\boldsymbol{\alpha}_2 + 1\boldsymbol{\alpha}_3.$$

(2) 对增广矩阵 $\overline{\boldsymbol{A}} = (\boldsymbol{\alpha}_1,\boldsymbol{\alpha}_2,\boldsymbol{\alpha}_3,\boldsymbol{\beta})$ 施行初等行变换,得

$$\overline{\boldsymbol{A}} = \begin{pmatrix} -1 & 1 & 0 & 2 \\ 1 & 1 & 2 & 2 \\ 1 & 2 & 3 & 0 \end{pmatrix} \to \begin{pmatrix} -1 & 1 & 0 & 2 \\ 0 & 2 & 2 & 4 \\ 0 & 3 & 3 & 2 \end{pmatrix} \to \begin{pmatrix} -1 & 1 & 0 & 2 \\ 0 & 2 & 2 & 4 \\ 0 & 0 & 0 & -4 \end{pmatrix},$$

方程组无解,故向量 $\boldsymbol{\beta}$ 不能由向量组 $\boldsymbol{\alpha}_1,\boldsymbol{\alpha}_2,\boldsymbol{\alpha}_3$ 线性表示.

(3) 对增广矩阵 $\overline{\boldsymbol{A}} = (\boldsymbol{\alpha}_1,\boldsymbol{\alpha}_2,\boldsymbol{\alpha}_3,\boldsymbol{\beta})$ 施行初等行变换,得

$$\overline{\boldsymbol{A}} = \begin{pmatrix} 1 & -2 & -1 & 2 \\ 2 & -4 & 0 & 8 \\ -2 & 4 & 3 & -2 \\ 3 & -6 & -6 & 0 \end{pmatrix} \to \begin{pmatrix} 1 & -2 & -1 & 2 \\ 0 & 0 & 2 & 4 \\ 0 & 0 & 1 & 2 \\ 0 & 0 & -3 & -6 \end{pmatrix}$$

$$\to \begin{pmatrix} 1 & -2 & -1 & 2 \\ 0 & 0 & 1 & 2 \\ 0 & 0 & 0 & 0 \\ 0 & 0 & 0 & 0 \end{pmatrix} \to \begin{pmatrix} 1 & -2 & 0 & 4 \\ 0 & 0 & 1 & 2 \\ 0 & 0 & 0 & 0 \\ 0 & 0 & 0 & 0 \end{pmatrix},$$

同解方程组为 $\begin{cases} k_1 - 2k_2 \qquad = 4, \\ \qquad\qquad k_3 = 2, \end{cases}$ 即 $\begin{cases} k_1 = 4 + 2k_2, \\ k_3 = 2. \end{cases}$

令 $k_2 = 0$, 得 $k_1 = 4, k_3 = 2$, 有 $\boldsymbol{\beta} = 4\boldsymbol{\alpha}_1 + 0\boldsymbol{\alpha}_2 + 2\boldsymbol{\alpha}_3$, 这是无穷多种表达式之中的一个.

定义 3.2.3 设有向量组

$$(\text{I})\ \boldsymbol{\alpha}_1,\boldsymbol{\alpha}_2,\cdots,\boldsymbol{\alpha}_s \quad 与 \quad (\text{II})\ \boldsymbol{\beta}_1,\boldsymbol{\beta}_2,\cdots,\boldsymbol{\beta}_t,$$

若向量组(Ⅰ)中每个向量都能由向量组(Ⅱ)线性表示,则称向量组(Ⅰ)可由向量组(Ⅱ)线性表示;若向量组(Ⅰ)与向量组(Ⅱ)可以相互线性表示,则称向量组(Ⅰ)与(Ⅱ)**等价**(equivalent).

例如 向量组 $\boldsymbol{\varepsilon}_1 = \begin{pmatrix} 1 \\ 0 \end{pmatrix}, \boldsymbol{\varepsilon}_2 = \begin{pmatrix} 0 \\ 1 \end{pmatrix}$ 与向量组 $\boldsymbol{\beta}_1 = \begin{pmatrix} 1 \\ 1 \end{pmatrix}, \boldsymbol{\beta}_2 = \begin{pmatrix} 2 \\ 3 \end{pmatrix}$ 等价.

这是因为 $\begin{cases} \boldsymbol{\varepsilon}_1 = 3\boldsymbol{\beta}_1 - \boldsymbol{\beta}_2, \\ \boldsymbol{\varepsilon}_2 = -2\boldsymbol{\beta}_1 + \boldsymbol{\beta}_2 \end{cases}$ 及 $\begin{cases} \boldsymbol{\beta}_1 = \boldsymbol{\varepsilon}_1 + \boldsymbol{\varepsilon}_2, \\ \boldsymbol{\beta}_2 = 2\boldsymbol{\varepsilon}_1 + 3\boldsymbol{\varepsilon}_2. \end{cases}$

与矩阵等价相仿,向量组的等价关系具有下列性质:

(1) 反身性 每一个向量组与其自身等价;

(2) 对称性 向量组(Ⅰ)与(Ⅱ)等价,则向量组(Ⅱ)与(Ⅰ)等价;

(3) 传递性　若向量组(Ⅰ)与(Ⅱ)等价,(Ⅱ)与(Ⅲ)等价,则(Ⅰ)与(Ⅲ)也等价.

例 3.2.5　已知矩阵 $\boldsymbol{A}=(a_{ij})_{m\times s}$,$\boldsymbol{B}=(b_{ij})_{s\times n}$,而 $\boldsymbol{C}=(c_{ij})_{m\times n}=\boldsymbol{AB}$. 试证:

(1) 矩阵 $\boldsymbol{C}$ 的列向量组可以由矩阵 $\boldsymbol{A}$ 的列向量组线性表示;

(2) 矩阵 $\boldsymbol{C}$ 的行向量组可以由矩阵 $\boldsymbol{B}$ 的行向量组线性表示.

证　设

$$\boldsymbol{A}=\begin{pmatrix} a_{11} & a_{12} & \cdots & a_{1s} \\ a_{21} & a_{22} & \cdots & a_{2s} \\ \vdots & \vdots & & \vdots \\ a_{m1} & a_{m2} & \cdots & a_{ms} \end{pmatrix}=(\boldsymbol{\alpha}_1,\boldsymbol{\alpha}_2,\cdots,\boldsymbol{\alpha}_s)=\begin{pmatrix} \boldsymbol{a}_1 \\ \boldsymbol{a}_2 \\ \vdots \\ \boldsymbol{a}_m \end{pmatrix},$$

$$\boldsymbol{B}=\begin{pmatrix} b_{11} & b_{12} & \cdots & b_{1n} \\ b_{21} & b_{22} & \cdots & b_{2n} \\ \vdots & \vdots & & \vdots \\ b_{s1} & b_{s2} & \cdots & b_{sn} \end{pmatrix}=(\boldsymbol{\beta}_1,\boldsymbol{\beta}_2,\cdots,\boldsymbol{\beta}_n)=\begin{pmatrix} \boldsymbol{b}_1 \\ \boldsymbol{b}_2 \\ \vdots \\ \boldsymbol{b}_s \end{pmatrix},$$

$$\boldsymbol{C}=\begin{pmatrix} c_{11} & c_{12} & \cdots & c_{1n} \\ c_{21} & c_{22} & \cdots & c_{2n} \\ \vdots & \vdots & & \vdots \\ c_{m1} & c_{m2} & \cdots & c_{mn} \end{pmatrix}=(\boldsymbol{\gamma}_1,\boldsymbol{\gamma}_2,\cdots,\boldsymbol{\gamma}_n)=\begin{pmatrix} \boldsymbol{c}_1 \\ \boldsymbol{c}_2 \\ \vdots \\ \boldsymbol{c}_m \end{pmatrix},$$

(1) 由 $\boldsymbol{C}=(c_{ij})_{m\times n}=\boldsymbol{AB}$, 得

$$(\boldsymbol{\gamma}_1,\boldsymbol{\gamma}_2,\cdots,\boldsymbol{\gamma}_n)=(\boldsymbol{\alpha}_1,\boldsymbol{\alpha}_2,\cdots,\boldsymbol{\alpha}_s)\begin{pmatrix} b_{11} & b_{12} & \cdots & b_{1n} \\ b_{21} & b_{22} & \cdots & b_{2n} \\ \vdots & \vdots & & \vdots \\ b_{s1} & b_{s2} & \cdots & b_{sn} \end{pmatrix},$$

即

$$\boldsymbol{\gamma}_j=b_{1j}\boldsymbol{\alpha}_1+b_{2j}\boldsymbol{\alpha}_2+\cdots+b_{sj}\boldsymbol{\alpha}_s,\quad j=1,2,\cdots,n.$$

矩阵 $\boldsymbol{C}$ 的列向量组 $\boldsymbol{\gamma}_1,\boldsymbol{\gamma}_2,\cdots,\boldsymbol{\gamma}_n$ 可以由矩阵 $\boldsymbol{A}$ 的列向量组 $\boldsymbol{\alpha}_1,\boldsymbol{\alpha}_2,\cdots,\boldsymbol{\alpha}_s$ 线性表示.

(2) 由 $\boldsymbol{C}=(c_{ij})_{m\times n}=\boldsymbol{AB}$, 得

$$\begin{pmatrix} \boldsymbol{c}_1 \\ \boldsymbol{c}_2 \\ \vdots \\ \boldsymbol{c}_m \end{pmatrix} = \begin{pmatrix} a_{11} & a_{12} & \cdots & a_{1s} \\ a_{21} & a_{22} & \cdots & a_{2s} \\ \vdots & \vdots & & \vdots \\ a_{m1} & a_{m2} & \cdots & a_{ms} \end{pmatrix} \begin{pmatrix} \boldsymbol{b}_1 \\ \boldsymbol{b}_2 \\ \vdots \\ \boldsymbol{b}_s \end{pmatrix},$$

即

$$\boldsymbol{c}_i = a_{i1}\boldsymbol{b}_1 + a_{i2}\boldsymbol{b}_2 + \cdots + a_{is}\boldsymbol{b}_s, \quad i = 1,2,\cdots,m.$$

矩阵 $\boldsymbol{C}$ 的行向量组 $\boldsymbol{c}_1,\boldsymbol{c}_2,\cdots,\boldsymbol{c}_m$ 可以由矩阵 $\boldsymbol{B}$ 的行向量组 $\boldsymbol{b}_1,\boldsymbol{b}_2,\cdots,\boldsymbol{b}_s$ 线性表示.

3. 线性相关与线性无关

由定义 3.2.2 知,零向量可以由任何向量组 $\boldsymbol{\alpha}_1,\boldsymbol{\alpha}_2,\cdots,\boldsymbol{\alpha}_s$ 线性表示,即

$$\boldsymbol{0} = 0\boldsymbol{\alpha}_1 + 0\boldsymbol{\alpha}_2 + \cdots + 0\boldsymbol{\alpha}_s.$$

是否可以找到不全为零的数 $k_1,k_2,\cdots,k_s$,使

$$k_1\boldsymbol{\alpha}_1 + k_2\boldsymbol{\alpha}_2 + \cdots + k_s\boldsymbol{\alpha}_s = \boldsymbol{0}$$

成立呢?对有些向量组来说,确实可以.

重点难点讲解 3-1 向量组的线性相关性概念

例如 向量组

$$\boldsymbol{\alpha}_1 = (2,8), \quad \boldsymbol{\alpha}_2 = (1,4), \tag{3.2.2}$$

除 $0\boldsymbol{\alpha}_1+0\boldsymbol{\alpha}_2=\boldsymbol{0}$ 外,还有 $\boldsymbol{\alpha}_1-2\boldsymbol{\alpha}_2=\boldsymbol{0}$,即有不全为零的数 $k_1=1,k_2=-2$,使

$$k_1\boldsymbol{\alpha}_1 + k_2\boldsymbol{\alpha}_2 = \boldsymbol{0}.$$

为确切描述具有这种特征的向量组,我们引入

定义 3.2.4 设 n 维向量组 $\boldsymbol{\alpha}_1,\boldsymbol{\alpha}_2,\cdots,\boldsymbol{\alpha}_s$,如果存在一组不全为零的数 $k_1,k_2,\cdots,k_s$,使

$$k_1\boldsymbol{\alpha}_1 + k_2\boldsymbol{\alpha}_2 + \cdots + k_s\boldsymbol{\alpha}_s = \boldsymbol{0} \tag{3.2.3}$$

则称向量组 $\boldsymbol{\alpha}_1,\boldsymbol{\alpha}_2,\cdots,\boldsymbol{\alpha}_s$ **线性相关**(linearly dependent);否则称为**线性无关**,即当且仅当 $k_1=k_2=\cdots=k_s=0$ 时式(3.2.3)成立,称向量组 $\boldsymbol{\alpha}_1,\boldsymbol{\alpha}_2,\cdots,\boldsymbol{\alpha}_s$ **线性无关**(linearly independent).

式(3.2.2)中的向量组 $\boldsymbol{\alpha}_1,\boldsymbol{\alpha}_2$ 线性相关;而向量组

$$\boldsymbol{\beta}_1 = (2,1), \quad \boldsymbol{\beta}_2 = (1,3) \tag{3.2.4}$$

是线性无关的,这是因为只有当 $k_1=k_2=0$ 时,才有 $k_1\boldsymbol{\beta}_1+k_2\boldsymbol{\beta}_2=\boldsymbol{0}$ 成立.

从几何角度看,向量组(3.2.2)在平面上是共线的($\boldsymbol{\alpha}_1=2\boldsymbol{\alpha}_2$),而向量组(3.2.4)则不然.

利用定义 3.2.4,有

(1) 含有零向量的向量组线性相关；

(2) 单个的非零向量线性无关；

(3) 两个向量线性相关⇔对应分量成比例；

教学演示实验 3-2
线性相关性几何解释

(4) 基本单位向量组 $\boldsymbol{\varepsilon}_1=\begin{pmatrix}1\\0\\\vdots\\0\end{pmatrix},\boldsymbol{\varepsilon}_2=\begin{pmatrix}0\\1\\\vdots\\0\end{pmatrix},\cdots,\boldsymbol{\varepsilon}_n=\begin{pmatrix}0\\0\\\vdots\\1\end{pmatrix}$ 线性无关；

(5) 向量组 $\boldsymbol{\alpha}_1,\boldsymbol{\alpha}_2,\cdots,\boldsymbol{\alpha}_s$ 线性相关(线性无关)⇔齐次线性方程组 $x_1\boldsymbol{\alpha}_1+x_2\boldsymbol{\alpha}_2+\cdots+x_s\boldsymbol{\alpha}_s=\mathbf{0}$，即 $\boldsymbol{A}\boldsymbol{x}=(\boldsymbol{\alpha}_1,\boldsymbol{\alpha}_2,\cdots,\boldsymbol{\alpha}_s)\boldsymbol{x}=\mathbf{0}$ 有非零解(唯一零解)⇔ $r(\boldsymbol{A})<s(=s)$，这里 $\boldsymbol{x}=\begin{pmatrix}x_1\\x_2\\\vdots\\x_s\end{pmatrix}$.

如果 $s=n$，则由定理 3.1.2 的推论 2 可得

定理 3.2.1　n 个 n 维向量 $\boldsymbol{\alpha}_1,\boldsymbol{\alpha}_2,\cdots,\boldsymbol{\alpha}_n$ 线性相关的充分必要条件是以它们作为列(或行)的行列式值为零.

推论　n 个 n 维向量 $\boldsymbol{\alpha}_1,\boldsymbol{\alpha}_2,\cdots,\boldsymbol{\alpha}_n$ 线性无关的充分必要条件是以它们作为列(或行)的行列式值不为零.

例 3.2.6　讨论下列向量组的线性相关性.

(1) $\boldsymbol{\alpha}_1=\begin{pmatrix}2\\-1\\3\\1\end{pmatrix},\boldsymbol{\alpha}_2=\begin{pmatrix}4\\-2\\5\\4\end{pmatrix},\boldsymbol{\alpha}_3=\begin{pmatrix}2\\-1\\4\\-1\end{pmatrix}$；

(2) $\boldsymbol{\alpha}_1=\begin{pmatrix}1\\2\\-1\end{pmatrix},\boldsymbol{\alpha}_2=\begin{pmatrix}1\\0\\2\end{pmatrix},\boldsymbol{\alpha}_3=\begin{pmatrix}2\\-8\\0\end{pmatrix}$.

解　(1) 设 $k_1\boldsymbol{\alpha}_1+k_2\boldsymbol{\alpha}_2+k_3\boldsymbol{\alpha}_3=\mathbf{0}$，对系数矩阵 $\boldsymbol{A}=(\boldsymbol{\alpha}_1,\boldsymbol{\alpha}_2,\boldsymbol{\alpha}_3)$ 施行初等行变换，得

$$\boldsymbol{A}=\begin{pmatrix}2&4&2\\-1&-2&-1\\3&5&4\\1&4&-1\end{pmatrix}\to\begin{pmatrix}1&2&1\\0&-1&1\\0&2&-2\\0&0&0\end{pmatrix}\to\begin{pmatrix}1&2&1\\0&1&-1\\0&0&0\\0&0&0\end{pmatrix},$$

$r(\boldsymbol{A})=2<3$，对应的方程组有非零解，因此向量组 $\boldsymbol{\alpha}_1,\boldsymbol{\alpha}_2,\boldsymbol{\alpha}_3$ 线性相关.

（2）设 $k_1\boldsymbol{\alpha}_1+k_2\boldsymbol{\alpha}_2+k_3\boldsymbol{\alpha}_3=\mathbf{0}$，对系数矩阵 $\boldsymbol{A}=(\boldsymbol{\alpha}_1,\boldsymbol{\alpha}_2,\boldsymbol{\alpha}_3)$ 施行初等行变换，得

$$\boldsymbol{A}=\begin{pmatrix}1&1&2\\2&0&-8\\-1&2&0\end{pmatrix}\to\begin{pmatrix}1&1&2\\0&-2&-12\\0&3&2\end{pmatrix}\to\begin{pmatrix}1&1&2\\0&1&6\\0&0&-16\end{pmatrix},$$

$r(\boldsymbol{A})=3$（满秩），对应的方程组有唯一零解，因此向量组 $\boldsymbol{\alpha}_1,\boldsymbol{\alpha}_2,\boldsymbol{\alpha}_3$ 线性无关.

注意到 $\boldsymbol{\alpha}_1,\boldsymbol{\alpha}_2,\boldsymbol{\alpha}_3$ 是 3 个 3 维向量，因此，利用定理 3.2.1 及

$$|\boldsymbol{A}|=\begin{vmatrix}1&1&2\\2&0&-8\\-1&2&0\end{vmatrix}=\begin{vmatrix}1&1&2\\6&4&0\\-1&2&0\end{vmatrix}=2\begin{vmatrix}6&4\\-1&2\end{vmatrix}=32\neq 0,$$

即知向量组 $\boldsymbol{\alpha}_1,\boldsymbol{\alpha}_2,\boldsymbol{\alpha}_3$ 线性无关.

例 3.2.7 已知向量组 $\boldsymbol{\alpha}_1,\boldsymbol{\alpha}_2,\boldsymbol{\alpha}_3$ 线性无关，且有

$$\boldsymbol{\beta}_1=\boldsymbol{\alpha}_1,\quad \boldsymbol{\beta}_2=\boldsymbol{\alpha}_1+\boldsymbol{\alpha}_2,\quad \boldsymbol{\beta}_3=\boldsymbol{\alpha}_1+\boldsymbol{\alpha}_2+\boldsymbol{\alpha}_3,$$

试证明：向量组 $\boldsymbol{\beta}_1,\boldsymbol{\beta}_2,\boldsymbol{\beta}_3$ 也线性无关.

证 设有数 k_1,k_2,k_3，使 $k_1\boldsymbol{\beta}_1+k_2\boldsymbol{\beta}_2+k_3\boldsymbol{\beta}_3=\mathbf{0}$，即

$$k_1\boldsymbol{\alpha}_1+k_2(\boldsymbol{\alpha}_1+\boldsymbol{\alpha}_2)+k_3(\boldsymbol{\alpha}_1+\boldsymbol{\alpha}_2+\boldsymbol{\alpha}_3)=\mathbf{0}.$$

整理得

$$(k_1+k_2+k_3)\boldsymbol{\alpha}_1+(k_2+k_3)\boldsymbol{\alpha}_2+k_3\boldsymbol{\alpha}_3=\mathbf{0}.$$

因为向量组 $\boldsymbol{\alpha}_1,\boldsymbol{\alpha}_2,\boldsymbol{\alpha}_3$ 线性无关，所以

$$\begin{cases}k_1+k_2+k_3=0,\\ \qquad k_2+k_3=0,\\ \qquad\qquad k_3=0.\end{cases}$$

该方程组系数行列式 $|\boldsymbol{A}|=1\neq 0$，故方程组只有零解，从而 $\boldsymbol{\beta}_1,\boldsymbol{\beta}_2,\boldsymbol{\beta}_3$ 线性无关.

为满足实际应用与理论研究的需要，下面将给出揭示向量组的线性表示与线性相关性的关系以及如何判定线性相关性的几个重要结果.

4. 判定线性相关性的几个定理

定理 3.2.2 向量组 $\boldsymbol{\alpha}_1,\boldsymbol{\alpha}_2,\cdots,\boldsymbol{\alpha}_s(s\geqslant 2)$ 线性相关的充分必要条件是至少有一个向量可以由其余 $s-1$ 个向量线性表示.

证 （必要性）设向量组 $\boldsymbol{\alpha}_1,\boldsymbol{\alpha}_2,\cdots,\boldsymbol{\alpha}_s$ 线性相关，故存在一组不全为

零的数 $k_1,k_2,\cdots,k_s$，使

$$k_1\boldsymbol{\alpha}_1+k_2\boldsymbol{\alpha}_2+\cdots+k_s\boldsymbol{\alpha}_s=\mathbf{0}.$$

不妨设 $k_1\neq 0$，于是

$$\boldsymbol{\alpha}_1=-\frac{k_2}{k_1}\boldsymbol{\alpha}_2-\frac{k_3}{k_1}\boldsymbol{\alpha}_3-\cdots-\frac{k_s}{k_1}\boldsymbol{\alpha}_s,$$

即 $\boldsymbol{\alpha}_1$ 可以由 $\boldsymbol{\alpha}_2,\cdots,\boldsymbol{\alpha}_s$ 线性表示.

（充分性）不妨设 $\boldsymbol{\alpha}_1$ 可由 $\boldsymbol{\alpha}_2,\cdots,\boldsymbol{\alpha}_s$ 线性表示，即存在一组数 $l_2,\cdots,l_s$，使

$$\boldsymbol{\alpha}_1=l_2\boldsymbol{\alpha}_2+l_3\boldsymbol{\alpha}_3+\cdots+l_s\boldsymbol{\alpha}_s.$$

移项得

$$\boldsymbol{\alpha}_1+(-l_2)\boldsymbol{\alpha}_2+\cdots+(-l_s)\boldsymbol{\alpha}_s=\mathbf{0},$$

因为 $1,-l_2,\cdots,-l_s$ 不全为零，故向量组 $\boldsymbol{\alpha}_1,\boldsymbol{\alpha}_2,\cdots,\boldsymbol{\alpha}_s$ 线性相关.

推论　向量组 $\boldsymbol{\alpha}_1,\boldsymbol{\alpha}_2,\cdots,\boldsymbol{\alpha}_s(s\geqslant 2)$ 线性无关的充分必要条件是任意一个向量都不能由其余 $s-1$ 个向量线性表示.

上述结论意味着：一个线性无关的向量组中的向量是“彼此独立”的，其中任何一个向量都不能由其他向量线性表示；而线性相关的向量组中必定有向量可以由其他向量线性表示，即有“多余的”（不独立）向量.但定理并未指出哪个（些）向量“多余”（不独立）.

下面的结果弥补了上述缺憾.

定理 3.2.3　如果向量组 $\boldsymbol{\alpha}_1,\boldsymbol{\alpha}_2,\cdots,\boldsymbol{\alpha}_s,\boldsymbol{\beta}$ 线性相关，而 $\boldsymbol{\alpha}_1,\boldsymbol{\alpha}_2,\cdots,\boldsymbol{\alpha}_s$ 线性无关，则向量 $\boldsymbol{\beta}$ 可由向量组 $\boldsymbol{\alpha}_1,\boldsymbol{\alpha}_2,\cdots,\boldsymbol{\alpha}_s$ 线性表示且表示式唯一.

证　因为向量组 $\boldsymbol{\alpha}_1,\boldsymbol{\alpha}_2,\cdots,\boldsymbol{\alpha}_s,\boldsymbol{\beta}$ 线性相关，故存在一组不全为零的数 $k_1,k_2,\cdots,k_s,k$，使

$$k_1\boldsymbol{\alpha}_1+k_2\boldsymbol{\alpha}_2+\cdots+k_s\boldsymbol{\alpha}_s+k\boldsymbol{\beta}=\mathbf{0}.$$

必有 $k\neq 0$；否则，有 $k_1,k_2,\cdots,k_s$ 不全为零，使 $k_1\boldsymbol{\alpha}_1+k_2\boldsymbol{\alpha}_2+\cdots+k_s\boldsymbol{\alpha}_s=\mathbf{0}$.这与向量组 $\boldsymbol{\alpha}_1,\boldsymbol{\alpha}_2,\cdots,\boldsymbol{\alpha}_s$ 线性无关矛盾.因此 $k\neq 0$.于是，有

$$\boldsymbol{\beta}=-\frac{k_1}{k}\boldsymbol{\alpha}_1-\frac{k_2}{k}\boldsymbol{\alpha}_2-\cdots-\frac{k_s}{k}\boldsymbol{\alpha}_s,$$

即向量 $\boldsymbol{\beta}$ 可以由向量组 $\boldsymbol{\alpha}_1,\boldsymbol{\alpha}_2,\cdots,\boldsymbol{\alpha}_s$ 线性表示.

下面证明唯一性. 若

$$\boldsymbol{\beta}=k_1\boldsymbol{\alpha}_1+k_2\boldsymbol{\alpha}_2+\cdots+k_s\boldsymbol{\alpha}_s,$$

及

$$\boldsymbol{\beta}=l_1\boldsymbol{\alpha}_1+l_2\boldsymbol{\alpha}_2+\cdots+l_s\boldsymbol{\alpha}_s,$$

两式相减,得

$$(k_1-l_1)\boldsymbol{\alpha}_1+(k_2-l_2)\boldsymbol{\alpha}_2+\cdots+(k_s-l_s)\boldsymbol{\alpha}_s=\mathbf{0}.$$

由向量组 $\boldsymbol{\alpha}_1,\boldsymbol{\alpha}_2,\cdots,\boldsymbol{\alpha}_s$ 线性无关,得

$$k_1-l_1=0,k_2-l_2=0,\cdots,k_s-l_s=0,$$

即 $k_i=l_i(i=1,2,\cdots,s)$,唯一性得证.

定理 3.2.4 如果向量组 $\boldsymbol{\alpha}_1,\boldsymbol{\alpha}_2,\cdots,\boldsymbol{\alpha}_r$ 线性相关,则向量组 $\boldsymbol{\alpha}_1,\boldsymbol{\alpha}_2,\cdots,\boldsymbol{\alpha}_r,\boldsymbol{\alpha}_{r+1},\cdots,\boldsymbol{\alpha}_s$ 必线性相关.

证 向量组 $\boldsymbol{\alpha}_1,\boldsymbol{\alpha}_2,\cdots,\boldsymbol{\alpha}_r$ 线性相关,则存在不全为零的数 $k_1,k_2,\cdots,k_r$,使

$$k_1\boldsymbol{\alpha}_1+k_2\boldsymbol{\alpha}_2+\cdots+k_r\boldsymbol{\alpha}_r=\mathbf{0},$$

于是,有不全为零的数 $k_1,k_2,\cdots,k_r,0,\cdots,0$,使

$$k_1\boldsymbol{\alpha}_1+k_2\boldsymbol{\alpha}_2+\cdots+k_r\boldsymbol{\alpha}_r+0\boldsymbol{\alpha}_{r+1}+\cdots+0\boldsymbol{\alpha}_s=\mathbf{0}.$$

所以,向量组 $\boldsymbol{\alpha}_1,\boldsymbol{\alpha}_2,\cdots,\boldsymbol{\alpha}_r,\boldsymbol{\alpha}_{r+1},\cdots,\boldsymbol{\alpha}_s$ 线性相关.

推论 如果向量组 $\boldsymbol{\alpha}_1,\boldsymbol{\alpha}_2,\cdots,\boldsymbol{\alpha}_r,\boldsymbol{\alpha}_{r+1},\cdots,\boldsymbol{\alpha}_s$ 线性无关,则 $\boldsymbol{\alpha}_1,\boldsymbol{\alpha}_2,\cdots,\boldsymbol{\alpha}_r$ 线性无关.

上述结论可通俗地描述为"部分相关,则整体相关;整体无关,则部分无关".

定理 3.2.5 设 $\boldsymbol{\alpha}_j=\begin{pmatrix}a_{1j}\\a_{2j}\\\vdots\\a_{rj}\end{pmatrix},\boldsymbol{\beta}_j=\begin{pmatrix}a_{1j}\\a_{2j}\\\vdots\\a_{rj}\\a_{r+1,j}\end{pmatrix}\ (j=1,2,\cdots,s)$,如果向量组 $\boldsymbol{\alpha}_1,\boldsymbol{\alpha}_2,\cdots,\boldsymbol{\alpha}_s$ 线性无关,则其接长向量组 $\boldsymbol{\beta}_1,\boldsymbol{\beta}_2,\cdots,\boldsymbol{\beta}_s$ 必线性无关.

证 设有数 $k_1,k_2,\cdots,k_s$,使

$$k_1\boldsymbol{\beta}_1+k_2\boldsymbol{\beta}_2+\cdots+k_s\boldsymbol{\beta}_s=\mathbf{0},$$

即

$$\begin{cases}a_{11}k_1+a_{12}k_2+\cdots+a_{1s}k_s=0,\\a_{21}k_1+a_{22}k_2+\cdots+a_{2s}k_s=0,\\\cdots\cdots\cdots\cdots\\a_{r1}k_1+a_{r2}k_2+\cdots+a_{rs}k_s=0,\\a_{r+1,1}k_1+a_{r+1,2}k_2+\cdots+a_{r+1,s}k_s=0.\end{cases}$$

由前 r 个方程,得

$$k_1\boldsymbol{\alpha}_1 + k_2\boldsymbol{\alpha}_2 + \cdots + k_s\boldsymbol{\alpha}_s = \mathbf{0}.$$

因 $\boldsymbol{\alpha}_1,\boldsymbol{\alpha}_2,\cdots,\boldsymbol{\alpha}_s$ 线性无关,故有 $k_1 = k_2 = \cdots = k_s = 0$.因此,$\boldsymbol{\beta}_1,\boldsymbol{\beta}_2,\cdots,\boldsymbol{\beta}_s$ 线性无关.

推论　如果向量组 $\boldsymbol{\beta}_1,\boldsymbol{\beta}_2,\cdots,\boldsymbol{\beta}_s$ 线性相关,则其截短向量组 $\boldsymbol{\alpha}_1,\boldsymbol{\alpha}_2,\cdots,\boldsymbol{\alpha}_s$ 必线性相关.

上述结论可通俗地描述为"短无关,则接长组无关;长相关,则截短组相关".

上述结果中的向量组 $\boldsymbol{\beta}_1,\boldsymbol{\beta}_2,\cdots,\boldsymbol{\beta}_s$ 是由向量组 $\boldsymbol{\alpha}_1,\boldsymbol{\alpha}_2,\cdots,\boldsymbol{\alpha}_s$ 的每个向量相应的添加一个分量构造而成的.这个结论可以推广到添加多个分量的情形.

定理 3.2.6　给定向量组

$$(\text{I})\ \boldsymbol{\alpha}_1,\boldsymbol{\alpha}_2,\cdots,\boldsymbol{\alpha}_s;\quad (\text{II})\ \boldsymbol{\beta}_1,\boldsymbol{\beta}_2,\cdots,\boldsymbol{\beta}_t,$$

若向量组(Ⅰ)可由向量组(Ⅱ)线性表示,且 $s > t$,则向量组(Ⅰ)线性相关.

证　设 $x_1\boldsymbol{\alpha}_1 + x_2\boldsymbol{\alpha}_2 + \cdots + x_s\boldsymbol{\alpha}_s = \mathbf{0}$,只需证它有非零解.

因为向量组(Ⅰ)可由向量组(Ⅱ)线性表示,所以存在 $s \times t$ 个数 k_{ij} $(i=1,2,\cdots,s;j=1,2,\cdots,t)$,使

$$\begin{cases}\boldsymbol{\alpha}_1 = k_{11}\boldsymbol{\beta}_1 + k_{12}\boldsymbol{\beta}_2 + \cdots + k_{1t}\boldsymbol{\beta}_t,\\ \boldsymbol{\alpha}_2 = k_{21}\boldsymbol{\beta}_1 + k_{22}\boldsymbol{\beta}_2 + \cdots + k_{2t}\boldsymbol{\beta}_t\\ \quad\cdots\cdots\cdots\cdots\\ \boldsymbol{\alpha}_s = k_{s1}\boldsymbol{\beta}_1 + k_{s2}\boldsymbol{\beta}_2 + \cdots + k_{st}\boldsymbol{\beta}_t.\end{cases}$$

代入

$$x_1\boldsymbol{\alpha}_1 + x_2\boldsymbol{\alpha}_2 + \cdots + x_s\boldsymbol{\alpha}_s = \mathbf{0},$$

整理得

$$(k_{11}x_1 + k_{21}x_2 + \cdots + k_{s1}x_s)\boldsymbol{\beta}_1 + \cdots + (k_{1t}x_1 + k_{2t}x_2 + \cdots + k_{st}x_s)\boldsymbol{\beta}_t = \mathbf{0}.$$

考虑由系数构成的齐次线性方程组

$$\begin{cases}k_{11}x_1 + k_{21}x_2 + \cdots + k_{s1}x_s = 0,\\ k_{12}x_1 + k_{22}x_2 + \cdots + k_{s2}x_s = 0,\\ \quad\cdots\cdots\cdots\cdots\\ k_{1t}x_1 + k_{2t}x_2 + \cdots + k_{st}x_s = 0.\end{cases}$$

由于 $s > t$,即未知量个数大于方程组中方程的个数,故而方程组有非零解.

即存在一组不全为零的数 $x_1,x_2,\cdots,x_s$，使

$$(k_{11}x_1+k_{21}x_2+\cdots+k_{s1}x_s)\boldsymbol{\beta}_1+\cdots+(k_{1t}x_1+k_{2t}x_2+\cdots+k_{st}x_s)\boldsymbol{\beta}_t=\mathbf{0},$$

也即

$$x_1\boldsymbol{\alpha}_1+x_2\boldsymbol{\alpha}_2+\cdots+x_s\boldsymbol{\alpha}_s=\mathbf{0}.$$

因此，向量组 $\boldsymbol{\alpha}_1,\boldsymbol{\alpha}_2,\cdots,\boldsymbol{\alpha}_s$ 线性相关.

推论 1 若向量组 $\boldsymbol{\alpha}_1,\boldsymbol{\alpha}_2,\cdots,\boldsymbol{\alpha}_s$ 线性无关，且可由向量组 $\boldsymbol{\beta}_1,\boldsymbol{\beta}_2,\cdots,\boldsymbol{\beta}_t$ 线性表示，那么 $s\leqslant t$.

推论 2 两个等价的线性无关向量组所含向量个数相等.

证 设两个线性无关的向量组（Ⅰ）$\boldsymbol{\alpha}_1,\boldsymbol{\alpha}_2,\cdots,\boldsymbol{\alpha}_s$ 与（Ⅱ）$\boldsymbol{\beta}_1,\boldsymbol{\beta}_2,\cdots,\boldsymbol{\beta}_t$ 等价.由于向量组（Ⅰ）线性无关且可由（Ⅱ）线性表示，由推论 1，有 $s\leqslant t$；同时，向量组（Ⅱ）线性无关且可由（Ⅰ）线性表示，故 $t\leqslant s$；因此 $s=t$.

推论 3 $n+1$ 个 n 维向量必线性相关.

证 任意 n 维向量组（Ⅰ）$\boldsymbol{\alpha}_1,\boldsymbol{\alpha}_2,\cdots,\boldsymbol{\alpha}_{n+1}$ 可由 n 维基本单位向量组（Ⅱ）$\boldsymbol{\varepsilon}_1,\boldsymbol{\varepsilon}_2,\cdots,\boldsymbol{\varepsilon}_n$ 线性表示，且 $n+1>n$，由定理 3.2.6 知，$\boldsymbol{\alpha}_1,\boldsymbol{\alpha}_2,\cdots,\boldsymbol{\alpha}_{n+1}$ 线性相关.

该推论表明：只要向量组所含向量个数大于向量的维数，该向量组就是线性相关的向量组.比如，3 个二维向量组成的向量组线性相关（在同一平面上）；4 个三维向量组成的向量组线性相关（在同一立体空间中）.

停下来想一想

① 二维向量组的线性相关与无关其几何描述是共线与不共线，三维向量组线性相关性的几何描述是什么？

② 对向量组我们有“部分相关，则整体相关；整体无关，则部分无关”的结论.试问：线性相关向量组的部分组是否一定线性相关？试考察向量组

$$\boldsymbol{\alpha}_1=\begin{pmatrix}1\\0\end{pmatrix},\ \boldsymbol{\alpha}_2=\begin{pmatrix}0\\1\end{pmatrix},\ \boldsymbol{\alpha}_3=\begin{pmatrix}1\\1\end{pmatrix}.$$

③ 如果向量 $\boldsymbol{\alpha}$ 不能由 $\boldsymbol{\beta},\boldsymbol{\gamma}$ 线性表示，能说向量组 $\boldsymbol{\alpha},\boldsymbol{\beta},\boldsymbol{\gamma}$ 是线性无关的吗？试考察向量组 $\boldsymbol{\alpha}=\begin{pmatrix}0\\1\end{pmatrix},\boldsymbol{\beta}=\begin{pmatrix}1\\0\end{pmatrix},\boldsymbol{\gamma}=\begin{pmatrix}2\\0\end{pmatrix}$.

④ 向量组 $\boldsymbol{\alpha}_1,\boldsymbol{\alpha}_2,\cdots,\boldsymbol{\alpha}_s$ 中任意 $s-1$ 个向量线性无关，$\boldsymbol{\alpha}_1,\boldsymbol{\alpha}_2,\cdots,\boldsymbol{\alpha}_s$ 一定线性无关吗？考察②中所给向量组.

⑤ 我们有结论“等价的线性无关向量组所含向量个数相同”.那么,两个线性无关向量组所含向量个数相同时是否一定等价? 考察向量组

$$(\text{Ⅰ})\ \boldsymbol{\varepsilon}_1=\begin{pmatrix}1\\0\\0\\0\end{pmatrix},\boldsymbol{\varepsilon}_2=\begin{pmatrix}0\\1\\0\\0\end{pmatrix};\quad(\text{Ⅱ})\ \boldsymbol{\varepsilon}_3=\begin{pmatrix}0\\0\\1\\0\end{pmatrix},\boldsymbol{\varepsilon}_4=\begin{pmatrix}0\\0\\0\\1\end{pmatrix}.$$

习题 3.2(A)

1. 单项选择题.

(1) 设线性无关向量组 $\boldsymbol{\alpha}_1,\boldsymbol{\alpha}_2,\cdots,\boldsymbol{\alpha}_s$ 可由 $\boldsymbol{\beta}_1,\boldsymbol{\beta}_2,\cdots,\boldsymbol{\beta}_t$ 线性表示,则(　　);

(A) $s\leqslant t$　(B) $s\geqslant t$　(C) $s<t$　(D) $s>t$

(2) 记 $\boldsymbol{A}=(\boldsymbol{\alpha}_1,\boldsymbol{\alpha}_2,\boldsymbol{\alpha}_3)$,若 $(0,1,2)^{\mathrm{T}}$ 是 $\boldsymbol{Ax}=\boldsymbol{0}$ 的解,则必有(　　);

(A) $\boldsymbol{A}$ 是 3 阶方阵　(B) $\boldsymbol{\alpha}_2,\boldsymbol{\alpha}_3$ 线性相关

(C) $\boldsymbol{\alpha}_1,\boldsymbol{\alpha}_2$ 线性相关　(D) $\boldsymbol{\alpha}_1,\boldsymbol{\alpha}_2$ 线性无关

(3) 若向量组 $\boldsymbol{\alpha}_1,\boldsymbol{\alpha}_2,\cdots,\boldsymbol{\alpha}_m$ 线性无关,而向量组 $\boldsymbol{\beta},\boldsymbol{\alpha}_1,\boldsymbol{\alpha}_2,\cdots,\boldsymbol{\alpha}_m$ 线性相关,则方程组 $\boldsymbol{\beta}=x_1\boldsymbol{\alpha}_1+x_2\boldsymbol{\alpha}_2+\cdots+x_m\boldsymbol{\alpha}_m$(　　);

(A) 无解　(B) 有唯一解　(C) 有无穷多解　(D) 不一定有解

(4) 下列叙述中,与“$\boldsymbol{A}$ 可逆”不等价的是(　　);

(A) $\boldsymbol{A}$ 满秩

(B) $\boldsymbol{Ax}=\boldsymbol{\beta}$ 恒有唯一解

(C) $\boldsymbol{A}$ 的任意两个行向量不成比例

(D) 任何 n 维向量组均可由 $\boldsymbol{A}$ 的列向量组线性表示

(5) $\begin{cases}\lambda x_1+x_2+\lambda^2x_3=0,\\x_1+\lambda x_2+x_3=0,\\x_1+x_2+\lambda x_3=0\end{cases}$ 的系数矩阵记为 $\boldsymbol{A}$,若存在 $\boldsymbol{B}\neq\boldsymbol{O}$ 使 $\boldsymbol{AB}=\boldsymbol{O}$,则(　　).

(A) $\lambda=-2,|\boldsymbol{B}|=0$　(B) $\lambda=-2,|\boldsymbol{B}|\neq0$

(C) $\lambda=1,|\boldsymbol{B}|=0$　(D) $\lambda=1,|\boldsymbol{B}|\neq0$

2. 填空题.

(1) 已知 $\boldsymbol{\alpha}=(5,-1,3,2,4)$,$\boldsymbol{\beta}=(3,1,-2,-2,1)$,且 $3\boldsymbol{\alpha}+\boldsymbol{\gamma}=4\boldsymbol{\beta}$,则 $\boldsymbol{\gamma}=$________;

(2) 若向量 $\boldsymbol{\alpha},\boldsymbol{\beta}$ 满足 $\boldsymbol{\alpha}+\boldsymbol{\beta}=(6,5,6)^{\mathrm{T}}$,$\boldsymbol{\alpha}-\boldsymbol{\beta}=(0,-1,2)^{\mathrm{T}}$,则 $\boldsymbol{\alpha}=$________,$\boldsymbol{\beta}=$________;

(3) 向量组 $\boldsymbol{\alpha}_1=(1,0,1)^{\mathrm{T}}$,$\boldsymbol{\alpha}_2=(0,1,1)^{\mathrm{T}}$,$\boldsymbol{\alpha}_3\ (-1,0,1)^{\mathrm{T}}$ 线性________;

(4) 设 $\boldsymbol{\alpha}_1=(1,1)^{\mathrm{T}}$,$\boldsymbol{\alpha}_2=(1,-1)^{\mathrm{T}}$,$\boldsymbol{\alpha}_3=(3,4)^{\mathrm{T}}$,则该向量组线性________,且 $\boldsymbol{\alpha}_3$

可由 $\boldsymbol{\alpha}_1,\boldsymbol{\alpha}_2$ 线性表示为________;

(5) 若 $\boldsymbol{\alpha}=(1,2,3)^{\mathrm{T}}$ 与 $\boldsymbol{\beta}=(k,t,6)^{\mathrm{T}}$ 线性相关,则 k、t 的值分别为________和________;

(6) 若已知向量 $\boldsymbol{\beta}$ 可由向量组 $\boldsymbol{\alpha}_1,\boldsymbol{\alpha}_2,\boldsymbol{\alpha}_3,\cdots,\boldsymbol{\alpha}_s$ 线性表示,则表示式唯一的充分必要条件为________;

(7) 若 $\boldsymbol{A}=(\boldsymbol{\alpha}_1,\boldsymbol{\alpha}_2,\cdots,\boldsymbol{\alpha}_n)$ 的每行元素和均为 0,则向量组 $\boldsymbol{\alpha}_1,\boldsymbol{\alpha}_2,\cdots,\boldsymbol{\alpha}_n$ 线性________;

(8) 若 $\boldsymbol{\alpha}_1,\boldsymbol{\alpha}_2,\cdots,\boldsymbol{\alpha}_s$ 线性相关,则 $\boldsymbol{\alpha}_1,\cdots,\boldsymbol{\alpha}_s,\boldsymbol{\alpha}_{s+1},\boldsymbol{\alpha}_{s+2},\cdots,\boldsymbol{\alpha}_t$ 必线性________.

3. 下列向量 $\boldsymbol{\beta}$ 能否由其余向量线性表示?若能,写出线性表示式.

(1) $\boldsymbol{\alpha}_1=\begin{pmatrix}1\\2\end{pmatrix},\boldsymbol{\alpha}_2=\begin{pmatrix}-1\\0\end{pmatrix},\boldsymbol{\beta}=\begin{pmatrix}3\\4\end{pmatrix}$;

(2) $\boldsymbol{\alpha}_1=\begin{pmatrix}1\\0\\2\end{pmatrix},\boldsymbol{\alpha}_2=\begin{pmatrix}2\\-8\\0\end{pmatrix},\boldsymbol{\beta}=\begin{pmatrix}1\\2\\-1\end{pmatrix}$;

(3) $\boldsymbol{\alpha}_1=\begin{pmatrix}1\\2\\-1\end{pmatrix},\boldsymbol{\alpha}_2=\begin{pmatrix}2\\4\\-2\end{pmatrix},\boldsymbol{\alpha}_3=\begin{pmatrix}-1\\1\\-2\end{pmatrix},\boldsymbol{\beta}=\begin{pmatrix}2\\1\\1\end{pmatrix}$.

4. 判断下列各组向量是否线性相关.

(1) $\boldsymbol{\alpha}_1=\begin{pmatrix}-1\\0\end{pmatrix},\boldsymbol{\alpha}_2=\begin{pmatrix}1\\1\end{pmatrix},\boldsymbol{\alpha}_3=\begin{pmatrix}0\\1\end{pmatrix}$;

(2) $\boldsymbol{\alpha}_1=(1,1,1)^{\mathrm{T}},\boldsymbol{\alpha}_2=(-1,0,1)^{\mathrm{T}},\boldsymbol{\alpha}_3=(-1,1,0)^{\mathrm{T}}$;

(3) $\boldsymbol{\alpha}_1=(1,-1,2,-1)^{\mathrm{T}},\boldsymbol{\alpha}_2=(2,0,1,0)^{\mathrm{T}},\boldsymbol{\alpha}_3=(4,2,-1,2)^{\mathrm{T}}$.

5. 设向量组 $\boldsymbol{\alpha}_1=(6,k+1,3)^{\mathrm{T}},\boldsymbol{\alpha}_2=(k,2,-2)^{\mathrm{T}},\boldsymbol{\alpha}_3=(k,1,0)^{\mathrm{T}}$,试问 k 为何值时,$\boldsymbol{\alpha}_1,\boldsymbol{\alpha}_2,\boldsymbol{\alpha}_3$ 线性相关?k 为何值时,线性无关?

6. 已知向量组 $\boldsymbol{\alpha}_1,\boldsymbol{\alpha}_2,\boldsymbol{\alpha}_3$ 线性无关,若 $\boldsymbol{\alpha}_1+2\boldsymbol{\alpha}_2,2\boldsymbol{\alpha}_2+\lambda\boldsymbol{\alpha}_3,3\boldsymbol{\alpha}_3+2\boldsymbol{\alpha}_1$ 线性相关,求 λ 的值.

7. (1) 向量组 $\boldsymbol{\alpha}_1,\boldsymbol{\alpha}_2,\boldsymbol{\alpha}_3$ 线性无关,试证:向量组

$$\boldsymbol{\beta}_1=\boldsymbol{\alpha}_1+\boldsymbol{\alpha}_2,\quad \boldsymbol{\beta}_2=\boldsymbol{\alpha}_2+\boldsymbol{\alpha}_3,\quad \boldsymbol{\beta}_3=\boldsymbol{\alpha}_3+\boldsymbol{\alpha}_1$$

也线性无关.

(2) 给定向量组 $\boldsymbol{\alpha}_1,\boldsymbol{\alpha}_2,\boldsymbol{\alpha}_3,\boldsymbol{\alpha}_4$,试证:向量组

$$\boldsymbol{\beta}_1=\boldsymbol{\alpha}_1+\boldsymbol{\alpha}_2,\quad \boldsymbol{\beta}_2=\boldsymbol{\alpha}_2+\boldsymbol{\alpha}_3,\quad \boldsymbol{\beta}_3=\boldsymbol{\alpha}_3+\boldsymbol{\alpha}_4,\quad \boldsymbol{\beta}_4=\boldsymbol{\alpha}_4+\boldsymbol{\alpha}_1$$

线性相关.

8. 设 $c_1,c_2,\cdots,c_s\ (s\leqslant n)$ 是互不相同的数,

$$\boldsymbol{\alpha}_i=(1,c_i,c_i^2,\cdots,c_i^{n-1})^{\mathrm{T}}\quad (i=1,2,\cdots,s).$$

试证：向量组 $\boldsymbol{\alpha}_1,\boldsymbol{\alpha}_2,\cdots,\boldsymbol{\alpha}_s$ 线性无关.

9. 记 $\boldsymbol{A}_{m\times n}=(\boldsymbol{\alpha}_1,\boldsymbol{\alpha}_2,\cdots,\boldsymbol{\alpha}_n)$，$\boldsymbol{\beta}\in\mathbf{R}^m$，其中 $\boldsymbol{\alpha}_1,\boldsymbol{\alpha}_2,\cdots,\boldsymbol{\alpha}_n,\boldsymbol{\beta}$ 均为列向量.若已知 $(1,2,\cdots,n)^{\mathrm{T}}$ 是线性方程组 $\boldsymbol{A}_{m\times n}\boldsymbol{x}=\boldsymbol{\beta}$ 的解，试求 $\boldsymbol{\beta}$.

习题 3.2(B)

1. 证明：n 阶可逆矩阵 $\boldsymbol{A}$ 的列向量组与基本单位向量组 $\boldsymbol{\varepsilon}_1,\boldsymbol{\varepsilon}_2,\cdots,\boldsymbol{\varepsilon}_n$ 等价.

2. 对矩阵 $\boldsymbol{A}_{n\times n}$，若存在正整数 k 及列向量 $\boldsymbol{\alpha}$ 使得 $\boldsymbol{A}^k\boldsymbol{\alpha}=\mathbf{0}$ 且 $\boldsymbol{A}^{k-1}\boldsymbol{\alpha}\neq\mathbf{0}$，证明：向量组 $\boldsymbol{\alpha},\boldsymbol{A\alpha},\boldsymbol{A}^2\boldsymbol{\alpha},\cdots,\boldsymbol{A}^{k-1}\boldsymbol{\alpha}$ 线性无关.

3. 设向量组 $\boldsymbol{\alpha}_1,\boldsymbol{\alpha}_2,\cdots,\boldsymbol{\alpha}_s(s\geqslant 2)$ 线性无关，

$$\boldsymbol{\beta}_1=\boldsymbol{\alpha}_1+\boldsymbol{\alpha}_2,\quad \boldsymbol{\beta}_2=\boldsymbol{\alpha}_2+\boldsymbol{\alpha}_3,\quad \cdots,\quad \boldsymbol{\beta}_{s-1}=\boldsymbol{\alpha}_{s-1}+\boldsymbol{\alpha}_s,\quad \boldsymbol{\beta}_s=\boldsymbol{\alpha}_s+\boldsymbol{\alpha}_1,$$

讨论 $\boldsymbol{\beta}_1,\boldsymbol{\beta}_2,\cdots,\boldsymbol{\beta}_s$ 的线性相关性.

4. 设有向量组

(Ⅰ) $\boldsymbol{\alpha}_1=(1,0,2)^{\mathrm{T}},\quad \boldsymbol{\alpha}_2=(1,1,3)^{\mathrm{T}},\quad \boldsymbol{\alpha}_3=(1,-1,a+2)^{\mathrm{T}}$；

(Ⅱ) $\boldsymbol{\beta}_1=(1,2,a+3)^{\mathrm{T}},\quad \boldsymbol{\beta}_2=(2,1,a+6)^{\mathrm{T}},\quad \boldsymbol{\beta}_3=(2,1,a+4)^{\mathrm{T}}$.

试问：当 a 为何值时，向量组(Ⅰ)与(Ⅱ)等价？当 a 为何值时，向量组(Ⅰ)与(Ⅱ)不等价？

5. 若 $\boldsymbol{\alpha}_1=(1,1,1)^{\mathrm{T}},\boldsymbol{\alpha}_2=(1,3,1)^{\mathrm{T}},\boldsymbol{\alpha}_3=(2,4,3)^{\mathrm{T}},\boldsymbol{\alpha}_4=(1,1,-1)^{\mathrm{T}}$，已知存在矩阵 $\boldsymbol{A}_{3\times 3}$ 使得 $\boldsymbol{A\alpha}_1=\boldsymbol{\alpha}_2,\boldsymbol{A\alpha}_2=\boldsymbol{\alpha}_3,\boldsymbol{A\alpha}_3=\boldsymbol{\alpha}_4$，求 $\boldsymbol{A\alpha}_4$.

6. 已知 $\boldsymbol{A}_{3\times 3}$ 与 3 维列向量 $\boldsymbol{\alpha}$ 使得 $\boldsymbol{\alpha},\boldsymbol{A\alpha},\boldsymbol{A}^2\boldsymbol{\alpha}$ 线性无关，且 $\boldsymbol{A}^3\boldsymbol{\alpha}=\boldsymbol{A\alpha}+2\boldsymbol{A}^2\boldsymbol{\alpha}$，记 $\boldsymbol{P}=(\boldsymbol{\alpha},\boldsymbol{A\alpha},\boldsymbol{A}^2\boldsymbol{\alpha})$，求矩阵 $\boldsymbol{B}$ 使得 $\boldsymbol{A}=\boldsymbol{PBP}^{-1}$.

7. 设 $\boldsymbol{A}=\begin{pmatrix}1&-1&-1\\-1&1&1\\0&-4&-2\end{pmatrix}$，$\boldsymbol{\xi}_1=\begin{pmatrix}-1\\1\\-2\end{pmatrix}$.

(1) 求满足 $\boldsymbol{A\xi}_2=\boldsymbol{\xi}_1,\boldsymbol{A}^2\boldsymbol{\xi}_3=\boldsymbol{\xi}_1$ 的所有向量 $\boldsymbol{\xi}_2,\boldsymbol{\xi}_3$；

(2) 对(1)中任意向量 $\boldsymbol{\xi}_2,\boldsymbol{\xi}_3$，证明 $\boldsymbol{\xi}_1,\boldsymbol{\xi}_2,\boldsymbol{\xi}_3$ 线性无关.

第 3.3 节　向量组的秩

向量组的秩是向量组所具有的一种属性，它揭示了向量组中各向量间的内在关系.该特征量在线性方程组解的理论研究中起着重要作用.

下面对此进行讨论.

1. 向量组的极大无关组

由第 3.2 节的讨论知，当向量组线性相关时，向量组中的某些向量可

以由另外一些向量线性表示.于是,我们希望能够找出向量组的一个部分组,使向量组中每个向量都能由它线性表示,而同时又含有最少个数的向量,以使在对向量组某些问题的研究中,不必考虑向量组中“多余”的向量,即“以部分代整体”,揭示问题的本质.为此,引入如下概念.

定义 3.3.1 如果向量组 $\boldsymbol{\alpha}_1,\boldsymbol{\alpha}_2,\cdots,\boldsymbol{\alpha}_s$ 的部分组 $\boldsymbol{\alpha}_{i_1},\boldsymbol{\alpha}_{i_2},\cdots,\boldsymbol{\alpha}_{i_r}$,满足

(1) $\boldsymbol{\alpha}_{i_1},\boldsymbol{\alpha}_{i_2},\cdots,\boldsymbol{\alpha}_{i_r}$ 线性无关;

(2) 向量组 $\boldsymbol{\alpha}_1,\boldsymbol{\alpha}_2,\cdots,\boldsymbol{\alpha}_s$ 中每一个向量都可由 $\boldsymbol{\alpha}_{i_1},\boldsymbol{\alpha}_{i_2},\cdots,\boldsymbol{\alpha}_{i_r}$ 线性表示,则称向量组 $\boldsymbol{\alpha}_{i_1},\boldsymbol{\alpha}_{i_2},\cdots,\boldsymbol{\alpha}_{i_r}$ 为向量组 $\boldsymbol{\alpha}_1,\boldsymbol{\alpha}_2,\cdots,\boldsymbol{\alpha}_s$ 的一个**极大线性无关组**(maximal linearly independent systems),简称**极大无关组**.

是否任何向量组都有极大无关组呢?如果有,是否唯一?先看一个例子.

例 3.3.1 考察下列向量组的极大无关组.

(1) $\boldsymbol{\alpha}_1=(0,0,0)$;

(2) $\boldsymbol{\alpha}_1=(0,0,0),\boldsymbol{\alpha}_2=(1,0,0),\boldsymbol{\alpha}_3=(0,1,0)$;

(3) $\boldsymbol{\alpha}_1=(1,0,0),\boldsymbol{\alpha}_2=(0,1,0),\boldsymbol{\alpha}_3=(0,0,1)$;

(4) $\boldsymbol{\alpha}_1=(1,0,0),\boldsymbol{\alpha}_2=(0,1,0),\boldsymbol{\alpha}_3=(1,1,0)$.

解 (1) 该向量组中没有线性无关的向量,故不存在极大无关组;

(2) $\boldsymbol{\alpha}_2,\boldsymbol{\alpha}_3$ 线性无关,而

$$\boldsymbol{\alpha}_1=0\boldsymbol{\alpha}_2+0\boldsymbol{\alpha}_3,\quad \boldsymbol{\alpha}_2=1\boldsymbol{\alpha}_2+0\boldsymbol{\alpha}_3,\quad \boldsymbol{\alpha}_3=0\boldsymbol{\alpha}_2+1\boldsymbol{\alpha}_3,$$

由定义知,$\boldsymbol{\alpha}_2,\boldsymbol{\alpha}_3$ 为向量组的极大无关组;

(3) $\boldsymbol{\alpha}_1,\boldsymbol{\alpha}_2,\boldsymbol{\alpha}_3$ 为3维基本向量组,故线性无关,又每一个 $\boldsymbol{\alpha}_i(i=1,2,3)$ 都可由 $\boldsymbol{\alpha}_1,\boldsymbol{\alpha}_2,\boldsymbol{\alpha}_3$ 线性表示,由定义知,$\boldsymbol{\alpha}_1,\boldsymbol{\alpha}_2,\boldsymbol{\alpha}_3$ 为向量组的极大无关组,即该向量组的极大无关组就是向量组本身;

(4) $\boldsymbol{\alpha}_1,\boldsymbol{\alpha}_2$ 线性无关,而

$$\boldsymbol{\alpha}_1=1\boldsymbol{\alpha}_1+0\boldsymbol{\alpha}_2,\quad \boldsymbol{\alpha}_2=0\boldsymbol{\alpha}_1+1\boldsymbol{\alpha}_2,\quad \boldsymbol{\alpha}_3=1\boldsymbol{\alpha}_1+1\boldsymbol{\alpha}_2,$$

由定义知,$\boldsymbol{\alpha}_1,\boldsymbol{\alpha}_2$ 为向量组的一个极大无关组.

注意到,$\boldsymbol{\alpha}_2,\boldsymbol{\alpha}_3$ 线性无关,而

$$\boldsymbol{\alpha}_1=-\boldsymbol{\alpha}_2+\boldsymbol{\alpha}_3,\quad \boldsymbol{\alpha}_2=1\boldsymbol{\alpha}_2+0\boldsymbol{\alpha}_3,\quad \boldsymbol{\alpha}_3=0\boldsymbol{\alpha}_2+1\boldsymbol{\alpha}_3,$$

所以,$\boldsymbol{\alpha}_2,\boldsymbol{\alpha}_3$ 也是向量组的一个极大无关组;同理可知,$\boldsymbol{\alpha}_1,\boldsymbol{\alpha}_3$ 也是向量组的一个极大无关组;因此,该向量组的极大无关组为 $\boldsymbol{\alpha}_1,\boldsymbol{\alpha}_2$;$\boldsymbol{\alpha}_2,\boldsymbol{\alpha}_3$ 及 $\boldsymbol{\alpha}_1,\boldsymbol{\alpha}_3$.

通过例 3.3.1 的分析,利用定义 3.3.1,有

(1) 只含零向量的向量组没有极大无关组;

（2）含有非零向量的向量组都有极大无关组；

（3）线性无关向量组的极大无关组是其自身；

（4）线性相关向量组的极大无关组所含向量个数少于向量组本身所含向量的个数；

（5）向量组的极大无关组可能不唯一.

例 3.3.2　全体 n 维向量的集合记作 $\mathbf{R}^n$，求 $\mathbf{R}^n$ 的一个极大无关组.

解　因为 n 维基本单位向量组 $\boldsymbol{\varepsilon}_1=\begin{pmatrix}1\\0\\\vdots\\0\end{pmatrix},\boldsymbol{\varepsilon}_2=\begin{pmatrix}0\\1\\\vdots\\0\end{pmatrix},\cdots,\boldsymbol{\varepsilon}_n=\begin{pmatrix}0\\0\\\vdots\\1\end{pmatrix}$ 线性无关，任一 n 维向量 $\boldsymbol{\alpha}=\begin{pmatrix}a_1\\a_2\\\vdots\\a_n\end{pmatrix}$ 都可由 $\boldsymbol{\varepsilon}_1,\boldsymbol{\varepsilon}_2,\cdots,\boldsymbol{\varepsilon}_n$ 线性表示，即

$$\boldsymbol{\alpha}=a_1\boldsymbol{\varepsilon}_1+a_2\boldsymbol{\varepsilon}_2+\cdots+a_n\boldsymbol{\varepsilon}_n.$$

因此，$\boldsymbol{\varepsilon}_1,\boldsymbol{\varepsilon}_2,\cdots,\boldsymbol{\varepsilon}_n$ 是 $\mathbf{R}^n$ 的一个极大无关组.

实际上，$\mathbf{R}^n$ 中任意 n 个线性无关向量都是 $\mathbf{R}^n$ 的极大无关组（证明留给读者）.

向量组与它的极大无关组之间有怎样的关系？同一向量组的两个极大无关组又有什么联系？

利用定义 3.3.1，不难获知如下结论.

定理 3.3.1　向量组与它的极大无关组等价.

证　设向量组（Ⅰ）$\boldsymbol{\alpha}_{i_1},\boldsymbol{\alpha}_{i_2},\cdots,\boldsymbol{\alpha}_{i_r}$ 是向量组（Ⅱ）$\boldsymbol{\alpha}_1,\boldsymbol{\alpha}_2,\cdots,\boldsymbol{\alpha}_s$ 的一个极大无关组，由极大无关组定义，知向量组（Ⅱ）可由（Ⅰ）线性表示；反之，（Ⅰ）中的每个向量都是（Ⅱ）中的向量，当然可由向量组（Ⅱ）自身线性表示. 所以，向量组（Ⅱ）与它的极大无关组（Ⅰ）等价.

利用等价关系的传递性，有

推论 1　向量组的任意两个极大无关组是等价的.

推论 2　两个向量组等价当且仅当它们的极大无关组等价.

从前面的讨论知，一个向量组的极大无关组可能不唯一. 但无论是例 3.3.1(4) 还是例 3.3.2 都显示出一个事实：向量组的极大无关组所含向量个数是一样的. 例 3.3.1(4) 中的极大无关组所含向量个数均为 2，例

3.3.2 中的极大无关组所含向量个数均为 n. 这不是偶然的.

利用定理 3.3.1 及上一节定理 3.2.6 的推论 2,有

定理 3.3.2 向量组的两个极大无关组所含向量个数相同.

该定理表明:向量组的极大无关组所含向量个数与极大无关组的选择无关,它是向量组的一种本质属性. 我们用向量组的秩来标识向量组的这一特征量.

2. 向量组的秩

定义 3.3.2 向量组 $\boldsymbol{\alpha}_1,\boldsymbol{\alpha}_2,\cdots,\boldsymbol{\alpha}_s$ 的极大无关组所含向量个数,称为**向量组的秩**(rank of a vector set). 记作 $r(\boldsymbol{\alpha}_1,\boldsymbol{\alpha}_2,\cdots,\boldsymbol{\alpha}_s)$.

仅含零向量的向量组没有极大无关组,规定秩为零.

依据定义,有

(1) 任意含有非零向量的向量组的秩大于或等于 1;

(2) 线性无关向量组的秩等于向量组所含向量个数;

(3) 若向量组 $\boldsymbol{\alpha}_1,\boldsymbol{\alpha}_2,\cdots,\boldsymbol{\alpha}_s$ 线性相关,则 $r(\boldsymbol{\alpha}_1,\boldsymbol{\alpha}_2,\cdots,\boldsymbol{\alpha}_s)<s$;

(4) 在秩为 r 的向量组中,任意 r 个线性无关向量都是这个向量组的极大无关组.

例 3.3.3 求出例 3.3.1 中各向量组的秩.

解 (1) $r(\boldsymbol{\alpha}_1)=0$;

(2) $r(\boldsymbol{\alpha}_1,\boldsymbol{\alpha}_2,\boldsymbol{\alpha}_3)=2$;

(3) $r(\boldsymbol{\alpha}_1,\boldsymbol{\alpha}_2,\boldsymbol{\alpha}_3)=3$;

(4) $r(\boldsymbol{\alpha}_1,\boldsymbol{\alpha}_2,\boldsymbol{\alpha}_3)=2$.

关于向量组的秩,有如下常用结果.

定理 3.3.3 若向量组(Ⅰ)$\boldsymbol{\alpha}_1,\boldsymbol{\alpha}_2,\cdots,\boldsymbol{\alpha}_s$ 可由向量组(Ⅱ)$\boldsymbol{\beta}_1,\boldsymbol{\beta}_2,\cdots,\boldsymbol{\beta}_t$ 线性表示,则向量组(Ⅰ)的秩不超过(Ⅱ)的秩,即

$$r(\boldsymbol{\alpha}_1,\boldsymbol{\alpha}_2,\cdots,\boldsymbol{\alpha}_s)\leqslant r(\boldsymbol{\beta}_1,\boldsymbol{\beta}_2,\cdots,\boldsymbol{\beta}_t).$$

证 设向量组(Ⅰ)与向量组(Ⅱ)的极大无关组分别 $\boldsymbol{\alpha}_{i_1},\boldsymbol{\alpha}_{i_2},\cdots,\boldsymbol{\alpha}_{i_r}$ 与 $\boldsymbol{\beta}_{j_1},\boldsymbol{\beta}_{j_2},\cdots,\boldsymbol{\beta}_{j_k}$, 则向量组(Ⅰ)与 $\boldsymbol{\alpha}_{i_1},\boldsymbol{\alpha}_{i_2},\cdots,\boldsymbol{\alpha}_{i_r}$ 等价,向量组(Ⅱ)与 $\boldsymbol{\beta}_{j_1},\boldsymbol{\beta}_{j_2},\cdots,\boldsymbol{\beta}_{j_k}$ 等价;因此, $\boldsymbol{\alpha}_{i_1},\boldsymbol{\alpha}_{i_2},\cdots,\boldsymbol{\alpha}_{i_r}$ 可由 $\boldsymbol{\beta}_{j_1},\boldsymbol{\beta}_{j_2},\cdots,\boldsymbol{\beta}_{j_k}$ 线性表示,由定理 3.2.6 的推论 1,得 $r\leqslant k$, 即 $r(\boldsymbol{\alpha}_1,\boldsymbol{\alpha}_2,\cdots,\boldsymbol{\alpha}_s)\leqslant r(\boldsymbol{\beta}_1,\boldsymbol{\beta}_2,\cdots,\boldsymbol{\beta}_t)$.

推论 等价的向量组具有相同的秩.

例 3.3.4 已知向量组 $\boldsymbol{\alpha}_1,\boldsymbol{\alpha}_2,\cdots,\boldsymbol{\alpha}_s(s>1)$ 的秩为 r, 且

$$\begin{cases}\boldsymbol{\beta}_1=\boldsymbol{\alpha}_2+\boldsymbol{\alpha}_3+\cdots+\boldsymbol{\alpha}_s,\\ \boldsymbol{\beta}_2=\boldsymbol{\alpha}_1+\boldsymbol{\alpha}_3+\cdots+\boldsymbol{\alpha}_s,\\ \cdots\cdots\cdots\cdots\\ \boldsymbol{\beta}_s=\boldsymbol{\alpha}_1+\boldsymbol{\alpha}_2+\cdots+\boldsymbol{\alpha}_{s-1}.\end{cases}$$

试证：$r(\boldsymbol{\beta}_1,\boldsymbol{\beta}_2,\cdots,\boldsymbol{\beta}_s)=r$.

证　只需证两向量组等价.依题意，$\boldsymbol{\beta}_1,\boldsymbol{\beta}_2,\cdots,\boldsymbol{\beta}_s$ 可由 $\boldsymbol{\alpha}_1,\boldsymbol{\alpha}_2,\cdots,\boldsymbol{\alpha}_s$ 线性表示，且 $\boldsymbol{\beta}_1+\boldsymbol{\beta}_2+\cdots+\boldsymbol{\beta}_s=(s-1)(\boldsymbol{\alpha}_1+\boldsymbol{\alpha}_2+\cdots+\boldsymbol{\alpha}_s)$，即

$$\boldsymbol{\alpha}_1+\boldsymbol{\alpha}_2+\cdots+\boldsymbol{\alpha}_s=\frac{1}{s-1}(\boldsymbol{\beta}_1+\boldsymbol{\beta}_2+\cdots+\boldsymbol{\beta}_s),$$

从而

$$\boldsymbol{\alpha}_i+\boldsymbol{\beta}_i=\boldsymbol{\alpha}_1+\boldsymbol{\alpha}_2+\cdots+\boldsymbol{\alpha}_s=\frac{1}{s-1}(\boldsymbol{\beta}_1+\boldsymbol{\beta}_2+\cdots+\boldsymbol{\beta}_s).$$

于是，有

$$\boldsymbol{\alpha}_i=\frac{1}{s-1}(\boldsymbol{\beta}_1+\boldsymbol{\beta}_2+\cdots+\boldsymbol{\beta}_s)-\boldsymbol{\beta}_i\quad(i=1,2,\cdots,s).$$

即 $\boldsymbol{\alpha}_1,\boldsymbol{\alpha}_2,\cdots,\boldsymbol{\alpha}_s$ 可由 $\boldsymbol{\beta}_1,\boldsymbol{\beta}_2,\cdots,\boldsymbol{\beta}_s$ 线性表示. 因此，两个向量组等价，有相同的秩.

3. 向量组的秩与矩阵的秩的关系

对矩阵 $\boldsymbol{A}=(a_{ij})_{m\times n}$，有

$$\boldsymbol{A}=(\boldsymbol{\alpha}_1,\boldsymbol{\alpha}_2,\cdots,\boldsymbol{\alpha}_n)=\begin{pmatrix}\boldsymbol{\beta}_1\\ \boldsymbol{\beta}_2\\ \vdots\\ \boldsymbol{\beta}_m\end{pmatrix},$$

其中 $\boldsymbol{\alpha}_1,\boldsymbol{\alpha}_2,\cdots,\boldsymbol{\alpha}_n$ 及 $\boldsymbol{\beta}_1,\boldsymbol{\beta}_2,\cdots,\boldsymbol{\beta}_m$ 分别是 $\boldsymbol{A}=(a_{ij})_{m\times n}$ 的列向量组及行向量组.

关于向量组的秩与矩阵的秩有如下结果.

定理 3.3.4　矩阵 $\boldsymbol{A}$ 的秩等于它的列向量组的秩，也等于它的行向量组的秩.

证　仅就列向量组情形讨论.

设矩阵 $\boldsymbol{A}$ 的列向量组的秩为 s，$r(\boldsymbol{A})=r$，欲证 $s=r$.

因 $r(\boldsymbol{A})=r$，则矩阵 $\boldsymbol{A}$ 中至少有一个 r 阶子式 $D_r\neq0$，从而 D_r 所在的 $\boldsymbol{A}$ 的 r 个列向量线性无关，因此 $\boldsymbol{A}$ 的列向量组的秩 $s\geqslant r$；另一方面，由矩阵

$\boldsymbol{A}$ 的列向量组的秩为 s，知 $\boldsymbol{A}$ 有 s 个列向量 $\boldsymbol{\alpha}_1,\boldsymbol{\alpha}_2,\cdots,\boldsymbol{\alpha}_s$ 线性无关，记这 s 列构成矩阵 $\boldsymbol{A}_s$，则 $\boldsymbol{A}_s$ 中至少有一个 s 阶子式 D_s 不为零，而 $\boldsymbol{A}_s$ 没有更高阶的子式，因此 $r(\boldsymbol{A}_s)=s$. 于是，有 $r=r(\boldsymbol{A})\geqslant r(\boldsymbol{A}_s)=s$. 综上所述，$s=r$.

同理可证，矩阵 $\boldsymbol{A}$ 的秩等于它的行向量组的秩.

通常把矩阵 $\boldsymbol{A}$ 的列(行)向量组的秩称为矩阵 $\boldsymbol{A}$ 的**列(行)秩**.

定理 3.3.4(三秩相等定理)在线性方程组理论中，实现了线性方程组矩阵形式 $\boldsymbol{Ax}=\boldsymbol{\beta}$ 与向量形式 $x_1\boldsymbol{\alpha}_1+x_2\boldsymbol{\alpha}_2+\cdots+x_n\boldsymbol{\alpha}_n=\boldsymbol{\beta}$ 的统一，也为我们以向量理论为工具研究矩阵或是以矩阵理论为工具研究向量搭建了桥梁.

首先，该定理提供了一个求向量组的秩、判别向量组线性相关性的行之有效的方法.

将向量组 $\boldsymbol{\alpha}_1,\boldsymbol{\alpha}_2,\cdots,\boldsymbol{\alpha}_s$ 按列(行)排成矩阵 $\boldsymbol{A}$，求出 $\boldsymbol{A}$ 的秩 $r(\boldsymbol{A})=r$，即为向量组的秩；当 $r<$ 列(行)向量个数时，向量组线性相关；当 $r=$ 列(行)向量个数时，向量组线性无关.

例 3.3.5　求向量组的秩，这里 $\boldsymbol{\alpha}_1=(1,1,0,1)^{\mathrm{T}},\boldsymbol{\alpha}_2=(1,0,1,1)^{\mathrm{T}},\boldsymbol{\alpha}_3=(1,1,1,0)^{\mathrm{T}}$.

解　设 $\boldsymbol{A}=(\boldsymbol{\alpha}_1,\boldsymbol{\alpha}_2,\boldsymbol{\alpha}_3)$，对 $\boldsymbol{A}$ 施行初等行变换，得

$$\boldsymbol{A}=\begin{pmatrix}1&1&1\\1&0&1\\0&1&1\\1&1&0\end{pmatrix}\to\begin{pmatrix}1&1&1\\0&-1&0\\0&1&1\\0&0&-1\end{pmatrix}\to\begin{pmatrix}1&1&1\\0&-1&0\\0&0&-1\\0&0&0\end{pmatrix}.$$

矩阵 $\boldsymbol{A}$ 的秩为 3，故向量组的秩为 3.

其次，由三秩相等定理还可以获得进一步讨论向量组线性关系的结论.

定理 3.3.5 的证明

定理 3.3.5　如果矩阵 $\boldsymbol{A}$ 经过初等行变换化成 $\boldsymbol{B}$，则矩阵 $\boldsymbol{A}$ 的列向量组与 $\boldsymbol{B}$ 的列向量组具有相同的线性关系(线性相关性和线性组合关系).

依据上述定理，不难求出向量组的极大无关组与秩，并给出向量组中“多余向量”及其用极大无关组线性表示的系数.由此，也解决了如何直接从原方程组中“剔除”多余方程，而不影响方程组解的问题(求出增广矩阵 $\overline{\boldsymbol{A}}$ 的行向量组的极大无关组及剩余向量由极大无关组线性表示的系数，方程之间的关系便一目了然，与极大无关组对应的即为保留的原方程)；此外，对直接从原方程组来判断它是否有解的问题，还可以从向量角度表述为：线性方程组 $x_1\boldsymbol{\alpha}_1+x_2\boldsymbol{\alpha}_2+\cdots+x_s\boldsymbol{\alpha}_s=\boldsymbol{\beta}$ 即 $(\boldsymbol{\alpha}_1,\boldsymbol{\alpha}_2,\cdots,\boldsymbol{\alpha}_s)\boldsymbol{x}=\boldsymbol{\beta}$ 有解$\Leftrightarrow$

向量 $\boldsymbol{\beta}$ 可由向量组 $\boldsymbol{\alpha}_1,\boldsymbol{\alpha}_2,\cdots,\boldsymbol{\alpha}_s$ 线性表示 $\Leftrightarrow r(\boldsymbol{\alpha}_1,\boldsymbol{\alpha}_2,\cdots,\boldsymbol{\alpha}_s) = r(\boldsymbol{\alpha}_1,\boldsymbol{\alpha}_2,\cdots,\boldsymbol{\alpha}_s,\boldsymbol{\beta})$，也即增广矩阵 $\overline{\boldsymbol{A}}$ 的列向量组 $\boldsymbol{\alpha}_1,\boldsymbol{\alpha}_2,\cdots,\boldsymbol{\alpha}_s,\boldsymbol{\beta}$ 与系数矩阵 $\boldsymbol{A}$ 的列向量组 $\boldsymbol{\alpha}_1,\boldsymbol{\alpha}_2,\cdots,\boldsymbol{\alpha}_s$ 等价.

例 3.3.6　求向量组

$$\boldsymbol{\alpha}_1 = (1,0,0,1)^{\mathrm{T}},\quad \boldsymbol{\alpha}_2 = (0,1,0,1)^{\mathrm{T}},$$
$$\boldsymbol{\alpha}_3 = (0,0,1,-1)^{\mathrm{T}},\quad \boldsymbol{\alpha}_4 = (2,-1,3,-2)^{\mathrm{T}}$$

的秩及一个极大无关组,并将剩余向量用该极大无关组线性表示.

解　令 $\boldsymbol{A} = (\boldsymbol{\alpha}_1,\boldsymbol{\alpha}_2,\boldsymbol{\alpha}_3,\boldsymbol{\alpha}_4)$，对 $\boldsymbol{A}$ 施行初等行变换化为行最简形

$$\boldsymbol{A} = \begin{pmatrix} 1 & 0 & 0 & 2 \\ 0 & 1 & 0 & -1 \\ 0 & 0 & 1 & 3 \\ 1 & 1 & -1 & -2 \end{pmatrix} \to \begin{pmatrix} 1 & 0 & 0 & 2 \\ 0 & 1 & 0 & -1 \\ 0 & 0 & 1 & 3 \\ 0 & 1 & -1 & -4 \end{pmatrix} \to \begin{pmatrix} 1 & 0 & 0 & 2 \\ 0 & 1 & 0 & -1 \\ 0 & 0 & 1 & 3 \\ 0 & 0 & 0 & 0 \end{pmatrix},$$

故向量组的秩为 3，$\boldsymbol{\alpha}_1,\boldsymbol{\alpha}_2,\boldsymbol{\alpha}_3$ 为向量组的一个极大无关组,且有

$$\boldsymbol{\alpha}_4 = 2\boldsymbol{\alpha}_1 - \boldsymbol{\alpha}_2 + 3\boldsymbol{\alpha}_3.$$

说明:题中若设行最简形为 $\boldsymbol{B} = (\boldsymbol{\beta}_1,\boldsymbol{\beta}_2,\boldsymbol{\beta}_3,\boldsymbol{\beta}_4)$，知 $\boldsymbol{B}$ 的秩(也是 $\boldsymbol{B}$ 的列向量组的秩)为 3，$\boldsymbol{\beta}_1,\boldsymbol{\beta}_2,\boldsymbol{\beta}_3$ 显然是线性无关的,因此是向量组 $\boldsymbol{\beta}_1,\boldsymbol{\beta}_2,\boldsymbol{\beta}_3,\boldsymbol{\beta}_4$ 的极大无关组. 由定理 3.3.5 知,矩阵 $\boldsymbol{A}$ 中对应的前 3 列向量 $\boldsymbol{\alpha}_1,\boldsymbol{\alpha}_2,\boldsymbol{\alpha}_3$ 即为矩阵 $\boldsymbol{A}$ 的列向量组 $\boldsymbol{\alpha}_1,\boldsymbol{\alpha}_2,\boldsymbol{\alpha}_3,\boldsymbol{\alpha}_4$ 的极大无关组;显然,有 $\boldsymbol{\beta}_4 = 2\boldsymbol{\beta}_1 - \boldsymbol{\beta}_2 + 3\boldsymbol{\beta}_3$(任何向量由基本向量组表示时系数就是对应的分量),与之相应地有 $\boldsymbol{\alpha}_4 = 2\boldsymbol{\alpha}_1 - \boldsymbol{\alpha}_2 + 3\boldsymbol{\alpha}_3$.

停下来想一想

① 对矩阵进行初等行变换能否保持行向量组线性关系的一致性? 能否保证列向量组的等价性? **试考察**

$$\begin{pmatrix} 1 & 1 \\ 2 & 2 \end{pmatrix} \to \begin{pmatrix} 1 & 1 \\ 0 & 0 \end{pmatrix},$$

前后两个矩阵行向量组的线性关系以及列向量组是否等价.

② 如何利用矩阵初等行变换求向量组的极大无关组,并将剩余向量用极大无关组线性表示?

例 3.3.7 已知向量组

（Ⅰ）$\boldsymbol{\alpha}_1=(1,1,0,0)^{\mathrm{T}}$， $\boldsymbol{\alpha}_2=(1,0,1,1)^{\mathrm{T}}$；

（Ⅱ）$\boldsymbol{\beta}_1=(2,-1,3,3)^{\mathrm{T}}$， $\boldsymbol{\beta}_2=(0,1,-1,-1)^{\mathrm{T}}$.

试证明：向量组（Ⅰ）与（Ⅱ）等价.

证 方法1 考虑向量组

$$(\text{Ⅲ})\begin{array}{l}\boldsymbol{\alpha}_1=(1,1,0,0)^{\mathrm{T}},\quad \boldsymbol{\alpha}_2=(1,0,1,1)^{\mathrm{T}},\\ \boldsymbol{\beta}_1=(2,-1,3,3)^{\mathrm{T}},\quad \boldsymbol{\beta}_2=(0,1,-1,-1)^{\mathrm{T}}.\end{array}$$

构造矩阵

$$\boldsymbol{C}=(\boldsymbol{\alpha}_1,\boldsymbol{\alpha}_2,\boldsymbol{\beta}_1,\boldsymbol{\beta}_2)=\begin{pmatrix}1&1&2&0\\1&0&-1&1\\0&1&3&-1\\0&1&3&-1\end{pmatrix},$$

对矩阵 $\boldsymbol{C}$ 施行初等行变换，得

$$\boldsymbol{C}\to\begin{pmatrix}1&1&2&0\\0&-1&-3&1\\0&1&3&-1\\0&1&3&-1\end{pmatrix}\to\begin{pmatrix}1&1&2&0\\0&1&3&-1\\0&0&0&0\\0&0&0&0\end{pmatrix},$$

可见 $r(\boldsymbol{C})=2$，即向量组（Ⅲ）的秩为2. 易知，向量组（Ⅰ）与（Ⅱ）的秩为2，它们都是向量组（Ⅲ）的极大无关组，因此向量组（Ⅰ）与（Ⅱ）等价.

方法2 验证向量组（Ⅰ）与（Ⅱ）可以相互线性表示即可. 继续初等行变换，得

$$\boldsymbol{C}=(\boldsymbol{\alpha}_1,\boldsymbol{\alpha}_2,\boldsymbol{\beta}_1,\boldsymbol{\beta}_2)\to\begin{pmatrix}1&1&2&0\\0&1&3&-1\\0&0&0&0\\0&0&0&0\end{pmatrix}\to\begin{pmatrix}1&0&-1&1\\0&1&3&-1\\0&0&0&0\\0&0&0&0\end{pmatrix},$$

所以有 $\boldsymbol{\beta}_1=-\boldsymbol{\alpha}_1+3\boldsymbol{\alpha}_2$，$\boldsymbol{\beta}_2=\boldsymbol{\alpha}_1-\boldsymbol{\alpha}_2$；又

$$(\boldsymbol{\beta}_1,\boldsymbol{\beta}_2,\boldsymbol{\alpha}_1,\boldsymbol{\alpha}_2)=\begin{pmatrix}2&0&1&1\\-1&1&1&0\\3&-1&0&1\\3&-1&0&1\end{pmatrix}\to\begin{pmatrix}1&0&\frac{1}{2}&\frac{1}{2}\\0&1&\frac{3}{2}&\frac{1}{2}\\0&0&0&0\\0&0&0&0\end{pmatrix},$$

得 $\boldsymbol{\alpha}_1=\frac{1}{2}\boldsymbol{\beta}_1+\frac{3}{2}\boldsymbol{\beta}_2,\boldsymbol{\alpha}_2=\frac{1}{2}\boldsymbol{\beta}_1+\frac{1}{2}\boldsymbol{\beta}_2$；故向量组(Ⅰ)与(Ⅱ)等价.

上面的例子是以矩阵为工具研究向量组问题，下面的例子则是以向量为工具研究矩阵有关问题.

例 3.3.8　设 $\boldsymbol{A}$ 为 $m\times s$ 矩阵，$\boldsymbol{B}$ 为 $s\times n$ 矩阵，则

$$r(\boldsymbol{AB})\leqslant\min(r(\boldsymbol{A}),r(\boldsymbol{B})).$$

证　设 $\boldsymbol{C}=\boldsymbol{AB}$，则 $\boldsymbol{C}$ 为 $m\times n$ 矩阵. 由于矩阵 $\boldsymbol{C}$ 的列向量组可以由矩阵 $\boldsymbol{A}$ 的列向量组线性表示，行向量组可以由矩阵 $\boldsymbol{B}$ 的行向量组线性表示，即

$$\boldsymbol{C}=(\boldsymbol{\gamma}_1,\boldsymbol{\gamma}_2,\cdots,\boldsymbol{\gamma}_n)=(\boldsymbol{\alpha}_1,\boldsymbol{\alpha}_2,\cdots,\boldsymbol{\alpha}_s)\begin{pmatrix}b_{11}&b_{12}&\cdots&b_{1n}\\b_{21}&b_{22}&\cdots&b_{2n}\\\vdots&\vdots&&\vdots\\b_{s1}&b_{s2}&\cdots&b_{sn}\end{pmatrix}$$

及

$$\boldsymbol{C}=\begin{pmatrix}\boldsymbol{c}_1\\\boldsymbol{c}_2\\\vdots\\\boldsymbol{c}_m\end{pmatrix}=\begin{pmatrix}a_{11}&a_{12}&\cdots&a_{1s}\\a_{21}&a_{22}&\cdots&a_{2s}\\\vdots&\vdots&&\vdots\\a_{m1}&a_{m2}&\cdots&a_{ms}\end{pmatrix}\begin{pmatrix}\boldsymbol{b}_1\\\boldsymbol{b}_2\\\vdots\\\boldsymbol{b}_s\end{pmatrix},$$

其中

$$\boldsymbol{\gamma}_j=b_{1j}\boldsymbol{\alpha}_1+b_{2j}\boldsymbol{\alpha}_2+\cdots+b_{sj}\boldsymbol{\alpha}_s,\quad j=1,2,\cdots,n;$$

$$\boldsymbol{c}_i=a_{i1}\boldsymbol{b}_1+a_{i2}\boldsymbol{b}_2+\cdots+a_{is}\boldsymbol{b}_s,\quad i=1,2,\cdots,m.$$

由定理 3.3.3 知，矩阵 $\boldsymbol{C}$ 的列向量组的秩不超过矩阵 $\boldsymbol{A}$ 的列向量组的秩，矩阵 $\boldsymbol{C}$ 的行向量组的秩不超过矩阵 $\boldsymbol{B}$ 的行向量组的秩，即

$$r(\boldsymbol{C})=r(\boldsymbol{\gamma}_1,\boldsymbol{\gamma}_2,\cdots,\boldsymbol{\gamma}_n)\leqslant r(\boldsymbol{\alpha}_1,\boldsymbol{\alpha}_2,\cdots,\boldsymbol{\alpha}_s)=r(\boldsymbol{A});$$

$$r(\boldsymbol{C})=r(\boldsymbol{c}_1,\boldsymbol{c}_2,\cdots,\boldsymbol{c}_m)\leqslant r(\boldsymbol{b}_1,\boldsymbol{b}_2,\cdots,\boldsymbol{b}_s)=r(\boldsymbol{B}).$$

因此 $r(\boldsymbol{AB})\leqslant\min(r(\boldsymbol{A}),r(\boldsymbol{B}))$.

最后，给出一个应用实例.

例 3.3.9(调整气象观测站问题)　某地区有 10 个气象观测站，8 年来各观测站的年降水量如表 3.3.1.

为了节省开支，想要适当减少气象观测站. 减少哪些气象观测站可以使所得降水量的信息仍然足够大?

表 3.3.1 年降水量统计表 单位:mm

年降水量		观测站									
		x_1	x_2	x_3	x_4	x_5	x_6	x_7	x_8	x_9	x_{10}
年份	2008	192.7	436.2	289.9	366.3	466.2	239.1	357.4	219.7	245.7	411.1
	2009	246.2	232.4	243.7	372.5	460.4	158.9	298.7	314.5	256.6	327
	2010	291.7	311	502.4	254	245.6	324.8	401	266.5	251.3	289.9
	2011	466.5	158.9	223.5	425.1	251.4	321	315.4	317.4	246.2	277.5
	2012	258.6	327.4	432.1	403.9	256.6	282.9	389.7	413.2	466.5	199.3
	2013	453.4	365.5	357.6	258.1	278.8	467.2	355.2	228.5	453.6	315.6
	2014	158.5	271	410.2	344.2	250	360.7	376.4	179.4	159.2	342.4
	2015	324.8	406.5	235.7	288.8	192.6	284.9	290.5	343.7	283.4	281.2

解 用$\boldsymbol{\alpha}_1,\boldsymbol{\alpha}_2,\cdots,\boldsymbol{\alpha}_{10}$分别表示气象观测站在2008—2015年内的降水量的列向量,由于$\boldsymbol{\alpha}_1,\boldsymbol{\alpha}_2,\cdots,\boldsymbol{\alpha}_{10}$是含有10个向量的8维向量组,所以该向量组必然线性相关.

求出$\boldsymbol{\alpha}_1,\boldsymbol{\alpha}_2,\cdots,\boldsymbol{\alpha}_{10}$的一个极大无关组,则其他气象站的资料便可由极大无关组所对应的气象站的资料表示出来.这样,就能去掉“多余的”气象站.显然,最多只需要保留8个气象观测站.

以$\boldsymbol{\alpha}_1,\boldsymbol{\alpha}_2,\cdots,\boldsymbol{\alpha}_{10}$为列向量组作矩阵$\boldsymbol{A}$,求出一个极大无关组为

$$\boldsymbol{\alpha}_1,\boldsymbol{\alpha}_2,\boldsymbol{\alpha}_3,\boldsymbol{\alpha}_4,\boldsymbol{\alpha}_5,\boldsymbol{\alpha}_6,\boldsymbol{\alpha}_7,\boldsymbol{\alpha}_8,$$

且有

$$\begin{aligned}\boldsymbol{\alpha}_9 &= 2.085\,3\boldsymbol{\alpha}_1+2.711\,84\boldsymbol{\alpha}_2+7.801\,18\boldsymbol{\alpha}_3+5.445\,57\boldsymbol{\alpha}_4+\\&\quad 0.737\,396\boldsymbol{\alpha}_5+0.144\,46\boldsymbol{\alpha}_6-15.837\,7\boldsymbol{\alpha}_7-1.425\,65\boldsymbol{\alpha}_8;\\ \boldsymbol{\alpha}_{10} &= -1.108\,24\boldsymbol{\alpha}_1-1.126\,96\boldsymbol{\alpha}_2-4.016\,22\boldsymbol{\alpha}_3-2.815\,12\boldsymbol{\alpha}_4+\\&\quad 0.264\,682\boldsymbol{\alpha}_5+0.611\,454\boldsymbol{\alpha}_6+7.912\,35\boldsymbol{\alpha}_7+0.975\,208\boldsymbol{\alpha}_8.\end{aligned}$$

故可以减少第9和第10个观测站,使得到的降水量信息仍然足够大.当然,也可以减少另外两个观测站,只要这两个列向量可以由其他列向量线性表示.

如果确定只需要6个观测站,那么我们可以从上表中取某6年的数据(比如,最近6年的数据),组成含10个向量的向量组,然后求其极大无关组,则必有4个向量可由其他向量线性表示.这4个向量所对应的气象观测站就可以撤销.

习题 3.3(A)

1. 单项选择题.

(1) 若矩阵 $\boldsymbol{A}=(\boldsymbol{\alpha}_1,\boldsymbol{\alpha}_2,\cdots,\boldsymbol{\alpha}_s)$ 与 $\boldsymbol{B}=(\boldsymbol{\beta}_1,\boldsymbol{\beta}_2,\cdots,\boldsymbol{\beta}_t)$ 的列向量组等价,则(　　);

(A) $s=t$　　　　(B) $r(\boldsymbol{\alpha}_1,\boldsymbol{\alpha}_2,\cdots,\boldsymbol{\alpha}_s)=r(\boldsymbol{\beta}_1,\boldsymbol{\beta}_2,\cdots,\boldsymbol{\beta}_t)$

(C) 矩阵 $\boldsymbol{A}$ 与 $\boldsymbol{B}$ 等价　　　　(D) 两向量组的线性相(无)关性一致

(2) 若向量组 $\boldsymbol{\beta}_1,\boldsymbol{\beta}_2,\cdots,\boldsymbol{\beta}_t$ 可由 $\boldsymbol{\alpha}_1,\boldsymbol{\alpha}_2,\cdots,\boldsymbol{\alpha}_s$ 线性表示,则(　　);

(A) $t\leqslant s$　　　　(B) $r(\boldsymbol{\alpha}_1,\boldsymbol{\alpha}_2,\cdots,\boldsymbol{\alpha}_s)\leqslant r(\boldsymbol{\beta}_1,\boldsymbol{\beta}_2,\cdots,\boldsymbol{\beta}_t)$

(C) $s\leqslant t$　　　　(D) $r(\boldsymbol{\alpha}_1,\boldsymbol{\alpha}_2,\cdots,\boldsymbol{\alpha}_s)\geqslant r(\boldsymbol{\beta}_1,\boldsymbol{\beta}_2,\cdots,\boldsymbol{\beta}_t)$

(3) 设向量组 $\boldsymbol{\alpha}_1,\boldsymbol{\alpha}_2,\cdots,\boldsymbol{\alpha}_s$ 的秩为 r,则(　　);

(A) 向量组中任何 r 个向量均为极大无关组

(B) 向量组中任何线性无关的部分组均为极大无关组

(C) 向量组中任何 r 个向量线性无关

(D) 向量组中任何 $r+1$ 个向量线性相关

2. 填空题.

(1) 若 $r(\boldsymbol{\alpha}_1,\boldsymbol{\alpha}_2,\cdots,\boldsymbol{\alpha}_s)<s$,则向量组 $\boldsymbol{\alpha}_1,\boldsymbol{\alpha}_2,\cdots,\boldsymbol{\alpha}_s$ 线性________;

(2) 设向量组 $\boldsymbol{\alpha}_1=\begin{pmatrix}1\\1\\1\end{pmatrix},\boldsymbol{\alpha}_2=\begin{pmatrix}a\\0\\b\end{pmatrix},\boldsymbol{\alpha}_3=\begin{pmatrix}1\\3\\2\end{pmatrix}$ 的秩为 2,则 a,b 应满足关系式________;

(3) 若 $\boldsymbol{A}=\begin{pmatrix}a_1b_1 & a_1b_2 & a_1b_3\\ a_2b_1 & a_2b_2 & a_2b_3\\ a_3b_1 & a_3b_2 & a_3b_3\end{pmatrix}$,且 $a_1\neq0,b_1\neq0$,则 $r(\boldsymbol{A})=$________;

(4) 若向量组Ⅰ可由向量组Ⅱ线性表示,则两向量组秩的大小关系为________;

(5) $r(\text{Ⅰ})=r(\text{Ⅱ})$是向量组Ⅰ与向量组Ⅱ等价的________条件.

3. 求下列向量组的秩.

(1) $\boldsymbol{\alpha}_1=(2,1,-1)^{\mathrm{T}},\boldsymbol{\alpha}_2=(5,4,2)^{\mathrm{T}},\boldsymbol{\alpha}_3=(3,6,0)^{\mathrm{T}}$;

(2) $\boldsymbol{\alpha}_1=(3,1,0,2)^{\mathrm{T}},\boldsymbol{\alpha}_2=(-1,1,-2,1)^{\mathrm{T}},\boldsymbol{\alpha}_3=(1,3,-4,4)^{\mathrm{T}}$;

(3) $\boldsymbol{\alpha}_1=(1,2,1)^{\mathrm{T}},\boldsymbol{\alpha}_2=(2,8,2)^{\mathrm{T}},\boldsymbol{\alpha}_3=(-2,-2,3)^{\mathrm{T}},\boldsymbol{\alpha}_4=(3,0,4)^{\mathrm{T}}$.

4. 已知向量组 $\boldsymbol{\alpha}_1=(1,1,2,-2)^{\mathrm{T}},\boldsymbol{\alpha}_2=(1,3,-k,-2k)^{\mathrm{T}},\boldsymbol{\alpha}_3=(1,-1,6,0)^{\mathrm{T}}$ 的秩为 2,求 k 的值.

5. 设 $\boldsymbol{\alpha}_1=(1,0,1,0)^{\mathrm{T}},\boldsymbol{\alpha}_2=(1,1,0,0)^{\mathrm{T}},\boldsymbol{\alpha}_3=(2,1,1,0)^{\mathrm{T}},\boldsymbol{\alpha}_4=(0,0,1,1)^{\mathrm{T}}$,试求该向量组的秩和一个极大无关组.

6. 判断以下向量组的线性相关性,求出它们的秩和一个极大无关组,并用该极大无关组表示其余向量.

(1) $\boldsymbol{\alpha}_1=\begin{pmatrix}1\\2\\-1\\4\end{pmatrix},\boldsymbol{\alpha}_2=\begin{pmatrix}9\\1\\1\\4\end{pmatrix},\boldsymbol{\alpha}_3=\begin{pmatrix}-2\\-4\\2\\-8\end{pmatrix}$;

(2) $\boldsymbol{\alpha}_1=\begin{pmatrix}1\\1\\0\end{pmatrix},\boldsymbol{\alpha}_2=\begin{pmatrix}0\\2\\0\end{pmatrix},\boldsymbol{\alpha}_3=\begin{pmatrix}0\\0\\3\end{pmatrix}$;

(3) $\boldsymbol{\alpha}_1=\begin{pmatrix}1\\2\\3\\-4\end{pmatrix},\boldsymbol{\alpha}_2=\begin{pmatrix}2\\3\\-4\\1\end{pmatrix},\boldsymbol{\alpha}_3=\begin{pmatrix}2\\-5\\8\\-3\end{pmatrix},\boldsymbol{\alpha}_4=\begin{pmatrix}5\\26\\-9\\-12\end{pmatrix},\boldsymbol{\alpha}_5=\begin{pmatrix}3\\-4\\1\\2\end{pmatrix}$.

7. 设有 4 维向量组

$$\boldsymbol{\alpha}_1=(1+a,1,1,1)^{\mathrm{T}},\quad \boldsymbol{\alpha}_2=(2,2+a,2,2)^{\mathrm{T}},$$

$$\boldsymbol{\alpha}_3=(3,3,3+a,3)^{\mathrm{T}},\quad \boldsymbol{\alpha}_4=(4,4,4,4+a)^{\mathrm{T}}.$$

问 a 为何值时，$\boldsymbol{\alpha}_1,\boldsymbol{\alpha}_2,\boldsymbol{\alpha}_3,\boldsymbol{\alpha}_4$ 线性相关；当 $\boldsymbol{\alpha}_1,\boldsymbol{\alpha}_2,\boldsymbol{\alpha}_3,\boldsymbol{\alpha}_4$ 线性相关时求它们的一个极大无关组，并将其余向量用该极大无关组线性表示.

8. 设 $\boldsymbol{\alpha}_1=\begin{pmatrix}1\\0\\0\\3\end{pmatrix},\boldsymbol{\alpha}_2=\begin{pmatrix}1\\1\\-1\\2\end{pmatrix},\boldsymbol{\alpha}_3=\begin{pmatrix}1\\2\\a-3\\1\end{pmatrix},\boldsymbol{\alpha}_4=\begin{pmatrix}1\\2\\-2\\a\end{pmatrix},\boldsymbol{\beta}=\begin{pmatrix}0\\1\\b\\-1\end{pmatrix}$，$a,b$ 为何值时，

(1) $\boldsymbol{\beta}$ 能由 $\boldsymbol{\alpha}_1,\boldsymbol{\alpha}_2,\boldsymbol{\alpha}_3,\boldsymbol{\alpha}_4$ 线性表示且表达式唯一；

(2) $\boldsymbol{\beta}$ 不能由 $\boldsymbol{\alpha}_1,\boldsymbol{\alpha}_2,\boldsymbol{\alpha}_3,\boldsymbol{\alpha}_4$ 线性表示；

(3) $\boldsymbol{\beta}$ 能由 $\boldsymbol{\alpha}_1,\boldsymbol{\alpha}_2,\boldsymbol{\alpha}_3,\boldsymbol{\alpha}_4$ 线性表示但表达式不唯一，求出一般表达式.

9. 证明：(1) 设向量组

$$(\text{I})\ \boldsymbol{\alpha}_1=(1,2,1,3)^{\mathrm{T}},\quad \boldsymbol{\alpha}_2=(4,-1,-5,-6)^{\mathrm{T}};$$

$$(\text{II})\ \boldsymbol{\beta}_1=(-1,3,4,7)^{\mathrm{T}},\quad \boldsymbol{\beta}_2=(2,-1,-3,-4)^{\mathrm{T}}.$$

试证：向量组(Ⅰ)与(Ⅱ)等价；

(2) 设向量组 $\boldsymbol{\alpha}_1,\boldsymbol{\alpha}_2,\cdots,\boldsymbol{\alpha}_s$ 与向量组 $\boldsymbol{\alpha}_1,\boldsymbol{\alpha}_2,\cdots,\boldsymbol{\alpha}_s,\boldsymbol{\beta}$ 有相同的秩，试证：向量 $\boldsymbol{\beta}$ 可由向量组 $\boldsymbol{\alpha}_1,\boldsymbol{\alpha}_2,\cdots,\boldsymbol{\alpha}_s$ 线性表示；

(3) $r(\boldsymbol{A}\ \vdots\ \boldsymbol{B})\leqslant r(\boldsymbol{A})+r(\boldsymbol{B})$.

习题 3.3(B)

1. 设向量组(Ⅰ) $\boldsymbol{\alpha}_1,\boldsymbol{\alpha}_2,\boldsymbol{\alpha}_3$;(Ⅱ) $\boldsymbol{\alpha}_1,\boldsymbol{\alpha}_2,\boldsymbol{\alpha}_3,\boldsymbol{\alpha}_4$;(Ⅲ) $\boldsymbol{\alpha}_1,\boldsymbol{\alpha}_2,\boldsymbol{\alpha}_3,\boldsymbol{\alpha}_5$. 若已知各向量组的秩分别为 $r(\text{Ⅰ})=r(\text{Ⅱ})=3, r(\text{Ⅲ})=4$. 求证:向量组 $\boldsymbol{\alpha}_1,\boldsymbol{\alpha}_2,\boldsymbol{\alpha}_3,\boldsymbol{\alpha}_5-\boldsymbol{\alpha}_4$ 的秩为 4.

2. 设有向量组 $\boldsymbol{\alpha}_1,\boldsymbol{\alpha}_2,\cdots,\boldsymbol{\alpha}_s$ 及其部分组 $\boldsymbol{\alpha}_{i_1},\boldsymbol{\alpha}_{i_2},\cdots,\boldsymbol{\alpha}_{i_r}$,求证:只要下列三个条件中的任意两个成立,则该部分组必为原向量组的极大无关组.

(1) $r(\boldsymbol{\alpha}_1,\boldsymbol{\alpha}_2,\cdots,\boldsymbol{\alpha}_s)=r$;

(2) $\boldsymbol{\alpha}_{i_1},\boldsymbol{\alpha}_{i_2},\cdots,\boldsymbol{\alpha}_{i_r}$ 线性无关;

(3) $\boldsymbol{\alpha}_{i_1},\boldsymbol{\alpha}_{i_2},\cdots,\boldsymbol{\alpha}_{i_r}$ 可将原向量组中任何向量线性表示.

3. 设向量组

$$\boldsymbol{\alpha}_1=\begin{pmatrix}1\\1\\1\\3\end{pmatrix},\quad \boldsymbol{\alpha}_2=\begin{pmatrix}-1\\-3\\5\\1\end{pmatrix},\quad \boldsymbol{\alpha}_3=\begin{pmatrix}3\\2\\-1\\p+2\end{pmatrix},\quad \boldsymbol{\alpha}_4=\begin{pmatrix}-2\\-6\\10\\p\end{pmatrix}.$$

(1) p 为何值时,向量组线性无关,并将 $\boldsymbol{\alpha}=(4,1,6,10)^{\mathrm{T}}$ 用该向量组线性表示;

(2) p 为何值时,向量组线性相关,求向量组的秩和一个极大无关组.

4. 已知向量组

$$\boldsymbol{\alpha}_1=\begin{pmatrix}1\\2\\-3\end{pmatrix},\boldsymbol{\alpha}_2=\begin{pmatrix}3\\0\\1\end{pmatrix},\boldsymbol{\alpha}_3=\begin{pmatrix}9\\6\\-7\end{pmatrix} \text{ 和 } \boldsymbol{\beta}_1=\begin{pmatrix}0\\1\\-1\end{pmatrix},\boldsymbol{\beta}_2=\begin{pmatrix}a\\2\\1\end{pmatrix},\boldsymbol{\beta}_3=\begin{pmatrix}b\\1\\0\end{pmatrix}$$

具有相同的秩,且 $\boldsymbol{\beta}_3$ 可由 $\boldsymbol{\alpha}_1,\boldsymbol{\alpha}_2,\boldsymbol{\alpha}_3$ 线性表示,求 a,b 的值.

*第 3.4 节　向量空间

为了更深刻地理解线性方程组解的结构,有必要讨论向量空间及其性质.

1. 向量空间的概念

定义 3.4.1　设 V 是 n 维向量的非空集合,如果 V 对向量的加法和数乘运算封闭,则称集合 V 为**向量空间**(vector space).

这里所说"对加法和数乘运算封闭"是指

$$\forall \boldsymbol{\alpha},\boldsymbol{\beta}\in V, k\in \mathbf{R},\text{有 } \boldsymbol{\alpha}+\boldsymbol{\beta}\in V, k\boldsymbol{\alpha}\in V.$$

显然,向量空间 V 中向量的线性运算满足以下八条运算规律:

(1) $\boldsymbol{\alpha}+\boldsymbol{\beta}=\boldsymbol{\beta}+\boldsymbol{\alpha}$;

(2) $\boldsymbol{\alpha}+(\boldsymbol{\beta}+\boldsymbol{\gamma})=(\boldsymbol{\alpha}+\boldsymbol{\beta})+\boldsymbol{\gamma}$;

(3) $\boldsymbol{\alpha}+\mathbf{0}=\boldsymbol{\alpha}$;

(4) $\boldsymbol{\alpha}+(-\boldsymbol{\alpha})=\mathbf{0}$;

(5) $1\boldsymbol{\alpha}=\boldsymbol{\alpha}$;

(6) $k(l\boldsymbol{\alpha})=(kl)\boldsymbol{\alpha}$;

(7) $(k+l)\boldsymbol{\alpha}=k\boldsymbol{\alpha}+l\boldsymbol{\alpha}$;

(8) $k(\boldsymbol{\alpha}+\boldsymbol{\beta})=k\boldsymbol{\alpha}+k\boldsymbol{\beta}$,

其中 $k,l\in\mathbf{R}$, $\boldsymbol{\alpha},\boldsymbol{\beta},\boldsymbol{\gamma}$ 为 n 维向量.

按定义, n 维向量全体组成的集合构成向量空间,称为 **n 维向量空间**,记作 $\mathbf{R}^n$.

特别地,当 $n=1$ 时,即将实数看作向量,全体实数 $\mathbf{R}$ 是一维向量空间; $n=2$ 时,即过原点的平面 $\mathbf{R}^2$ 是二维向量空间; $n=3$ 时,为几何空间 $\mathbf{R}^3$. $n>3$ 时, $\mathbf{R}^n$ 没有直观的几何意义,它是解析几何中空间概念的推广.

有时, $\mathbf{R}^n$ 的非空子集,也构成向量空间.

例如　$\mathbf{R}^3$ 的子集 $U=\{\boldsymbol{\alpha}=(a_1,a_2,0)^{\mathrm{T}}\mid a_1,a_2\in\mathbf{R}\}$ 是一个向量空间. 从几何角度看, 是空间直角坐标系中 Oxy 面上的全体向量构成的. 由此引出

定义 3.4.2　设 U 是 $\mathbf{R}^n$ 的一个非空子集,如果 U 关于 $\mathbf{R}^n$ 的加法与数乘运算也构成向量空间,称 U 为 $\mathbf{R}^n$ 的**子空间**(subspace).

换句话说,有

定理 3.4.1　非空集合 U 为 $\mathbf{R}^n$ 的子空间的充分必要条件是 U 对 $\mathbf{R}^n$ 的加法与数乘运算封闭.

易知,仅含零向量的集合 $\{\mathbf{0}\}$ 及 $\mathbf{R}^n$ 自身都是 $\mathbf{R}^n$ 的子空间,称它们为**平凡子空间**(trivial subspace).其余的则称为**非平凡子空间**(nontrivial subspace).

例 3.4.1　设

$$V_1=\{\boldsymbol{\alpha}=(0,a_2,a_3,\cdots,a_n)^{\mathrm{T}}\mid a_2,a_3,\cdots,a_n\in\mathbf{R}\},$$

$$V_2=\{\boldsymbol{\alpha}=(a_1,a_2,\cdots,a_n)^{\mathrm{T}}\mid a_i\in\mathbf{R},\text{且 }a_1+a_2+\cdots+a_n=1\},$$

判断 V_1,V_2 是否为向量空间.

解　(1) 因 $\mathbf{0}=(0,0,\cdots,0)^{\mathrm{T}}\in V_1$, 故 V_1 是 $\mathbf{R}^n$ 的非空子集;任取

$$\boldsymbol{\alpha}=(0,a_2,\cdots,a_n)^{\mathrm{T}},\ \boldsymbol{\beta}=(0,b_2,\cdots,b_n)^{\mathrm{T}}\in V_1\text{ 及 }k\in\mathbf{R},$$

有

$$\boldsymbol{\alpha}+\boldsymbol{\beta}=(0,a_2+b_2,\cdots,a_n+b_n)^{\mathrm{T}}\in V_1,$$

$$k\boldsymbol{\alpha}=(0,ka_2,\cdots,ka_n)^{\mathrm{T}}\in V_1,$$

即 V_1 对 $\mathbf{R}^n$ 中的加法与数乘运算是封闭的,由定理 3.4.1 知, V_1 为向量空间.

(2) 因 $(1,0,\cdots,0)^{\mathrm{T}}\in V_2$,故 V_2 非空,任取

$$\boldsymbol{\alpha}=(a_1,a_2,\cdots,a_n)^{\mathrm{T}},\boldsymbol{\beta}=(b_1,b_2,\cdots,b_n)^{\mathrm{T}}\in V_2,$$

有

$$(a_1+b_1)+(a_2+b_2)+\cdots+(a_n+b_n)=2,$$

即 $\boldsymbol{\alpha}+\boldsymbol{\beta}=(a_1+b_1,a_2+b_2,\cdots,a_n+b_n)^{\mathrm{T}}\notin V_2$, V_2 对加法运算不封闭.因此, V_2 不是向量空间.

例 3.4.2　齐次线性方程组 $\boldsymbol{A}_{m\times n}\boldsymbol{x}=\mathbf{0}$ 的解集合

$$S=\{\boldsymbol{\xi}\mid\boldsymbol{A\xi}=\mathbf{0},\boldsymbol{\xi}\in\mathbf{R}^n\}$$

是 $\mathbf{R}^n$ 的一个子空间.

证　因为 $\boldsymbol{A}\mathbf{0}=\mathbf{0}$, 故 S 非空;又对任意 $\boldsymbol{\xi}_1,\boldsymbol{\xi}_2\in S,k\in\mathbf{R}$, 有

$$\boldsymbol{A}(\boldsymbol{\xi}_1+\boldsymbol{\xi}_2)=\boldsymbol{A\xi}_1+\boldsymbol{A\xi}_2=\mathbf{0}+\mathbf{0}=\mathbf{0},\quad \boldsymbol{A}(k\boldsymbol{\xi}_1)=k\boldsymbol{A\xi}_1=k\mathbf{0}=\mathbf{0},$$

即 $\boldsymbol{\xi}_1+\boldsymbol{\xi}_2\in S,k\boldsymbol{\xi}_1\in S$, S 对 $\mathbf{R}^n$ 的加法与数乘运算封闭,故 S 是 $\mathbf{R}^n$ 的一个子空间.

称 S 为齐次线性方程组的**解空间**.

例 3.4.3　设 $\boldsymbol{\alpha}_1,\boldsymbol{\alpha}_2\in\mathbf{R}^n$, $L=\{\boldsymbol{\alpha}=k_1\boldsymbol{\alpha}_1+k_2\boldsymbol{\alpha}_2\mid k_1,k_2\in\mathbf{R}\}$, 则 L 是 $\mathbf{R}^n$ 的子空间.

证　显然 L 非空,任取 $\boldsymbol{\alpha},\boldsymbol{\beta}\in L,m\in\mathbf{R}$, 由

$$\boldsymbol{\alpha}=k_1\boldsymbol{\alpha}_1+k_2\boldsymbol{\alpha}_2,\quad \boldsymbol{\beta}=l_1\boldsymbol{\alpha}_1+l_2\boldsymbol{\alpha}_2,$$

有

$$\boldsymbol{\alpha}+\boldsymbol{\beta}=(k_1+l_1)\boldsymbol{\alpha}_1+(k_2+l_2)\boldsymbol{\alpha}_2\in L,$$

$$m\boldsymbol{\alpha}=(mk_1)\boldsymbol{\alpha}_1+(mk_2)\boldsymbol{\alpha}_2\in L,$$

即 L 对 $\mathbf{R}^n$ 的加法与数乘运算封闭,所以 L 为 $\mathbf{R}^n$ 的子空间.

一般地,设 $\boldsymbol{\alpha}_1,\boldsymbol{\alpha}_2,\cdots,\boldsymbol{\alpha}_s\in\mathbf{R}^n$, 则

$$L=\{\boldsymbol{\alpha}=k_1\boldsymbol{\alpha}_1+k_2\boldsymbol{\alpha}_2+\cdots+k_s\boldsymbol{\alpha}_s\mid k_i(i=1,2,\cdots,s)\in\mathbf{R}\}$$

是 $\mathbf{R}^n$ 的子空间.称为向量组 $\boldsymbol{\alpha}_1,\boldsymbol{\alpha}_2,\cdots,\boldsymbol{\alpha}_s$ 的**生成空间**(spanning space),记为

$$L(\boldsymbol{\alpha}_1,\boldsymbol{\alpha}_2,\cdots,\boldsymbol{\alpha}_s)\text{ 或 }\mathrm{span}(\boldsymbol{\alpha}_1,\boldsymbol{\alpha}_2,\cdots,\boldsymbol{\alpha}_s).$$

容易推得如下结果.

定理 3.4.2 等价的向量组生成相同的向量空间.

(证明留作练习.)

由于任意向量组都与它的极大无关组等价,所以向量组的生成空间就是该向量组的极大无关组生成的.

停下来想一想

① 非齐次线性方程组 $\boldsymbol{A}_{m\times n}\boldsymbol{x}=\boldsymbol{\beta}$ 的解向量全体构成的集合能否构成向量空间?

② 除了只含零向量的向量空间 $\{\boldsymbol{0}\}$,其他任何向量空间都含有无穷多个向量,这无穷多个向量能否由有限个向量线性表示? 如果能,这有限个向量是什么或应该满足什么条件? 如何求出?

2. 基 维数与坐标

基与维数是向量空间的主要特征,定义如下.

定义 3.4.3 设 V 是向量空间,如果 $\boldsymbol{\alpha}_1,\boldsymbol{\alpha}_2,\cdots,\boldsymbol{\alpha}_r\in V$ 且满足:

(1) $\boldsymbol{\alpha}_1,\boldsymbol{\alpha}_2,\cdots,\boldsymbol{\alpha}_r$ 线性无关;

(2) V 中任一向量均可由 $\boldsymbol{\alpha}_1,\boldsymbol{\alpha}_2,\cdots,\boldsymbol{\alpha}_r$ 线性表示,

则称 $\boldsymbol{\alpha}_1,\boldsymbol{\alpha}_2,\cdots,\boldsymbol{\alpha}_r$ 为向量空间 V 的一个**基**(base),r 称为向量空间 V 的**维数**(dimension),记为 $\dim V=r$,并称 V 是 r **维向量空间**.

只含零向量的向量空间 $\{\boldsymbol{0}\}$ 没有基,规定维数是零.

例 3.4.4 求向量空间 $\mathbf{R}^n$ 的一个基.

教学演示
实验 3-3
向量组的极大无关组(向量空间的基)

解 $\mathbf{R}^n$ 中 n 维基本单位向量组 $\boldsymbol{\varepsilon}_1=\begin{pmatrix}1\\0\\\vdots\\0\end{pmatrix},\boldsymbol{\varepsilon}_2=\begin{pmatrix}0\\1\\\vdots\\0\end{pmatrix},\cdots,\boldsymbol{\varepsilon}_n=\begin{pmatrix}0\\0\\\vdots\\1\end{pmatrix}$ 线性无关,且任意 $\boldsymbol{\alpha}=\begin{pmatrix}a_1\\a_2\\\vdots\\a_n\end{pmatrix}\in\mathbf{R}^n$,都可由 $\boldsymbol{\varepsilon}_1,\boldsymbol{\varepsilon}_2,\cdots,\boldsymbol{\varepsilon}_n$ 线性表示为

$$\boldsymbol{\alpha}=a_1\boldsymbol{\varepsilon}_1+a_2\boldsymbol{\varepsilon}_2+\cdots+a_n\boldsymbol{\varepsilon}_n.$$

由定义知,$\boldsymbol{\varepsilon}_1,\boldsymbol{\varepsilon}_2,\cdots,\boldsymbol{\varepsilon}_n$ 是 $\mathbf{R}^n$ 的一个基.

正是因为 $\mathbf{R}^n$ 的基含有 n 个向量,所以 $\mathbf{R}^n$ 才称为 n 维向量空间.

将基的定义与极大无关组的定义对照,不难发现

(1) 若把向量空间 V 视作向量组(注意:向量组未必是向量空间),则 V 的基就是向量组 V 的一个极大无关组,空间 V 的维数就是向量组 V 的秩;

(2) 由于任何向量组都与极大无关组等价,而等价的向量组又生成相同的向量空间,因此每一个向量空间都是基向量的生成空间.

例 3.4.5　求 $L(\boldsymbol{\alpha}_1,\boldsymbol{\alpha}_2,\boldsymbol{\alpha}_3,\boldsymbol{\alpha}_4,\boldsymbol{\alpha}_5)$ 的基与维数,这里

$$\boldsymbol{\alpha}_1=\begin{pmatrix}1\\0\\2\\1\end{pmatrix},\quad \boldsymbol{\alpha}_2=\begin{pmatrix}1\\2\\0\\1\end{pmatrix},\quad \boldsymbol{\alpha}_3=\begin{pmatrix}2\\1\\3\\0\end{pmatrix},\quad \boldsymbol{\alpha}_4=\begin{pmatrix}2\\5\\-1\\4\end{pmatrix},\quad \boldsymbol{\alpha}_5=\begin{pmatrix}1\\-1\\3\\-1\end{pmatrix}.$$

解　令 $\boldsymbol{A}=(\boldsymbol{\alpha}_1,\boldsymbol{\alpha}_2,\boldsymbol{\alpha}_3,\boldsymbol{\alpha}_4,\boldsymbol{\alpha}_5)$,对 $\boldsymbol{A}$ 施行初等行变换,得

$$\boldsymbol{A}=\begin{pmatrix}1&1&2&2&1\\0&2&1&5&-1\\2&0&3&-1&3\\1&1&0&4&-1\end{pmatrix}\to\begin{pmatrix}1&1&2&2&1\\0&2&1&5&-1\\0&-2&-1&-5&1\\0&0&-2&2&-2\end{pmatrix}\to\begin{pmatrix}1&1&2&2&1\\0&2&1&5&-1\\0&0&-2&2&-2\\0&0&0&0&0\end{pmatrix},$$

$r(\boldsymbol{A})=3$,且 $\boldsymbol{\alpha}_1,\boldsymbol{\alpha}_2,\boldsymbol{\alpha}_3$ 为向量组的一个极大无关组,也即 $L(\boldsymbol{\alpha}_1,\boldsymbol{\alpha}_2,\boldsymbol{\alpha}_3,\boldsymbol{\alpha}_4,\boldsymbol{\alpha}_5)$ 的一个基, $\dim L(\boldsymbol{\alpha}_1,\boldsymbol{\alpha}_2,\boldsymbol{\alpha}_3,\boldsymbol{\alpha}_4,\boldsymbol{\alpha}_5)=3$.

显然,如果 $\boldsymbol{\alpha}_1,\boldsymbol{\alpha}_2,\cdots,\boldsymbol{\alpha}_r$ 是向量空间 V 的基,则对任意 $\boldsymbol{\alpha}\in V$, $\boldsymbol{\alpha}$ 可由 $\boldsymbol{\alpha}_1,\boldsymbol{\alpha}_2,\cdots,\boldsymbol{\alpha}_r$ 线性表示,且表示式唯一,即存在唯一的一组数 $k_1,k_2,\cdots,k_r$,使

$$\boldsymbol{\alpha}=k_1\boldsymbol{\alpha}_1+k_2\boldsymbol{\alpha}_2+\cdots+k_r\boldsymbol{\alpha}_r,$$

称数 $k_1,k_2,\cdots,k_r$ 为向量 $\boldsymbol{\alpha}$ 在基 $\boldsymbol{\alpha}_1,\boldsymbol{\alpha}_2,\cdots,\boldsymbol{\alpha}_r$ 下的**坐标**(coordinate),记为 $(k_1,k_2,\cdots,k_r)$ 或 $(k_1,k_2,\cdots,k_r)^{\mathrm{T}}$.

例 3.4.6　在 $\mathbf{R}^3$ 中取两个基

$$\boldsymbol{\alpha}_1=\begin{pmatrix}1\\0\\0\end{pmatrix},\boldsymbol{\alpha}_2=\begin{pmatrix}0\\-1\\0\end{pmatrix},\boldsymbol{\alpha}_3=\begin{pmatrix}0\\0\\-1\end{pmatrix}\text{及}\boldsymbol{\beta}_1=\begin{pmatrix}-1\\0\\0\end{pmatrix},\boldsymbol{\beta}_2=\begin{pmatrix}1\\-1\\0\end{pmatrix},\boldsymbol{\beta}_3=\begin{pmatrix}1\\2\\1\end{pmatrix},$$

试分别求出向量 $\boldsymbol{\alpha}=\begin{pmatrix}1\\2\\3\end{pmatrix}$ 在两个基下的坐标.

解　易得 $\boldsymbol{\alpha}=\boldsymbol{\alpha}_1-2\boldsymbol{\alpha}_2-3\boldsymbol{\alpha}_3$,故 $\boldsymbol{\alpha}$ 在基 $\boldsymbol{\alpha}_1,\boldsymbol{\alpha}_2,\boldsymbol{\alpha}_3$ 下的坐标为 $(1,-2,-3)$.

由

$$(\boldsymbol{\beta}_1,\boldsymbol{\beta}_2,\boldsymbol{\beta}_3,\boldsymbol{\alpha})=\begin{pmatrix}-1&1&1&1\\0&-1&2&2\\0&0&1&3\end{pmatrix}\to\begin{pmatrix}1&0&0&6\\0&1&0&4\\0&0&1&3\end{pmatrix},$$

可得 $\boldsymbol{\alpha}=6\boldsymbol{\beta}_1+4\boldsymbol{\beta}_2+3\boldsymbol{\beta}_3$，故 $\boldsymbol{\alpha}$ 在基 $\boldsymbol{\beta}_1,\boldsymbol{\beta}_2,\boldsymbol{\beta}_3$ 下的坐标为 $(6,4,3)$.

该例表明，同一个向量在不同基下有不同的坐标. 那么，向量在不同基下的坐标之间有怎样的关系？下面考察向量空间基的变化对坐标变化的影响.

3. 基变换与坐标变换

设 $\boldsymbol{\alpha}_1,\boldsymbol{\alpha}_2,\cdots,\boldsymbol{\alpha}_n$ 和 $\boldsymbol{\beta}_1,\boldsymbol{\beta}_2,\cdots,\boldsymbol{\beta}_n$ 是 n 维向量空间 $\mathbf{R}^n$ 的两个基，且

$$\begin{cases}\boldsymbol{\beta}_1=a_{11}\boldsymbol{\alpha}_1+a_{21}\boldsymbol{\alpha}_2+\cdots+a_{n1}\boldsymbol{\alpha}_n,\\ \boldsymbol{\beta}_2=a_{12}\boldsymbol{\alpha}_1+a_{22}\boldsymbol{\alpha}_2+\cdots+a_{n2}\boldsymbol{\alpha}_n,\\ \cdots\cdots\cdots\cdots\\ \boldsymbol{\beta}_n=a_{1n}\boldsymbol{\alpha}_1+a_{2n}\boldsymbol{\alpha}_2+\cdots+a_{nn}\boldsymbol{\alpha}_n,\end{cases}\tag{3.4.1}$$

即

$$(\boldsymbol{\beta}_1,\boldsymbol{\beta}_2,\cdots,\boldsymbol{\beta}_n)=(\boldsymbol{\alpha}_1,\boldsymbol{\alpha}_2,\cdots,\boldsymbol{\alpha}_n)\begin{pmatrix}a_{11}&a_{12}&\cdots&a_{1n}\\a_{21}&a_{22}&\cdots&a_{2n}\\\vdots&\vdots&&\vdots\\a_{n1}&a_{n2}&\cdots&a_{nn}\end{pmatrix},\tag{3.4.2}$$

或简记为

$$(\boldsymbol{\beta}_1,\boldsymbol{\beta}_2,\cdots,\boldsymbol{\beta}_n)=(\boldsymbol{\alpha}_1,\boldsymbol{\alpha}_2,\cdots,\boldsymbol{\alpha}_n)\boldsymbol{A}.$$

式(3.4.1)或(3.4.2)称为**基变换公式**. $\boldsymbol{A}=(a_{ij})_{n\times n}$ 称为由基 $\boldsymbol{\alpha}_1,\boldsymbol{\alpha}_2,\cdots,\boldsymbol{\alpha}_n$ 到基 $\boldsymbol{\beta}_1,\boldsymbol{\beta}_2,\cdots,\boldsymbol{\beta}_n$ 的**过渡矩阵**(transition matrix).

由定义可知，向量空间 V 中任意两个基之间的过渡矩阵是可逆的.

关于一个向量在不同基下的坐标之间的关系，有

定理 3.4.3 设 $\boldsymbol{\alpha}_1,\boldsymbol{\alpha}_2,\cdots,\boldsymbol{\alpha}_n$ 和 $\boldsymbol{\beta}_1,\boldsymbol{\beta}_2,\cdots,\boldsymbol{\beta}_n$ 是 n 维向量空间 $\mathbf{R}^n$ 的两个基，且 $(\boldsymbol{\beta}_1,\boldsymbol{\beta}_2,\cdots,\boldsymbol{\beta}_n)=(\boldsymbol{\alpha}_1,\boldsymbol{\alpha}_2,\cdots,\boldsymbol{\alpha}_n)\boldsymbol{A}$；向量 $\boldsymbol{\alpha}\in\mathbf{R}^n$，$\boldsymbol{\alpha}$ 在基 $\boldsymbol{\alpha}_1,\boldsymbol{\alpha}_2,\cdots,\boldsymbol{\alpha}_n$ 下的坐标为 $(x_1,x_2,\cdots,x_n)$，在基 $\boldsymbol{\beta}_1,\boldsymbol{\beta}_2,\cdots,\boldsymbol{\beta}_n$ 下的坐标为 $(y_1,y_2,\cdots,y_n)$，则

$$\begin{pmatrix} x_1 \\ x_2 \\ \vdots \\ x_n \end{pmatrix} = \boldsymbol{A}\begin{pmatrix} y_1 \\ y_2 \\ \vdots \\ y_n \end{pmatrix} \text{ 或 } \begin{pmatrix} y_1 \\ y_2 \\ \vdots \\ y_n \end{pmatrix} = \boldsymbol{A}^{-1}\begin{pmatrix} x_1 \\ x_2 \\ \vdots \\ x_n \end{pmatrix}. \tag{3.4.3}$$

式(3.4.3)称为**坐标变换公式**.

例 3.4.7　已知 $\mathbf{R}^3$ 中向量组

$$\boldsymbol{\alpha}_1 = \begin{pmatrix} 1 \\ 1 \\ 0 \end{pmatrix}, \boldsymbol{\alpha}_2 = \begin{pmatrix} 0 \\ -1 \\ 1 \end{pmatrix}, \boldsymbol{\alpha}_3 = \begin{pmatrix} 1 \\ 0 \\ 2 \end{pmatrix} \text{ 及 } \boldsymbol{\beta}_1 = \begin{pmatrix} 3 \\ 1 \\ 0 \end{pmatrix}, \boldsymbol{\beta}_2 = \begin{pmatrix} 0 \\ 1 \\ 1 \end{pmatrix}, \boldsymbol{\beta}_3 = \begin{pmatrix} 1 \\ 0 \\ 4 \end{pmatrix}.$$

(1) 验证 $\boldsymbol{\alpha}_1,\boldsymbol{\alpha}_2,\boldsymbol{\alpha}_3$ 与 $\boldsymbol{\beta}_1,\boldsymbol{\beta}_2,\boldsymbol{\beta}_3$ 均为 $\mathbf{R}^3$ 的基;

(2) 求由基 $\boldsymbol{\alpha}_1,\boldsymbol{\alpha}_2,\boldsymbol{\alpha}_3$ 到基 $\boldsymbol{\beta}_1,\boldsymbol{\beta}_2,\boldsymbol{\beta}_3$ 的过渡矩阵;

(3) 写出坐标变换公式.

解　(1) 只需证 $\boldsymbol{\alpha}_1,\boldsymbol{\alpha}_2,\boldsymbol{\alpha}_3$ 与 $\boldsymbol{\beta}_1,\boldsymbol{\beta}_2,\boldsymbol{\beta}_3$ 均线性无关.事实上,由

$$|\boldsymbol{\alpha}_1,\boldsymbol{\alpha}_2,\boldsymbol{\alpha}_3| = \begin{vmatrix} 1 & 0 & 1 \\ 1 & -1 & 0 \\ 0 & 1 & 2 \end{vmatrix} = -1 \neq 0, \quad |\boldsymbol{\beta}_1,\boldsymbol{\beta}_2,\boldsymbol{\beta}_3| = \begin{vmatrix} 3 & 0 & 1 \\ 1 & 1 & 0 \\ 0 & 1 & 4 \end{vmatrix} = 13 \neq 0,$$

知 $\boldsymbol{\alpha}_1,\boldsymbol{\alpha}_2,\boldsymbol{\alpha}_3$ 与 $\boldsymbol{\beta}_1,\boldsymbol{\beta}_2,\boldsymbol{\beta}_3$ 均为线性无关的向量组,故它们都是 $\mathbf{R}^3$ 的基;

(2) 设由 $\boldsymbol{\alpha}_1,\boldsymbol{\alpha}_2,\boldsymbol{\alpha}_3$ 到 $\boldsymbol{\beta}_1,\boldsymbol{\beta}_2,\boldsymbol{\beta}_3$ 的过渡矩阵为 $\boldsymbol{C}$, 即

$$(\boldsymbol{\beta}_1,\boldsymbol{\beta}_2,\boldsymbol{\beta}_3) = (\boldsymbol{\alpha}_1,\boldsymbol{\alpha}_2,\boldsymbol{\alpha}_3)\boldsymbol{C}.$$

记 $\boldsymbol{A} = (\boldsymbol{\alpha}_1,\boldsymbol{\alpha}_2,\boldsymbol{\alpha}_3)$, $\boldsymbol{B} = (\boldsymbol{\beta}_1,\boldsymbol{\beta}_2,\boldsymbol{\beta}_3)$, 则 $\boldsymbol{A},\boldsymbol{B}$ 均可逆,且 $\boldsymbol{B}=\boldsymbol{AC}$,解之得 $\boldsymbol{C}=\boldsymbol{A}^{-1}\boldsymbol{B}$. 由

$$(\boldsymbol{A} \vdots \boldsymbol{B}) = \left(\begin{array}{ccc:ccc} 1 & 0 & 1 & 3 & 0 & 1 \\ 1 & -1 & 0 & 1 & 1 & 0 \\ 0 & 1 & 2 & 0 & 1 & 4 \end{array}\right) \to \left(\begin{array}{ccc:ccc} 1 & 0 & 0 & 5 & -2 & -2 \\ 0 & 1 & 0 & 4 & -3 & -2 \\ 0 & 0 & 1 & -2 & 2 & 3 \end{array}\right),$$

得过渡矩阵

$$\boldsymbol{C} = \boldsymbol{A}^{-1}\boldsymbol{B} = \begin{pmatrix} 5 & -2 & -2 \\ 4 & -3 & -2 \\ -2 & 2 & 3 \end{pmatrix};$$

(3) 设向量 $\boldsymbol{\alpha} \in \mathbf{R}^3$ 在基 $\boldsymbol{\alpha}_1,\boldsymbol{\alpha}_2,\boldsymbol{\alpha}_3$ 下的坐标为 (x_1,x_2,x_3), 在基 $\boldsymbol{\beta}_1$, $\boldsymbol{\beta}_2,\boldsymbol{\beta}_3$ 下的坐标为 (y_1,y_2,y_3), 则有坐标变换公式

$$\begin{pmatrix} x_1 \\ x_2 \\ x_3 \end{pmatrix} = \begin{pmatrix} 5 & -2 & -2 \\ 4 & -3 & -2 \\ -2 & 2 & 3 \end{pmatrix}\begin{pmatrix} y_1 \\ y_2 \\ y_3 \end{pmatrix}.$$

由于向量空间中涉及的运算是线性运算,故也称其为**线性空间**.

习题 3.4(A)

1. 单项选择题.

(1) 下列集合中(　　)构成 $\mathbf{R}^n$ 的子空间;

(A) n 阶可逆矩阵 $\boldsymbol{A}$ 的列向量组

(B) $V=\left\{(x_1,x_2,\cdots,x_n)\ \middle|\ \sum\limits_{i=1}^{n} x_i = 1, x_i \in \mathbf{R}\right\}$

(C) $V=\{(1,x_2,\cdots,x_n)^{\mathrm{T}} \mid x_2,\cdots,x_n \in \mathbf{R}\}$

(D) $\left\{(x_1,x_2,\cdots,x_n)^{\mathrm{T}}\ \middle|\ \sum\limits_{i=1}^{n} x_i = 0, x_i \in \mathbf{R}\right\}$

(2) $\boldsymbol{\alpha}=(2,3,3)^{\mathrm{T}}$ 在 $\mathbf{R}^3$ 的基 $\boldsymbol{\xi}_1=(1,0,1)^{\mathrm{T}},\boldsymbol{\xi}_2=(1,1,0)^{\mathrm{T}},\boldsymbol{\xi}_3=(0,1,1)^{\mathrm{T}}$ 下的坐标为(　　);

(A) $(0,1,1)$　　(B) $(1,1,2)$　　(C) $(1,0,0)$　　(D) $(1,1,1)$

(3) 向量空间 $V=\{(x,y,z)^{\mathrm{T}} \mid x+y+z=0\}$ 的维数是(　　);

(A) 0　　(B) 1　　(C) 2　　(D) 3

(4) 设 $\boldsymbol{\alpha}_1=(1,0,0,1)^{\mathrm{T}},\boldsymbol{\alpha}_2=(1,1,1,1)^{\mathrm{T}},\boldsymbol{\alpha}_3=(0,1,1,0)^{\mathrm{T}}$, 则 $\dim(\mathrm{span}\{\boldsymbol{\alpha}_1,\boldsymbol{\alpha}_2,\boldsymbol{\alpha}_3\})=$(　　);

(A) 1　　(B) 2　　(C) 3　　(D) 4

(5) 已知 $\boldsymbol{\alpha}_1,\boldsymbol{\alpha}_2,\boldsymbol{\alpha}_3$ 是 $\mathbf{R}^3$ 的一组基,则向量 $\boldsymbol{\alpha}=\boldsymbol{\alpha}_1+\boldsymbol{\alpha}_2+\boldsymbol{\alpha}_3$ 在基 $\boldsymbol{\alpha}_1+2\boldsymbol{\alpha}_2,\boldsymbol{\alpha}_2,\boldsymbol{\alpha}_3$ 下的坐标为(　　).

(A) $(1,1,1)^{\mathrm{T}}$　　(B) $(1,-1,1)^{\mathrm{T}}$　　(C) $(1,2,1)^{\mathrm{T}}$　　(D) $(1,3,1)^{\mathrm{T}}$

2. 填空题.

(1) n 个 n 维向量构成 $\mathbf{R}^n$ 的基的充分必要条件是__________;

(2) 若向量组 $\boldsymbol{\alpha}_1,\boldsymbol{\alpha}_2,\cdots,\boldsymbol{\alpha}_s$ 线性无关, 则 $\dim\{\mathrm{span}\{\boldsymbol{\alpha}_1,\boldsymbol{\alpha}_2,\cdots,\boldsymbol{\alpha}_s\}\}$ 为__________;

(3) 若矩阵 $\boldsymbol{A}_{m\times n}$ 行满秩,则线性方程组 $\boldsymbol{A}_{m\times n}\boldsymbol{x}=\boldsymbol{0}$ 的解空间维数是__________;

(4) 若向量空间的基(Ⅰ)到基(Ⅱ)的过渡矩阵为 $\boldsymbol{P}$,则由基(Ⅱ)到基(Ⅰ)的过渡矩阵为__________.

3. 求由下列向量组生成的子空间的基与维数.

(1) $\begin{cases}\boldsymbol{\alpha}_1 = (1,1,1)^{\mathrm{T}},\\ \boldsymbol{\alpha}_2 = (0,2,1)^{\mathrm{T}},\\ \boldsymbol{\alpha}_3 = (1,3,2)^{\mathrm{T}},\\ \boldsymbol{\alpha}_4 = (1,-1,0)^{\mathrm{T}};\end{cases}$　　(2) $\begin{cases}\boldsymbol{\alpha}_1 = (2,1,3,1)^{\mathrm{T}},\\ \boldsymbol{\alpha}_2 = (1,2,0,1)^{\mathrm{T}},\\ \boldsymbol{\alpha}_3 = (-1,1,-3,0)^{\mathrm{T}},\\ \boldsymbol{\alpha}_4 = (1,1,1,1)^{\mathrm{T}}.\end{cases}$

4. 求齐次线性方程组 $\begin{cases} x_1 - x_2 - x_3 + x_4 = 0, \\ x_1 - x_2 + x_3 - 3x_4 = 0, \\ x_1 - x_2 - 2x_3 + 3x_4 = 0 \end{cases}$ 的解空间的一个基.

5. 在 $\mathbf{R}^3$ 中,求向量 $\boldsymbol{\alpha} = \begin{pmatrix} 3 \\ 7 \\ 1 \end{pmatrix}$ 在基 $\boldsymbol{\alpha}_1 = \begin{pmatrix} 1 \\ 3 \\ 5 \end{pmatrix}, \boldsymbol{\alpha}_2 = \begin{pmatrix} 6 \\ 3 \\ 2 \end{pmatrix}, \boldsymbol{\alpha}_3 = \begin{pmatrix} 3 \\ 1 \\ 0 \end{pmatrix}$ 下的坐标.

6. 验证 $\boldsymbol{\alpha}_1 = (1, -1, 0)^{\mathrm{T}}, \boldsymbol{\alpha}_2 = (2, 1, 3)^{\mathrm{T}}, \boldsymbol{\alpha}_3 = (3, 1, 2)^{\mathrm{T}}$ 为 $\mathbf{R}^3$ 的一个基,并把 $\boldsymbol{\gamma}_1 = (5, 0, 7)^{\mathrm{T}}, \boldsymbol{\gamma}_2 = (-9, -8, -13)^{\mathrm{T}}$ 用这个基线性表示.

7. 已知 $\mathbf{R}^3$ 的两个基为

$$\boldsymbol{\alpha}_1 = \begin{pmatrix} 1 \\ 1 \\ 1 \end{pmatrix}, \boldsymbol{\alpha}_2 = \begin{pmatrix} 1 \\ 0 \\ -1 \end{pmatrix}, \boldsymbol{\alpha}_3 = \begin{pmatrix} 1 \\ 0 \\ 1 \end{pmatrix} \text{ 及 } \boldsymbol{\beta}_1 = \begin{pmatrix} 1 \\ 2 \\ 1 \end{pmatrix}, \boldsymbol{\beta}_2 = \begin{pmatrix} 2 \\ 3 \\ 4 \end{pmatrix}, \boldsymbol{\beta}_3 = \begin{pmatrix} 3 \\ 4 \\ 3 \end{pmatrix},$$

求由基 $\boldsymbol{\alpha}_1, \boldsymbol{\alpha}_2, \boldsymbol{\alpha}_3$ 到基 $\boldsymbol{\beta}_1, \boldsymbol{\beta}_2, \boldsymbol{\beta}_3$ 的过渡矩阵.

习题 3.4(B)

1. 试证:由 $\boldsymbol{\alpha}_1 = (0, 1, 1)^{\mathrm{T}}, \boldsymbol{\alpha}_2 = (1, 0, 1)^{\mathrm{T}}, \boldsymbol{\alpha}_3 = (1, 1, 0)^{\mathrm{T}}$ 所生成的向量空间就是 $\mathbf{R}^3$.

2. 由向量 $\boldsymbol{\alpha}_1 = (1, 1, 0, 0)^{\mathrm{T}}, \boldsymbol{\alpha}_2 = (1, 0, 1, 1)^{\mathrm{T}}$ 生成的向量空间记作 L_1, 由向量 $\boldsymbol{\beta}_1 = (2, -1, 3, 3)^{\mathrm{T}}, \boldsymbol{\beta}_2 = (0, 1, -1, -1)^{\mathrm{T}}$ 生成的向量空间记作 L_2, 试证 $L_1 = L_2$.

3. 在 $\mathbf{R}^4$ 中取两个基

$$(\text{I})\ \boldsymbol{\alpha}_1 = \begin{pmatrix} 1 \\ 0 \\ 0 \\ 0 \end{pmatrix}, \quad \boldsymbol{\alpha}_2 = \begin{pmatrix} 0 \\ 1 \\ 0 \\ 0 \end{pmatrix}, \quad \boldsymbol{\alpha}_3 = \begin{pmatrix} 0 \\ 0 \\ 1 \\ 0 \end{pmatrix}, \quad \boldsymbol{\alpha}_4 = \begin{pmatrix} 0 \\ 0 \\ 0 \\ 1 \end{pmatrix};$$

$$(\text{II})\ \boldsymbol{\beta}_1 = \begin{pmatrix} 2 \\ 1 \\ -1 \\ 1 \end{pmatrix}, \quad \boldsymbol{\beta}_2 = \begin{pmatrix} 0 \\ 3 \\ 1 \\ 0 \end{pmatrix}, \quad \boldsymbol{\beta}_3 = \begin{pmatrix} 5 \\ 3 \\ 2 \\ 1 \end{pmatrix}, \quad \boldsymbol{\beta}_4 = \begin{pmatrix} 6 \\ 6 \\ 1 \\ 3 \end{pmatrix}.$$

(1) 求由基(Ⅰ)到基(Ⅱ)的过渡矩阵;

(2) 求向量 $(x_1, x_2, x_3, x_4)^{\mathrm{T}}$ 在基(Ⅱ)下的坐标;

(3) 求在两个基下有相同坐标的向量.

4. 已知 $\boldsymbol{\alpha}_1 = \begin{pmatrix} 1 \\ 2 \\ -1 \\ 0 \end{pmatrix}, \boldsymbol{\alpha}_2 = \begin{pmatrix} 1 \\ 1 \\ 0 \\ 2 \end{pmatrix}, \boldsymbol{\alpha}_3 = \begin{pmatrix} 2 \\ 1 \\ 1 \\ a \end{pmatrix}$, 若由 $\boldsymbol{\alpha}_1, \boldsymbol{\alpha}_2, \boldsymbol{\alpha}_3$ 生成的向量空间维数为 2, 求 a.

第3.5节 线性方程组解的结构

在第3.1节,介绍了利用矩阵初等行变换(高斯消元法)解线性方程组,建立了线性方程组解的判定定理,但关于线性方程组解的结构(解与解之间的关系)问题悬而未决.下面利用向量组的线性相关性理论,讨论线性方程组的解,揭示解与解之间的关系.

先看齐次线性方程组的情形.

1. 齐次线性方程组解的结构

考虑齐次线性方程组

$$\begin{cases} a_{11}x_1 + a_{12}x_2 + \cdots + a_{1n}x_n = 0, \\ a_{21}x_1 + a_{22}x_2 + \cdots + a_{2n}x_n = 0, \\ \cdots\cdots\cdots\cdots \\ a_{m1}x_1 + a_{m2}x_2 + \cdots + a_{mn}x_n = 0, \end{cases} \tag{3.5.1}$$

其矩阵形式为

$$\boldsymbol{Ax} = \boldsymbol{0}, \tag{3.5.2}$$

这里 $\boldsymbol{A} = \begin{pmatrix} a_{11} & a_{12} & \cdots & a_{1n} \\ a_{21} & a_{22} & \cdots & a_{2n} \\ \vdots & \vdots & & \vdots \\ a_{m1} & a_{m2} & \cdots & a_{mn} \end{pmatrix}, \boldsymbol{x} = \begin{pmatrix} x_1 \\ x_2 \\ \vdots \\ x_n \end{pmatrix}$.

齐次线性方程组的解具有以下性质.

性质1 如果 $\boldsymbol{\xi}_1,\boldsymbol{\xi}_2$ 为方程组 $\boldsymbol{Ax}=\boldsymbol{0}$ 的解,则 $\boldsymbol{\xi}_1+\boldsymbol{\xi}_2, k\boldsymbol{\xi}_1 (k \in \mathbf{R})$ 也是 $\boldsymbol{Ax}=\boldsymbol{0}$ 的解.

证 $\boldsymbol{\xi}_1,\boldsymbol{\xi}_2$ 为方程组 $\boldsymbol{Ax}=\boldsymbol{0}$ 的解,故有 $\boldsymbol{A\xi}_i=\boldsymbol{0}$, $i=1,2$. 所以

$$\boldsymbol{A}(\boldsymbol{\xi}_1+\boldsymbol{\xi}_2) = \boldsymbol{A\xi}_1 + \boldsymbol{A\xi}_2 = \boldsymbol{0}+\boldsymbol{0} = \boldsymbol{0};$$

$$\boldsymbol{A}(k\boldsymbol{\xi}_1) = k\boldsymbol{A\xi}_1 = k\boldsymbol{0} = \boldsymbol{0}.$$

性质2 如果 $\boldsymbol{\xi}_1,\boldsymbol{\xi}_2,\cdots,\boldsymbol{\xi}_s$ 均为方程组 $\boldsymbol{Ax}=\boldsymbol{0}$ 的解,则它们的线性组合

$$k_1\boldsymbol{\xi}_1 + k_2\boldsymbol{\xi}_2 + \cdots + k_s\boldsymbol{\xi}_s, \quad k_1,k_2,\cdots,k_s \in \mathbf{R}$$

也是 $\boldsymbol{Ax}=\boldsymbol{0}$ 的解.

上述性质表明，如果齐次线性方程组有非零解，则它就有无穷多解，这无穷多解就构成了一个 n 维向量组（或解空间，见例 3.4.3）.若能求出该向量组的极大无关组（或解空间的基），就能用它的线性组合表示该方程组的全部解（或生成解空间）.为此，引入基础解系的概念.

定义 3.5.1　设 $\boldsymbol{\xi}_1,\boldsymbol{\xi}_2,\cdots,\boldsymbol{\xi}_t$ 为齐次线性方程组 $\boldsymbol{Ax}=\boldsymbol{0}$ 的一组解.如果

(1) $\boldsymbol{\xi}_1,\boldsymbol{\xi}_2,\cdots,\boldsymbol{\xi}_t$ 线性无关；

(2) 方程组 $\boldsymbol{Ax}=\boldsymbol{0}$ 的任一解都能由 $\boldsymbol{\xi}_1,\boldsymbol{\xi}_2,\cdots,\boldsymbol{\xi}_t$ 线性表示，

则称 $\boldsymbol{\xi}_1,\boldsymbol{\xi}_2,\cdots,\boldsymbol{\xi}_t$ 为方程组 $\boldsymbol{Ax}=\boldsymbol{0}$ 的一个**基础解系**（fundamental set of solution）.

显然，齐次线性方程组 $\boldsymbol{Ax}=\boldsymbol{0}$ 的基础解系，就是 $\boldsymbol{Ax}=\boldsymbol{0}$ 的全体解向量组的极大无关组，也是 $\boldsymbol{Ax}=\boldsymbol{0}$ 的解空间的基.

因此，只要求出 $\boldsymbol{Ax}=\boldsymbol{0}$ 的基础解系，作出基础解系的线性组合，就得到了全部解. 当然，只有当 $\boldsymbol{Ax}=\boldsymbol{0}$ 有非零解时，才存在基础解系.

定理 3.5.1　如果 n 元齐次线性方程组(3.5.2)的系数矩阵 $\boldsymbol{A}$ 的秩 $r(\boldsymbol{A})=r<n$，则该方程组有基础解系，且基础解系所含解向量的个数为 $n-r$.

证　因为 $r(\boldsymbol{A})=r<n$，不失一般性，可设 $\boldsymbol{A}$ 的左上角的 r 阶子式不为零.对 $\boldsymbol{A}$ 施行初等行变换，可得

$$\boldsymbol{A}\rightarrow\begin{pmatrix}1&0&\cdots&0&b_{1,r+1}&b_{1,r+2}&\cdots&b_{1n}\\0&1&\cdots&0&b_{2,r+1}&b_{2,r+2}&\cdots&b_{2n}\\\vdots&\vdots&&\vdots&\vdots&\vdots&&\vdots\\0&0&\cdots&1&b_{r,r+1}&b_{r,r+2}&\cdots&b_{rn}\\0&0&\cdots&0&0&0&\cdots&0\\0&0&\cdots&0&0&0&\cdots&0\\\vdots&\vdots&&\vdots&\vdots&\vdots&&\vdots\\0&0&\cdots&0&0&0&\cdots&0\end{pmatrix},$$

对应的同解方程组为

$$\begin{cases}x_1\qquad\quad+b_{1,r+1}x_{r+1}+\cdots+b_{1n}x_n=0,\\\quad x_2\qquad+b_{2,r+1}x_{r+1}+\cdots+b_{2n}x_n=0,\\\qquad\qquad\cdots\cdots\cdots\cdots\\\qquad\quad x_r+b_{r,r+1}x_{r+1}+\cdots+b_{rn}x_n=0,\end{cases}$$

即

$$\begin{cases}x_1=-b_{1,r+1}x_{r+1}-\cdots-b_{1n}x_n,\\x_2=-b_{2,r+1}x_{r+1}-\cdots-b_{2n}x_n,\\\cdots\cdots\cdots\cdots\\x_r=-b_{r,r+1}x_{r+1}-\cdots-b_{rn}x_n,\end{cases}\tag{3.5.3}$$

$x_{r+1},x_{r+2},\cdots,x_n$ 为方程组的 $n-r$ 个自由未知量.将它们分别代以 $n-r$ 组数

$$\begin{pmatrix}x_{r+1}\\x_{r+2}\\\vdots\\x_n\end{pmatrix}=\underbrace{\begin{pmatrix}1\\0\\\vdots\\0\end{pmatrix},\begin{pmatrix}0\\1\\\vdots\\0\end{pmatrix},\cdots,\begin{pmatrix}0\\0\\\vdots\\1\end{pmatrix}}_{n-r\text{个向量}},$$

可得方程组 (3.5.2)的 $n-r$ 个解向量

$$\boldsymbol{\xi}_1=\begin{pmatrix}-b_{1,r+1}\\-b_{2,r+1}\\\vdots\\-b_{r,r+1}\\1\\0\\\vdots\\0\end{pmatrix},\ \boldsymbol{\xi}_2=\begin{pmatrix}-b_{1,r+2}\\-b_{2,r+2}\\\vdots\\-b_{r,r+2}\\0\\1\\\vdots\\0\end{pmatrix},\ \cdots,\ \boldsymbol{\xi}_{n-r}=\begin{pmatrix}-b_{1n}\\-b_{2n}\\\vdots\\-b_{rn}\\0\\0\\\vdots\\1\end{pmatrix}.$$

以下证明 $\boldsymbol{\xi}_1,\boldsymbol{\xi}_2,\cdots,\boldsymbol{\xi}_{n-r}$ 即为方程组(3.5.2)的一个基础解系.

首先,$\boldsymbol{\xi}_1,\boldsymbol{\xi}_2,\cdots,\boldsymbol{\xi}_{n-r}$ 是 $n-r$ 维单位坐标向量组的接长向量组,由定理3.2.5知,$\boldsymbol{\xi}_1,\boldsymbol{\xi}_2,\cdots,\boldsymbol{\xi}_{n-r}$ 线性无关;其次,设 $\boldsymbol{\xi}=(k_1,k_2,\cdots,k_r,k_{r+1},\cdots,k_n)^{\mathrm{T}}$ 为方程组(3.5.2)的一个解向量,代入式(3.5.3),得

$$\begin{cases}k_1=-b_{1,r+1}k_{r+1}-\cdots-b_{1n}k_n,\\k_2=-b_{2,r+1}k_{r+1}-\cdots-b_{2n}k_n,\\\cdots\cdots\cdots\cdots\\k_r=-b_{r,r+1}k_{r+1}-\cdots-b_{rn}k_n,\end{cases}$$

即

$$
\begin{cases}
k_1 = -b_{1,r+1}k_{r+1} - \cdots - b_{1n}k_n, \\
k_2 = -b_{2,r+1}k_{r+1} - \cdots - b_{2n}k_n, \\
\qquad\cdots\cdots\cdots\cdots \\
k_r = -b_{r,r+1}k_{r+1} - \cdots - b_{rn}k_n, \\
k_{r+1} = \qquad k_{r+1}, \\
\qquad\cdots\cdots\cdots\cdots \\
k_n = \qquad\qquad k_n.
\end{cases}
$$

写为向量式

$$
\boldsymbol{\xi} = k_{r+1}\begin{pmatrix} -b_{1,r+1} \\ -b_{2,r+1} \\ \vdots \\ -b_{r,r+1} \\ 1 \\ 0 \\ \vdots \\ 0 \end{pmatrix} + k_{r+2}\begin{pmatrix} -b_{1,r+2} \\ -b_{2,r+2} \\ \vdots \\ -b_{r,r+2} \\ 0 \\ 1 \\ \vdots \\ 0 \end{pmatrix} + \cdots + k_n\begin{pmatrix} -b_{1n} \\ -b_{2n} \\ \vdots \\ -b_{rn} \\ 0 \\ 0 \\ \vdots \\ 1 \end{pmatrix}
$$

$$
= k_{r+1}\boldsymbol{\xi}_1 + k_{r+2}\boldsymbol{\xi}_2 + \cdots + k_n\boldsymbol{\xi}_{n-r},
$$

即方程组(3.5.2)的任何一个解 $\boldsymbol{\xi}$ 均可由 $\boldsymbol{\xi}_1,\boldsymbol{\xi}_2,\cdots,\boldsymbol{\xi}_{n-r}$ 线性表示.因此，$\boldsymbol{\xi}_1,\boldsymbol{\xi}_2,\cdots,\boldsymbol{\xi}_{n-r}$ 是方程组(3.5.2)的基础解系.

由定理 3.5.1 及其证明过程知：

第一，若 $\boldsymbol{\xi}_1,\boldsymbol{\xi}_2,\cdots,\boldsymbol{\xi}_{n-r}$ 是方程组(3.5.2)的一个基础解系，则它的全部解(通解)为

$$
\boldsymbol{\xi} = c_1\boldsymbol{\xi}_1 + c_2\boldsymbol{\xi}_2 + \cdots + c_{n-r}\boldsymbol{\xi}_{n-r}, \quad c_1, c_2, \cdots, c_{n-r} \in \mathbf{R}.
$$

或者说，方程组 $\boldsymbol{Ax} = \mathbf{0}$ 的解空间就是基础解系的生成空间，即

$$
S = \{\boldsymbol{\xi} = c_1\boldsymbol{\xi}_1 + c_2\boldsymbol{\xi}_2 + \cdots + c_{n-r}\boldsymbol{\xi}_{n-r} \mid c_1, c_2, \cdots, c_{n-r} \in \mathbf{R}\} = L(\boldsymbol{\xi}_1, \boldsymbol{\xi}_2, \cdots, \boldsymbol{\xi}_{n-r}).
$$

这就是**齐次线性方程组解的结构**；

第二，证明过程给出了基础解系的寻找方法.

应该注意：基础解系不唯一，任意 $n-r$ 个线性无关解都是方程组(3.5.2)的基础解系.

重点难点讲解 3-2 线性方程组解的结构

例 3.5.1　求齐次线性方程组 $\begin{cases} x_1 + 3x_2 - 2x_3 + 5x_4 - 3x_5 = 0, \\ 2x_1 + 7x_2 - 3x_3 + 7x_4 - 5x_5 = 0, \\ 3x_1 + 11x_2 - 4x_3 + 10x_4 - 9x_5 = 0 \end{cases}$ 的

基础解系及通解.

解 对系数矩阵 $\boldsymbol{A}$ 施行初等行变换,化为行最简形

$$\boldsymbol{A}=\begin{pmatrix}1&3&-2&5&-3\\2&7&-3&7&-5\\3&11&-4&10&-9\end{pmatrix}\to\begin{pmatrix}1&3&-2&5&-3\\0&1&1&-3&1\\0&2&2&-5&0\end{pmatrix}$$

$$\to\begin{pmatrix}1&3&-2&5&-3\\0&1&1&-3&1\\0&0&0&1&-2\end{pmatrix}\to\begin{pmatrix}1&0&-5&0&22\\0&1&1&0&-5\\0&0&0&1&-2\end{pmatrix},$$

得同解方程组 $\begin{cases}x_1\quad -5x_3\quad +22x_5=0,\\ \quad x_2+x_3\quad -5x_5=0,\\ \qquad\qquad x_4-2x_5=0,\end{cases}$

即 $\begin{cases}x_1=5x_3-22x_5,\\ x_2=-x_3+5x_5,\\ x_4=\quad 2x_5.\end{cases}$

依次取 $\begin{pmatrix}x_3\\ x_5\end{pmatrix}=\begin{pmatrix}1\\0\end{pmatrix},\begin{pmatrix}0\\1\end{pmatrix}$,得方程组的基础解系

$$\boldsymbol{\xi}_1=\begin{pmatrix}5\\-1\\1\\0\\0\end{pmatrix},\ \boldsymbol{\xi}_2=\begin{pmatrix}-22\\5\\0\\2\\1\end{pmatrix},$$

方程组的通解为

$$\boldsymbol{\xi}=c_1\boldsymbol{\xi}_1+c_2\boldsymbol{\xi}_2,\quad c_1,c_2\in\mathbf{R}.$$

注意:(1) 如果依次取 $\begin{pmatrix}x_3\\ x_5\end{pmatrix}=\begin{pmatrix}1\\1\end{pmatrix},\begin{pmatrix}1\\2\end{pmatrix}$(任意两个线性无关向量均可),得 $\boldsymbol{\xi}_1=\begin{pmatrix}-17\\4\\1\\2\\1\end{pmatrix},\boldsymbol{\xi}_2=\begin{pmatrix}-39\\9\\1\\4\\2\end{pmatrix}$ 也为方程组的一个基础解系.

(2) 若令 $x_3=c_1,x_5=c_2,c_1,c_2\in\mathbf{R}$,得方程组的通解

$$\begin{cases} x_1 = 5c_1 - 22c_2, \\ x_2 = -c_1 + 5c_2, \\ x_3 = c_1, \\ x_4 = 2c_2, \\ x_5 = c_2, \end{cases}$$

即

$$\begin{pmatrix} x_1 \\ x_2 \\ x_3 \\ x_4 \\ x_5 \end{pmatrix} = c_1\begin{pmatrix} 5 \\ -1 \\ 1 \\ 0 \\ 0 \end{pmatrix} + c_2\begin{pmatrix} -22 \\ 5 \\ 0 \\ 2 \\ 1 \end{pmatrix} = c_1\boldsymbol{\xi}_1 + c_2\boldsymbol{\xi}_2,\quad c_1, c_2 \in \mathbf{R},$$

其中 $\boldsymbol{\xi}_1 = \begin{pmatrix} 5 \\ -1 \\ 1 \\ 0 \\ 0 \end{pmatrix}, \boldsymbol{\xi}_2 = \begin{pmatrix} -22 \\ 5 \\ 0 \\ 2 \\ 1 \end{pmatrix}$ 即为方程组的一个基础解系.

这种通过写出方程组参数形式通解,再改写成向量形式,进而获得基础解系的方法,方便实用.

定理 3.5.1 是齐次线性方程组各种求解方法的理论基础,它在讨论向量组的线性相关性(或矩阵的秩)问题中很有用处.

例 3.5.2　已知矩阵 $\boldsymbol{A}_{m\times n}, \boldsymbol{B}_{n\times k}$ 满足 $\boldsymbol{AB} = \boldsymbol{O}$, 证明 $r(\boldsymbol{A}) + r(\boldsymbol{B}) \leqslant n$.

证　记 $\boldsymbol{B}_{n\times k} = (\boldsymbol{\beta}_1, \boldsymbol{\beta}_2, \cdots, \boldsymbol{\beta}_k)$, 其中 $\boldsymbol{\beta}_i (i = 1, 2, \cdots, k)$ 是矩阵 $\boldsymbol{B}$ 的第 i 列,则由 $\boldsymbol{AB} = \boldsymbol{O}$, 得

$$\boldsymbol{AB} = (\boldsymbol{A\beta}_1, \boldsymbol{A\beta}_2, \cdots, \boldsymbol{A\beta}_k) = (\boldsymbol{0}, \boldsymbol{0}, \cdots, \boldsymbol{0}) = \boldsymbol{O},$$

即 $\boldsymbol{A\beta}_i = \boldsymbol{0} (i = 1, 2, \cdots, k)$.

可见矩阵 $\boldsymbol{B}$ 的每一列 $\boldsymbol{\beta}_i (i = 1, 2, \cdots, k)$ 都是方程组 $\boldsymbol{Ax} = \boldsymbol{0}$ 的解.因此,可由 $\boldsymbol{Ax} = \boldsymbol{0}$ 的基础解系 $\boldsymbol{\xi}_1, \boldsymbol{\xi}_2, \cdots, \boldsymbol{\xi}_{n-r(\boldsymbol{A})}$ 线性表示,从而

$$r(\boldsymbol{B}) = r(\boldsymbol{\beta}_1, \boldsymbol{\beta}_2, \cdots, \boldsymbol{\beta}_k) \leqslant r(\boldsymbol{\xi}_1, \boldsymbol{\xi}_2, \cdots, \boldsymbol{\xi}_{n-r(\boldsymbol{A})}) = n - r(\boldsymbol{A}),$$

即 $r(\boldsymbol{A}) + r(\boldsymbol{B}) \leqslant n$.

例 3.5.3　设 $\boldsymbol{A}$ 为 n 阶方阵, $\boldsymbol{A}^*$ 为 $\boldsymbol{A}$ 的伴随矩阵. 若 $r(\boldsymbol{A}) = n - 1$, 证明: $r(\boldsymbol{A}^*) = 1$.

证 由 $r(\boldsymbol{A})=n-1$，知 $|\boldsymbol{A}|=0, \boldsymbol{A}\boldsymbol{A}^*=|\boldsymbol{A}|\boldsymbol{E}=\boldsymbol{O}$. 由例 3.5.2 的结果，得 $r(\boldsymbol{A})+r(\boldsymbol{A}^*)\leqslant n$，即

$$r(\boldsymbol{A}^*)\leqslant n-r(\boldsymbol{A})=n-(n-1)=1.$$

另一方面，由 $r(\boldsymbol{A})=n-1$ 可知，$\boldsymbol{A}$ 至少有一个 $n-1$ 阶子式不为零，进而知 A^* 至少有一个非零元，即 $\boldsymbol{A}^*\neq\boldsymbol{O}$，所以 $r(\boldsymbol{A}^*)\geqslant 1$.

综上所述，$r(\boldsymbol{A}^*)=1$.

2. 非齐次线性方程组解的结构

考虑非齐次线性方程组

$$\begin{cases}a_{11}x_1+a_{12}x_2+\cdots+a_{1n}x_n=b_1,\\a_{21}x_1+a_{22}x_2+\cdots+a_{2n}x_n=b_2,\\\cdots\cdots\cdots\cdots\\a_{m1}x_1+a_{m2}x_2+\cdots+a_{mn}x_n=b_m.\end{cases}\tag{3.5.4}$$

其矩阵形式为

$$\boldsymbol{A}\boldsymbol{x}=\boldsymbol{\beta},\tag{3.5.5}$$

这里 $\boldsymbol{A}=\begin{pmatrix}a_{11}&a_{12}&\cdots&a_{1n}\\a_{21}&a_{22}&\cdots&a_{2n}\\\vdots&\vdots&&\vdots\\a_{m1}&a_{m2}&\cdots&a_{mn}\end{pmatrix},\boldsymbol{x}=\begin{pmatrix}x_1\\x_2\\\vdots\\x_n\end{pmatrix},\boldsymbol{\beta}=\begin{pmatrix}b_1\\b_2\\\vdots\\b_m\end{pmatrix}.$

$\boldsymbol{A}\boldsymbol{x}=\boldsymbol{\beta}$ 对应的导出组为 $\boldsymbol{A}\boldsymbol{x}=\boldsymbol{0}$.

非齐次线性方程组与其对应的齐次线性方程组（导出组）的解具有下面的关系.

性质 1 如果 $\boldsymbol{\eta}_1,\boldsymbol{\eta}_2$ 为非齐次线性方程组(3.5.5)的解，则 $\boldsymbol{\eta}_1-\boldsymbol{\eta}_2$ 为导出组 $\boldsymbol{A}\boldsymbol{x}=\boldsymbol{0}$ 的解.

性质 2 如果 $\boldsymbol{\eta}$ 为非齐次线性方程组(3.5.5)的解，$\boldsymbol{\xi}$ 为导出组 $\boldsymbol{A}\boldsymbol{x}=\boldsymbol{0}$ 的解，则 $\boldsymbol{\eta}+\boldsymbol{\xi}$ 仍为方程组(3.5.5)的解.

依据上述性质，若 $\boldsymbol{\eta}_0$ 为 $\boldsymbol{A}\boldsymbol{x}=\boldsymbol{\beta}$ 的一个特解，$\boldsymbol{\eta}$ 为 $\boldsymbol{A}\boldsymbol{x}=\boldsymbol{\beta}$ 的任一解，则 $\boldsymbol{\eta}-\boldsymbol{\eta}_0=\boldsymbol{\xi}$ 为导出组 $\boldsymbol{A}\boldsymbol{x}=\boldsymbol{0}$ 的一个解，从而 $\boldsymbol{\eta}=\boldsymbol{\xi}+\boldsymbol{\eta}_0$；另一方面，任取导出组 $\boldsymbol{A}\boldsymbol{x}=\boldsymbol{0}$ 的一个解 $\boldsymbol{\xi}$，则 $\boldsymbol{\xi}+\boldsymbol{\eta}_0$ 为 $\boldsymbol{A}\boldsymbol{x}=\boldsymbol{\beta}$ 的一个解.

由 $\boldsymbol{\eta},\boldsymbol{\xi}$ 的任意性，可获得非齐次线性方程组(3.5.5)的**解的结构**：

定理 3.5.2 若 $r(\boldsymbol{A}\,\vdots\,\boldsymbol{\beta})=r(\boldsymbol{A})<n$，则非齐次线性方程组(3.5.5)的通解必可表为

$$\boldsymbol{\eta}=\boldsymbol{\eta}_0+c_1\boldsymbol{\xi}_1+c_2\boldsymbol{\xi}_2+\cdots+c_{n-r(A)}\boldsymbol{\xi}_{n-r(A)},\quad c_1,c_2,\cdots,c_{n-r(A)}\in\mathbf{R},$$

其中 $\boldsymbol{\eta}_0$ 为 $\boldsymbol{Ax}=\boldsymbol{\beta}$ 的一个特解，$\boldsymbol{\xi}_1,\boldsymbol{\xi}_2,\cdots,\boldsymbol{\xi}_{n-r(\boldsymbol{A})}$ 为导出组 $\boldsymbol{Ax}=\boldsymbol{0}$ 的基础解系.

定理 3.5.2 表明，非齐次线性方程组的通解等于非齐次线性方程组的一个特解与其导出组通解之和.即

$$\text{非齐次通解} = \text{非齐次特解} + \text{导出组(齐次)通解}.$$

例 3.5.4　求线性方程组

$$\begin{cases} x_1+2x_2-x_3+3x_4=1, \\ 2x_1+5x_2+x_3-2x_4=0, \\ x_1-3x_2+2x_3+7x_4=-7, \\ 3x_1+7x_2+x_4=1 \end{cases}$$

的全部解(用特解及导出组的基础解系表示).

解　对方程组的增广矩阵 $\overline{\boldsymbol{A}}$ 施行初等行变换，得

$$\overline{\boldsymbol{A}}=\begin{pmatrix} 1 & 2 & -1 & 3 & 1 \\ 2 & 5 & 1 & -2 & 0 \\ 1 & -3 & 2 & 7 & -7 \\ 3 & 7 & 0 & 1 & 1 \end{pmatrix} \to \begin{pmatrix} 1 & 2 & -1 & 3 & 1 \\ 0 & 1 & 3 & -8 & -2 \\ 0 & -5 & 3 & 4 & -8 \\ 0 & 1 & 3 & -8 & -2 \end{pmatrix}$$

$$\to \begin{pmatrix} 1 & 0 & 0 & 5 & -2 \\ 0 & 1 & 0 & -2 & 1 \\ 0 & 0 & 1 & -2 & -1 \\ 0 & 0 & 0 & 0 & 0 \end{pmatrix},$$

同解方程组为

$$\begin{cases} x_1=-2-5x_4, \\ x_2=1+2x_4, \\ x_3=-1+2x_4. \end{cases} \tag{3.5.6}$$

令 $x_4=0$，得方程组的一个特解 $\boldsymbol{\eta}_0=\begin{pmatrix} -2 \\ 1 \\ -1 \\ 0 \end{pmatrix}$.

由方程组(3.5.6)，得导出组的同解方程组为 $\begin{cases} x_1=-5x_4, \\ x_2=2x_4, \\ x_3=2x_4, \end{cases}$ 令 $x_4=1$，

得一个基础解系 $\boldsymbol{\xi}_1=\begin{pmatrix}-5\\2\\2\\1\end{pmatrix}$.故全部解为 $\boldsymbol{\eta}=\boldsymbol{\eta}_0+c_1\boldsymbol{\xi}_1, c_1\in\mathbf{R}$.

应当注意,非齐次线性方程组解的结构也可以由其向量形式的通解得到.例 3.5.4中,在方程组的同解方程组(3.5.6)中,令 $x_4=c$, 得通解

$$\begin{cases}x_1=-2-5c,\\x_2=\ \ 1+2c,\\x_3=-1+2c,\\x_4=\qquad\quad c,\end{cases}$$

即
$$\begin{pmatrix}x_1\\x_2\\x_3\\x_4\end{pmatrix}=\begin{pmatrix}-2\\1\\-1\\0\end{pmatrix}+c\begin{pmatrix}-5\\2\\2\\1\end{pmatrix},\quad c\in\mathbf{R},$$

这就是方程组解的一个结构式.

例 3.5.5 设 4 元非齐次线性方程组 $\boldsymbol{A}\boldsymbol{x}=\boldsymbol{\beta}$ 的系数矩阵 $\boldsymbol{A}$ 的秩为 3, 已知它的 3 个解向量 $\boldsymbol{\eta}_1,\boldsymbol{\eta}_2,\boldsymbol{\eta}_3$, 其中

$$\boldsymbol{\eta}_1=\begin{pmatrix}3\\-4\\1\\2\end{pmatrix},\boldsymbol{\eta}_2+\boldsymbol{\eta}_3=\begin{pmatrix}4\\6\\8\\0\end{pmatrix},$$

求该方程组的通解.

解 依题意,方程组 $\boldsymbol{A}\boldsymbol{x}=\boldsymbol{\beta}$ 的导出组的基础解系含有 $4-3=1$ 个向量,因此,导出组的任何一个非零解都可作为基础解系.显然,

$$\boldsymbol{\xi}_1=\boldsymbol{\eta}_1-\frac{1}{2}(\boldsymbol{\eta}_2+\boldsymbol{\eta}_3)=\begin{pmatrix}1\\-7\\-3\\2\end{pmatrix}\neq\mathbf{0}$$

是导出组的非零解,可作为基础解系.方程组的通解为

$$\boldsymbol{\eta}=\boldsymbol{\eta}_1+c_1\boldsymbol{\xi}_1=\boldsymbol{\eta}_1+c\left[\boldsymbol{\eta}_1-\frac{1}{2}(\boldsymbol{\eta}_2+\boldsymbol{\eta}_3)\right]=\begin{pmatrix}3\\-4\\1\\2\end{pmatrix}+c\begin{pmatrix}1\\-7\\-3\\2\end{pmatrix},\quad c\in\mathbf{R}.$$

依据向量组理论,线性方程组解的结构问题得以完满解决.即

当 $r(\boldsymbol{A})=r(\boldsymbol{A}\vdots\boldsymbol{\beta})<n$ 时,方程组 $\boldsymbol{Ax}=\boldsymbol{\beta}$ 有无穷多解,其全部的解(通解)由方程组自身的一个特解和其导出组的通解之和构成,即

$$\boldsymbol{\eta}=\boldsymbol{\eta}_0+c_1\boldsymbol{\xi}_1+c_2\boldsymbol{\xi}_2+\cdots+c_{n-r(\boldsymbol{A})}\boldsymbol{\xi}_{n-r(\boldsymbol{A})},\quad c_1,c_2,\cdots,c_{n-r(\boldsymbol{A})}\in\mathbf{R}.$$

当 $r(\boldsymbol{A})<n$ 时,方程组 $\boldsymbol{Ax}=\mathbf{0}$ 有非零解(无穷多解),其通解是基础解系 $\boldsymbol{\xi}_1,\boldsymbol{\xi}_2,\cdots,\boldsymbol{\xi}_{n-r(\boldsymbol{A})}$ 的线性组合,即

$$\boldsymbol{\xi}=c_1\boldsymbol{\xi}_1+c_2\boldsymbol{\xi}_2+\cdots+c_{n-r(\boldsymbol{A})}\boldsymbol{\xi}_{n-r(\boldsymbol{A})},\quad c_1,c_2,\cdots,c_{n-r(\boldsymbol{A})}\in\mathbf{R}.$$

停下来想一想

① 对齐次线性方程组来说,解的线性组合仍然是解.对非齐次线性方程组来说是否成立? 何时成立?

② 在例 3.5.4 中,还有其他确定导出组基础解系以及所给方程组特解的方法吗? 利用高斯消元法求解方程组得到的通解与利用解的结构求出的通解有何联系与区别?

③ $\boldsymbol{A}=(\boldsymbol{\alpha}_1,\boldsymbol{\alpha}_2,\cdots,\boldsymbol{\alpha}_n)$ 为 $n\times n$ 矩阵,从不同角度(行列式的、矩阵的、线性方程组的、向量空间的)刻画 $\boldsymbol{Ax}=\boldsymbol{\beta},\boldsymbol{\beta}\in\mathbf{R}^n$ 有唯一解的结论有哪些? 以下断语是否成立?

$|\boldsymbol{A}|\neq 0\Leftrightarrow\boldsymbol{A}$ 可逆 $\Leftrightarrow\boldsymbol{A}$ 的列向量组 $\boldsymbol{\alpha}_1,\boldsymbol{\alpha}_2,\cdots,\boldsymbol{\alpha}_n$ 线性无关 $\Leftrightarrow\boldsymbol{Ax}=\mathbf{0}$ 有唯一零解 $\Leftrightarrow r(\boldsymbol{A})=n\Leftrightarrow\boldsymbol{Ax}=\boldsymbol{\beta},\boldsymbol{\beta}\in\mathbf{R}^n$ 有唯一解 $\Leftrightarrow\boldsymbol{\beta}$ 可由 $\boldsymbol{\alpha}_1,\boldsymbol{\alpha}_2,\cdots,\boldsymbol{\alpha}_n$ 线性表示,且表示法唯一 $\Leftrightarrow\boldsymbol{A}$ 的行最简形为单位矩阵 $\Leftrightarrow\boldsymbol{A}$ 可分表为一系列初等矩阵的乘积 $\Leftrightarrow\boldsymbol{\alpha}_1,\boldsymbol{\alpha}_2,\cdots,\boldsymbol{\alpha}_n$ 为 $\mathbf{R}^n$ 的基.

还有其他等价说法吗? 若 $\boldsymbol{A}$ 不是方阵,情形会怎样?

最后,给出一个应用实例.

例 3.5.6　**(平衡价格问题)** 为了协调多个相互依存的行业的平衡发展,有关部门需要根据每个行业的产出在各个行业中的分配情况确定每个行业产品的指导价格,使得每个行业的投入与产出都大致相等.

假设一个经济系统由煤炭、电力、钢铁行业组成,每个行业的产出在各个行业中的分配如表 3.5.1 所示.

表 3.5.1 行业产出分配表 单位:亿元

产出分配		行业		
		煤炭	电力	建材
购买者	煤炭	0	0.4	0.6
	电力	0.6	0.1	0.2
	建材	0.4	0.5	0.2

每一列中的元素表示占该行业总产出的比例. 试求使得每个行业的投入与产出都相等的平衡价格(假设不考虑这个系统与外界的联系).

解 依题意,以 x_1, x_2, x_3分别用表示煤炭、电力、建材行业每年总产出的价格, 则

$$\begin{cases} x_1 = \quad\quad\quad 0.4x_2+0.6x_3 \\ x_2=0.6x_1+0.1x_2+0.2x_3 \\ x_3=0.4x_1+0.5x_2+0.2x_3 \end{cases} \text{即} \begin{cases} x_1-0.4x_2-0.6x_3=0 \\ -0.6x_1+0.9x_2-0.2x_3=0. \\ -0.4x_1-0.5x_2+0.8x_3=0 \end{cases}$$

该齐次线性方程组的一个基础解系为$\boldsymbol{\xi}=(0.9394,0.8485,1)^{\mathrm{T}}$,通解为

$$x=k\boldsymbol{\xi},k\in\mathbf{R}.$$

结果表明:如果煤炭、电力、建材行业每年总产出的价格分别为 0.9394 亿元, 0.8485 亿元, 1 亿元, 那么每个行业的投入与产出都相等.

实际上, 一个比较完整的经济系统不可能只涉及三个行业, 因此需要统计更多的行业间的分配数据.

习题 3. 5(A)

1. 单项选择题.

(1) 已知 $\boldsymbol{\alpha}_1,\boldsymbol{\alpha}_2,\boldsymbol{\alpha}_3$ 为方程组 $\boldsymbol{Ax}=\mathbf{0}$ 的一个基础解系,则( )仍为其基础解系;

(A) $\boldsymbol{\alpha}_1+\boldsymbol{\alpha}_2,\boldsymbol{\alpha}_2+\boldsymbol{\alpha}_3,\boldsymbol{\alpha}_3-\boldsymbol{\alpha}_1$ (B) $\boldsymbol{\alpha}_1+2\boldsymbol{\alpha}_2,\boldsymbol{\alpha}_2+2\boldsymbol{\alpha}_3,\boldsymbol{\alpha}_3+2\boldsymbol{\alpha}_1$

(C) $\boldsymbol{\alpha}_1-\boldsymbol{\alpha}_2,\boldsymbol{\alpha}_2-\boldsymbol{\alpha}_3,\boldsymbol{\alpha}_3-\boldsymbol{\alpha}_1$ (D) $\boldsymbol{\alpha}_1-\boldsymbol{\alpha}_3,\boldsymbol{\alpha}_3-\boldsymbol{\alpha}_2,\boldsymbol{\alpha}_2-\boldsymbol{\alpha}_1$

(2) 已知非齐次方程组 $\boldsymbol{A}_{m\times n}\boldsymbol{x}=\boldsymbol{\beta}$, $r(\boldsymbol{A})=r$,则( );

(A) $r=m$ 时,方程组有解 (B) $r=n$ 时,方程组有唯一解

(C) $m=n$ 时,方程组有唯一解 (D) $r<n$ 时,方程组有无穷解

(3) 已知非齐次线性方程组(Ⅰ)$\boldsymbol{Ax}=\boldsymbol{\beta}$ 及其导出组(Ⅱ) $\boldsymbol{Ax}=\mathbf{0}$,则( );

(A) 若(Ⅰ)有无穷多组解,则(Ⅱ)只有零解

(B) 若(Ⅰ)有唯一解,则(Ⅱ)只有零解

(C) 若(Ⅱ)有非零解,则(Ⅰ)有无穷多解

(D) 若(Ⅱ)仅有零解,则(Ⅰ)有唯一解

(4) 已知 $\boldsymbol{A},\boldsymbol{B}$ 均为 n 阶非零方阵,且 $\boldsymbol{AB}=\boldsymbol{O}$,则 $\boldsymbol{A},\boldsymbol{B}$ 的秩(　　);

(A) 必有一个等于 0　　(B) 都小于 n

(C) 至少有一个小于 n　　(D) 都等于 n

(5) 设 $\boldsymbol{A},\boldsymbol{B}$ 均为 n 阶方阵,且 $\boldsymbol{AB}=\boldsymbol{O}$,则(　　).

(A) $\boldsymbol{A}=\boldsymbol{O}$ 或 $\boldsymbol{B}=\boldsymbol{O}$　　(B) $r(\boldsymbol{A})+r(\boldsymbol{B})\leqslant n$

(C) $|\boldsymbol{A}|=0$ 且 $|\boldsymbol{B}|=0$　　(D) $r(\boldsymbol{A})<n$ 且 $r(\boldsymbol{B})<n$

2. 填空题.

(1) 若 $\boldsymbol{\alpha}_1,\boldsymbol{\alpha}_2$ 是齐次线性方程组 $\boldsymbol{Ax}=\boldsymbol{0}$ 的解向量,则 $\boldsymbol{A}(3\boldsymbol{\alpha}_1-4\boldsymbol{\alpha}_2)=$__________;

(2) 方程组 $\begin{cases}x_1+x_2=0,\\ x_3+x_4=0\end{cases}$ 的一个基础解系为__________;

(3) 若 $\boldsymbol{\alpha}_1,\boldsymbol{\alpha}_2,\cdots,\boldsymbol{\alpha}_s$ 均为非齐次线性方程组 $\boldsymbol{Ax}=\boldsymbol{\beta}$ 的解向量,则 $\sum\limits_{i=1}^{s}k_i\boldsymbol{\alpha}_i$ 也为其解的充分必要条件是__________;

(4) 若 $r(\boldsymbol{A}_{4\times4})=3$,,则 $r(\boldsymbol{A}^*)=$__________.

3. 求下列齐次线性方程组的基础解系,并用所求基础解系表示其全部解.

(1) $\begin{cases}x_1+2x_2+x_3+3x_4=0,\\ 2x_1+5x_2+2x_3+x_4=0;\end{cases}$　(2) $\begin{cases}x_1-x_2-x_3+x_4=0,\\ x_1-x_2+x_3-3x_4=0,\\ x_1-x_2-2x_3+3x_4=0.\end{cases}$

4. 求一个齐次线性方程组,使它的基础解系为

$$\boldsymbol{\xi}_1=(0,1,2,3)^{\mathrm{T}},\quad \boldsymbol{\xi}_2=(3,2,1,0)^{\mathrm{T}}.$$

5. 计算 (1) 设 4 元非齐次线性方程组的系数矩阵的秩为 3,已知 $\boldsymbol{\eta}_1,\boldsymbol{\eta}_2,\boldsymbol{\eta}_3$ 为它的三个解向量,且 $\boldsymbol{\eta}_1=\begin{pmatrix}2\\3\\4\\5\end{pmatrix}$,$\boldsymbol{\eta}_2+\boldsymbol{\eta}_3=\begin{pmatrix}1\\2\\3\\4\end{pmatrix}$,求该方程组的通解;

(2) 已知 4 阶方阵 $\boldsymbol{A}=(\boldsymbol{\alpha}_1,\boldsymbol{\alpha}_2,\boldsymbol{\alpha}_3,\boldsymbol{\alpha}_4)$,$\boldsymbol{\alpha}_1,\boldsymbol{\alpha}_2,\boldsymbol{\alpha}_3,\boldsymbol{\alpha}_4$ 均为 4 维列向量,其中 $\boldsymbol{\alpha}_2$,$\boldsymbol{\alpha}_3,\boldsymbol{\alpha}_4$ 线性无关,$\boldsymbol{\alpha}_1=2\boldsymbol{\alpha}_2-\boldsymbol{\alpha}_3$. 如果 $\boldsymbol{\beta}=\boldsymbol{\alpha}_1+\boldsymbol{\alpha}_2+\boldsymbol{\alpha}_3+\boldsymbol{\alpha}_4$,求线性方程组 $\boldsymbol{Ax}=\boldsymbol{\beta}$ 的通解;

(3) 已知 $\boldsymbol{\beta}_1=\begin{pmatrix}-1\\1\\1\end{pmatrix}$ 及 $\boldsymbol{\beta}_2=\begin{pmatrix}1\\1\\-1\end{pmatrix}$ 均为方程组

$$\begin{cases}x_1+kx_2+k^2x_3=k^3,\\ x_1-kx_2+k^2x_3=-k^3\end{cases}\quad(k\neq0)$$

的解向量,求该方程组的通解.

6. 设$\boldsymbol{\eta}$是非齐次线性方程组$\boldsymbol{A}\boldsymbol{x}=\boldsymbol{\beta}$的一个解,$\boldsymbol{\xi}_1,\boldsymbol{\xi}_2,\cdots,\boldsymbol{\xi}_{n-r}$是其导出组$\boldsymbol{A}\boldsymbol{x}=\boldsymbol{0}$的一个基础解系.证明:

(1) $\boldsymbol{\eta},\boldsymbol{\xi}_1,\boldsymbol{\xi}_2,\cdots,\boldsymbol{\xi}_{n-r}$线性无关;

(2) $\boldsymbol{\eta},\boldsymbol{\eta}+\boldsymbol{\xi}_1,\boldsymbol{\eta}+\boldsymbol{\xi}_2,\cdots,\boldsymbol{\eta}+\boldsymbol{\xi}_{n-r}$线性无关.

7. 设$\boldsymbol{\eta}_1,\boldsymbol{\eta}_2,\cdots,\boldsymbol{\eta}_s$是非齐次线性方程组$\boldsymbol{A}\boldsymbol{x}=\boldsymbol{\beta}$的$s$个解,$k_1,k_2,\cdots,k_s$为实数,满足$k_1+k_2+\cdots+k_s=1$,证明$\boldsymbol{x}=k_1\boldsymbol{\eta}_1+k_2\boldsymbol{\eta}_2+\cdots+k_s\boldsymbol{\eta}_s$也是它的解.

8. 设$\boldsymbol{B}$为三阶非零矩阵,其列向量满足线性方程组$\begin{cases}x_1+2x_2-2x_3=0,\\2x_1-x_2+\lambda x_3=0,\\3x_1+x_2-x_3=0.\end{cases}$求$\lambda$的值,并证明$|\boldsymbol{B}|=0$.

习题 3.5(B)

1. 已知线性方程组$\begin{cases}x_1+x_2+x_3=0,\\ax_1+bx_2+cx_3=0,\\a^2x_1+b^2x_2+c^2x_3=0.\end{cases}$

(1) a,b,c满足何关系时,方程组仅有零解;

(2) a,b,c满足何关系时,方程组有无穷多解,并用基础解系表示全部解.

2. 设方程组(Ⅰ)为$\begin{cases}2x_1+3x_2-x_3=0,\\x_1+2x_2+x_3-x_4=0,\end{cases}$而方程组(Ⅱ)的基础解系为$\boldsymbol{\alpha}_1=(2,-1,a+2,1)^{\mathrm{T}},\boldsymbol{\alpha}_2=(-1,2,4,a+8)^{\mathrm{T}}$.

(1) 求方程组(Ⅰ)的一个基础解系;

(2) 当a为何值时,方程组(Ⅰ)与(Ⅱ)有非零公共解?在有公共解时,求出全部非零公共解.

3. 已知3阶矩阵$\boldsymbol{A}$的第1行是(a,b,c),a,b,c不全为零,且$\boldsymbol{A}\boldsymbol{B}=\boldsymbol{O}$,求线性方程组$\boldsymbol{A}\boldsymbol{x}=\boldsymbol{0}$的通解,这里$\boldsymbol{B}=\begin{pmatrix}1&2&3\\2&4&6\\3&6&k\end{pmatrix}$($k$为常数).

4. 已知非齐次线性方程组$\begin{cases}x_1+x_2+x_3+x_4=-1,\\4x_1+3x_2+5x_3-x_4=-1,\\ax_1+x_2+3x_3-bx_4=1\end{cases}$有3个线性无关解.

(1) 证明方程组系数矩阵$\boldsymbol{A}$的秩$r(\boldsymbol{A})=2$;

(2) 求a,b的值及方程组的通解.

5. 设$\boldsymbol{A},\boldsymbol{B}$均为$n$阶方阵,求证:$\boldsymbol{A}\boldsymbol{B}\boldsymbol{x}=\boldsymbol{0}$与$\boldsymbol{B}\boldsymbol{x}=\boldsymbol{0}$同解的充要条件是$r(\boldsymbol{A}\boldsymbol{B})=r(\boldsymbol{B})$.

第 3. 6 节　Mathematica 软件应用

本节通过具体实例介绍如何应用 Mathematica 进行向量与线性方程组的相关计算.内容包括向量的线性运算、向量组的线性相关性判别以及求向量组的极大无关组、齐次线性方程组的基础解系及通解和非齐次线性方程组的通解.

线性方程组求解的 Mathematica 实现

1. 相关命令

利用命令 **α+β,kα** 可以计算向量的和、数与向量相乘.

利用命令 **RowReduce[A]** 可以将矩阵 $\boldsymbol{A}$ 化为行最简形,判定构成矩阵 $\boldsymbol{A}$ 的向量组的线性相关性、求出向量组的极大无关组、向量关于极大无关组的线性表示式;也可以求出矩阵的秩.获知非齐次线性方程组是否有解,并在有解时写出其解.

利用命令 **LinearSolve[■, ■]** 可以求向量关于极大无关组的线性表示式(或向量在基下的坐标),也可以求得非齐次线性方程组的一个特解.

利用命令 **NullSpace[A]** 可以求得齐次线性方程组的基础解系.

2. 应用示例

例 3. 6. 1　已知向量 $\boldsymbol{\alpha}=(1,2,3,4,5)$,$\boldsymbol{\beta}=(5,4,3,2,1)$,求 $\boldsymbol{\alpha}+\boldsymbol{\beta}$,$3\boldsymbol{\alpha}$.

解　打开 Mathematica 4. 0 窗口,键入命令

```
α={1,2,3,4,5};β={5,4,3,2,1};
α+β
3α
```

按“Shift+Enter”键,即得所求,如图 3. 6. 1.

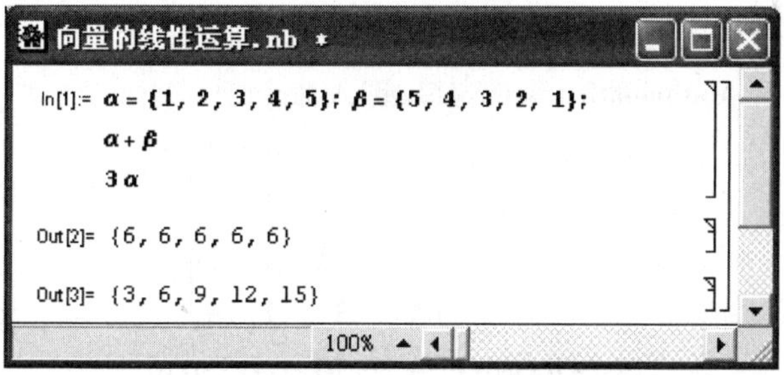

图 3. 6. 1

例 3.6.2 判定向量组 $\begin{cases}\boldsymbol{\alpha}_1=(1,-2,1),\\ \boldsymbol{\alpha}_2=(0,3,-1),\\ \boldsymbol{\alpha}_3=(2,-1,3)\end{cases}$ 的线性相关性.

解 打开 Mathematica 4.0 窗口,键入命令

$$\mathbf{A}=\begin{pmatrix}1 & 0 & 2\\ -2 & 3 & -1\\ 1 & -1 & 3\end{pmatrix};$$

RowReduce[A]//MatrixForm

按"Shift+Enter"键,得矩阵 $\boldsymbol{A}$ 的行最简形,如图 3.6.2.

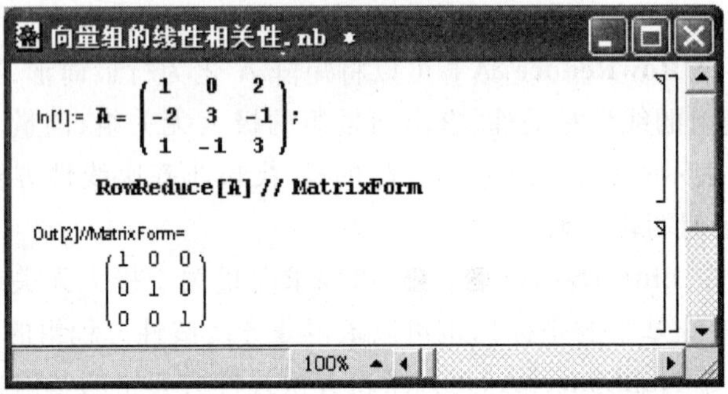

图 3.6.2

因为矩阵 $\boldsymbol{A}$ 的行最简形中非零行的个数为 3,故向量组线性无关.

例 3.6.3 求向量组 $\begin{cases}\boldsymbol{\alpha}_1=(1,-2,1,3),\\ \boldsymbol{\alpha}_2=(0,6,3,-1),\\ \boldsymbol{\alpha}_3=(3,2,-1,3),\\ \boldsymbol{\alpha}_4=(1,1,1,1),\\ \boldsymbol{\alpha}_5=(0,4,5,6)\end{cases}$ 的一个极大无关组,并将剩余向量用该极大无关组线性表示.

解 打开 Mathematica 4.0 窗口,键入命令

$$\mathbf{A}=\begin{pmatrix}1 & 0 & 3 & 1 & 0\\ -2 & 6 & 2 & 1 & 4\\ 1 & 3 & -1 & 1 & 5\\ 3 & -1 & 3 & 1 & 6\end{pmatrix};$$

RowReduce[A]//MatrixForm

按"Shift+Enter"键,得矩阵 $\boldsymbol{A}$ 的行最简形,如图 3.6.3.

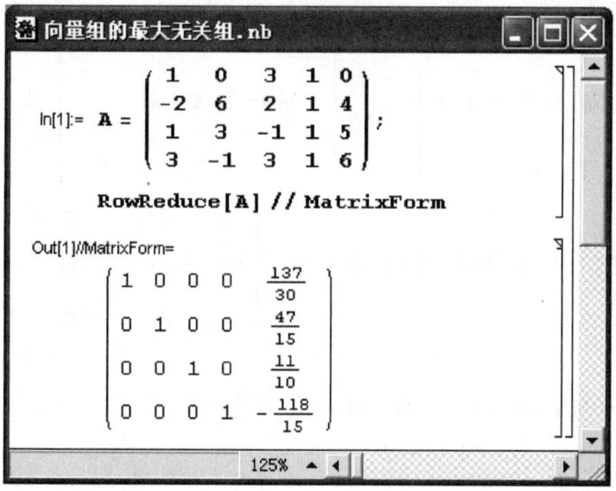

图 3.6.3

因此，$\boldsymbol{\alpha}_1,\boldsymbol{\alpha}_2,\boldsymbol{\alpha}_3,\boldsymbol{\alpha}_4$ 为向量组的一个极大无关组，且

$$\boldsymbol{\alpha}_5=\frac{137}{30}\boldsymbol{\alpha}_1+\frac{47}{15}\boldsymbol{\alpha}_2+\frac{11}{10}\boldsymbol{\alpha}_3-\frac{118}{15}\boldsymbol{\alpha}_4.$$

例 3.6.4　求齐次线性方程组 $\begin{cases}x_1-3x_2-x_3+x_4=0,\\3x_1-x_2-3x_3+4x_4=0,\\x_1+5x_2-9x_3-8x_4=0\end{cases}$ 的基础解系及通解.

解　打开 Mathematica 4.0 窗口，键入命令

$$\mathbf{A}=\begin{pmatrix}1&-3&-1&1\\3&-1&-3&4\\1&5&-9&-8\end{pmatrix};$$

NullSpace[A] //MatrixForm

按“Shift+Enter”键，得该方程组基础解系，如图 3.6.4.

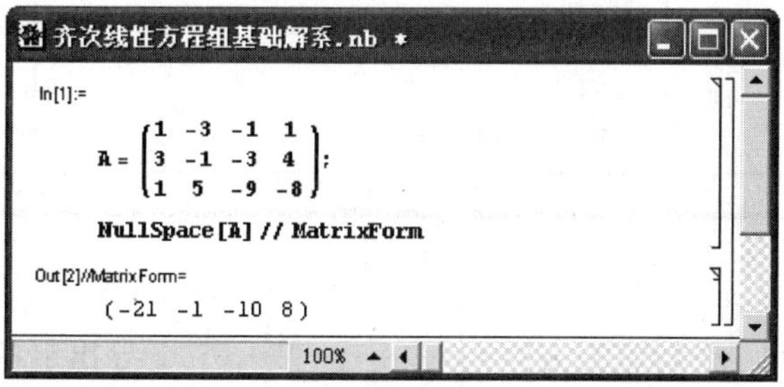

图 3.6.4

方程组基础解系为 $\boldsymbol{\xi}=\begin{pmatrix}-21\\-1\\-10\\8\end{pmatrix}$，通解为 $\boldsymbol{x}=k\begin{pmatrix}-21\\-1\\-10\\8\end{pmatrix}$，$k\in\mathbf{R}$.

例 3.6.5 求非齐次线性方程组 $\begin{cases}x_1-3x_2-x_3+x_4=1,\\3x_1-x_2-3x_3+4x_4=4,\\x_1+5x_2-9x_3-8x_4=6\end{cases}$ 的全部解.

解 打开 Mathematica 4.0 窗口，键入命令

$$\mathbf{A}=\begin{pmatrix}1&-3&-1&1\\3&-1&-3&4\\1&5&-9&-8\end{pmatrix};\mathbf{B}=\begin{pmatrix}1\\4\\6\end{pmatrix};$$

LinearSolve[A,B] //MatrixForm

NullSpace[A] //MatrixForm

按“Shift+Enter”键，得方程组的一个特解及导出组的基础解系，如图 3.6.5.

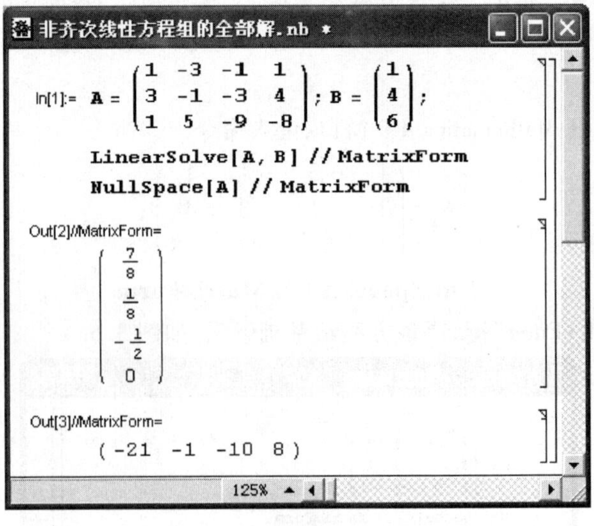

图 3.6.5

方程组的一个特解为 $\boldsymbol{\eta}^*=\left(\frac{7}{8},\frac{1}{8},-\frac{1}{2},0\right)^{\mathrm{T}}$，导出组的基础解系为

$\boldsymbol{\xi}=(-21,-1,-10,8)^{\mathrm{T}}$，方程组全部解为 $\boldsymbol{\eta}=\boldsymbol{\eta}^{*}+c\boldsymbol{\xi}, c\in\mathbf{R}$.

例 3.6.6 下列线性方程组是否有解？若有解，求出全部解.

(1) $\begin{cases} x_1+x_2+x_3=4, \\ x_1+\dfrac{1}{2}x_2+x_3=3, \\ 2x_1+\dfrac{1}{2}x_2+2x_3=5; \end{cases}$

(2) $\begin{cases} x_1+x_2+x_3+x_4+x_5=1, \\ 3x_1+2x_2+2x_3+2x_4-3x_5=0, \\ x_2+2x_3+2x_4+6x_5=3, \\ 5x_1+4x_2+3x_3+3x_4-x_5=4. \end{cases}$

解 (1) 打开 Mathematica 4.0 窗口，键入命令

$$\mathbf{Ab}=\begin{pmatrix} 1 & 1 & 1 & 4 \\ 1 & \dfrac{1}{2} & 1 & 3 \\ 2 & \dfrac{1}{2} & 2 & 5 \end{pmatrix};$$

RowReduce[Ab] //MatrixForm

按“Shift+Enter”键，得方程组增广矩阵的行最简形，如图 3.6.6.

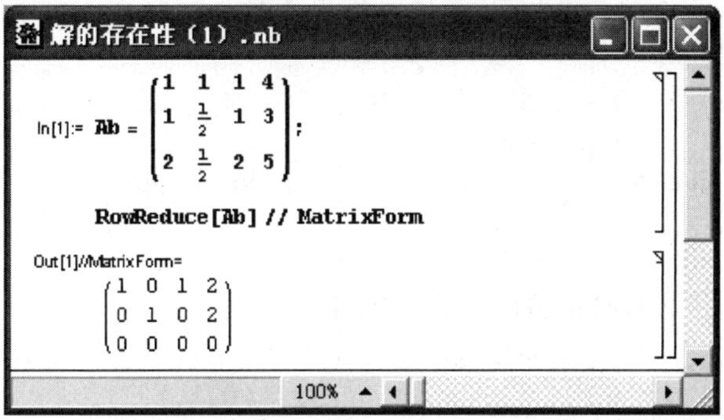

图 3.6.6

因 $r(\boldsymbol{A})=r(\boldsymbol{Ab})=2<3$，该方程组有无穷多解；全部解为

$$\boldsymbol{x}=\begin{pmatrix} 2 \\ 2 \\ 0 \end{pmatrix}+k\begin{pmatrix} -1 \\ 0 \\ 1 \end{pmatrix}, k\in\mathbf{R}.$$

（2）打开 Mathematica 4.0 窗口，键入命令

$$\mathbf{Ab}=\begin{pmatrix}1&1&1&1&1&1\\3&2&2&2&-3&0\\0&1&2&2&6&3\\5&4&3&3&-1&4\end{pmatrix};$$

RowReduce[Ab] //MatrixForm

按“Shift+Enter”键，得方程组增广矩阵的行最简形，如图 3.6.7.

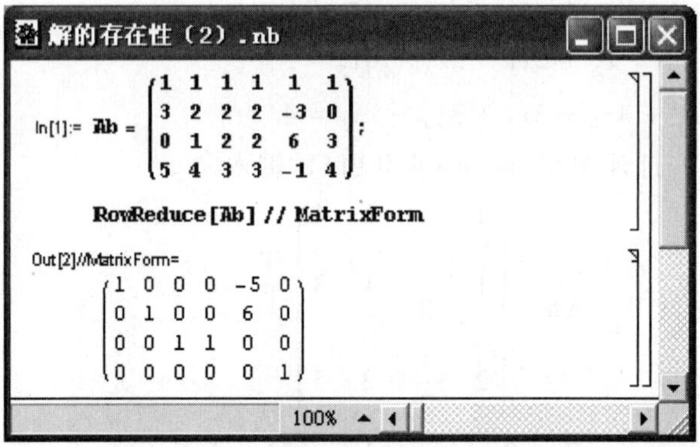

图 3.6.7

因 $r(\boldsymbol{A})=3\neq r(\boldsymbol{Ab})=4$，该方程组无解.

3. 技能训练

（1）已知 $\boldsymbol{\alpha}=\begin{pmatrix}-4.5\\0.87\\8\\2.9\end{pmatrix}$，$\boldsymbol{\beta}=\begin{pmatrix}10\\9\\8\\7.1\end{pmatrix}$，求 $3\boldsymbol{\alpha}-15\boldsymbol{\beta}$.

（2）判定下列向量组的线性相关性.

$$\begin{cases}\boldsymbol{\alpha}_1=(0,1,2,4,3),\\\boldsymbol{\alpha}_2=(1,5,6,3,-1),\\\boldsymbol{\alpha}_3=(0,3,2,-1,3),\\\boldsymbol{\alpha}_4=(-1,1,1,1,1),\\\boldsymbol{\alpha}_5=(-5,0,4,5,6);\end{cases}\qquad\begin{cases}\boldsymbol{\beta}_1=(0,1,1,3),\\\boldsymbol{\beta}_2=(1,6,0,-1),\\\boldsymbol{\beta}_3=(0,2,-1,8),\\\boldsymbol{\beta}_4=(-1,1,-7,1).\end{cases}$$

(3) 求向量组 $\boldsymbol{\alpha}_1=\begin{pmatrix}2\\1\\1\\1\end{pmatrix},\boldsymbol{\alpha}_2=\begin{pmatrix}-1\\1\\7\\10\end{pmatrix},\boldsymbol{\alpha}_3=\begin{pmatrix}3\\1\\-1\\-2\end{pmatrix},\boldsymbol{\alpha}_4=\begin{pmatrix}8\\5\\9\\11\end{pmatrix}$ 的一个极大无关组,并将剩余向量用该极大无关组线性表示.

(4) 某品牌服装专卖店经销的男装系列为休闲上衣、衬衣、西服套装、休闲裤.今年到目前为止(设目前为 5 月份),这 4 种服装月均销售收入分别为 15 万元、5 万元、30 万元、10 万元.由于打开了市场,预计下月各种服装的销售额将比目前的平均水平有 5%的增长.

(i) 用向量表示月平均销售额;

(ii) 计算出截止到下月底的总销售额.

(5) 求方程组 $\begin{cases}x_1+2x_2+x_3-x_4=0,\\3x_1+6x_2-x_3-3x_4=0,\\2x_1+4x_2+2x_3-2x_4=0\end{cases}$ 的基础解系及通解.

(6) 下列线性方程组是否有解？若有解,求出全部解.

$$\begin{cases}x_1+x_2-2x_3+4x_4=5,\\2x_1+2x_2-3x_3-x_4=3,\\3x_1+3x_2-4x_3-2x_4=1;\end{cases}\qquad\begin{cases}x_1+x_2-2x_3+3x_4=4,\\2x_1+3x_2+3x_3-x_4=3,\\5x_1+7x_2+4x_3+x_4=5.\end{cases}$$

(7) 图 3.6.8 给出了某城市部分单行街道的交通流量(每小时过车数).假设:

① 全部流入网络的流量等于全部流出网络的流量;

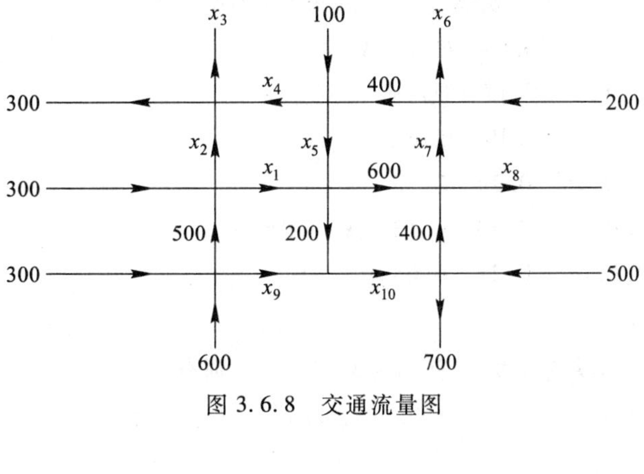

图 3.6.8　交通流量图

② 全部流入一个节点的流量等于全部流出此节点的流量.
试建立数学模型确定该交通网络未知部分的具体流量.

(8) 某地区乳品市场有三家供应商,各供应商的顾客经常互相流动.本月顾客增减情况如表 3.6.1(假设顾客总数不变,所有新增加的顾客均来自其他供应商原有顾客,所失去的顾客皆转化为其他供应商的顾客).

① 若定义:市场占有率 $=\dfrac{\text{当期供应商客户数}}{\text{市场客户总数}}$,写出本月底市场占有率分布情况 $\boldsymbol{x}_0$;

表 3.6.1 顾客增减得失情况表

供应商	初期客户数	新增客户数			失去客户数			末期客户数
		来自 A	来自 B	来自 C	流向 A	流向 B	流向 C	
A	560	—	80	30	—	10	20	640
B	280	10	—	20	80	—	60	170
C	160	20	60	—	30	20	—	190

② 若定义:转移矩阵 $\boldsymbol{P}=(p_{ij})_{3\times 3}$,其中

$$p_{ij}=\frac{\text{从 } j \text{ 供应商流向 } i \text{ 供应商的客户数}}{j \text{ 供应商期初客户总数}},\quad i,j=\mathrm{A},\mathrm{B},\mathrm{C},$$

写出下月底市场占有率的预测式 $\boldsymbol{x}_1$,并计算预测值;

③ 若市场发展达到稳定平衡状态,即上一期市场占有率与下一期市场占有率不变,求出平衡状态下的市场占有率.

提示:① $\boldsymbol{x}_0=\begin{pmatrix}0.64\\0.17\\0.19\end{pmatrix}\begin{matrix}\text{供应商 A}\\\text{供应商 B};\\\text{供应商 C}\end{matrix}$

② $\boldsymbol{P}=\begin{pmatrix}0.95&0.29&0.19\\0.02&0.50&0.13\\0.03&0.21&0.68\end{pmatrix}$,$\boldsymbol{x}_1=\boldsymbol{P}\boldsymbol{x}_0$;

③ 设平衡状态市场占有率为 $\boldsymbol{x}=\begin{pmatrix}x_1\\x_2\\x_3\end{pmatrix}$,则有

$$\begin{pmatrix}0.95 & 0.29 & 0.19\\ 0.02 & 0.50 & 0.13\\ 0.03 & 0.21 & 0.68\end{pmatrix}\begin{pmatrix}x_1\\ x_2\\ x_3\end{pmatrix}=\begin{pmatrix}x_1\\ x_2\\ x_3\end{pmatrix},$$

$$x_1+x_2+x_3=1.$$

解上述方程组可得平衡状态时各企业的市场占有率：A 供应商：0.818；B 供应商：0.064；C 供应商：0.118.

复习题 3

一、单项选择题.

1. 设 $\boldsymbol{A}$ 为 n 阶不可逆矩阵，则方程组 $\boldsymbol{A}_{n\times n}\boldsymbol{x}=\boldsymbol{\beta}$(　　)；

　(A) 有无穷多组解　　(B) 有唯一解

　(C) 无解　　(D) 可能无解也可能有无穷多解

2. 设 $\boldsymbol{A}_{m\times n}\boldsymbol{x}=\boldsymbol{0}$ 只有零解的充分必要条件为(　　)；

　(A) $\boldsymbol{A}$ 的列向量组线性无关　　(B) $\boldsymbol{A}$ 的列向量组线性相关

　(C) $\boldsymbol{A}$ 的行向量组线性无关　　(D) $\boldsymbol{A}$ 的行向量组线性相关

3. $\boldsymbol{\alpha}_1,\boldsymbol{\alpha}_2,\cdots,\boldsymbol{\alpha}_s$ 线性无关的充要条件是(　　)；

　(A) $\boldsymbol{\alpha}_1,\boldsymbol{\alpha}_2,\cdots,\boldsymbol{\alpha}_s$ 均为非零向量

　(B) $\boldsymbol{\alpha}_1,\boldsymbol{\alpha}_2,\cdots,\boldsymbol{\alpha}_s$ 中任何两个向量的分量成比例

　(C) $\boldsymbol{\alpha}_1,\boldsymbol{\alpha}_2,\cdots,\boldsymbol{\alpha}_s$ 中任何一个向量不能由其余向量线性表示

　(D) $\boldsymbol{\alpha}_1,\boldsymbol{\alpha}_2,\cdots,\boldsymbol{\alpha}_s$ 中有一部分向量线性无关

4. 设向量组 $A:\boldsymbol{\alpha}_1,\boldsymbol{\alpha}_2,\boldsymbol{\alpha}_3$ 与向量组 $B:\boldsymbol{\beta}_1,\boldsymbol{\beta}_2$ 等价，则必有(　　)；

　(A) 向量组 A 线性相关

　(B) 向量组 B 线性无关

　(C) 向量组 A 的秩不大于向量组 B 的秩

　(D) $\boldsymbol{\alpha}_3$ 不能由 $\boldsymbol{\alpha}_1,\boldsymbol{\beta}_1,\boldsymbol{\beta}_2$ 线性表示

5. 设 $\boldsymbol{\eta}_1,\boldsymbol{\eta}_2$ 为方程组 $\boldsymbol{Ax}=\boldsymbol{b}$ 的两个特解，$\boldsymbol{\xi}$ 为 $\boldsymbol{Ax}=\boldsymbol{0}$ 的解，则(　　)不是方程组 $\boldsymbol{Ax}=\boldsymbol{b}$ 的解.

　(A) $\boldsymbol{\eta}_1+k(\boldsymbol{\eta}_1-\boldsymbol{\eta}_2)$　　(B) $\boldsymbol{\eta}_1+\boldsymbol{\xi}$

　(C) $\boldsymbol{\eta}_1+k\boldsymbol{\eta}_2$　　(D) $\dfrac{\boldsymbol{\eta}_1+\boldsymbol{\eta}_2}{2}+k\boldsymbol{\xi}$

二、填空题.

1. 若向量组 A 与向量组 B: $\begin{pmatrix}1\\2\\3\end{pmatrix},\begin{pmatrix}2\\3\\4\end{pmatrix},\begin{pmatrix}0\\0\\1\end{pmatrix}$ 等价,则向量组 A 的秩为__________;

2. 设 n 阶方阵 $\boldsymbol{A}$ 的各行元素之和均为 0,且 $r(\boldsymbol{A})=n-1$,则线性方程组 $\boldsymbol{Ax}=\boldsymbol{0}$ 的通解为__________,该方程组解空间的维数为__________;

3. 3 维向量空间中向量 $\boldsymbol{\alpha}=(1,2,1)$ 在基 $\boldsymbol{\alpha}_1=(1,1,1)$, $\boldsymbol{\alpha}_2=(0,1,1)$, $\boldsymbol{\alpha}_3=(0,0,1)$ 下的坐标为__________;

4. 向量组 $\boldsymbol{\alpha}_1,\boldsymbol{\alpha}_2,\cdots,\boldsymbol{\alpha}_s$ 线性无关的充分必要条件可以用秩描述为__________;

5. 若线性方程组 $\begin{cases}x_1-x_2=2,\\x_1+2x_2=1,\\3x_1+kx_2=k\end{cases}$ 有解,则常数 $k=$__________.

三、判断题.

1. 若 $r(\boldsymbol{A}_{m\times n})=r<n$,则齐次线性方程组 $\boldsymbol{A}_{m\times n}\boldsymbol{x}=\boldsymbol{0}$ 有 $n-r$ 个基础解系;(　　)

2. 若向量 $\boldsymbol{\beta}$ 不能由 $\boldsymbol{\alpha}_1,\boldsymbol{\alpha}_2$ 线性表示,则 $\boldsymbol{\alpha}_1,\boldsymbol{\alpha}_2,\boldsymbol{\beta}$ 线性无关;(　　)

3. 若向量 $\boldsymbol{\beta}_1,\boldsymbol{\beta}_2$ 都能由 $\boldsymbol{\alpha}_1,\boldsymbol{\alpha}_2,\boldsymbol{\alpha}_3$ 线性表示,则 $\boldsymbol{\beta}_1,\boldsymbol{\beta}_2$ 线性相关.(　　)

四、完成下列各题.

1. 已知线性方程组 $\begin{cases}x_1+x_2+2x_3+x_4=1,\\x_1+3x_2+6x_3+5x_4=3,\\3x_1+5x_2+10x_3+7x_4=a,\end{cases}$

(1) a 为何值时方程组有解?

(2) 当方程组有解时,求出它的全部解(用解的结构表示).

2. 已知 4 元方程组 $\boldsymbol{Ax}=\boldsymbol{b}$, $r(\boldsymbol{A})=3$, $\boldsymbol{\eta}_1,\boldsymbol{\eta}_2,\boldsymbol{\eta}_3$ 是它的 3 个解向量,其中

$\boldsymbol{\eta}_1+\boldsymbol{\eta}_2=\begin{pmatrix}1\\2\\0\\2\end{pmatrix}$, $\boldsymbol{\eta}_2+\boldsymbol{\eta}_3=\begin{pmatrix}1\\0\\1\\3\end{pmatrix}$,求该非齐次线性方程组的通解.

3. 已知向量组 $\boldsymbol{\alpha}_1=\begin{pmatrix}1\\0\\2\\0\end{pmatrix},\boldsymbol{\alpha}_2=\begin{pmatrix}0\\-1\\1\\2\end{pmatrix},\boldsymbol{\alpha}_3=\begin{pmatrix}1\\-2\\4\\4\end{pmatrix},\boldsymbol{\alpha}_4=\begin{pmatrix}2\\-1\\4\\2\end{pmatrix},\boldsymbol{\alpha}_5=\begin{pmatrix}2\\-1\\6\\2\end{pmatrix}$.

(1) 求向量组的秩及一个极大无关组;

(2) 将其余向量用该极大无关组线性表示.

4. 设向量组 $\boldsymbol{\alpha}_1=\begin{pmatrix}1\\1+t\\0\end{pmatrix},\boldsymbol{\alpha}_2=\begin{pmatrix}1\\2\\0\end{pmatrix},\boldsymbol{\alpha}_3=\begin{pmatrix}0\\0\\t^2+1\end{pmatrix}$线性相关,求参数 t.

5. 设齐次线性方程组$\begin{cases}x_1+2x_2-2x_3=0,\\2x_1-x_2+\lambda x_3=0,\\3x_1+x_2-x_3=0\end{cases}$的系数矩阵为 $\boldsymbol{A}$,若存在 3 阶非零矩阵 $\boldsymbol{B}$,使 $\boldsymbol{AB}=\boldsymbol{O}$,求 λ.

6. 已知 3×3 矩阵 $\boldsymbol{A}=(\boldsymbol{\alpha}_1,\boldsymbol{\alpha}_2,\boldsymbol{\alpha}_3)$,其中 $\boldsymbol{\alpha}_1,\boldsymbol{\alpha}_2$ 线性无关,$\boldsymbol{\alpha}_3=\boldsymbol{\alpha}_1-2\boldsymbol{\alpha}_2$,若 $\boldsymbol{\beta}=\boldsymbol{\alpha}_1-2\boldsymbol{\alpha}_2-\boldsymbol{\alpha}_3$,求线性方程组 $\boldsymbol{Ax}=\boldsymbol{\beta}$ 的通解.

7. 设矩阵 $\boldsymbol{A}=\begin{pmatrix}1&1&1-a\\1&0&a\\a+1&1&a+1\end{pmatrix},\boldsymbol{\beta}=\begin{pmatrix}0\\1\\2a-2\end{pmatrix}$,且方程组 $\boldsymbol{Ax}=\boldsymbol{\beta}$ 无解.求:

(1) a 的值;

(2) 方程组 $\boldsymbol{A}^{\mathrm{T}}\boldsymbol{Ax}=\boldsymbol{A}^{\mathrm{T}}\boldsymbol{\beta}$ 的通解.

8. 设 $\mathbf{R}^3$ 中的两个基为 $\boldsymbol{\alpha}_1,\boldsymbol{\alpha}_2,\boldsymbol{\alpha}_3$ 和 $\boldsymbol{\beta}_1,\boldsymbol{\beta}_2,\boldsymbol{\beta}_3$,且

$$\boldsymbol{\beta}_1=\boldsymbol{\alpha}_1-\boldsymbol{\alpha}_2,\boldsymbol{\beta}_2=2\boldsymbol{\alpha}_1+3\boldsymbol{\alpha}_2+2\boldsymbol{\alpha}_3,\boldsymbol{\beta}_3=\boldsymbol{\alpha}_1+3\boldsymbol{\alpha}_2+2\boldsymbol{\alpha}_3.$$

求:

(1) $\boldsymbol{\alpha}=2\boldsymbol{\beta}_1-\boldsymbol{\beta}_2+3\boldsymbol{\beta}_3$ 在基 $\boldsymbol{\alpha}_1,\boldsymbol{\alpha}_2,\boldsymbol{\alpha}_3$ 下的坐标;

(2) $\boldsymbol{\beta}=2\boldsymbol{\alpha}_1-\boldsymbol{\alpha}_2+3\boldsymbol{\alpha}_3$ 在基 $\boldsymbol{\alpha}_1,\boldsymbol{\alpha}_2,\boldsymbol{\alpha}_3$ 下的坐标.

五、证明题.

1. 设 $\boldsymbol{\alpha}_1,\boldsymbol{\alpha}_2,\boldsymbol{\alpha}_3$ 是齐次线性方程组 $\boldsymbol{Ax}=\mathbf{0}$ 的一个基础解系,证明:$\boldsymbol{\alpha}_1+\boldsymbol{\alpha}_2,\boldsymbol{\alpha}_2+\boldsymbol{\alpha}_3,\boldsymbol{\alpha}_3+\boldsymbol{\alpha}_1$ 也是方程组 $\boldsymbol{Ax}=\mathbf{0}$ 的一个基础解系.

2. 若 $r(\boldsymbol{A}_{4\times4})=3$,则 $r(\boldsymbol{A}^*)=1$,这里 $\boldsymbol{A}^*$ 为 $\boldsymbol{A}$ 的伴随矩阵.

3. 设 $\boldsymbol{A}$ 为 n 阶矩阵,满足 $\boldsymbol{A}^2-3\boldsymbol{A}-4\boldsymbol{E}=\boldsymbol{O}$,证明 $r(\boldsymbol{A}+\boldsymbol{E})+r(\boldsymbol{A}-4\boldsymbol{E})=n$.

六、应用题.

1. 套利投资组合问题　一位投资者投资于 3 种资产,且有 3 种状态可能发生,资产的回报矩阵为

$$\boldsymbol{R}=\begin{pmatrix}0.95 & 0.90 & 1.00\\ 1.10 & 1.10 & 1.10\\ 1.20 & 1.15 & 1.25\end{pmatrix},$$

(1) 证明状态价格不存在;

(2) 以下两种投资组合都是套利组合

$$\boldsymbol{Y}=(1\ 000,-5\ 000,4\ 000)\text{ 和 }\boldsymbol{Z}=(0,-5\ 000,5\ 000)$$

对此应选择哪一组合?

2. 工资分配问题　秋收季节,甲、乙、丙三位农民组成劳动互助组. 每人出工 6 天(包括为自己家干活的天数),刚好完成三家的农活. 表 1 给出了他们工作天数分配方案,即甲在甲、乙、丙三家干活的天数依次为 2 天、2.5 天、1.5 天;乙在甲、乙、丙三家各干活 2 天,丙在甲、乙、丙三家干活的天数依次为 1.5 天、2 天、2.5 天. 根据三人干活的种类、速度和时间,他们确定三人不必相互支付工资刚好公平. 随后,三人又合作到邻村帮忙干了 2 天(每人干活的种类和强度不变),共获得工资 600 元. 问他们应该怎样分配这 600 元工资才合理?

表 1　工作天数分配方案

天数		工种		
		甲	乙	丙
地点	甲家	2.0	2.0	1.5
	乙家	2.5	2.0	2.0
	丙家	1.5	2.0	2.5

3. 药方配置问题　某中药厂用 9 种中草药 A~I 根据不同的比例制成 7 种特效药.各成分用量如表 2 所示(单位:g).

表 2 特效药的成分用量 单位:g

成分用量		特效药						
		1 号	2 号	3 号	4 号	5 号	6 号	7 号
中草药	A	10	2	14	12	20	38	100
	B	12	0	12	25	35	60	55
	C	5	3	11	0	5	14	0
	D	7	9	25	5	15	47	35
	E	0	1	2	25	5	33	6
	F	25	5	35	5	35	55	50
	G	9	4	17	25	2	39	25
	H	6	5	16	10	10	35	10
	I	8	2	12	0	0	6	20

请解答以下问题:

(1) 当医院要购进这批特效药时,药厂的第 3 号、6 号特效药已无货,试问能否用其他特效药配制出这两种脱销的药品?

(2) 若医院想用这 9 种中草药配置三种新的特效药(三种新的特效药的成分用量列于表 3),试问能否配置?如何配置?

表 3 新药的成分用量 单位:g

成分用量		新药		
		1 号	2 号	3 号
中草药	A	40	162	88
	B	62	141	67
	C	14	27	8
	D	44	102	51
	E	53	60	7
	F	50	55	80
	G	71	118	38
	H	41	68	21
	I	14	52	30

第 4 章　矩阵的对角化

事物总是相互关联的.不同的数学问题间往往会有非常深刻的内在联系,并且在适当的条件下可以相互转化.利用这些联系,可以将复杂的问题简单化,抽象的问题具体化,陌生的问题熟悉化.从矩阵特征值的计算,到特征向量的求解,无不彰显化归转化思想之魅力.

本章给出了向量内积、长度与正交的定义,介绍了矩阵的特征值和特征向量的概念、性质,研究了矩阵与对角矩阵相似的条件、计算方法,并对实对称矩阵的对角化进行了讨论.学习本章后,应该了解向量内积的概念,会用施密特方法将线性无关的向量组标准正交化;了解标准正交基、正交矩阵的概念及它们的性质;理解矩阵的特征值与特征向量的概念,会求矩阵的特征值与特征向量;了解相似矩阵的概念和性质;了解矩阵对角化的充分必要条件和对角化方法;会求实对称矩阵的相似对角矩阵.

第 4.1 节　向量的内积　长度与正交

在物理学中,力 $\boldsymbol{F}$ 作用于一物体,使其位移为 $\boldsymbol{s}$,力与位移方向的夹角为 θ. 这时,力在位移方向上对物体所做的功为 $W=|\boldsymbol{F}||\boldsymbol{s}|\cos\theta$, 其中 $|\cdot|$ 表示向量的长度.

在空间解析几何中,向量 $\boldsymbol{\alpha}=(a_1,a_2,a_3)$ 和 $\boldsymbol{\beta}=(b_1,b_2,b_3)$ 的长度、夹角等度量性质可以通过两个向量的数量积

$$\boldsymbol{\alpha}\cdot\boldsymbol{\beta}=|\boldsymbol{\alpha}||\boldsymbol{\beta}|\cos(\boldsymbol{\alpha},\boldsymbol{\beta})$$

来表示.且在直角坐标系中,有

$$\boldsymbol{\alpha}\cdot\boldsymbol{\beta}=a_1b_1+a_2b_2+a_3b_3,$$

$$|\boldsymbol{\alpha}|=\sqrt{a_1^2+a_2^2+a_3^2}=\sqrt{\boldsymbol{\alpha}\cdot\boldsymbol{\alpha}}.$$

若向量 $\boldsymbol{\alpha}$ 和 $\boldsymbol{\beta}$ 垂直,显然应有 $\boldsymbol{\alpha}\cdot\boldsymbol{\beta}=0$.

将数量积的概念推广到 n 维向量空间,就是所谓的“内积”.在此基础上,向量的长度、垂直(或正交)概念也可以一并推广.

1. 向量的内积

定义 4.1.1　设 $\boldsymbol{\alpha}=(a_1,a_2,\cdots,a_n)^{\mathrm{T}}$,$\boldsymbol{\beta}=(b_1,b_2,\cdots,b_n)^{\mathrm{T}}$ 是两个 n 维向量,数

$$a_1b_1+a_2b_2+\cdots+a_nb_n$$

称为 $\boldsymbol{\alpha}$ 与 $\boldsymbol{\beta}$ 的内积(inner product).记作 $[\boldsymbol{\alpha},\boldsymbol{\beta}]=a_1b_1+a_2b_2+\cdots+a_nb_n$.

内积是两个向量之间的一种运算,其结果是一个实数,按矩阵的记法可表示为

$$[\boldsymbol{\alpha},\boldsymbol{\beta}]=\boldsymbol{\alpha}^{\mathrm{T}}\boldsymbol{\beta}=(a_1,a_2,\cdots,a_n)\begin{pmatrix}b_1\\b_2\\\vdots\\b_n\end{pmatrix}=a_1b_1+a_2b_2+\cdots+a_nb_n.$$

向量的内积具有如下性质:

(1) 对称性　$[\boldsymbol{\alpha},\boldsymbol{\beta}]=[\boldsymbol{\beta},\boldsymbol{\alpha}]$;

(2) 线性性　对任意实数 k,m,有

$$[k\boldsymbol{\alpha}+m\boldsymbol{\beta},\boldsymbol{\gamma}]=k[\boldsymbol{\alpha},\boldsymbol{\gamma}]+m[\boldsymbol{\beta},\boldsymbol{\gamma}];$$

(3) 非负性　$[\boldsymbol{\alpha},\boldsymbol{\alpha}]\geqslant 0$,且当且仅当 $\boldsymbol{\alpha}=\boldsymbol{0}$ 时,等号成立.

利用向量内积的非负性,可以定义向量的长度.

2. 向量的长度

定义 4.1.2　设 $\boldsymbol{\alpha}=(a_1,a_2,\cdots,a_n)^{\mathrm{T}}$,令

$$\|\boldsymbol{\alpha}\|=\sqrt{[\boldsymbol{\alpha},\boldsymbol{\alpha}]}=\sqrt{a_1^2+a_2^2+\cdots+a_n^2},$$

称 $\|\boldsymbol{\alpha}\|$ 为 n 维向量 $\boldsymbol{\alpha}$ 的**长度(范数或模)**(norm).

向量的长度具有如下性质:

(1) 非负性　$\|\boldsymbol{\alpha}\|\geqslant 0$,且当且仅当 $\boldsymbol{\alpha}=\boldsymbol{0}$ 时,等号成立;

(2) 齐次性　对任意实数 k,有 $\|k\boldsymbol{\alpha}\|=|k|\,\|\boldsymbol{\alpha}\|$;

(3) 三角不等式　$\|\boldsymbol{\alpha}+\boldsymbol{\beta}\|\leqslant\|\boldsymbol{\alpha}\|+\|\boldsymbol{\beta}\|$.

长度等于 1 的向量称为**单位向量**.

对任一非零向量 $\boldsymbol{\alpha}$,$\dfrac{\boldsymbol{\alpha}}{\|\boldsymbol{\alpha}\|}$ 是一个单位向量,因为

$$\left\|\frac{\boldsymbol{\alpha}}{\|\boldsymbol{\alpha}\|}\right\|=\frac{1}{\|\boldsymbol{\alpha}\|}\|\boldsymbol{\alpha}\|=1.$$

非零向量 $\boldsymbol{\alpha}$ 除以它的长度,就可得到一个单位向量,这一过程通常称

为把向量 $\boldsymbol{\alpha}$ 单位化.

例 4.1.1 已知向量 $\boldsymbol{\alpha}=\begin{pmatrix}2\\1\\-3\\1\end{pmatrix},\boldsymbol{\beta}=\begin{pmatrix}4\\2\\3\\-1\end{pmatrix}$，将向量 $\boldsymbol{\beta}$ 单位化，并求 $\boldsymbol{\alpha}$，$\boldsymbol{\beta}$ 的内积.

解 $\|\boldsymbol{\beta}\|=\sqrt{4^2+2^2+3^2+(-1)^2}=\sqrt{30}$，$\boldsymbol{\beta}$ 的 单位化向量为

$$\frac{\boldsymbol{\beta}}{\|\boldsymbol{\beta}\|}=\begin{pmatrix}\frac{4}{\sqrt{30}}\\\frac{2}{\sqrt{30}}\\\frac{3}{\sqrt{30}}\\-\frac{1}{\sqrt{30}}\end{pmatrix}.$$

$$[\boldsymbol{\alpha},\boldsymbol{\beta}]=2\times4+1\times2+(-3)\times3+1\times(-1)=0.$$

3. 正交向量组

定义 4.1.3 若向量 $\boldsymbol{\alpha},\boldsymbol{\beta}$ 的内积 $[\boldsymbol{\alpha},\boldsymbol{\beta}]=0$，称 $\boldsymbol{\alpha},\boldsymbol{\beta}$ 正交(orthogonal).

若非零向量构成的向量组中任意两个向量都正交，称这个向量组为**正交向量组**.

例如，向量组 $\boldsymbol{\alpha}_1=\begin{pmatrix}0\\-1\\1\end{pmatrix},\boldsymbol{\alpha}_2=\begin{pmatrix}0\\1\\1\end{pmatrix},\boldsymbol{\alpha}_3=\begin{pmatrix}1\\0\\0\end{pmatrix}$ 为正交向量组.

定义 4.1.4 若一个正交向量组中每个向量都是单位向量，称这个向量组为**标准正交向量组**.即若 $\boldsymbol{\alpha}_1,\boldsymbol{\alpha}_2,\cdots,\boldsymbol{\alpha}_n$ 为标准正交向量组，则

$$[\boldsymbol{\alpha}_i,\boldsymbol{\alpha}_j]=\begin{cases}1,i=j,\\0,i\neq j,\end{cases}\quad i,j=1,2,\cdots,n.$$

定义 4.1.5 设 $\boldsymbol{\xi}_1,\boldsymbol{\xi}_2,\cdots,\boldsymbol{\xi}_r$ 是向量空间 V 的一个基，如果 $\boldsymbol{\xi}_1,\boldsymbol{\xi}_2,\cdots,\boldsymbol{\xi}_r$ 是标准正交向量组，则称 $\boldsymbol{\xi}_1,\boldsymbol{\xi}_2,\cdots,\boldsymbol{\xi}_r$ 为 V 的一个**标准正交基**(orthonormal basis).

例如　$\boldsymbol{\beta}_1=\begin{pmatrix}0\\ \frac{-1}{\sqrt{2}}\\ \frac{1}{\sqrt{2}}\end{pmatrix},\boldsymbol{\beta}_2=\begin{pmatrix}0\\ \frac{1}{\sqrt{2}}\\ \frac{1}{\sqrt{2}}\end{pmatrix},\boldsymbol{\beta}_3=\begin{pmatrix}1\\0\\0\end{pmatrix}$ 为标准正交向量组,同时也是 $\mathbf{R}^3$ 的一个标准正交基.

从几何上看,平面上两个正交的非零向量一定不共线,即它们线性无关.推广到 n 维向量空间,结论同样成立.

定理 4.1.1　若 $\boldsymbol{\alpha}_1,\boldsymbol{\alpha}_2,\cdots,\boldsymbol{\alpha}_s$ 为正交向量组,则该向量组线性无关.

证　设有 s 个数 $k_1,k_2,\cdots,k_s$ 使

$$k_1\boldsymbol{\alpha}_1+k_2\boldsymbol{\alpha}_2+\cdots+k_s\boldsymbol{\alpha}_s=\mathbf{0},\tag{4.1.1}$$

在式(4.1.1)两端用 $\boldsymbol{\alpha}_1$ 同时作内积,得

$$k_1[\alpha_1,\alpha_1]+k_2[\alpha_1,\alpha_2]+\cdots+k_s[\alpha_1,\alpha_s]=0$$

由于 $\alpha_1,\alpha_2,\cdots,\alpha_s$ 两两正交,故得

$$k_1[\boldsymbol{\alpha}_1,\boldsymbol{\alpha}_1]=0,$$

而 $[\boldsymbol{\alpha}_1,\boldsymbol{\alpha}_1]=\|\boldsymbol{\alpha}_1\|^2\neq 0$,所以必有 $k_1=0$. 同理可证 $k_2=k_3=\cdots=k_s=0$. 故向量组 $\boldsymbol{\alpha}_1,\boldsymbol{\alpha}_2,\cdots,\boldsymbol{\alpha}_s$ 线性无关.

4. 施密特正交化方法

正交是特殊的线性无关,但是线性无关的向量组不一定是正交向量组.

设向量组 $\boldsymbol{\alpha}_1,\boldsymbol{\alpha}_2,\cdots,\boldsymbol{\alpha}_r$ 线性无关,如何从它们出发去构造一个正交向量组 $\boldsymbol{\beta}_1,\boldsymbol{\beta}_2,\cdots,\boldsymbol{\beta}_r$ 呢? 先看一个几何例子.

给定平面上两个不共线向量 $\boldsymbol{\alpha}_1,\boldsymbol{\alpha}_2$,很容易找到一个正交向量组 $\boldsymbol{\beta}_1,\boldsymbol{\beta}_2$,如图 4.1.1 所示,其中

$$\boldsymbol{\beta}_1=\boldsymbol{\alpha}_1,\quad \boldsymbol{\beta}_2=\boldsymbol{\alpha}_2+l\boldsymbol{\beta}_1.$$

为了求待定系数 l, 在 $\boldsymbol{\beta}_2=\boldsymbol{\alpha}_2+l\boldsymbol{\beta}_1$ 两边用 $\boldsymbol{\beta}_1$ 去作内积,得

$$[\boldsymbol{\beta}_2,\boldsymbol{\beta}_1]=[\boldsymbol{\alpha}_2+l\boldsymbol{\beta}_1,\boldsymbol{\beta}_1],$$

从而有 $0=[\boldsymbol{\alpha}_2,\boldsymbol{\beta}_1]+l[\boldsymbol{\beta}_1,\boldsymbol{\beta}_1]$, 因此

$$l=-\frac{[\boldsymbol{\alpha}_2,\boldsymbol{\beta}_1]}{[\boldsymbol{\beta}_1,\boldsymbol{\beta}_1]}.$$

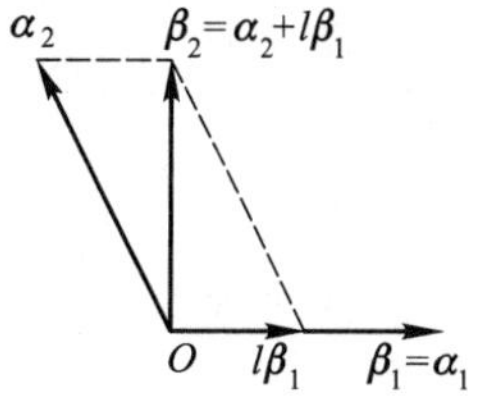

图 4.1.1　向量正交化示意图

于是

$$\boldsymbol{\beta}_2=\boldsymbol{\alpha}_2-\frac{[\boldsymbol{\alpha}_2,\boldsymbol{\beta}_1]}{[\boldsymbol{\beta}_1,\boldsymbol{\beta}_1]}\boldsymbol{\beta}_1.$$

停下来想一想

① 对几何空间 $\mathbf{R}^3$ 中的线性无关向量组 $\boldsymbol{\alpha}_1,\boldsymbol{\alpha}_2,\boldsymbol{\alpha}_3$，如何从它们出发构造出与之等价的正交向量组 $\boldsymbol{\beta}_1,\boldsymbol{\beta}_2,\boldsymbol{\beta}_3$？

② 受此启发，是否能够推断出在 n 维向量空间 $\mathbf{R}^n$ 中，从一个线性无关向量组 $\boldsymbol{\alpha}_1,\boldsymbol{\alpha}_2,\cdots,\boldsymbol{\alpha}_r$ 出发，获得一个与之等价的正交向量组 $\boldsymbol{\beta}_1,\boldsymbol{\beta}_2,\cdots,\boldsymbol{\beta}_r$ 的公式？

类比推理是根据两个(或两类)对象之间在某些方面的相似或相同，从而推出它们在其他方面也可能相似或相同的一种逻辑推理方法，它可以帮助我们更好地利用旧知识获取新知识. 其作用是，寻求一个从已知的“源”领域到一个未知的“目标”领域的映射. 由 2 维、3 维向量到 n 维向量是从具体到抽象的转化，但它们本质上的共同属性为我们应用类比推理提供了广阔的空间.

通常，我们称由一个线性无关向量组出发去寻求与其等价正交向量组的过程为向量组的**正交化过程**.

定理 4.1.2 的证明

定理 4.1.2 对 n 维向量空间 $\mathbf{R}^n$ 中的任一线性无关向量组 $\boldsymbol{\alpha}_1,\boldsymbol{\alpha}_2,\cdots,\boldsymbol{\alpha}_r$ 都可找到一个与之等价的正交向量组 $\boldsymbol{\beta}_1,\boldsymbol{\beta}_2,\cdots,\boldsymbol{\beta}_r$，其中

$$\boldsymbol{\beta}_1=\boldsymbol{\alpha}_1,$$

$$\boldsymbol{\beta}_2=\boldsymbol{\alpha}_2-\frac{[\boldsymbol{\alpha}_2,\boldsymbol{\beta}_1]}{[\boldsymbol{\beta}_1,\boldsymbol{\beta}_1]}\boldsymbol{\beta}_1,$$

$$\boldsymbol{\beta}_3=\boldsymbol{\alpha}_3-\frac{[\boldsymbol{\alpha}_3,\boldsymbol{\beta}_1]}{[\boldsymbol{\beta}_1,\boldsymbol{\beta}_1]}\boldsymbol{\beta}_1-\frac{[\boldsymbol{\alpha}_3,\boldsymbol{\beta}_2]}{[\boldsymbol{\beta}_2,\boldsymbol{\beta}_2]}\boldsymbol{\beta}_2,$$

$$\cdots\cdots$$

$$\boldsymbol{\beta}_r=\boldsymbol{\alpha}_r-\frac{[\boldsymbol{\alpha}_r,\boldsymbol{\beta}_1]}{[\boldsymbol{\beta}_1,\boldsymbol{\beta}_1]}\boldsymbol{\beta}_1-\frac{[\boldsymbol{\alpha}_r,\boldsymbol{\beta}_2]}{[\boldsymbol{\beta}_2,\boldsymbol{\beta}_2]}\boldsymbol{\beta}_2-\cdots-\frac{[\boldsymbol{\alpha}_r,\boldsymbol{\beta}_{r-1}]}{[\boldsymbol{\beta}_{r-1},\boldsymbol{\beta}_{r-1}]}\boldsymbol{\beta}_{r-1}.$$

数学家小传 4-1 施密特

该定理中的方法称为**施密特正交化方法**. 如果继续将 $\boldsymbol{\beta}_1,\boldsymbol{\beta}_2,\cdots,\boldsymbol{\beta}_r$ 中每个向量单位化，即令 $\boldsymbol{\eta}_i=\dfrac{\boldsymbol{\beta}_i}{\|\boldsymbol{\beta}_i\|}$，$i=1,2,\cdots,r$，则 $\boldsymbol{\eta}_1,\boldsymbol{\eta}_2,\cdots,\boldsymbol{\eta}_r$ 就是与 $\boldsymbol{\alpha}_1,\boldsymbol{\alpha}_2,\cdots,\boldsymbol{\alpha}_r$ 等价的标准正交向量组.

对向量空间 V 中的一个基 $\boldsymbol{\xi}_1,\boldsymbol{\xi}_2,\cdots,\boldsymbol{\xi}_r$ 进行正交化、单位化，就可以得到与这个基等价的标准正交基.

教学演示实验 4-1
施密特正交化过程

例 4.1.2　$\boldsymbol{\alpha}_1=\begin{pmatrix}0\\1\\1\end{pmatrix},\boldsymbol{\alpha}_2=\begin{pmatrix}1\\1\\0\end{pmatrix},\boldsymbol{\alpha}_3=\begin{pmatrix}1\\0\\1\end{pmatrix}$ 为 $\mathbf{R}^3$ 的一个基，把它们化成标准正交基.

解　首先进行正交化，令

$$\boldsymbol{\beta}_1=\boldsymbol{\alpha}_1=\begin{pmatrix}0\\1\\1\end{pmatrix},\quad \boldsymbol{\beta}_2=\boldsymbol{\alpha}_2-\frac{[\boldsymbol{\alpha}_2,\boldsymbol{\beta}_1]}{[\boldsymbol{\beta}_1,\boldsymbol{\beta}_1]}\boldsymbol{\beta}_1=\begin{pmatrix}1\\1\\0\end{pmatrix}-\frac{1}{2}\begin{pmatrix}0\\1\\1\end{pmatrix}=\frac{1}{2}\begin{pmatrix}2\\1\\-1\end{pmatrix},$$

$$\boldsymbol{\beta}_3=\boldsymbol{\alpha}_3-\frac{[\boldsymbol{\alpha}_3,\boldsymbol{\beta}_1]}{[\boldsymbol{\beta}_1,\boldsymbol{\beta}_1]}\boldsymbol{\beta}_1-\frac{[\boldsymbol{\alpha}_3,\boldsymbol{\beta}_2]}{[\boldsymbol{\beta}_2,\boldsymbol{\beta}_2]}\boldsymbol{\beta}_2=\begin{pmatrix}1\\0\\1\end{pmatrix}-\frac{1}{2}\begin{pmatrix}0\\1\\1\end{pmatrix}-\frac{1}{6}\begin{pmatrix}2\\1\\-1\end{pmatrix}=\frac{2}{3}\begin{pmatrix}1\\-1\\1\end{pmatrix},$$

再进行单位化，令

$$\boldsymbol{\eta}_1=\frac{\boldsymbol{\beta}_1}{\|\boldsymbol{\beta}_1\|}=\begin{pmatrix}0\\\frac{1}{\sqrt{2}}\\\frac{1}{\sqrt{2}}\end{pmatrix},\ \boldsymbol{\eta}_2=\frac{\boldsymbol{\beta}_2}{\|\boldsymbol{\beta}_2\|}=\begin{pmatrix}\frac{2}{\sqrt{6}}\\\frac{1}{\sqrt{6}}\\-\frac{1}{\sqrt{6}}\end{pmatrix},\ \boldsymbol{\eta}_3=\frac{\boldsymbol{\beta}_3}{\|\boldsymbol{\beta}_3\|}=\begin{pmatrix}\frac{1}{\sqrt{3}}\\-\frac{1}{\sqrt{3}}\\\frac{1}{\sqrt{3}}\end{pmatrix},$$

则 $\boldsymbol{\eta}_1,\boldsymbol{\eta}_2,\boldsymbol{\eta}_3$ 是 $\mathbf{R}^3$ 一个标准正交基.

例 4.1.3　设 $\boldsymbol{\alpha}_1=\begin{pmatrix}1\\-1\\-1\\1\end{pmatrix},\boldsymbol{\alpha}_2=\begin{pmatrix}1\\0\\0\\-1\end{pmatrix}$，求 $\boldsymbol{\alpha}_3,\boldsymbol{\alpha}_4$，使 $\boldsymbol{\alpha}_1,\boldsymbol{\alpha}_2,\boldsymbol{\alpha}_3,\boldsymbol{\alpha}_4$ 为正交向量组.

解　由 $[\boldsymbol{\alpha}_1,\boldsymbol{\alpha}_2]=0$ 知 $\boldsymbol{\alpha}_1,\boldsymbol{\alpha}_2$ 正交.下面求与之正交的向量 $\boldsymbol{\alpha}_3,\boldsymbol{\alpha}_4$.

设 $\boldsymbol{x}=\begin{pmatrix}x_1\\x_2\\x_3\\x_4\end{pmatrix}$ 与 $\boldsymbol{\alpha}_1,\boldsymbol{\alpha}_2$ 都正交,则

$$\begin{cases}[\boldsymbol{x},\boldsymbol{\alpha}_1]=0,\\ [\boldsymbol{x},\boldsymbol{\alpha}_2]=0,\end{cases}$$

即 $\boldsymbol{x}$ 应满足以下线性方程组

$$\begin{cases}x_1-x_2-x_3+x_4=0,\\ x_1-x_4=0,\end{cases}\tag{4.1.2}$$

同解方程组为

$$\begin{cases}x_1=x_4,\\ x_2=-x_3+2x_4.\end{cases}$$

方程组(4.1.2)的两个正交的解向量即为所求向量 $\boldsymbol{\alpha}_3,\boldsymbol{\alpha}_4$.

令 $\begin{pmatrix}x_3\\x_4\end{pmatrix}$ 分别为 $\begin{pmatrix}1\\0\end{pmatrix},\begin{pmatrix}0\\1\end{pmatrix}$,得方程组的基础解系为

$$\boldsymbol{\xi}_1=\begin{pmatrix}0\\-1\\1\\0\end{pmatrix},\ \boldsymbol{\xi}_2=\begin{pmatrix}1\\2\\0\\1\end{pmatrix}.$$

验证知 $[\boldsymbol{\xi}_1,\boldsymbol{\xi}_2]\neq 0$,用施密特正交化方法将 $\boldsymbol{\xi}_1,\boldsymbol{\xi}_2$ 正交化,得

$$\boldsymbol{\alpha}_3=\boldsymbol{\xi}_1=\begin{pmatrix}0\\-1\\1\\0\end{pmatrix},\ \boldsymbol{\alpha}_4=\boldsymbol{\xi}_2-\frac{[\boldsymbol{\xi}_2,\boldsymbol{\alpha}_3]}{[\boldsymbol{\alpha}_3,\boldsymbol{\alpha}_3]}\boldsymbol{\alpha}_3=\begin{pmatrix}1\\1\\1\\1\end{pmatrix},$$

此即为所求.

停下来想一想

如果在方程组(4.1.2)基础解系的求解过程中,设自由变量 $\begin{pmatrix} x_3 \\ x_4 \end{pmatrix}$ 为 $\begin{pmatrix} 1 \\ 0 \end{pmatrix}$,$\begin{pmatrix} 1 \\ 1 \end{pmatrix}$,计算过程会有什么不同吗?

事实上,有时候自由变量的巧妙选择,往往可以起到事半功倍的效果.

5. 正交矩阵

定义 4.1.6　满足 $\boldsymbol{A}^{\mathrm{T}}\boldsymbol{A}=\boldsymbol{E}$ 的 n 阶方阵 $\boldsymbol{A}$ 称为**正交矩阵**(orthogonal matrix).

对正交矩阵 $\boldsymbol{A}$,显然有 $\boldsymbol{A}^{-1}=\boldsymbol{A}^{\mathrm{T}}$,$|\boldsymbol{A}|=\pm 1$.

容易验证:如果 $\boldsymbol{A}$,$\boldsymbol{B}$ 是正交矩阵,则 $\boldsymbol{A}^{-1}$,$\boldsymbol{A}^{\mathrm{T}}$,$\boldsymbol{AB}$ 也是正交矩阵.

例如,$\begin{pmatrix} 1 & 0 \\ 0 & 1 \end{pmatrix}$,$\begin{pmatrix} \cos t & -\sin t \\ \sin t & \cos t \end{pmatrix}$,$\begin{pmatrix} 0 & 1 & 0 \\ \frac{\sqrt{2}}{2} & 0 & -\frac{\sqrt{2}}{2} \\ \frac{\sqrt{2}}{2} & 0 & \frac{\sqrt{2}}{2} \end{pmatrix}$ 都是正交矩阵.

我们知道,矩阵和向量组在形式上是可以相互转换的,这自然会引导我们考虑正交矩阵和正交向量组之间的关系.

考察正交矩阵

$$\boldsymbol{A}=\begin{pmatrix} 0 & 1 & 0 \\ \frac{\sqrt{2}}{2} & 0 & -\frac{\sqrt{2}}{2} \\ \frac{\sqrt{2}}{2} & 0 & \frac{\sqrt{2}}{2} \end{pmatrix}.$$

设 $\boldsymbol{A}$ 的列向量组为 $\boldsymbol{\alpha}_1,\boldsymbol{\alpha}_2,\boldsymbol{\alpha}_3$,观察知:$\boldsymbol{\alpha}_1,\boldsymbol{\alpha}_2,\boldsymbol{\alpha}_3$ 恰好是一个标准正交向量组.一般地,有

定理 4.1.3　n 阶方阵 $\boldsymbol{A}$ 为正交矩阵的充分必要条件是其列(行)向量组是标准正交向量组.

证　将 $\boldsymbol{A}$ 用列向量表示为 $\boldsymbol{A}=(\boldsymbol{\alpha}_1,\boldsymbol{\alpha}_2,\cdots,\boldsymbol{\alpha}_n)$,则

$$\boldsymbol{A}^{\mathrm{T}}=\begin{pmatrix}\boldsymbol{\alpha}_1^{\mathrm{T}}\\\boldsymbol{\alpha}_2^{\mathrm{T}}\\\vdots\\\boldsymbol{\alpha}_n^{\mathrm{T}}\end{pmatrix},\ \boldsymbol{A}^{\mathrm{T}}\boldsymbol{A}=\begin{pmatrix}\boldsymbol{\alpha}_1^{\mathrm{T}}\\\boldsymbol{\alpha}_2^{\mathrm{T}}\\\vdots\\\boldsymbol{\alpha}_n^{\mathrm{T}}\end{pmatrix}(\boldsymbol{\alpha}_1,\boldsymbol{\alpha}_2,\cdots,\boldsymbol{\alpha}_n)=\begin{pmatrix}\boldsymbol{\alpha}_1^{\mathrm{T}}\boldsymbol{\alpha}_1&\boldsymbol{\alpha}_1^{\mathrm{T}}\boldsymbol{\alpha}_2&\cdots&\boldsymbol{\alpha}_1^{\mathrm{T}}\boldsymbol{\alpha}_n\\\boldsymbol{\alpha}_2^{\mathrm{T}}\boldsymbol{\alpha}_1&\boldsymbol{\alpha}_2^{\mathrm{T}}\boldsymbol{\alpha}_2&\cdots&\boldsymbol{\alpha}_2^{\mathrm{T}}\boldsymbol{\alpha}_n\\\vdots&\vdots&&\vdots\\\boldsymbol{\alpha}_n^{\mathrm{T}}\boldsymbol{\alpha}_1&\boldsymbol{\alpha}_n^{\mathrm{T}}\boldsymbol{\alpha}_2&\cdots&\boldsymbol{\alpha}_n^{\mathrm{T}}\boldsymbol{\alpha}_n\end{pmatrix}.$$

$\boldsymbol{A}^{\mathrm{T}}\boldsymbol{A}$ 为正交矩阵的充分必要条件是

$$\boldsymbol{\alpha}_i^{\mathrm{T}}\boldsymbol{\alpha}_j=[\boldsymbol{\alpha}_i,\boldsymbol{\alpha}_j]=\begin{cases}1,i=j,\\0,i\neq j,\end{cases}\quad i,j=1,2,\cdots,n,$$

即 $\boldsymbol{A}$ 的列向量组为标准正交向量组.同理可证,$\boldsymbol{A}$ 的行向量组也是标准正交向量组.

例 4.1.4 设列向量组 $\boldsymbol{\xi}_1,\boldsymbol{\xi}_2,\cdots,\boldsymbol{\xi}_n$ 是 $\mathbf{R}^n$ 的一个标准正交基,$\boldsymbol{A}$ 是 n 阶正交矩阵,证明:$\boldsymbol{A\xi}_1,\boldsymbol{A\xi}_2,\cdots,\boldsymbol{A\xi}_n$ 是 $\mathbf{R}^n$ 的一个标准正交基.

证 记 $\boldsymbol{B}=(\boldsymbol{A\xi}_1,\boldsymbol{A\xi}_2,\cdots,\boldsymbol{A\xi}_n)$, 事实上,只需证明 $\boldsymbol{B}$ 为正交矩阵.

$$\boldsymbol{B}=(\boldsymbol{A\xi}_1,\boldsymbol{A\xi}_2,\cdots,\boldsymbol{A\xi}_n)=\boldsymbol{A}(\boldsymbol{\xi}_1,\boldsymbol{\xi}_2,\cdots,\boldsymbol{\xi}_n),$$

若设 $\boldsymbol{C}=(\boldsymbol{\xi}_1,\boldsymbol{\xi}_2,\cdots,\boldsymbol{\xi}_n)$, 则 $\boldsymbol{C}$ 为正交矩阵, $\boldsymbol{C}^{\mathrm{T}}\boldsymbol{C}=\boldsymbol{E}$, 故

$$\boldsymbol{B}^{\mathrm{T}}\boldsymbol{B}=(\boldsymbol{AC})^{\mathrm{T}}(\boldsymbol{AC})=\boldsymbol{C}^{\mathrm{T}}(\boldsymbol{A}^{\mathrm{T}}\boldsymbol{A})\boldsymbol{C}=\boldsymbol{E},$$

由正交矩阵定义知,$\boldsymbol{B}$ 为正交矩阵.

依据定理 4.1.3,只要求出一个标准正交的 n 维向量组 $\boldsymbol{\alpha}_1,\boldsymbol{\alpha}_2,\cdots,\boldsymbol{\alpha}_n$,以这 n 个向量为列(或为行)构造出的矩阵 $\boldsymbol{A}$ 就是一个 n 阶正交矩阵.本章第 4 节将会用到这种方法.

习题 4.1(A)

1. 单项选择题.

(1) 若矩阵 $\boldsymbol{A}$ 的各个列向量均与向量 $\boldsymbol{\alpha}$ 正交,则(　　);

(A) $\boldsymbol{A}^{\mathrm{T}}\boldsymbol{\alpha}=\boldsymbol{0}$　　(B) $\boldsymbol{A\alpha}=\boldsymbol{0}$

(C) $\boldsymbol{\alpha A}^{\mathrm{T}}=\boldsymbol{0}$　　(D) $\boldsymbol{\alpha A}=\boldsymbol{0}$

(2) 若向量 $\boldsymbol{\alpha}_1$ 与 $\boldsymbol{\alpha}_2$ 正交,$\boldsymbol{\alpha}_2$ 与 $\boldsymbol{\alpha}_3$ 正交,则必有(　　).

(A) $\boldsymbol{\alpha}_1$ 与 $\boldsymbol{\alpha}_3$ 也正交　　(B) $\boldsymbol{\alpha}_1,\boldsymbol{\alpha}_2,\boldsymbol{\alpha}_3$ 为正交向量组

(C) $\boldsymbol{\alpha}_2$ 与 $\boldsymbol{\alpha}_1+\boldsymbol{\alpha}_3$ 正交　　(D) $\boldsymbol{\alpha}_1$ 与 $\boldsymbol{\alpha}_3$ 共线

2. 判断题.

(1) 在 n 维向量空间中,两两正交的非零向量数不会超过 n 个;(　　)

(2) 在 n 维向量空间中,与所有向量都正交的向量是零向量;(　　)

(3) 与线性无关向量组等价的正交向量组唯一确定;(　　)

(4) 若 $\boldsymbol{A},\boldsymbol{B}$ 都是 n 阶正交矩阵,则 $\boldsymbol{A}+\boldsymbol{B},\boldsymbol{AB}$ 也是 n 阶正交矩阵.(　　)

3. 设 $\boldsymbol{\alpha},\boldsymbol{\beta},\boldsymbol{\gamma}$ 都是 n 维列向量,在下列表达式中,哪些表示向量? 哪些表示数? 哪些没有意义?

(1) $[\boldsymbol{\alpha},\boldsymbol{\beta}]\boldsymbol{\gamma}$;　(2) $[\boldsymbol{\alpha},\boldsymbol{\beta}][\boldsymbol{\gamma},\boldsymbol{\alpha}]$;　(3) $[\boldsymbol{\alpha},\boldsymbol{\beta}]\boldsymbol{\gamma}+\boldsymbol{\alpha}$;

(4) $|[\boldsymbol{\alpha},\boldsymbol{\beta}]|$;　(5) $\dfrac{1}{[\boldsymbol{\alpha},\boldsymbol{\beta}]}(\boldsymbol{\beta}+\boldsymbol{\gamma})$;　(6) $\left[\boldsymbol{\alpha},\dfrac{\boldsymbol{\beta}}{\|\boldsymbol{\beta}\|}\right]\boldsymbol{\gamma}$;

(7) $[\boldsymbol{\alpha},\boldsymbol{\beta}]+\boldsymbol{\gamma}$;　(8) $\boldsymbol{\alpha}-\left[\dfrac{\boldsymbol{\alpha}}{\|\boldsymbol{\alpha}\|},\boldsymbol{\beta}\right]\dfrac{\boldsymbol{\gamma}}{\|\boldsymbol{\gamma}\|}$.

4. 求以下各组向量的内积并判断是否正交.

(1) $\boldsymbol{\alpha}=(1,1,1),\boldsymbol{\beta}=(-1,1,0)$;

(2) $\boldsymbol{\alpha}=(5,-1,3,2,-4),\boldsymbol{\beta}=(3,1,-2,-2,1)$;

(3) $\boldsymbol{\alpha}=(4,1,-1,1),\boldsymbol{\beta}=(0,2,-2,6)$.

5. 求与 $\boldsymbol{\alpha}_1=(1,1,1,1)^{\mathrm{T}},\boldsymbol{\alpha}_2=(1,2,1,2)^{\mathrm{T}}$ 都正交的所有向量.

6. 设 $\boldsymbol{\xi}_1,\boldsymbol{\xi}_2,\boldsymbol{\xi}_3$ 是 $\mathbf{R}^3$ 的一个标准正交基,求 $\|4\boldsymbol{\xi}_1-7\boldsymbol{\xi}_2+4\boldsymbol{\xi}_3\|$.

7. (1) 已知 $\boldsymbol{\eta}_1,\boldsymbol{\eta}_2,\cdots,\boldsymbol{\eta}_s$ 是向量空间 V 的一个标准正交基,求证:对任意 $\boldsymbol{\alpha}\in V$,有

$$\boldsymbol{\alpha}=[\boldsymbol{\alpha},\boldsymbol{\eta}_1]\boldsymbol{\eta}_1+[\boldsymbol{\alpha},\boldsymbol{\eta}_2]\boldsymbol{\eta}_2+\cdots+[\boldsymbol{\alpha},\boldsymbol{\eta}_s]\boldsymbol{\eta}_s;$$

(2) 已知 $(0,1,0)^{\mathrm{T}},\left(\dfrac{1}{\sqrt{2}},0,\dfrac{1}{\sqrt{2}}\right)^{\mathrm{T}},\left(\dfrac{1}{\sqrt{2}},0,-\dfrac{1}{\sqrt{2}}\right)^{\mathrm{T}}$ 是 $\mathbf{R}^3$ 的一个标准正交基,利用(1)中结论,求 $\boldsymbol{\alpha}=(1,2,3)^{\mathrm{T}}$ 在该基下的坐标.

8. 将下列各组向量化为标准正交向量组.

(1) $\boldsymbol{\alpha}_1=\begin{pmatrix}1\\0\\1\end{pmatrix},\boldsymbol{\alpha}_2=\begin{pmatrix}1\\1\\0\end{pmatrix},\boldsymbol{\alpha}_3=\begin{pmatrix}0\\1\\1\end{pmatrix}$;　(2) $\boldsymbol{\alpha}_1=\begin{pmatrix}1\\1\\1\end{pmatrix},\boldsymbol{\alpha}_2=\begin{pmatrix}1\\2\\3\end{pmatrix},\boldsymbol{\alpha}_3=\begin{pmatrix}1\\4\\9\end{pmatrix}$;

(3) $\boldsymbol{\alpha}_1=\begin{pmatrix}1\\1\\0\\0\end{pmatrix},\boldsymbol{\alpha}_2=\begin{pmatrix}0\\1\\1\\0\end{pmatrix},\boldsymbol{\alpha}_3=\begin{pmatrix}1\\0\\1\\1\end{pmatrix}$.

9. 求齐次线性方程组

$$\begin{cases}x_1-x_2-x_3+x_4=0,\\x_1-x_2+x_3-3x_4=0,\\x_1-x_2-2x_3+3x_4=0\end{cases}$$

的解空间的一个标准正交基.

10. 判断下列矩阵是否为正交矩阵.

(1) $\begin{pmatrix} 1 & -\frac{1}{2} & \frac{1}{3} \\ -\frac{1}{2} & 1 & \frac{1}{2} \\ \frac{1}{3} & \frac{1}{2} & -1 \end{pmatrix}$； (2) $\begin{pmatrix} \frac{1}{9} & -\frac{8}{9} & -\frac{4}{9} \\ -\frac{8}{9} & \frac{1}{9} & -\frac{4}{9} \\ -\frac{4}{9} & -\frac{4}{9} & \frac{7}{9} \end{pmatrix}$；

(3) $\boldsymbol{C}=\begin{pmatrix} \boldsymbol{A} & \boldsymbol{O} \\ \boldsymbol{O} & \boldsymbol{B} \end{pmatrix}$,其中 $\boldsymbol{A},\boldsymbol{B}$ 均为正交矩阵.

11. 若 $\boldsymbol{A},\boldsymbol{B}$ 为正交矩阵,证明 $\boldsymbol{AB}$ 也是正交矩阵.

12. 设 $\boldsymbol{\alpha}_1,\boldsymbol{\alpha}_2$ 是 n 维列向量,$\boldsymbol{A}$ 是 n 阶正交矩阵,证明：

(1) $[\boldsymbol{A\alpha}_1,\boldsymbol{A\alpha}_2]=[\boldsymbol{\alpha}_1,\boldsymbol{\alpha}_2]$； (2) $\|\boldsymbol{A\alpha}_1\|=\|\boldsymbol{\alpha}_1\|$.

习题 4.1(B)

1. 单项选择题.

(1) 若实方阵 $\boldsymbol{A}=(\boldsymbol{\alpha}_1,\boldsymbol{\alpha}_2,\cdots,\boldsymbol{\alpha}_n)$ 的列向量组是正交向量组,则下列叙述错误的为(　　)；

(A) $\boldsymbol{\alpha}_1,\boldsymbol{\alpha}_2,\cdots,\boldsymbol{\alpha}_n$ 不含零向量　　(B) $\boldsymbol{\alpha}_1,\boldsymbol{\alpha}_2,\cdots,\boldsymbol{\alpha}_n$ 线性无关

(C) $\boldsymbol{A}^{\mathrm{T}}\boldsymbol{A}$ 为对角矩阵　　(D) $\boldsymbol{A}^{\mathrm{T}}\boldsymbol{A}$ 为数量矩阵

(2) 下列选项中,必然与 $\boldsymbol{Ax}=\boldsymbol{0}$ 同解的方程组是(　　).

(A) $\boldsymbol{A}^{\mathrm{T}}\boldsymbol{x}=\boldsymbol{0}$　　(B) $\boldsymbol{AA}^{\mathrm{T}}\boldsymbol{x}=\boldsymbol{0}$

(C) $\boldsymbol{A}^{\mathrm{T}}\boldsymbol{Ax}=\boldsymbol{0}$　　(D) $\boldsymbol{A}^2\boldsymbol{x}=\boldsymbol{0}$

2. 填空题.

(1) 可逆矩阵 $\boldsymbol{A}$ 的第 i 个列向量与 $\boldsymbol{A}^{-1}$ 的第 j 个行向量的内积为 ______ $(i\neq j)$；

(2) 若 n 阶矩阵 $\boldsymbol{A}$ 的各行元素之和均为 0,且 $r(\boldsymbol{A})=n-1$,则与 $\boldsymbol{A}$ 的所有行均正交的向量为__________.

3. 设 $\boldsymbol{\alpha}_1=(1,1,0,1)^{\mathrm{T}},\boldsymbol{\alpha}_2=(1,1,1,2)^{\mathrm{T}},\boldsymbol{\alpha}_3=(1,0,0,1)^{\mathrm{T}}$, 求 $\boldsymbol{\beta}$,使得

$$[\boldsymbol{\beta},\boldsymbol{\alpha}_i]=i\quad(i=1,2,3).$$

4. 已知 $\boldsymbol{\eta}_1,\boldsymbol{\eta}_2,\cdots,\boldsymbol{\eta}_s$ 是向量空间 V 的一个正交基(但未必是标准正交基), 任意给定向量 $\boldsymbol{\alpha}\in V$, 试用 $\boldsymbol{\eta}_1,\boldsymbol{\eta}_2,\cdots,\boldsymbol{\eta}_s$ 将 $\boldsymbol{\alpha}$ 线性表示.

5. 设 $\boldsymbol{A}$ 是秩为 2 的 5×4 矩阵,

$$\boldsymbol{\alpha}_1=(1,1,2,3)^{\mathrm{T}},\ \boldsymbol{\alpha}_2=(-1,1,4,-1)^{\mathrm{T}},\ \boldsymbol{\alpha}_3=(5,-1,-8,9)^{\mathrm{T}}$$

是齐次线性方程组 $\boldsymbol{Ax}=\boldsymbol{0}$ 的解向量,求 $\boldsymbol{Ax}=\boldsymbol{0}$ 解空间的一个标准正交基.

6. 设列向量组 $\boldsymbol{\xi}_1,\boldsymbol{\xi}_2,\boldsymbol{\xi}_3$ 是 $\mathbf{R}^3$ 的一个标准正交基,证明：

$$\boldsymbol{\alpha}_1=\frac{1}{3}(2\boldsymbol{\xi}_1+2\boldsymbol{\xi}_2-\boldsymbol{\xi}_3),\quad \boldsymbol{\alpha}_2=\frac{1}{3}(2\boldsymbol{\xi}_1-\boldsymbol{\xi}_2+2\boldsymbol{\xi}_3),\quad \boldsymbol{\alpha}_3=\frac{1}{3}(\boldsymbol{\xi}_1-2\boldsymbol{\xi}_2-2\boldsymbol{\xi}_3)$$

也是 $\mathbf{R}^3$ 的一个标准正交基.

7. 已知 n 维向量 $\boldsymbol{\alpha}=(a_1,a_2,\cdots,a_n)^{\mathrm{T}}$，且 $\boldsymbol{\alpha}^{\mathrm{T}}\boldsymbol{\alpha}=1$，证明：$\boldsymbol{A}=\boldsymbol{E}-2\boldsymbol{\alpha}\boldsymbol{\alpha}^{\mathrm{T}}$ 是对称的正交矩阵.

8. 设 $\boldsymbol{B}=\dfrac{1}{\sqrt{2}}\begin{pmatrix}\boldsymbol{A} & \boldsymbol{A}\\ -\boldsymbol{A} & \boldsymbol{A}\end{pmatrix}$，其中 $\boldsymbol{A}$ 是正交矩阵，证明 $\boldsymbol{B}$ 为正交矩阵.

第 4.2 节　方阵的特征值与特征向量

矩阵的特征值最早是由拉普拉斯在 19 世纪为研究天体力学、地球力学而引进的一个物理概念.这一概念不仅在理论上极为重要，在科学技术领域里，它的应用也很广泛.事实上，在讨论振动问题(如机械振动、弹性体振动、电磁波振荡)、天体运行问题及现代控制理论中，在经济管理的许多定量分析模型中，都涉及特征值问题.

1. 特征值、特征向量的概念和计算方法

考虑线性变换

$$\begin{cases}y_1=3x_1-2x_2,\\ y_2=x_1.\end{cases}$$

用矩阵乘法可表示为 $\boldsymbol{y}=\boldsymbol{A}\boldsymbol{x}$，其中

$$\boldsymbol{y}=\begin{pmatrix}y_1\\ y_2\end{pmatrix},\quad \boldsymbol{A}=\begin{pmatrix}3 & -2\\ 1 & 0\end{pmatrix},\quad \boldsymbol{x}=\begin{pmatrix}x_1\\ x_2\end{pmatrix}.$$

这是一个将平面上的向量向各个方向移动的线性变换.选择两个向量

$$\boldsymbol{\alpha}=\begin{pmatrix}-1\\ 1\end{pmatrix},\quad \boldsymbol{\beta}=\begin{pmatrix}2\\ 1\end{pmatrix},$$

计算得线性变换后的向量

$$\boldsymbol{A}\boldsymbol{\alpha}=\begin{pmatrix}-5\\ -1\end{pmatrix},\quad \boldsymbol{A}\boldsymbol{\beta}=\begin{pmatrix}4\\ 2\end{pmatrix}=2\begin{pmatrix}2\\ 1\end{pmatrix}=2\boldsymbol{\beta}.$$

线性变换前后向量的位置关系如图 4.2.1 所示.

显然，对向量 $\boldsymbol{\beta}$ 而言线性变换 $\boldsymbol{y}=\boldsymbol{A}\boldsymbol{x}$ 仅仅是“拉伸”了向量 $\boldsymbol{\beta}$.对此，我们有如下概念.

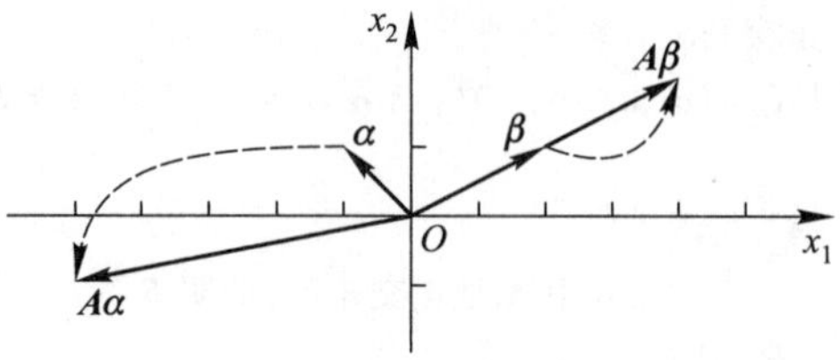

图 4.2.1　向量位置关系图

定义 4.2.1　设 $\boldsymbol{A}$ 为 n 阶方阵,若存在数 λ 及 n 维非零列向量 $\boldsymbol{x}$,使

$$\boldsymbol{A}\boldsymbol{x}=\lambda\boldsymbol{x} \tag{4.2.1}$$

则称数 λ 为 $\boldsymbol{A}$ 的**特征值**(eigenvalue),$\boldsymbol{x}$ 为 $\boldsymbol{A}$ 的对应于特征值 λ 的**特征向量**(eigenvector).

前例中,由于 $\boldsymbol{A}\boldsymbol{\beta}=2\boldsymbol{\beta}$,所以 2 是 $\boldsymbol{A}=\begin{pmatrix}3&-2\\1&0\end{pmatrix}$ 的一个特征值,而 $\boldsymbol{\beta}=\begin{pmatrix}2\\1\end{pmatrix}$ 为 $\boldsymbol{A}$ 的对应于特征值 2 的特征向量.

事实上,我们还可以验证 $\begin{pmatrix}3&-2\\1&0\end{pmatrix}\begin{pmatrix}1\\1\end{pmatrix}=1\cdot\begin{pmatrix}1\\1\end{pmatrix}$,所以 1 也是矩阵 $\boldsymbol{A}=\begin{pmatrix}3&-2\\1&0\end{pmatrix}$ 的一个特征值,$\begin{pmatrix}1\\1\end{pmatrix}$ 为 $\boldsymbol{A}$ 的对应于特征值 1 的特征向量.

由此可知,特征值如果存在的话,不一定是唯一的.另一方面,由定义知,若 $\boldsymbol{x}$ 是 $\boldsymbol{A}$ 的对应于特征值 λ 的特征向量,则 $k\boldsymbol{x}(k\neq 0)$ 也是 $\boldsymbol{A}$ 的对应于特征值 λ 的特征向量,即 $\boldsymbol{A}$ 的对应于特征值 λ 的特征向量有无穷多个.

教学演示实验 4-2
特征向量几何解释

对给定的矩阵 $\boldsymbol{A}$,如何判断它是否有特征值和特征向量?如果有,怎样求解呢?

假若 λ 为 $\boldsymbol{A}$ 的特征值,$\boldsymbol{x}_0$ 为 $\boldsymbol{A}$ 的对应于特征值 λ 的特征向量,则

$$\boldsymbol{A}\boldsymbol{x}_0=\lambda\boldsymbol{x}_0\quad(\boldsymbol{x}_0\neq\boldsymbol{0}). \tag{4.2.2}$$

将式(4.2.2)改写为 $\lambda\boldsymbol{x}_0-\boldsymbol{A}\boldsymbol{x}_0=\boldsymbol{0}$, 即

$$(\lambda\boldsymbol{E}-\boldsymbol{A})\boldsymbol{x}_0=\boldsymbol{0}\quad(\boldsymbol{x}_0\neq\boldsymbol{0}). \tag{4.2.3}$$

式(4.2.3)表明：x_0 是齐次线性方程组 $(\lambda E - A)x = 0$ 的非零解.

由于方程组 $(\lambda E - A)x = 0$ 有非零解的充分必要条件是系数行列式

$$|\lambda E - A| = 0, \tag{4.2.4}$$

式(4.2.4)是一个关于 λ 的方程,该方程的根即是矩阵 A 的特征值.

为叙述方便,引入下面的概念.

定义 4.2.2　设 $A = (a_{ij})_{n\times n}$, λ 是数,矩阵

$$\lambda E - A = \begin{pmatrix} \lambda - a_{11} & -a_{12} & \cdots & -a_{1n} \\ -a_{21} & \lambda - a_{22} & \cdots & -a_{2n} \\ \vdots & \vdots & & \vdots \\ -a_{n1} & -a_{n2} & \cdots & \lambda - a_{nn} \end{pmatrix}$$

称为 A 的**特征矩阵**, $|\lambda E - A|$ 称为 A 的**特征多项式**, $|\lambda E - A| = 0$ 称为 A 的**特征方程**.

综合上面的分析可知：λ_0 为 A 的特征值的充分必要条件为 λ_0 是 A 的特征方程 $|\lambda E - A| = 0$ 的根(特征值也称为**特征根**,特征方程的 k 重根称为 A 的 k **重特征值**),而齐次线性方程组 $(\lambda_0 E - A)x = 0$ 的全部非零解,即为 A 的对应于特征值 λ_0 的特征向量.

重点难点讲解 4-1
特征向量的求法

因此,求 n 阶方阵 A 的特征值与特征向量可按如下步骤进行：

(1) 求出 A 的特征方程 $|\lambda E - A| = 0$ 的全部根 $\lambda_1, \lambda_2, \cdots, \lambda_n$，即为 A 的全部特征值；

(2) 对每个特征值 $\lambda_i (i = 1, 2, \cdots, n)$，求齐次线性方程组 $(\lambda_i E - A)x = 0$ 的所有非零解,即为 A 的对应于 $\lambda_i (i = 1, 2, \cdots, n)$ 的全部特征向量.

事实上,若齐次线性方程组 $(\lambda_i E - A)x = 0$ 的一个基础解系为 $\xi_1, \xi_2, \cdots, \xi_r (r = n - r(\lambda_i E - A))$，则 A 的对应于 λ_i 的全部特征向量为

$$k_1\xi_1 + k_2\xi_2 + \cdots + k_r\xi_r,$$

其中 $k_1, k_2, \cdots, k_r$ 为不全为零的任意常数.

停下来想一想

化归的过程,就是使问题转移的过程.要实现转移,需要把研究的问题与已有的知识和经验建立联想.搭建起知识体系的基本框架,适时地进行有效联想,是化归法的关键.将特征值与特征向量的求解问题转化成为行列式与线性方程组的相关计算,是化归方法应用的一个鲜活例证。

例 4.2.1 求矩阵 $A=\begin{pmatrix}1 & 0\\ -2 & -3\end{pmatrix}$ 的特征值与特征向量.

解 由

$$|\lambda E-A|=\begin{vmatrix}\lambda-1 & 0\\ 2 & \lambda+3\end{vmatrix}=(\lambda-1)(\lambda+3),$$

得 A 的特征值 $\lambda_1=1,\lambda_2=-3$.

当 $\lambda_1=1$ 时,解 $(1E-A)x=\mathbf{0}$, 由

$$E-A=\begin{pmatrix}0 & 0\\ 2 & 4\end{pmatrix}\to\begin{pmatrix}1 & 2\\ 0 & 0\end{pmatrix},$$

得基础解系 $\xi_1=\begin{pmatrix}-2\\ 1\end{pmatrix}$, 所以 A 的对应于 $\lambda_1=1$ 的全部特征向量为 $k_1\xi_1(k_1\neq 0)$.

当 $\lambda_2=-3$ 时,解 $(-3E-A)x=\mathbf{0}$, 由

$$-3E-A=\begin{pmatrix}-4 & 0\\ 2 & 0\end{pmatrix}\to\begin{pmatrix}1 & 0\\ 0 & 0\end{pmatrix},$$

得基础解系 $\xi_2=\begin{pmatrix}0\\ 1\end{pmatrix}$,所以 A 的对应于 $\lambda_2=-3$ 的全部特征向量为 $k_2\xi_2(k_2\neq 0)$.

例 4.2.2 求矩阵 $A=\begin{pmatrix}1 & 2 & 2\\ 2 & 1 & 2\\ 2 & 2 & 1\end{pmatrix}$ 的特征值与特征向量.

解 由

$$|\lambda E-A|=\begin{vmatrix}\lambda-1 & -2 & -2\\ -2 & \lambda-1 & -2\\ -2 & -2 & \lambda-1\end{vmatrix}=\begin{vmatrix}\lambda-5 & -2 & -2\\ \lambda-5 & \lambda-1 & -2\\ \lambda-5 & -2 & \lambda-1\end{vmatrix}$$

$$=(\lambda-5)\begin{vmatrix}1 & -2 & -2\\ 1 & \lambda-1 & -2\\ 1 & -2 & \lambda-1\end{vmatrix}=(\lambda-5)\begin{vmatrix}1 & -2 & -2\\ 0 & \lambda+1 & 0\\ 0 & 0 & \lambda+1\end{vmatrix}$$

$$=(\lambda-5)(\lambda+1)^2,$$

得 $\boldsymbol{A}$ 的特征值 $\lambda_1=5,\lambda_2=\lambda_3=-1$.

当 $\lambda_1=5$ 时,解方程组 $(5\boldsymbol{E}-\boldsymbol{A})\boldsymbol{x}=\boldsymbol{0}$, 由

$$5\boldsymbol{E}-\boldsymbol{A}=\begin{pmatrix}4&-2&-2\\-2&4&-2\\-2&-2&4\end{pmatrix}\to\begin{pmatrix}1&0&-1\\0&1&-1\\0&0&0\end{pmatrix},$$

得基础解系 $\boldsymbol{\xi}_1=\begin{pmatrix}1\\1\\1\end{pmatrix}$,所以 $\boldsymbol{A}$ 的对应于 $\lambda_1=5$ 的全部特征向量为 $k_1\boldsymbol{\xi}_1$ $(k_1\neq 0)$.

当 $\lambda_2=\lambda_3=-1$ 时,解方程组 $(\boldsymbol{E}+\boldsymbol{A})\boldsymbol{x}=\boldsymbol{0}$, 由

$$\boldsymbol{E}+\boldsymbol{A}=\begin{pmatrix}2&2&2\\2&2&2\\2&2&2\end{pmatrix}\to\begin{pmatrix}1&1&1\\0&0&0\\0&0&0\end{pmatrix},$$

得基础解系 $\boldsymbol{\xi}_2=\begin{pmatrix}-1\\1\\0\end{pmatrix},\boldsymbol{\xi}_3=\begin{pmatrix}-1\\0\\1\end{pmatrix}$, 所以 $\boldsymbol{A}$ 的对应于 $\lambda_2=\lambda_3=-1$ 的全部特征向量为 $k_2\boldsymbol{\xi}_2+k_3\boldsymbol{\xi}_3$($k_2,k_3$ 不全为零).

特征值的计算是通过解方程 $|\lambda\boldsymbol{E}-\boldsymbol{A}|=0$ 来实现的.如果我们在计算过程中,有意识地将 $|\lambda\boldsymbol{E}-\boldsymbol{A}|$ 表示成因式相乘的形式,无疑会简化方程的求解.一般地,要尽量通过提取公因式或化零降阶来计算 $|\lambda\boldsymbol{E}-\boldsymbol{A}|$.

例 4.2.3　求矩阵 $\boldsymbol{A}=\begin{pmatrix}-1&1&0\\-4&3&0\\1&0&2\end{pmatrix}$ 的特征值与特征向量.

解　由

$$|\lambda\boldsymbol{E}-\boldsymbol{A}|=\begin{vmatrix}\lambda+1&-1&0\\4&\lambda-3&0\\-1&0&\lambda-2\end{vmatrix}$$

$$=(\lambda-2)\begin{vmatrix}\lambda+1&-1\\4&\lambda-3\end{vmatrix}=(\lambda-2)(\lambda-1)^2,$$

得 $\boldsymbol{A}$ 的特征值 $\lambda_1=2,\lambda_2=\lambda_3=1$.

当 $\lambda_1=2$ 时,解方程组 $(2\boldsymbol{E}-\boldsymbol{A})\boldsymbol{x}=\boldsymbol{0}$, 由

$$2E-A=\begin{pmatrix}3&-1&0\\4&-1&0\\-1&0&0\end{pmatrix}\to\begin{pmatrix}1&0&0\\0&1&0\\0&0&0\end{pmatrix},$$

得基础解系 $\boldsymbol{\xi}_1=\begin{pmatrix}0\\0\\1\end{pmatrix}$，所以 A 的对应于 $\lambda_1=2$ 的全部特征向量为 $k_1\boldsymbol{\xi}_1(k_1\neq 0)$.

当 $\lambda_2=\lambda_3=1$ 时，解方程组 $(E-A)x=\mathbf{0}$，由

$$E-A=\begin{pmatrix}2&-1&0\\4&-2&0\\-1&0&-1\end{pmatrix}\to\begin{pmatrix}1&0&1\\0&1&2\\0&0&0\end{pmatrix},$$

得基础解系 $\boldsymbol{\xi}_2=\begin{pmatrix}-1\\-2\\1\end{pmatrix}$，所以 A 的对应于 $\lambda_2=\lambda_3=1$ 的全部特征向量为 $k_2\boldsymbol{\xi}_2(k_2\neq 0)$.

应当注意：例 4.2.2 与例 4.2.3 中，重特征值所对应方程组的基础解系包含向量的个数是不相同的.

一般地，在复数域上 n 阶矩阵 A 必有 n 个特征值.但是，在本书讨论的实数域上，矩阵 A 可能没有特征值或特征值个数小于 n.

例如，矩阵 $A=\begin{pmatrix}0&-1\\1&0\end{pmatrix}$在实数域上没有特征值.这是因为

$$|\lambda E-A|=\begin{vmatrix}\lambda&1\\-1&\lambda\end{vmatrix}=\lambda^2+1,$$

即 $|\lambda E-A|=0$ 无实根.

2. 特征值、特征向量的性质

首先看一个简单的例子.

设 $A=\begin{pmatrix}a_{11}&a_{12}\\a_{21}&a_{22}\end{pmatrix}$，$A$ 的特征方程为

$$|\lambda E-A|=\begin{vmatrix}\lambda-a_{11}&-a_{12}\\-a_{21}&\lambda-a_{22}\end{vmatrix}=\lambda^2-(a_{11}+a_{22})\lambda+(a_{11}a_{22}-a_{12}a_{21})=0.$$

如果 A 有两个特征值 λ_1 和 λ_2，则由一元二次方程根与系数关系有

$$\lambda_1+\lambda_2=a_{11}+a_{22},\quad \lambda_1\lambda_2=a_{11}a_{22}-a_{12}a_{21}=|\boldsymbol{A}|.$$

对 n 阶矩阵 $\boldsymbol{A}$,有类似的结论成立.

定理 4.2.1　设 $\boldsymbol{A}=(a_{ij})_{n\times n}$,若 $\lambda_1,\lambda_2,\cdots,\lambda_n$ 为方阵 $\boldsymbol{A}$ 的 n 个特征值,则有

(1) $\lambda_1\lambda_2\cdots\lambda_n=|\boldsymbol{A}|$;

(2) $\lambda_1+\lambda_2+\cdots+\lambda_n=a_{11}+a_{22}+\cdots+a_{nn}=\operatorname{tr}(\boldsymbol{A})$.

证　(1) 根据多项式因式分解与方程根的关系,有

$$|\lambda\boldsymbol{E}-\boldsymbol{A}|=(\lambda-\lambda_1)(\lambda-\lambda_2)\cdots(\lambda-\lambda_n). \tag{4.2.5}$$

令 $\lambda=0$, 得 $|-\boldsymbol{A}|=(-\lambda_1)(-\lambda_2)\cdots(-\lambda_n)=(-1)^n\lambda_1\lambda_2\cdots\lambda_n$, 即

$$|\boldsymbol{A}|=\lambda_1\lambda_2\cdots\lambda_n.$$

(2) 比较式(4.2.5)两端 λ^{n-1} 的系数:右端为 $-(\lambda_1+\lambda_2+\cdots+\lambda_n)$, 而左端含 λ^{n-1} 的项来自 $|\lambda\boldsymbol{E}-\boldsymbol{A}|$ 的主对角元素乘积项

$$(\lambda-a_{11})(\lambda-a_{22})\cdots(\lambda-a_{nn}),$$

因而 λ^{n-1} 的系数为 $-(a_{11}+a_{22}+\cdots+a_{nn})$, 因此有

$$\lambda_1+\lambda_2+\cdots+\lambda_n=a_{11}+a_{22}+\cdots+a_{nn}.$$

定理 4.2.2　n 阶方阵 $\boldsymbol{A}$ 与 $\boldsymbol{A}^{\mathrm{T}}$ 有相同的特征值.

证　由于 $(\lambda\boldsymbol{E}-\boldsymbol{A})^{\mathrm{T}}=(\lambda\boldsymbol{E})^{\mathrm{T}}-\boldsymbol{A}^{\mathrm{T}}=\lambda\boldsymbol{E}-\boldsymbol{A}^{\mathrm{T}}$, 所以

$$|\lambda\boldsymbol{E}-\boldsymbol{A}|=|(\lambda\boldsymbol{E}-\boldsymbol{A})^{\mathrm{T}}|=|\lambda\boldsymbol{E}-\boldsymbol{A}^{\mathrm{T}}|,$$

即 $\boldsymbol{A}$ 与 $\boldsymbol{A}^{\mathrm{T}}$ 有相同的特征值.

定理 4.2.3　若 λ 为 $\boldsymbol{A}$ 的特征值,则

(1) $a\lambda$ 为 $a\boldsymbol{A}$ (a 为常数)的一个特征值;

(2) λ^k 为 $\boldsymbol{A}^k$ (k 为正整数)的一个特征值;

(3) 若 $f(x)$ 为 x 的多项式,则 $f(\lambda)$ 为 $f(\boldsymbol{A})$ 的一个特征值;

(4) 若 $\boldsymbol{A}$ 可逆,则 $\dfrac{1}{\lambda}$ 为 $\boldsymbol{A}^{-1}$ 的一个特征值, $\dfrac{1}{\lambda}|\boldsymbol{A}|$ 为 $\boldsymbol{A}^*$ 的一个特征值.

证　仅证(2)以及(4)的前半部分.

(2) 设 $\boldsymbol{A}\boldsymbol{x}=\lambda\boldsymbol{x}\ (\boldsymbol{x}\neq\boldsymbol{0})$, 在等式两边同时左乘 $\boldsymbol{A}$,有

$$\boldsymbol{A}^2\boldsymbol{x}=\boldsymbol{A}\lambda\boldsymbol{x}=\lambda\boldsymbol{A}\boldsymbol{x}=\lambda^2\boldsymbol{x}\quad(\boldsymbol{x}\neq\boldsymbol{0}), \tag{4.2.6}$$

这表明 λ^2 为 $\boldsymbol{A}^2$ 的一个特征值.在式(4.2.6)两侧左乘 $\boldsymbol{A}$,得

$$\boldsymbol{A}^3\boldsymbol{x}=\lambda^3\boldsymbol{x}\quad(\boldsymbol{x}\neq\boldsymbol{0}),$$

以此类推,应有 $\boldsymbol{A}^k\boldsymbol{x}=\lambda^k\boldsymbol{x}\ (\boldsymbol{x}\neq\boldsymbol{0})$, 即 λ^k 为 $\boldsymbol{A}^k$ (k 为正整数)的一个特

征值.

(4) 设 $\boldsymbol{A}\boldsymbol{x}=\lambda\boldsymbol{x}(\boldsymbol{x}\neq\boldsymbol{0})$, 在等式两边同时左乘 $\boldsymbol{A}^{-1}$, 得 $\lambda\boldsymbol{A}^{-1}\boldsymbol{x}=\boldsymbol{x}$. 由 $\boldsymbol{A}$ 可逆知, $\lambda\neq 0$. 所以 $\boldsymbol{A}^{-1}\boldsymbol{x}=\dfrac{1}{\lambda}\boldsymbol{x}$ $(\boldsymbol{x}\neq\boldsymbol{0})$, 故 $\dfrac{1}{\lambda}$ 为 $\boldsymbol{A}^{-1}$ 的一个特征值.

其他类似可证.

例 4.2.4 已知 3 阶方阵 $\boldsymbol{A}$ 的特征值为 $1,2,-3$, 求:

(1) $2\boldsymbol{A}$ 的特征值; (2) $\boldsymbol{A}^{-1}$ 的特征值;

(3) $\mathrm{tr}(\boldsymbol{A}),|\boldsymbol{A}|$; (4) $\boldsymbol{A}^*$ 的特征值;

(5) $\boldsymbol{A}^2$ 的特征值; (6) $\boldsymbol{B}=\boldsymbol{A}^2-2\boldsymbol{A}+\boldsymbol{E}$ 的特征值及 $|\boldsymbol{B}|$.

解 由特征值的性质,得

(1) $2\boldsymbol{A}$ 的特征值为 $2,4,-6$;

(2) $\boldsymbol{A}^{-1}$ 的特征值为 $1,\dfrac{1}{2},-\dfrac{1}{3}$;

(3) $\mathrm{tr}(\boldsymbol{A})=1+2+(-3)=0$, $|\boldsymbol{A}|=1\times 2\times(-3)=-6$;

(4) $\boldsymbol{A}^*$ 的特征值为 $-6,-3,2$;

(5) $\boldsymbol{A}^2$ 的特征值为 $1,4,9$;

(6) $\boldsymbol{B}=\boldsymbol{A}^2-2\boldsymbol{A}+\boldsymbol{E}$ 的特征值为 $\lambda^2-2\lambda+1$, 即 $0,1,16$, 而 $|\boldsymbol{B}|=0\times 1\times 16=0$.

停下来想一想

如果 λ 是方阵 $\boldsymbol{A}$ 的特征值,那么,可以联想到的等价条件有

① 定义式: $\boldsymbol{A}\boldsymbol{x}=\lambda\boldsymbol{x}$ $(\boldsymbol{x}\neq\boldsymbol{0})$;

② 性质: $|\lambda\boldsymbol{E}-\boldsymbol{A}|=0$.

选择合适的等价条件展开讨论是好的证明的良好开端,定理 4.2.2 和定理 4.2.3 就是很好的例证.

下面给出方阵 $\boldsymbol{A}$ 的特征向量的性质.

定理 4.2.4 方阵 $\boldsymbol{A}$ 的对应于不同特征值的特征向量线性无关.

证 设 $\lambda_1,\lambda_2,\cdots,\lambda_m$ 为方阵 $\boldsymbol{A}$ 的不同特征值, $\boldsymbol{x}_1,\boldsymbol{x}_2,\cdots,\boldsymbol{x}_m$ 为相应的特征向量.采用数学归纳法证明.

当 $m=1$ 时, $\boldsymbol{x}_1\neq\boldsymbol{0}$, 由于单个的非零向量线性无关,所以定理成立.

假设对 $m-1$ 个不同的特征值 $\lambda_1,\lambda_2,\cdots,\lambda_{m-1}$,定理成立,下证对 m 个不同特征值定理也成立.设

$$k_1\boldsymbol{x}_1+k_2\boldsymbol{x}_2+\cdots+k_m\boldsymbol{x}_m=\boldsymbol{0}, \tag{4.2.7}$$

用方阵 $\boldsymbol{A}$ 左乘式(4.2.7)两端,得

$$k_1\boldsymbol{A}\boldsymbol{x}_1+k_2\boldsymbol{A}\boldsymbol{x}_2+\cdots+k_m\boldsymbol{A}\boldsymbol{x}_m=\boldsymbol{0},$$

再利用 $\boldsymbol{A}\boldsymbol{x}_i=\lambda_i\boldsymbol{x}_i\ (i=1,2,\cdots,m)$,得

$$k_1\lambda_1\boldsymbol{x}_1+k_2\lambda_2\boldsymbol{x}_2+\cdots+k_m\lambda_m\boldsymbol{x}_m=\boldsymbol{0}. \tag{4.2.8}$$

用式(4.2.8)减去 λ_m 乘式(4.2.7),得

$$k_1(\lambda_1-\lambda_m)\boldsymbol{x}_1+k_2(\lambda_2-\lambda_m)\boldsymbol{x}_2+\cdots+k_{m-1}(\lambda_{m-1}-\lambda_m)\boldsymbol{x}_{m-1}=\boldsymbol{0}.$$

由归纳假设,$\boldsymbol{x}_1,\boldsymbol{x}_2,\cdots,\boldsymbol{x}_{m-1}$线性无关,因而

$$k_i(\lambda_i-\lambda_m)=0\quad(i=1,2,\cdots,m-1),$$

但 $\lambda_i-\lambda_m\neq 0(i=1,2,\cdots,m-1)$,于是有 $k_i=0(i=1,2,\cdots,m-1)$. 此时式(4.2.7)变成 $k_m\boldsymbol{x}_m=\boldsymbol{0}$,而 $\boldsymbol{x}_m\neq\boldsymbol{0}$,所以 $k_m=0$. 这就证明了 $\boldsymbol{x}_1,\boldsymbol{x}_2,\cdots,\boldsymbol{x}_m$ 线性无关.

例如　例 4.2.1 中,与两个不同特征值 $\lambda_1=1,\lambda_2=-3$ 对应的特征向量 $\boldsymbol{\xi}_1=\begin{pmatrix}-2\\1\end{pmatrix},\boldsymbol{\xi}_2=\begin{pmatrix}0\\1\end{pmatrix}$ 线性无关.

定理 4.2.5　设 λ_1,λ_2 是方阵 $\boldsymbol{A}$ 的两个不同的特征值,$\boldsymbol{p}_1,\boldsymbol{p}_2,\cdots,\boldsymbol{p}_s$ 和 $\boldsymbol{q}_1,\boldsymbol{q}_2,\cdots,\boldsymbol{q}_t$ 分别为 $\boldsymbol{A}$ 的对应于 λ_1 和 λ_2 的线性无关的特征向量,则向量组 $\boldsymbol{p}_1,\boldsymbol{p}_2,\cdots,\boldsymbol{p}_s,\boldsymbol{q}_1,\boldsymbol{q}_2,\cdots,\boldsymbol{q}_t$ 线性无关.

定理 4.2.5 的证明

例如　例 4.2.2 中,与两个不同特征值 $\lambda_1=5,\lambda_2=\lambda_3=-1$ 对应的特征向量 $\boldsymbol{\xi}_1=\begin{pmatrix}1\\1\\1\end{pmatrix},\boldsymbol{\xi}_2=\begin{pmatrix}-1\\1\\0\end{pmatrix},\boldsymbol{\xi}_3=\begin{pmatrix}-1\\0\\1\end{pmatrix}$ 线性无关.

定理 4.2.5 可以推广到多个互不相等特征值的情况.

关于对应于同一个特征值的特征向量间的关系,有

定理 4.2.6　若 λ_0 是方阵 $\boldsymbol{A}$ 的 k 重特征值,则对应于 λ_0 的线性无关特征向量个数不超过 k 个.

例如　例 4.2.2 中,$\lambda_2=\lambda_3=-1$ 是二重特征值,线性无关特征向量个数有两个,$\boldsymbol{\xi}_2=\begin{pmatrix}-1\\1\\0\end{pmatrix},\boldsymbol{\xi}_3=\begin{pmatrix}-1\\0\\1\end{pmatrix}$;例 4.2.3 中,$\lambda_2=\lambda_3=1$ 也是二重特征值,线性无关特征向量只有一个 $\boldsymbol{\xi}_2=\begin{pmatrix}-1\\-2\\1\end{pmatrix}$,与定理 4.2.6 的结论吻合.

显然，依据定理 4.2.6，当特征值为单根时，对应的线性无关特征向量个数只能是一个.

根据上述定理，对于方阵 $\boldsymbol{A}$ 的每一个不同特征值 λ_i，求出齐次线性方程组 $(\lambda_i\boldsymbol{E}-\boldsymbol{A})\boldsymbol{x}=\boldsymbol{0}$ 的基础解系，就得到 $\boldsymbol{A}$ 的对应于 λ_i 的线性无关的特征向量.然后，把它们合在一起所得的向量组仍线性无关. n 阶方阵 $\boldsymbol{A}$ 的线性无关特征向量的个数不大于 n.

习题 4.2(A)

1. 单项选择题.

(1) 设 3 阶方阵 $\boldsymbol{A}$ 的特征值为 0,1,2, $\boldsymbol{B}=\boldsymbol{A}^2-5\boldsymbol{A}$，则 $|\boldsymbol{B}|=($　　$)$;

(A) 0　　(B) 1　　(C) 2　　(D) 3

(2) 已知 $\boldsymbol{A}=\begin{pmatrix} a & b \\ c & d \end{pmatrix}$，$\lambda_1,\lambda_2$ 是 $\boldsymbol{A}$ 的两个特征值，则 $\lambda_1+\lambda_2=($　　$)$.

(A) $a-b$　　(B) $c+d$　　(C) $a+d$　　(D) $c-d$

2. 填空题.

(1) 设 3 阶矩阵 $\boldsymbol{A}$ 的特征多项式 $|\lambda\boldsymbol{E}-\boldsymbol{A}|=(\lambda-1)(\lambda-2)(\lambda-3)$，则 $\boldsymbol{A}^{-1}$ 的三个特征值分别为______，$|\lambda\boldsymbol{E}-\boldsymbol{A}^{-1}|=$________;

(2) 设 λ_0 是方阵 $\boldsymbol{A}$ 的一个特征值，则 $k\lambda_0$ 是方阵______的一个特征值，λ_0^2 是方阵______的一个特征值，$\lambda_0^2-3\lambda_0+2$ 是方阵______的一个特征值;

(3) 若 λ_0 是 $n(n\geqslant 3)$ 阶方阵 $\boldsymbol{A}$ 的特征值，则 $r(\lambda_0\boldsymbol{E}-\boldsymbol{A})$______ n.

3. 求下列矩阵的特征值与特征向量.

(1) $\begin{pmatrix} -1 & 0 \\ -2 & -3 \end{pmatrix}$;　(2) $\begin{pmatrix} 2 & 1 \\ 1 & 2 \end{pmatrix}$;　(3) $\begin{pmatrix} 1 & 0 & 0 \\ 0 & 2 & 0 \\ 0 & 0 & 3 \end{pmatrix}$;

(4) $\begin{pmatrix} 0 & 0 & 1 \\ 0 & 1 & 0 \\ 1 & 0 & 0 \end{pmatrix}$;　(5) $\begin{pmatrix} 2 & 0 & 0 \\ 1 & 1 & 1 \\ 1 & -1 & 3 \end{pmatrix}$;　(6) $\begin{pmatrix} 1 & -3 & 3 \\ 3 & -5 & 3 \\ 6 & -6 & 4 \end{pmatrix}$;

(7) $\begin{pmatrix} 1 & -1 & -1 & -1 \\ -1 & 1 & -1 & -1 \\ -1 & -1 & 1 & -1 \\ -1 & -1 & -1 & 1 \end{pmatrix}$.

4. 设 $\lambda=1$ 是矩阵 $\boldsymbol{A}=\begin{pmatrix} 1 & 1 & 1 \\ 1 & 3 & a \\ 1 & a & 1 \end{pmatrix}$ 的特征值，求参数 a.

5. 设 $\boldsymbol{A}$ 为 n 阶矩阵，且 $4\boldsymbol{A}+\boldsymbol{E}$ 不可逆，求 $\boldsymbol{A}$ 的一个特征值.

6. 设 3 阶矩阵 $\boldsymbol{A}$ 的特征值为 $\lambda_1=1,\lambda_2=2,\lambda_3=3$，对应的特征向量依次为

$$\boldsymbol{\xi}_1=\begin{pmatrix}1\\1\\1\end{pmatrix},\boldsymbol{\xi}_2=\begin{pmatrix}1\\2\\4\end{pmatrix},\boldsymbol{\xi}_3=\begin{pmatrix}1\\3\\9\end{pmatrix}，又向量\boldsymbol{\beta}=\begin{pmatrix}1\\1\\3\end{pmatrix}.$$

(1) 将 $\boldsymbol{\beta}$ 用 $\boldsymbol{\xi}_1,\boldsymbol{\xi}_2,\boldsymbol{\xi}_3$ 线性表示；(2) 求 $\boldsymbol{A}^n\boldsymbol{\beta}$（$n$ 为自然数）.

7. 设 $\boldsymbol{A}$ 是幂等矩阵，即：$\boldsymbol{A}^2=\boldsymbol{A}$，证明 $\boldsymbol{A}$ 的特征值只能是 0 和 1.

习题 4.2(B)

1. 单项选择题.

(1) $\boldsymbol{A}_{n\times n}$ 有特征值 $\lambda_1\neq\lambda_2$，且 $\boldsymbol{\alpha}_1,\boldsymbol{\alpha}_2$ 分别是对应于 λ_1,λ_2 的特征向量，若 $k_1\boldsymbol{\alpha}_1+k_2\boldsymbol{\alpha}_2$ 仍为 $\boldsymbol{A}_{n\times n}$ 的特征向量，则(　　)；

(A) $k_1+k_2=0$　　(B) $k_1k_2\neq0$

(C) $k_1+k_2\neq0$ 且 $k_1k_2\neq0$　　(D) $k_1+k_2\neq0$ 且 $k_1k_2=0$

(2) 下列说法错误的是(　　).

(A) 相同特征值对应的特征向量相加仍是特征向量

(B) 不同特征值对应的特征向量一定线性无关

(C) 任何特征值都一定存在特征向量

(D) 不同特征值对应的特征向量相加一定不是特征向量

2. 填空题.

(1) 设 $\boldsymbol{A}$ 是 n 阶方阵，且 $\boldsymbol{Ax}=\boldsymbol{0}$ 有非零解，则 $\lambda=$________必为 $\boldsymbol{A}$ 的特征值；

(2) 设 $\boldsymbol{A}$ 是 n 阶方阵，λ 为 $\boldsymbol{A}$ 的 s 重特征值，则 λ 对应的线性无关的特征向量个数______ s，$r(\lambda_i\boldsymbol{E}-\boldsymbol{A})$__________；

(3) n 阶零方阵 $\boldsymbol{A}$ 的全部特征值为________，全部特征向量________.

3. 设 4 阶矩阵 $\boldsymbol{A}$ 满足 $|2\boldsymbol{E}+\boldsymbol{A}|=0,\boldsymbol{AA}^{\mathrm{T}}=3\boldsymbol{E},|\boldsymbol{A}|<0$，求伴随矩阵 $\boldsymbol{A}^*$ 的一个特征值.

4. 设 3 阶矩阵 $\boldsymbol{A}$ 满足 $|\boldsymbol{A}|=3$，且对角线元素全为 -1，$\lambda=-1$ 是矩阵 $\boldsymbol{A}$ 的一个特征值，求 $|\boldsymbol{A}^{-1}+\boldsymbol{E}|$.

5. 设 n 阶矩阵 $\boldsymbol{A}$ 满足 $\boldsymbol{A}^2+k\boldsymbol{A}+3\boldsymbol{E}=\boldsymbol{O}$，且 $\boldsymbol{A}$ 有特征值 1，求 k.

6. 设 $\boldsymbol{\alpha}=(1,1,-1)^{\mathrm{T}}$ 是矩阵 $\boldsymbol{A}=\begin{pmatrix}2&-1&2\\5&a&3\\-1&b&-2\end{pmatrix}$ 的一个特征向量，求 a,b 及特征向量 $\boldsymbol{\alpha}$ 对应的特征值 λ.

7. 设 $\boldsymbol{A}=\begin{pmatrix}a&-1&c\\5&b&3\\1-c&0&-a\end{pmatrix}$，且 $|\boldsymbol{A}|=-1$，又设伴随矩阵 $\boldsymbol{A}^*$ 有特征值 λ_0，属

于 λ_0 的特征向量为 $\boldsymbol{\alpha}=(-1,-1,1)^{\mathrm{T}}$, 求 a,b,c 及 λ_0.

8. 设向量 $\boldsymbol{\alpha}=(a_1,a_2,\cdots,a_n)^{\mathrm{T}}$,$\boldsymbol{\beta}=(b_1,b_2,\cdots,b_n)^{\mathrm{T}}$ 均为非零向量,且满足条件 $\boldsymbol{\alpha}^{\mathrm{T}}\boldsymbol{\beta}=0$, 记 $\boldsymbol{A}=\boldsymbol{\alpha}\boldsymbol{\beta}^{\mathrm{T}}$, 求:(1) $\boldsymbol{A}^2$;　(2) 矩阵 $\boldsymbol{A}$ 的特征值和特征向量.

9. 设 $\boldsymbol{A}$ 为 n 阶矩阵,证明齐次线性方程组 $\boldsymbol{Ax}=\mathbf{0}$ 有非零解的充分必要条件是 $\boldsymbol{A}$ 有特征值 0.

10. 设 $\boldsymbol{A}^2-3\boldsymbol{A}+2\boldsymbol{E}=\boldsymbol{O}$, 证明 $\boldsymbol{A}$ 的特征值只能取 1 或 2.

11. 证明:

(1) 若正交矩阵 $\boldsymbol{A}$ 的行列式 $|\boldsymbol{A}|=-1$, 则 $\lambda=-1$ 是 $\boldsymbol{A}$ 的特征值;

(2) 若奇数阶正交矩阵 $\boldsymbol{A}$ 的行列式 $|\boldsymbol{A}|=1$, 则 $\lambda=1$ 是 $\boldsymbol{A}$ 的特征值.

12. 设 λ_1,λ_2 为 n 阶方阵 $\boldsymbol{A}$ 的两个互异特征值,$\boldsymbol{\alpha}_1,\boldsymbol{\alpha}_2$ 分别为对应于 λ_1,λ_2 的特征向量,试证 $\boldsymbol{\alpha}_1+\boldsymbol{\alpha}_2$ 不是 $\boldsymbol{A}$ 的特征向量.

第 4.3 节　相似矩阵

相似是矩阵间的一种重要关系,在理论研究和实际应用中都非常重要.

1. 相似矩阵

定义 4.3.1　设 $\boldsymbol{A},\boldsymbol{B}$ 为 n 阶矩阵,如果存在可逆矩阵 $\boldsymbol{P}$,使得

$$\boldsymbol{P}^{-1}\boldsymbol{A}\boldsymbol{P}=\boldsymbol{B}.$$

称 $\boldsymbol{B}$ 是 $\boldsymbol{A}$ 的**相似矩阵**,或称 $\boldsymbol{A}$ 与 $\boldsymbol{B}$ **相似**(similar).记作 $\boldsymbol{A}\sim\boldsymbol{B}$.

例如　由于

$$\begin{pmatrix}1&-1\\-1&2\end{pmatrix}^{-1}\begin{pmatrix}1&1\\0&1\end{pmatrix}\begin{pmatrix}1&-1\\-1&2\end{pmatrix}=\begin{pmatrix}-1&4\\-1&3\end{pmatrix},$$

所以 $\begin{pmatrix}1&1\\0&1\end{pmatrix}\sim\begin{pmatrix}-1&4\\-1&3\end{pmatrix}$.

“相似”是方阵之间的一种关系.这种关系具有

(1) 反身性　$\boldsymbol{A}\sim\boldsymbol{A}$;

(2) 对称性　$\boldsymbol{A}\sim\boldsymbol{B}$, 则 $\boldsymbol{B}\sim\boldsymbol{A}$;

(3) 传递性　$\boldsymbol{A}\sim\boldsymbol{B}$, $\boldsymbol{B}\sim\boldsymbol{C}$, 则 $\boldsymbol{A}\sim\boldsymbol{C}$.

此外,相似矩阵之间有许多共同的性质.

定理 4.3.1　设 $\boldsymbol{A},\boldsymbol{B}$ 为 n 阶矩阵,$\boldsymbol{A}\sim\boldsymbol{B}$, 则

(1) $|\boldsymbol{A}|=|\boldsymbol{B}|$;

(2) $r(\boldsymbol{A})=r(\boldsymbol{B})$;

(3) $\boldsymbol{A},\boldsymbol{B}$ 有相同的特征多项式,即 $|\lambda\boldsymbol{E}-\boldsymbol{A}|=|\lambda\boldsymbol{E}-\boldsymbol{B}|$;

(4) $\boldsymbol{A},\boldsymbol{B}$ 有相同的特征值、相同的迹.

证　设 $\boldsymbol{A}\sim\boldsymbol{B}$, 即有可逆矩阵 $\boldsymbol{P}$, 使 $\boldsymbol{P}^{-1}\boldsymbol{A}\boldsymbol{P}=\boldsymbol{B}$, 故

(1) $|\boldsymbol{B}|=|\boldsymbol{P}^{-1}\boldsymbol{A}\boldsymbol{P}|=|\boldsymbol{P}^{-1}||\boldsymbol{A}||\boldsymbol{P}|=|\boldsymbol{A}|$;

(2) 由 $\boldsymbol{A}\sim\boldsymbol{B}$,知 $\boldsymbol{A}\to\boldsymbol{B}$, 因此 $r(\boldsymbol{A})=r(\boldsymbol{B})$;

(3) $\lambda\boldsymbol{E}-\boldsymbol{B}=\lambda\boldsymbol{E}-\boldsymbol{P}^{-1}\boldsymbol{A}\boldsymbol{P}=\boldsymbol{P}^{-1}(\lambda\boldsymbol{E}-\boldsymbol{A})\boldsymbol{P}$, 此即

$$\lambda\boldsymbol{E}-\boldsymbol{A}\sim\lambda\boldsymbol{E}-\boldsymbol{B};$$

再由(1)即得 $|\lambda\boldsymbol{E}-\boldsymbol{A}|=|\lambda\boldsymbol{E}-\boldsymbol{B}|$, 进而 $\boldsymbol{A},\boldsymbol{B}$ 有相同的特征值和相同的迹.

例 4.3.1　已知 $\begin{pmatrix}2&0&0\\0&0&1\\0&1&x\end{pmatrix}\sim\begin{pmatrix}2&0&0\\0&y&0\\0&0&-1\end{pmatrix}$, 求 x,y.

解　根据相似矩阵有相同的迹、相同的行列式,可得

$$2+0+x=2+y+(-1),$$
$$-2=|\boldsymbol{A}|=|\boldsymbol{B}|=-2y,$$

联立解方程组有 $x=0,y=1$.

两个相似的矩阵还具有下面的性质.

定理 4.3.2　设 $\boldsymbol{A},\boldsymbol{B}$ 为 n 阶矩阵,$\boldsymbol{A}\sim\boldsymbol{B}$,则

(1) $\boldsymbol{A}^m\sim\boldsymbol{B}^m, k\boldsymbol{A}\sim k\boldsymbol{B}$;

(2) $f(\boldsymbol{A})\sim f(\boldsymbol{B})$,其中 $f(x)$ 为多项式;

(3) $\boldsymbol{A}$ 与 $\boldsymbol{B}$ 可逆性相同,且若 $\boldsymbol{A},\boldsymbol{B}$ 可逆, 则 $\boldsymbol{A}^{-1}\sim\boldsymbol{B}^{-1}$.

证　仅证 $\boldsymbol{A}^m\sim\boldsymbol{B}^m$.

由 $\boldsymbol{A}\sim\boldsymbol{B}$ 知,存在可逆矩阵 $\boldsymbol{P}$, 使 $\boldsymbol{P}^{-1}\boldsymbol{A}\boldsymbol{P}=\boldsymbol{B}$. 从而

$$\boldsymbol{B}^m=(\boldsymbol{P}^{-1}\boldsymbol{A}\boldsymbol{P})^m=\underbrace{(\boldsymbol{P}^{-1}\boldsymbol{A}\boldsymbol{P})(\boldsymbol{P}^{-1}\boldsymbol{A}\boldsymbol{P})\cdots(\boldsymbol{P}^{-1}\boldsymbol{A}\boldsymbol{P})}_{m\text{个}}=\boldsymbol{P}^{-1}\boldsymbol{A}^m\boldsymbol{P},$$

即 $\boldsymbol{A}^m\sim\boldsymbol{B}^m$.

2. 矩阵的对角化

我们已经了解了相似矩阵的性质.在我们熟悉的矩阵中,对角矩阵是一类形式简单、计算方便的矩阵.可以设想:若矩阵 $\boldsymbol{A}$ 相似于对角矩阵,就可以借助对角矩阵来研究 $\boldsymbol{A}$.那么,在什么情况下矩阵 $\boldsymbol{A}$ 可以与某个对角矩阵相似呢?

首先考察一下 n 阶矩阵 $\boldsymbol{A}$ 相似于对角矩阵的必要条件.

设存在 n 阶可逆矩阵 $\boldsymbol{P}$, 使 $\boldsymbol{P}^{-1}\boldsymbol{A}\boldsymbol{P}=\boldsymbol{\Lambda}$, 即 $\boldsymbol{A}\boldsymbol{P}=\boldsymbol{P}\boldsymbol{\Lambda}$, 其中

$$\boldsymbol{\Lambda}=\begin{pmatrix}\lambda_1 & & & \\ & \lambda_2 & & \\ & & \ddots & \\ & & & \lambda_n\end{pmatrix}.$$

令 $\boldsymbol{P}=(\boldsymbol{p}_1,\boldsymbol{p}_2,\cdots,\boldsymbol{p}_n)$, $\boldsymbol{p}_1,\boldsymbol{p}_2,\cdots,\boldsymbol{p}_n$ 是矩阵 $\boldsymbol{P}$ 的列向量组,由 $\boldsymbol{A}\boldsymbol{P}=\boldsymbol{P}\boldsymbol{\Lambda}$ 得

$$\boldsymbol{A}(\boldsymbol{p}_1,\boldsymbol{p}_2,\cdots,\boldsymbol{p}_n)=(\boldsymbol{p}_1,\boldsymbol{p}_2,\cdots,\boldsymbol{p}_n)\begin{pmatrix}\lambda_1 & & & \\ & \lambda_2 & & \\ & & \ddots & \\ & & & \lambda_n\end{pmatrix},$$

即

$$(\boldsymbol{A}\boldsymbol{p}_1,\boldsymbol{A}\boldsymbol{p}_2,\cdots,\boldsymbol{A}\boldsymbol{p}_n)=(\lambda_1\boldsymbol{p}_1,\lambda_2\boldsymbol{p}_2,\cdots,\lambda_n\boldsymbol{p}_n),$$

也即 $\boldsymbol{A}\boldsymbol{p}_i=\lambda_i\boldsymbol{p}_i\ (i=1,2,\cdots,n)$, 显然 $\boldsymbol{p}_i\neq\boldsymbol{0}\ (i=1,2,\cdots,n)$. 该式表明: $\lambda_i\ (i=1,2,\cdots,n)$ 为 $\boldsymbol{A}$ 的特征值; $\boldsymbol{p}_i\ (i=1,2,\cdots,n)$ 为 $\boldsymbol{A}$ 的对应于特征值 $\lambda_i\ (i=1,2,\cdots,n)$ 的特征向量.

因此,矩阵相似于对角矩阵的问题和矩阵的特征值与特征向量相关联.

总结上述过程,有

$$\boldsymbol{A}\sim\boldsymbol{\Lambda}\Rightarrow\boldsymbol{A}\text{ 有 }n\text{ 个线性无关的特征向量.}$$

完善该结论,有

重点难点讲解 4-2 实对称矩阵的对角化

定理 4.3.3 n 阶矩阵 $\boldsymbol{A}\sim\boldsymbol{\Lambda}=\begin{pmatrix}\lambda_1 & & & \\ & \lambda_2 & & \\ & & \ddots & \\ & & & \lambda_n\end{pmatrix}$ 的充分必要条件是 $\boldsymbol{A}$ 有 n 个线性无关的特征向量.

证 (必要性) 证明见上.

(充分性) 设 $\boldsymbol{A}\boldsymbol{p}_i=\lambda_i\boldsymbol{p}_i\ (\boldsymbol{p}_i\neq 0, i=1,2,\cdots,n)$, 且 $\boldsymbol{p}_1,\boldsymbol{p}_2,\cdots,\boldsymbol{p}_n$ 线性无关, 令

$$\boldsymbol{P}=(\boldsymbol{p}_1,\boldsymbol{p}_2,\cdots,\boldsymbol{p}_n),$$

则 $\boldsymbol{P}$ 可逆,且

$$\boldsymbol{AP}=\boldsymbol{A}(\boldsymbol{p}_1,\boldsymbol{p}_2,\cdots,\boldsymbol{p}_n)=(\boldsymbol{Ap}_1,\boldsymbol{Ap}_2,\cdots,\boldsymbol{Ap}_n)=(\lambda_1\boldsymbol{p}_1,\lambda_2\boldsymbol{p}_2,\cdots,\lambda_n\boldsymbol{p}_n)$$

$$=(\boldsymbol{p}_1,\boldsymbol{p}_2,\cdots,\boldsymbol{p}_n)\begin{pmatrix}\lambda_1 & & & \\ & \lambda_2 & & \\ & & \ddots & \\ & & & \lambda_n\end{pmatrix}=\boldsymbol{P\Lambda},$$

所以 $\boldsymbol{P}^{-1}\boldsymbol{AP}=\boldsymbol{\Lambda}$，即 $\boldsymbol{A}\sim\boldsymbol{\Lambda}$.

停下来想一想

大胆假设，仔细推理，详细论证，不失为理论推导的一个好方法.这一过程要求研究者要注意观察事物变化特点，在演变过程中及时挖掘“素材”.采用“逆推法”，即由结论倒着推理，将对角化问题“转化”为特征值与特征向量问题是上述推理过程的关键.

推论 1　若 n 阶方阵 $\boldsymbol{A}$ 有 n 个互不相同的特征值，则 $\boldsymbol{A}$ 与对角矩阵相似.

推论 2　n 阶方阵 $\boldsymbol{A}$ 与对角矩阵相似的充分必要条件是 $\boldsymbol{A}$ 的每个重特征值对应的线性无关的特征向量个数等于其重数.

通常，当 $\boldsymbol{A}$ 与对角矩阵相似时，也称 $\boldsymbol{A}$ **可对角化**.

根据上述定理，可以归纳出矩阵 $\boldsymbol{A}$ 相似于对角矩阵 $\boldsymbol{\Lambda}$ 的具体计算步骤：

(1) 求出 n 阶矩阵 $\boldsymbol{A}$ 的全部特征值 $\lambda_1,\lambda_2,\cdots,\lambda_n$；

(2) 对每个特征值 λ_i，求方程组 $(\lambda_i\boldsymbol{E}-\boldsymbol{A})\boldsymbol{x}=\boldsymbol{0}$ 的基础解系，即为 $\boldsymbol{A}$ 的对应于 λ_i 的线性无关特征向量.

若重特征值所对应方程组的基础解系包含向量个数等于其重数，则 $\boldsymbol{A}$ 可对角化；

(3) 设(2)中求得的所有基础解系向量为 $\boldsymbol{p}_1,\boldsymbol{p}_2,\cdots,\boldsymbol{p}_n$，令

$$\boldsymbol{P}=(\boldsymbol{p}_1,\boldsymbol{p}_2,\cdots,\boldsymbol{p}_n),$$

则 $\boldsymbol{P}$ 可逆，且 $\boldsymbol{P}^{-1}\boldsymbol{AP}=\begin{pmatrix}\lambda_1 & & & \\ & \lambda_2 & & \\ & & \ddots & \\ & & & \lambda_n\end{pmatrix}=\boldsymbol{\Lambda}$，其中 $\boldsymbol{p}_i(i=1,2,\cdots,n)$ 为对应于特征值 $\lambda_i\ (i=1,2,\cdots,n)$ 的特征向量.

务必注意 $\boldsymbol{p}_i$ 和 λ_i 位置上的对应关系.

停下来想一想

当 $\boldsymbol{A}$ 相似于对角矩阵 $\boldsymbol{\Lambda}$ 时,使 $\boldsymbol{P}^{-1}\boldsymbol{AP}=\boldsymbol{\Lambda}$ 的可逆矩阵 $\boldsymbol{P}$ 是否唯一? 试计算 $\boldsymbol{P}_1^{-1}\boldsymbol{AP}_1$ 及 $\boldsymbol{P}_2^{-1}\boldsymbol{AP}_2$.这里

$$\boldsymbol{A}=\begin{pmatrix}1&1&1\\1&1&1\\1&1&1\end{pmatrix},\boldsymbol{P}_1=\begin{pmatrix}-1&-1&1\\1&0&1\\0&1&1\end{pmatrix},\boldsymbol{P}_2=\begin{pmatrix}-1&-1&1\\0&1&1\\1&0&1\end{pmatrix},\boldsymbol{\Lambda}=\begin{pmatrix}0&&\\&0&\\&&3\end{pmatrix}.$$

你得出了什么结论?

例 4.3.2 矩阵 $\boldsymbol{A}=\begin{pmatrix}-1&1&0\\-4&3&0\\1&0&2\end{pmatrix}$ 能否与对角矩阵相似,为什么?

解 由例 4.2.3 知,3 阶方阵 $\boldsymbol{A}$ 有 2(<3)个线性无关特征向量,所以 $\boldsymbol{A}$ 不与对角矩阵相似.

例 4.3.3 已知 $\boldsymbol{A}=\begin{pmatrix}-2&1&1\\0&2&0\\-4&1&3\end{pmatrix}$,判断 $\boldsymbol{A}$ 能否与对角矩阵相似? 若能,求可逆矩阵 $\boldsymbol{P}$,使 $\boldsymbol{P}^{-1}\boldsymbol{AP}=\boldsymbol{\Lambda}$ 为对角矩阵.

解

$$|\lambda\boldsymbol{E}-\boldsymbol{A}|=\begin{vmatrix}\lambda+2&-1&-1\\0&\lambda-2&0\\4&-1&\lambda-3\end{vmatrix}$$

$$=(\lambda-2)\begin{vmatrix}\lambda+2&-1\\4&\lambda-3\end{vmatrix}=(\lambda+1)(\lambda-2)^2,$$

故 $\boldsymbol{A}$ 的特征值为 $\lambda_1=-1,\lambda_2=\lambda_3=2$.

当 $\lambda_1=-1$ 时,解 $(-\boldsymbol{E}-\boldsymbol{A})\boldsymbol{x}=\boldsymbol{0}$,由

$$-\boldsymbol{E}-\boldsymbol{A}=\begin{pmatrix}1&-1&-1\\0&-3&0\\4&-1&-4\end{pmatrix}\to\begin{pmatrix}1&0&-1\\0&1&0\\0&0&0\end{pmatrix},$$

得线性无关特征向量 $\boldsymbol{p}_1=\begin{pmatrix}1\\0\\1\end{pmatrix}$. 当 $\lambda_2=\lambda_3=2$ 时,解 $(2\boldsymbol{E}-\boldsymbol{A})\boldsymbol{x}=\boldsymbol{0}$,由

$$2E-A=\begin{pmatrix}4&-1&-1\\0&0&0\\4&-1&-1\end{pmatrix}\to\begin{pmatrix}4&-1&-1\\0&0&0\\0&0&0\end{pmatrix},$$

得线性无关特征向量 $p_2=\begin{pmatrix}1\\0\\4\end{pmatrix}$，$p_3=\begin{pmatrix}0\\1\\-1\end{pmatrix}$.

由于 3 阶方阵 A 有 3 个线性无关的特征向量 p_1,p_2,p_3，因此 A 能与对角矩阵相似.

令 $P=(p_1,p_2,p_3)=\begin{pmatrix}1&1&0\\0&0&1\\1&4&-1\end{pmatrix}$，则 P 可逆，且

$$P^{-1}AP=\Lambda=\begin{pmatrix}-1&&\\&2&\\&&2\end{pmatrix}.$$

如果令 $P_1=(p_2,p_1,p_3)$，则 P_1 也可逆，此时，

$$P_1^{-1}AP_1=\begin{pmatrix}2&&\\&-1&\\&&2\end{pmatrix}.$$

验证所求的 P 和 Λ 是否正确是一个好的习惯.为避免计算 P^{-1}，可转为验证 $AP=P\Lambda$，但必须确认 P 是可逆的.

例 4.3.4　已知矩阵 $A=\begin{pmatrix}1&2&0\\2&1&0\\-2&a&3\end{pmatrix}$，$a$ 为何值时，A 可对角化？

解

$$|\lambda E-A|=\begin{vmatrix}\lambda-1&-2&0\\-2&\lambda-1&0\\2&-a&\lambda-3\end{vmatrix}$$

$$=(\lambda-3)\begin{vmatrix}\lambda-1&-2\\-2&\lambda-1\end{vmatrix}=(\lambda+1)(\lambda-3)^2,$$

故 A 的特征值为 $\lambda_1=\lambda_2=3,\lambda_3=-1$.

当 $\lambda_1=\lambda_2=3$ 时，考察方程组 $(3E-A)x=\mathbf{0}$，

$$3E-A=\begin{pmatrix}2&-2&0\\-2&2&0\\2&-a&0\end{pmatrix}\to\begin{pmatrix}1&-1&0\\0&2-a&0\\0&0&0\end{pmatrix},$$

当 $a=2$ 时, $r(3E-A)=1$, 此时,齐次线性方程组 $(3E-A)x=0$ 的基础解系含有 2 个向量,因此 A 可对角化.

从矩阵秩的角度看,要使 n 阶方阵 A 有 n 个线性无关的特征向量,必须保证当 λ 为 A 的 k 重特征值时,$r(\lambda E-A)=n-k$;即 n 阶方阵 A 可对角化的充分必要条件是:若 λ 为 A 的 k 重特征值,则 $r(\lambda E-A)=n-k$.

例 4.3.5 已知 3 阶矩阵 A 的 3 个特征值为 1,1,2, 对应的特征向量分别为 $p_1=(1,2,1)^{\mathrm T}$, $p_2=(1,1,0)^{\mathrm T}$, $p_3=(2,0,-1)^{\mathrm T}$, 求矩阵 A 及 A^{10}.

解 令 $P=(p_1,p_2,p_3)=\begin{pmatrix}1&1&2\\2&1&0\\1&0&-1\end{pmatrix}$, $\Lambda=\begin{pmatrix}1&&\\&1&\\&&2\end{pmatrix}$, 由 $|P|\neq 0$ 知 A 有 3 个线性无关的特征向量 p_1,p_2,p_3, 所以 $P^{-1}AP=\Lambda$, 即有

$$A=P\Lambda P^{-1}=\begin{pmatrix}1&1&2\\2&1&0\\1&0&-1\end{pmatrix}\begin{pmatrix}1&&\\&1&\\&&2\end{pmatrix}\begin{pmatrix}1&-1&2\\-2&3&-4\\1&-1&1\end{pmatrix}=\begin{pmatrix}3&-2&2\\0&1&0\\-1&1&0\end{pmatrix}.$$

$$\begin{aligned}A^{10}&=(P\Lambda P^{-1})^{10}=P\Lambda^{10}P^{-1}\\&=\begin{pmatrix}1&1&2\\2&1&0\\1&0&-1\end{pmatrix}\begin{pmatrix}1^{10}&&\\&1^{10}&\\&&2^{10}\end{pmatrix}\begin{pmatrix}1&-1&2\\-2&3&-4\\1&-1&1\end{pmatrix}\\&=\begin{pmatrix}2^{11}-1&2-2^{11}&-2+2^{11}\\0&1&0\\1-2^{10}&-1+2^{10}&2-2^{10}\end{pmatrix}=\begin{pmatrix}2\,047&-2\,046&2\,046\\0&1&0\\-1\,023&1\,023&-1\,022\end{pmatrix}.\end{aligned}$$

在本例中,直接计算 A^{10} 是比较繁琐的,由于 A 相似于对角矩阵,故可以将 A 的幂运算转化为对角矩阵的幂运算,使计算简化.

因此,第 2 章例 2.2.17 中的 A^k 可通过 A 与对角矩阵 $\Lambda=\begin{pmatrix}\frac{1}{5}&0\\0&1\end{pmatrix}$ 相似来计算.

线性代数知识在许多动态系统问题的描述和研究中有着重要作用.下面举例说明.

例 4.3.6(市场营销调查预测问题)　销售某种产品,如果在调查中得知:在原来购买了该产品的顾客中,准备继续购买的比例为 a_{11};在原来未购买该产品的顾客中,准备购买的比例为 a_{12};在原来购买了该产品的顾客中,不继续购买的比例为 a_{21};原来未购买该产品,下次也不准备购买该产品的比例为 a_{22}. 若已知刚开始顾客购买该产品的比例为 a_1,顾客不购买该产品的比例为 a_2. 以 $\boldsymbol{x}(0)$ 表示该产品占有市场份额的初始状态(即刚开始顾客购买该产品的比例和不购买该产品的比例),$\boldsymbol{x}(k)$ 表示 k 年后该产品的市场占有状态,试写出 $\boldsymbol{x}(k)$ 和 $\boldsymbol{x}(0)$ 满足的关系式.

解　由已知得 $\boldsymbol{x}(0)=\begin{pmatrix} a_1 \\ a_2 \end{pmatrix}$, $a_1+a_2=1, 0\leqslant a_1, a_2\leqslant 1$. 令

$$\boldsymbol{A}=\begin{pmatrix} a_{11} & a_{12} \\ a_{21} & a_{22} \end{pmatrix},\ 0\leqslant a_{ij}\leqslant 1,\ \sum_{i=1}^{2} a_{ij}=1\ (\text{称 } \boldsymbol{A} \text{ 为}\textbf{状态转移矩阵})$$

则该产品市场占有份额的动态方程为

$$\boldsymbol{x}(k)=\boldsymbol{A}\boldsymbol{x}(k-1).$$

易得 $\boldsymbol{x}(k)=\boldsymbol{A}^k\boldsymbol{x}(0)\ (k=1,2,\cdots)$.

可以利用矩阵的特征值理论,将 $\boldsymbol{A}$ 对角化,进而求出 $\boldsymbol{A}^k$.

例如　若

$$\boldsymbol{A}=\begin{pmatrix} 0.6 & 0.25 \\ 0.4 & 0.75 \end{pmatrix},\quad \boldsymbol{x}(0)=\begin{pmatrix} 0.6 \\ 0.4 \end{pmatrix},$$

5 年后该产品的市场占有状态将会怎样?

欲求 $\boldsymbol{x}(5)$,由

$$|\lambda\boldsymbol{E}-\boldsymbol{A}|=\begin{vmatrix} \lambda-0.6 & -0.25 \\ -0.4 & \lambda-0.75 \end{vmatrix}=\lambda^2-\frac{27}{20}\lambda+\frac{7}{20}=\left(\lambda-\frac{7}{20}\right)(\lambda-1),$$

得 $\boldsymbol{A}$ 的特征值为 $\lambda_1=\frac{7}{20}, \lambda_2=1$,相应的线性无关的特征向量分别为 $\boldsymbol{p}_1=\begin{pmatrix} -1 \\ 1 \end{pmatrix}, \boldsymbol{p}_2=\begin{pmatrix} \frac{5}{8} \\ 1 \end{pmatrix}$.

令 $\boldsymbol{P}=(\boldsymbol{p}_1,\boldsymbol{p}_2)=\begin{pmatrix}-1 & \dfrac{5}{8}\\ 1 & 1\end{pmatrix}$,则 $\boldsymbol{P}^{-1}=\begin{pmatrix}-\dfrac{8}{13} & \dfrac{5}{13}\\ \dfrac{8}{13} & \dfrac{8}{13}\end{pmatrix}$.

令 $\boldsymbol{\Lambda}=\begin{pmatrix}\dfrac{7}{20} & 0\\ 0 & 1\end{pmatrix}$,则 $\boldsymbol{\Lambda}^5=\begin{pmatrix}\left(\dfrac{7}{20}\right)^5 & 0\\ 0 & 1\end{pmatrix}$. 由于

$$\boldsymbol{A}^5=\boldsymbol{P}\boldsymbol{\Lambda}^5\boldsymbol{P}^{-1}=\begin{pmatrix}-1 & \dfrac{5}{8}\\ 1 & 1\end{pmatrix}\begin{pmatrix}\left(\dfrac{7}{20}\right)^5 & 0\\ 0 & 1\end{pmatrix}\begin{pmatrix}-\dfrac{8}{13} & \dfrac{5}{13}\\ \dfrac{8}{13} & \dfrac{8}{13}\end{pmatrix}=\begin{pmatrix}\dfrac{155\ 139}{400\ 000} & \dfrac{244\ 861}{640\ 000}\\ \dfrac{244\ 861}{400\ 000} & \dfrac{395\ 139}{640\ 000}\end{pmatrix},$$

从而有

$$\boldsymbol{x}(5)=\boldsymbol{A}^5\boldsymbol{x}(0)=\begin{pmatrix}\dfrac{155\ 139}{400\ 000} & \dfrac{244\ 861}{640\ 000}\\ \dfrac{244\ 861}{400\ 000} & \dfrac{395\ 139}{640\ 000}\end{pmatrix}\begin{pmatrix}0.6\\ 0.4\end{pmatrix}=\begin{pmatrix}0.39\\ 0.61\end{pmatrix}.$$

结果表明,依据现有的情况,该产品在 5 年后市场占有率将下降到不足 40%.因此,该公司应该根据这份预测报告认真分析原因,采取积极有效的措施来保持该产品现有的市场优势.

习题 4.3(A)

1. 单项选择题.

(1) 若 n 阶方阵 $\boldsymbol{A}$ 可对角化,则(　　);

(A) $r(\boldsymbol{A})=n$　　(B) $\boldsymbol{A}$ 有 n 个互异的特征值

(C) $\boldsymbol{A}$ 一定是对角矩阵　　(D) $\boldsymbol{A}$ 有 n 个线性无关的特征向量

(2) 若 n 阶矩阵 $\boldsymbol{A}$ 与 $\boldsymbol{B}$ 相似,则下列结论不正确的为(　　).

(A) 它们的特征值相同　　(B) 它们有共同的特征向量

(C) 它们的行列式相同　　(D) 存在可逆矩阵 $\boldsymbol{C}$,使 $\boldsymbol{C}^{-1}\boldsymbol{A}\boldsymbol{C}=\boldsymbol{B}$

2. 填空题.

(1) 若矩阵 $\begin{pmatrix}22 & 31\\ -12 & x\end{pmatrix}$ 与 $\begin{pmatrix}1 & 2\\ 3 & 4\end{pmatrix}$ 相似,则 $x=$________;

(2) 设 $\boldsymbol{A}$ 与单位矩阵 $\boldsymbol{E}$ 相似,则 $\boldsymbol{A}=$________;

(3) 矩阵 $\boldsymbol{A}$ 与 $\boldsymbol{B}$ 相似,$\boldsymbol{B}=\begin{pmatrix}1 & 1 & 1\\ 0 & 2 & 1\\ 0 & 0 & 3\end{pmatrix}$,则 $|\boldsymbol{A}|=$________.

3. 下列矩阵能否与对角矩阵相似？若能，求可逆矩阵 P 及相应的对角矩阵 Λ，使 $P^{-1}AP=\Lambda$.

(1) $\begin{pmatrix}1 & 2\\ 2 & 1\end{pmatrix}$；(2) $\begin{pmatrix}1 & 0\\ -2 & 1\end{pmatrix}$；(3) $\begin{pmatrix}1 & 2 & 3\\ 0 & 1 & 0\\ 2 & 1 & 2\end{pmatrix}$；(4) $\begin{pmatrix}2 & 1 & 1\\ 0 & 2 & 1\\ 0 & 0 & 2\end{pmatrix}$.

4. 设矩阵 A 和 B 相似，其中 $A=\begin{pmatrix}-2 & 0 & 0\\ 2 & x & 2\\ 3 & 1 & 1\end{pmatrix}$，$B=\begin{pmatrix}-1 & 0 & 0\\ 0 & 2 & 0\\ 0 & 0 & y\end{pmatrix}$.

(1) 求 x,y 的值；(2) 求可逆矩阵 P，使得 $P^{-1}AP=B$.

5. 已知 3 阶矩阵 A 的特征值为 $\lambda_1=1,\lambda_2=0,\lambda_3=-1$，对应的特征向量为 $\begin{pmatrix}1\\ 2\\ 2\end{pmatrix}$，$\begin{pmatrix}2\\ 1\\ -2\end{pmatrix}$，$\begin{pmatrix}2\\ -2\\ 1\end{pmatrix}$，求矩阵 A 及 A^{11}.

6. 设 3 阶矩阵 A 满足 $A\alpha_i=i\alpha_i\,(i=1,2,3)$，其中

$$\alpha_1=\begin{pmatrix}1\\ 2\\ 2\end{pmatrix},\ \alpha_2=\begin{pmatrix}2\\ -2\\ 1\end{pmatrix},\ \alpha_3=\begin{pmatrix}-2\\ -1\\ 2\end{pmatrix},$$

试求矩阵 A.

7. 设 A 为 3 阶方阵，且

$$A\sim\begin{pmatrix}1 & 0 & 0\\ 0 & 3 & 0\\ 0 & 0 & -2\end{pmatrix},\quad B=(A-E)(A-3E)(A+2E),$$

证明：$B=O$.

习题 4.3(B)

1. 单项选择题.

(1) 如果满足条件(　　)，则矩阵 A 与 B 相似；

(A) $|A|=|B|$

(B) $r(A)=r(B)$

(C) A 与 B 有相同的特征多项式

(D) n 阶矩阵 A 与 B 有相同的特征值且 n 个特征值各不相同

(2) n 阶方阵 A 与 B 相似，E 为 n 阶单位矩阵，则(　　).

(A) $\lambda E-A=\lambda E-B$

(B) A 与 B 有相同的特征值与特征向量

(C) A 与 B 都相似于同一对角矩阵

(D) 对任意常数 t，有 $tE-A$ 与 $tE-B$ 相似

2. 填空题.

(1) 若 n 阶矩阵 $\boldsymbol{A}$ 与 $\boldsymbol{B}$ 相似,且 $\boldsymbol{A}^2=\boldsymbol{A}$,则 $\boldsymbol{B}^2=$ ________;

(2) 设 $\boldsymbol{A}_{n\times n}$ 有 k 重特征值 λ_0,其余都不是重特征值,若 $\boldsymbol{A}_{n\times n}$ 可对角化,则 $r(\lambda_0\boldsymbol{E}-\boldsymbol{A})=$ ________.

3. 设 $\boldsymbol{A}=\begin{pmatrix}0&0&1\\x&1&y\\1&0&0\end{pmatrix}$ 有 3 个线性无关的特征向量,求 x 与 y 应满足的条件.

4. 设矩阵 $\boldsymbol{A}=\begin{pmatrix}1&-1&1\\x&4&y\\-3&-3&5\end{pmatrix}$,已知 $\boldsymbol{A}$ 有 3 个线性无关的特征向量,$\lambda=2$ 是 $\boldsymbol{A}$ 的二重特征值,求可逆矩阵 $\boldsymbol{P}$,使得 $\boldsymbol{P}^{-1}\boldsymbol{AP}$ 为对角矩阵.

5. 设 $\boldsymbol{A}=\begin{pmatrix}3&2&-2\\-k&-1&k\\4&2&-3\end{pmatrix}$,$k$ 为何值时,存在可逆矩阵 $\boldsymbol{P}$,使得 $\boldsymbol{P}^{-1}\boldsymbol{AP}$ 为对角矩阵?求出 $\boldsymbol{P}$ 和相应的对角矩阵.

6. 设 $\boldsymbol{A}$ 是 3 阶矩阵,它的各行元素之和为 3,且线性方程组 $\boldsymbol{Ax}=\boldsymbol{0}$ 的基础解系为

$$\boldsymbol{\xi}_1=\begin{pmatrix}-1\\2\\-1\end{pmatrix},\quad \boldsymbol{\xi}_2=\begin{pmatrix}0\\-1\\1\end{pmatrix},$$

(1) 求 $\boldsymbol{A}$ 的特征值与特征向量; (2) 求 $\boldsymbol{A}$.

7. 已知 3 阶矩阵 $\boldsymbol{A}$ 与 3 维列向量 $\boldsymbol{x}$,使得向量组 $\boldsymbol{x},\boldsymbol{Ax},\boldsymbol{A}^2\boldsymbol{x}$ 线性无关,且满足

$$\boldsymbol{A}^3\boldsymbol{x}=3\boldsymbol{Ax}-2\boldsymbol{A}^2\boldsymbol{x}.$$

(1) 记 $\boldsymbol{P}=(\boldsymbol{x},\boldsymbol{Ax},\boldsymbol{A}^2\boldsymbol{x})$,求 3 阶矩阵 $\boldsymbol{B}$,使 $\boldsymbol{A}=\boldsymbol{PBP}^{-1}$;

(2) 计算行列式 $|\boldsymbol{A}+\boldsymbol{E}|$.

8. 设 $\boldsymbol{A}$ 为 3 阶矩阵,$\boldsymbol{\alpha}_1,\boldsymbol{\alpha}_2,\boldsymbol{\alpha}_3$ 是线性无关的 3 维列向量,且满足

$$\boldsymbol{A\alpha}_1=\boldsymbol{\alpha}_1+\boldsymbol{\alpha}_2+\boldsymbol{\alpha}_3,\quad \boldsymbol{A\alpha}_2=2\boldsymbol{\alpha}_2+\boldsymbol{\alpha}_3,\quad \boldsymbol{A\alpha}_3=2\boldsymbol{\alpha}_2+3\boldsymbol{\alpha}_3.$$

求:

(1) 矩阵 $\boldsymbol{B}$,使得 $\boldsymbol{A}(\boldsymbol{\alpha}_1,\boldsymbol{\alpha}_2,\boldsymbol{\alpha}_3)=(\boldsymbol{\alpha}_1,\boldsymbol{\alpha}_2,\boldsymbol{\alpha}_3)\boldsymbol{B}$;

(2) 矩阵 $\boldsymbol{A}$ 的特征值.

9. 某实验性生产线每年一月份进行熟练工与非熟练工的人数统计,然后将 $\frac{1}{6}$ 熟练工支援其他生产部门,其缺额由招收新的非熟练工补齐.新、老非熟练工经过培训及实践至年终考核有 $\frac{2}{5}$ 成为熟练工.设第 n 年一月份统计的熟练工和非熟练工所占百分比分别为 x_n 和 y_n,记成向量 $\begin{pmatrix}x_n\\y_n\end{pmatrix}$.

（1）写出关系式 $\begin{pmatrix} x_{n+1} \\ y_{n+1} \end{pmatrix} = \boldsymbol{A}\begin{pmatrix} x_n \\ y_n \end{pmatrix}$ 中的矩阵 $\boldsymbol{A}$；

（2）验证 $\boldsymbol{\eta}_1 = \begin{pmatrix} 4 \\ 1 \end{pmatrix}$ 和 $\boldsymbol{\eta}_2 = \begin{pmatrix} -1 \\ 1 \end{pmatrix}$ 是 $\boldsymbol{A}$ 的两个线性无关的特征向量，并求出相应的特征值；

（3）当 $\begin{pmatrix} x_1 \\ y_1 \end{pmatrix} = \begin{pmatrix} \frac{1}{2} \\ \frac{1}{2} \end{pmatrix}$ 时，求 $\begin{pmatrix} x_{n+1} \\ y_{n+1} \end{pmatrix}$.

第 4.4 节　实对称矩阵的对角化

定理 4.3.3 表明，n 阶矩阵 $\boldsymbol{A}$ 能否与对角矩阵相似取决于它是否有 n 个线性无关的特征向量，这意味着并非所有矩阵都能和对角矩阵相似（如例 4.3.2）.但有一类矩阵却总能与对角矩阵相似，这就是实数域上的对称矩阵，简称实对称矩阵.

1. 实对称矩阵的特征值与特征向量的性质

定理 4.4.1　（1）实对称矩阵 $\boldsymbol{A}$ 的特征值都是实数.

（2）实对称矩阵 $\boldsymbol{A}$ 的对应于不同特征值的特征向量相互正交.

证　仅证(2).

设 λ_1,λ_2 为 $\boldsymbol{A}$ 的两个不同特征值，$\boldsymbol{\alpha}_1,\boldsymbol{\alpha}_2$ 分别为对应于 λ_1,λ_2 的特征向量，即

$$\boldsymbol{A\alpha}_i = \lambda_i\boldsymbol{\alpha}_i \ (\boldsymbol{\alpha}_i \neq \boldsymbol{0}, i = 1,2).$$

在 $\boldsymbol{A\alpha}_1 = \lambda_1\boldsymbol{\alpha}_1$ 两侧左乘 $\boldsymbol{\alpha}_2^{\mathrm{T}}$，得

$$\boldsymbol{\alpha}_2^{\mathrm{T}}\boldsymbol{A\alpha}_1 = \boldsymbol{\alpha}_2^{\mathrm{T}}\lambda_1\boldsymbol{\alpha}_1 = \lambda_1\boldsymbol{\alpha}_2^{\mathrm{T}}\boldsymbol{\alpha}_1. \tag{4.4.1}$$

另一方面，$\boldsymbol{\alpha}_2^{\mathrm{T}}\boldsymbol{A\alpha}_1 = \boldsymbol{\alpha}_2^{\mathrm{T}}\boldsymbol{A}^{\mathrm{T}}\boldsymbol{\alpha}_1 = (\boldsymbol{A\alpha}_2)^{\mathrm{T}}\boldsymbol{\alpha}_1 = (\lambda_2\boldsymbol{\alpha}_2)^{\mathrm{T}}\boldsymbol{\alpha}_1 = \lambda_2\boldsymbol{\alpha}_2^{\mathrm{T}}\boldsymbol{\alpha}_1$，代入式(4.4.1)，有

$$(\lambda_1 - \lambda_2)\boldsymbol{\alpha}_2^{\mathrm{T}}\boldsymbol{\alpha}_1 = (\lambda_1 - \lambda_2)[\boldsymbol{\alpha}_2,\boldsymbol{\alpha}_1] = 0.$$

由于 $\lambda_1 \neq \lambda_2$，故内积 $[\boldsymbol{\alpha}_2,\boldsymbol{\alpha}_1] = 0$，即 $\boldsymbol{\alpha}_1$ 与 $\boldsymbol{\alpha}_2$ 正交.

例如　例 4.2.2 中矩阵

$$A=\begin{pmatrix}1&2&2\\2&1&2\\2&2&1\end{pmatrix}$$

是实对称矩阵,其特征值 $\lambda_1=5,\lambda_2=\lambda_3=-1$. 对应于 $\lambda_1=5$ 的线性无关特征向量为 $\boldsymbol{\xi}_1=\begin{pmatrix}1\\1\\1\end{pmatrix}$;对应于 $\lambda_2=\lambda_3=-1$ 的线性无关特征向量为 $\boldsymbol{\xi}_2=\begin{pmatrix}-1\\1\\0\end{pmatrix}$, $\boldsymbol{\xi}_3=\begin{pmatrix}-1\\0\\1\end{pmatrix}$. 不难验证, $[\boldsymbol{\xi}_1,\boldsymbol{\xi}_2]=[\boldsymbol{\xi}_1,\boldsymbol{\xi}_3]=0$. 需要强调的是:对应于同一特征值的 $\boldsymbol{\xi}_2,\boldsymbol{\xi}_3$ 线性无关,但不一定正交.

定理 4.4.2 设 $\boldsymbol{A}$ 为 n 阶实对称矩阵,则存在正交矩阵 $\boldsymbol{Q}$,使

$$\boldsymbol{Q}^{-1}\boldsymbol{A}\boldsymbol{Q}=\boldsymbol{Q}^{\mathrm{T}}\boldsymbol{A}\boldsymbol{Q}=\boldsymbol{\Lambda},$$

其中 $\boldsymbol{\Lambda}$ 为对角矩阵,其对角线元素为 $\boldsymbol{A}$ 的特征值.

该定理表明:实对称矩阵一定可以对角化.

如何寻找正交矩阵 $\boldsymbol{Q}$,将实对称矩阵 $\boldsymbol{A}$ 对角化? 下面将进行讨论.

2. 实对称矩阵对角化方法

以 3 阶矩阵为例.

设 $\boldsymbol{A}$ 为 3 阶实对称矩阵, $\lambda_1,\lambda_2,\lambda_3$ 是 $\boldsymbol{A}$ 的互不相同的特征值, $\boldsymbol{\xi}_1,\boldsymbol{\xi}_2,\boldsymbol{\xi}_3$ 分别为对应于 $\lambda_1,\lambda_2,\lambda_3$ 的特征向量.由定理 4.4.1 的(2)知, $\boldsymbol{\xi}_1,\boldsymbol{\xi}_2,\boldsymbol{\xi}_3$ 两两正交.若依次将 $\boldsymbol{\xi}_1,\boldsymbol{\xi}_2,\boldsymbol{\xi}_3$ 单位化为 $\boldsymbol{q}_1,\boldsymbol{q}_2,\boldsymbol{q}_3$, 则 $\boldsymbol{q}_1,\boldsymbol{q}_2,\boldsymbol{q}_3$ 分别是 $\boldsymbol{A}$ 的对应于特征值 $\lambda_1,\lambda_2,\lambda_3$ 的标准正交特征向量.以 $\boldsymbol{q}_1,\boldsymbol{q}_2,\boldsymbol{q}_3$ 为列构造矩阵 $\boldsymbol{Q}=(\boldsymbol{q}_1,\boldsymbol{q}_2,\boldsymbol{q}_3)$, 由定理 4.1.3 得, $\boldsymbol{Q}$ 是正交矩阵,且

$$\boldsymbol{Q}^{-1}\boldsymbol{A}\boldsymbol{Q}=\boldsymbol{Q}^{\mathrm{T}}\boldsymbol{A}\boldsymbol{Q}=\boldsymbol{\Lambda}=\begin{pmatrix}\lambda_1&&\\&\lambda_2&\\&&\lambda_3\end{pmatrix}. \tag{4.4.2}$$

如果 $\boldsymbol{A}$ 有重特征值存在,不妨设 $\lambda_2=\lambda_3$ 为其二重特征值,可以先结合施密特正交化方法,将对应于二重特征值的线性无关特征向量 $\boldsymbol{\xi}_2,\boldsymbol{\xi}_3$ 正交化为 $\boldsymbol{\eta}_2,\boldsymbol{\eta}_3$,得到 $\boldsymbol{A}$ 的两两正交特征向量组 $\boldsymbol{\xi}_1,\boldsymbol{\eta}_2,\boldsymbol{\eta}_3$,所以,式(4.4.2)同样成立.

归纳起来,利用正交矩阵 $\boldsymbol{Q}$ 化实对称矩阵 $\boldsymbol{A}$ 为对角矩阵的方法如下:

(1) 求出 n 阶矩阵 $\boldsymbol{A}$ 的全部特征值 $\lambda_1,\lambda_2,\cdots,\lambda_n$;

(2) 对每个特征值 λ_i，求方程组 $(\lambda_i\boldsymbol{E}-\boldsymbol{A})\boldsymbol{x}=\boldsymbol{0}$ 的基础解系，即为 $\boldsymbol{A}$ 的对应于 λ_i 的线性无关特征向量；

(3) 将对应于同一特征值的线性无关特征向量正交化；

(4) 把 n 个正交的特征向量单位化，得 $\boldsymbol{q}_1,\boldsymbol{q}_2,\cdots,\boldsymbol{q}_n$，令

$$\boldsymbol{Q}=(\boldsymbol{q}_1,\boldsymbol{q}_2,\cdots,\boldsymbol{q}_n),$$

则 $\boldsymbol{Q}$ 为正交矩阵，且

$$\boldsymbol{Q}^{-1}\boldsymbol{A}\boldsymbol{Q}=\boldsymbol{Q}^{\mathrm{T}}\boldsymbol{A}\boldsymbol{Q}=\begin{pmatrix}\lambda_1&&&\\&\lambda_2&&\\&&\ddots&\\&&&\lambda_n\end{pmatrix}=\boldsymbol{\Lambda}.$$

例 4.4.1　设 $\boldsymbol{A}=\begin{pmatrix}4&2&2\\2&4&2\\2&2&4\end{pmatrix}$，求正交矩阵 $\boldsymbol{Q}$，使 $\boldsymbol{Q}^{-1}\boldsymbol{A}\boldsymbol{Q}=\boldsymbol{Q}^{\mathrm{T}}\boldsymbol{A}\boldsymbol{Q}=\boldsymbol{\Lambda}$ 为对角矩阵.

解　由 $|\lambda\boldsymbol{E}-\boldsymbol{A}|=\begin{vmatrix}\lambda-4&-2&-2\\-2&\lambda-4&-2\\-2&-2&\lambda-4\end{vmatrix}=(\lambda-8)(\lambda-2)^2$，得 $\boldsymbol{A}$ 的特征值 $\lambda_1=8,\lambda_2=\lambda_3=2$.

当 $\lambda_1=8$ 时，解 $(8\boldsymbol{E}-\boldsymbol{A})\boldsymbol{x}=\boldsymbol{0}$，由

$$8\boldsymbol{E}-\boldsymbol{A}=\begin{pmatrix}4&-2&-2\\-2&4&-2\\-2&-2&4\end{pmatrix}\to\begin{pmatrix}1&0&-1\\0&1&-1\\0&0&0\end{pmatrix},$$

得线性无关特征向量 $\boldsymbol{\alpha}_1=\begin{pmatrix}1\\1\\1\end{pmatrix}$.

当 $\lambda_2=\lambda_3=2$ 时，解 $(2\boldsymbol{E}-\boldsymbol{A})\boldsymbol{x}=\boldsymbol{0}$，由

$$2\boldsymbol{E}-\boldsymbol{A}=\begin{pmatrix}2&2&2\\2&2&2\\2&2&2\end{pmatrix}\to\begin{pmatrix}1&1&1\\0&0&0\\0&0&0\end{pmatrix},$$

得线性无关特征向量 $\boldsymbol{\alpha}_2=\begin{pmatrix}-1\\1\\0\end{pmatrix}$，$\boldsymbol{\alpha}_3=\begin{pmatrix}-1\\0\\1\end{pmatrix}$.

将 $\boldsymbol{\alpha}_2,\boldsymbol{\alpha}_3$ 正交化,得

$$\boldsymbol{\beta}_2=\boldsymbol{\alpha}_2,\ \boldsymbol{\beta}_3=\boldsymbol{\alpha}_3-\frac{[\boldsymbol{\alpha}_3,\boldsymbol{\beta}_2]}{[\boldsymbol{\beta}_2,\boldsymbol{\beta}_2]}\boldsymbol{\beta}_2=\begin{pmatrix}-1\\0\\1\end{pmatrix}-\frac{1}{2}\begin{pmatrix}-1\\1\\0\end{pmatrix}=\frac{1}{2}\begin{pmatrix}-1\\-1\\2\end{pmatrix};$$

将 $\boldsymbol{\alpha}_1,\boldsymbol{\beta}_2,\boldsymbol{\beta}_3$ 单位化,得

$$\boldsymbol{q}_1=\frac{\boldsymbol{\alpha}_1}{\|\boldsymbol{\alpha}_1\|}=\begin{pmatrix}\frac{1}{\sqrt{3}}\\\frac{1}{\sqrt{3}}\\\frac{1}{\sqrt{3}}\end{pmatrix},\ \boldsymbol{q}_2=\frac{\boldsymbol{\beta}_2}{\|\boldsymbol{\beta}_2\|}=\begin{pmatrix}-\frac{1}{\sqrt{2}}\\\frac{1}{\sqrt{2}}\\0\end{pmatrix},\ \boldsymbol{q}_3=\frac{\boldsymbol{\beta}_3}{\|\boldsymbol{\beta}_3\|}=\begin{pmatrix}-\frac{1}{\sqrt{6}}\\-\frac{1}{\sqrt{6}}\\\frac{2}{\sqrt{6}}\end{pmatrix}.$$

令 $\boldsymbol{Q}=(\boldsymbol{q}_1,\boldsymbol{q}_2,\boldsymbol{q}_3)=\begin{pmatrix}\frac{1}{\sqrt{3}}&-\frac{1}{\sqrt{2}}&-\frac{1}{\sqrt{6}}\\\frac{1}{\sqrt{3}}&\frac{1}{\sqrt{2}}&-\frac{1}{\sqrt{6}}\\\frac{1}{\sqrt{3}}&0&\frac{2}{\sqrt{6}}\end{pmatrix}$，则 $\boldsymbol{Q}$ 为正交矩阵,且有

$$\boldsymbol{Q}^{-1}\boldsymbol{A}\boldsymbol{Q}=\boldsymbol{Q}^{\mathrm{T}}\boldsymbol{A}\boldsymbol{Q}=\begin{pmatrix}\frac{1}{\sqrt{3}}&\frac{1}{\sqrt{3}}&\frac{1}{\sqrt{3}}\\-\frac{1}{\sqrt{2}}&\frac{1}{\sqrt{2}}&0\\-\frac{1}{\sqrt{6}}&-\frac{1}{\sqrt{6}}&\frac{2}{\sqrt{6}}\end{pmatrix}\begin{pmatrix}4&2&2\\2&4&2\\2&2&4\end{pmatrix}\begin{pmatrix}\frac{1}{\sqrt{3}}&-\frac{1}{\sqrt{2}}&-\frac{1}{\sqrt{6}}\\\frac{1}{\sqrt{3}}&\frac{1}{\sqrt{2}}&-\frac{1}{\sqrt{6}}\\\frac{1}{\sqrt{3}}&0&\frac{2}{\sqrt{6}}\end{pmatrix}$$

$$=\begin{pmatrix}8&&\\&2&\\&&2\end{pmatrix}.$$

注意： (1) 实对称矩阵 $\boldsymbol{A}$ 的重特征值对应的正交特征向量组的取法

不唯一，故 $\boldsymbol{Q}$ 不唯一；

（2）由于实对称矩阵 $\boldsymbol{A}$ 的不同特征值对应的特征向量必正交，故只需对属于同一特征值的线性无关的特征向量正交化.

停下来想一想

例 4.4.1 中，对重特征值 2，解方程组 $(2\boldsymbol{E}-\boldsymbol{A})\boldsymbol{x}=\boldsymbol{0}$ 时，如何选取自由变量 x_2,x_3，可以得到正交的特征向量？

例 4.4.2　设 3 阶实对称矩阵 $\boldsymbol{A}$ 的特征值 $\lambda_1=0,\lambda_2=1$（二重），$\boldsymbol{A}$ 的对应于 λ_1 的特征向量为 $\boldsymbol{\alpha}_1=(0,1,1)^{\mathrm{T}}$，求 $\boldsymbol{A}$.

解　$\boldsymbol{A}$ 必可对角化.对应于二重特征值 $\lambda_2=1$ 的线性无关的特征向量应有两个，设为 $\boldsymbol{\alpha}_2,\boldsymbol{\alpha}_3$，则 $\boldsymbol{\alpha}_2$ 和 $\boldsymbol{\alpha}_3$ 都与 $\boldsymbol{\alpha}_1$ 正交.

设与 $\boldsymbol{\alpha}_1$ 正交的向量为 $\boldsymbol{\alpha}=(x_1,x_2,x_3)^{\mathrm{T}}$，则

$$\boldsymbol{\alpha}_1^{\mathrm{T}}\boldsymbol{\alpha}=x_2+x_3=0. \tag{4.4.3}$$

解得方程组的基础解系为 $\boldsymbol{\alpha}_2=(1,0,0)^{\mathrm{T}},\boldsymbol{\alpha}_3=(0,-1,1)^{\mathrm{T}}$.

由于 $\boldsymbol{\alpha}_2,\boldsymbol{\alpha}_3$ 正交，所以只需将 $\boldsymbol{\alpha}_1,\boldsymbol{\alpha}_2,\boldsymbol{\alpha}_3$ 单位化：

$$\boldsymbol{q}_1=\frac{\boldsymbol{\alpha}_1}{\|\boldsymbol{\alpha}_1\|}=\begin{pmatrix}0\\\frac{1}{\sqrt{2}}\\\frac{1}{\sqrt{2}}\end{pmatrix},\ \boldsymbol{q}_2=\frac{\boldsymbol{\alpha}_2}{\|\boldsymbol{\alpha}_2\|}=\begin{pmatrix}1\\0\\0\end{pmatrix},\ \boldsymbol{q}_3=\frac{\boldsymbol{\alpha}_3}{\|\boldsymbol{\alpha}_3\|}=\begin{pmatrix}0\\-\frac{1}{\sqrt{2}}\\\frac{1}{\sqrt{2}}\end{pmatrix}.$$

令 $\boldsymbol{Q}=(\boldsymbol{q}_1,\boldsymbol{q}_2,\boldsymbol{q}_3)=\begin{pmatrix}0&1&0\\\frac{1}{\sqrt{2}}&0&-\frac{1}{\sqrt{2}}\\\frac{1}{\sqrt{2}}&0&\frac{1}{\sqrt{2}}\end{pmatrix}$，则 $\boldsymbol{Q}$ 为正交矩阵，且有

$$\boldsymbol{Q}^{-1}\boldsymbol{A}\boldsymbol{Q}=\boldsymbol{\Lambda}=\begin{pmatrix}0&&\\&1&\\&&1\end{pmatrix}.$$

所以

$$\boldsymbol{A}=\boldsymbol{Q}\boldsymbol{\Lambda}\boldsymbol{Q}^{-1}=\boldsymbol{Q}\boldsymbol{\Lambda}\boldsymbol{Q}^{\mathrm{T}}$$

$$=\begin{pmatrix}0&1&0\\ \frac{1}{\sqrt{2}}&0&-\frac{1}{\sqrt{2}}\\ \frac{1}{\sqrt{2}}&0&\frac{1}{\sqrt{2}}\end{pmatrix}\begin{pmatrix}0&&\\&1&\\&&1\end{pmatrix}\begin{pmatrix}0&\frac{1}{\sqrt{2}}&\frac{1}{\sqrt{2}}\\ 1&0&0\\ 0&-\frac{1}{\sqrt{2}}&\frac{1}{\sqrt{2}}\end{pmatrix}=\begin{pmatrix}1&0&0\\ 0&\frac{1}{2}&-\frac{1}{2}\\ 0&-\frac{1}{2}&\frac{1}{2}\end{pmatrix}.$$

停下来想一想

① 如果求得方程组(4.4.3)的基础解系向量不正交，计算过程会有什么不同?

② 不对方程组(4.4.3)的基础解系向量进行正交化、单位化，可以求出矩阵 $\boldsymbol{A}$ 吗?

习题 4.4(A)

1. 单项选择题.

(1) 设 $\boldsymbol{\alpha},\boldsymbol{\beta}$ 分别为对应于实对称矩阵 $\boldsymbol{A}$ 的不同特征值 λ_1,λ_2 的特征向量，则 $\boldsymbol{\alpha}$ 与 $\boldsymbol{\beta}$ 的内积 $[\boldsymbol{\alpha},\boldsymbol{\beta}]=($　　$)$;

(A) 1　　(B) -1　　(C) 0　　(D) 无法确定

(2) 对 n 阶实对称矩阵 $\boldsymbol{A}$，结论正确的是(　　).

(A) 一定有 n 个不同的特征值

(B) 存在正交矩阵 $\boldsymbol{Q}$，使 $\boldsymbol{Q}^{\mathrm{T}}\boldsymbol{A}\boldsymbol{Q}$ 为对角矩阵

(C) 它的特征值一定是整数

(D) 对应不同特征值的特征向量不一定正交

2. 填空题.

(1) $\boldsymbol{A}=\begin{pmatrix}a&b\\b&a\end{pmatrix}$ 相似于对角矩阵________;

(2) 实对称矩阵 $\boldsymbol{A}$ 的 k 重特征值对应的线性无关特征向量个数为________;

(3) 若 3 阶实对称矩阵 $\boldsymbol{A}$ 的特征值为 1,1,2，且 $(0,0,1)^{\mathrm{T}},(0,1,1)^{\mathrm{T}}$ 为对应于 1 的特征向量，则对应于 2 的特征向量为________;

(4) 若 $\boldsymbol{A}_{n\times n}$ 为实对称矩阵，且 $\boldsymbol{A}^2=2\boldsymbol{A}$，$r(\boldsymbol{A})=r<n$，则 $\boldsymbol{A}$ 的特征值为________，$\mathrm{tr}(\boldsymbol{A})=$________;

(5) 若 $\boldsymbol{A}$ 为实对称矩阵和正交矩阵，则 $\boldsymbol{A}$ 的特征值为______，$\boldsymbol{A}^2$ 的特征值为______，$\boldsymbol{A}^2=$________.

3. 设 $A=\begin{pmatrix}1&-1&1\\-1&1&-1\\1&-1&1\end{pmatrix}$,求:

(1) 可逆矩阵 P, 使 $P^{-1}AP=\Lambda$;(2) 正交矩阵 Q, 使 $Q^{-1}AQ=\Lambda$.

4. 求正交矩阵 Q, 使下列对称矩阵相似于对角矩阵,并写出对应对角矩阵 Λ.

(1) $\begin{pmatrix}1&-2&0\\-2&2&-2\\0&-2&3\end{pmatrix}$;　(2) $\begin{pmatrix}2&1&1\\1&2&1\\1&1&2\end{pmatrix}$;

(3) $\begin{pmatrix}3&2&4\\2&0&2\\4&2&3\end{pmatrix}$;　(4) $\begin{pmatrix}1&-1&0&0\\-1&1&0&0\\0&0&1&-1\\0&0&-1&1\end{pmatrix}$.

5. 设 $A=\begin{pmatrix}1&1&1\\1&a&1\\a&1&1\end{pmatrix}$, 已知 0 是 A 的一个特征值, 求正交矩阵 Q, 使 $Q^{\mathrm{T}}AQ=\Lambda$ 为对角矩阵.

6. 设 3 阶实对称矩阵 A 的特征值为 1,2,3,矩阵 A 的属于特征值 1,2 的特征向量分别为 $\alpha_1=\begin{pmatrix}-1\\-1\\1\end{pmatrix}$, $\alpha_2=\begin{pmatrix}1\\-2\\-1\end{pmatrix}$.

(1) 求 A 的属于特征值 3 的特征向量; (2) 求矩阵 A.

7. 证明:(1) 若 n 阶实矩阵 A 有 n 个两两正交的特征向量,则 A 是对称矩阵;

(2) 若 A 为 n 阶实对称矩阵,则 $r(A)=r(A^2)$.

习题 4.4(B)

1. 单项选择题.

(1) 设 A 为 n 阶实矩阵,则下列结论正确的是(　　);

(A) A 相似于对角矩阵

(B) A 不相似于对角矩阵

(C) A 的对应于不同特征值的特征向量正交

(D) 存在正交矩阵 Q,使 $(AQ)^{\mathrm{T}}AQ$ 为对角矩阵

(2) 设 A 和 B 为 n 阶实对称矩阵,若存在正交矩阵 P,使 $A=P^{-1}BP$,则下列命题

① A,B 合同,② $|A|=|B|$,③ 若 A 相似于 E,则 B 也相似于 E,④ A 与 B 有相同的特征值和特征向量,

正确的有(　　).

(A) ①②③,　(B) ②③④　(C) ②　(D) ①②

2. 设 $A=\begin{pmatrix}1&0&0\\0&2&1\\0&1&2\end{pmatrix}$，求正交矩阵 Q，使 $(AQ)^{\mathrm{T}}(AQ)=\Lambda$ 为对角矩阵.

3. 设实对称矩阵 A 满足 $A^3+3A^2+A=5E$，求 A 的特征值及矩阵 A.

4. 设 A 是 3 阶实对称矩阵，它的一个特征值为 3，且线性方程组 $Ax=0$ 的基础解系为 $\xi_1=\begin{pmatrix}1\\2\\2\end{pmatrix}$，$\xi_2=\begin{pmatrix}2\\1\\-1\end{pmatrix}$，求 A.

5. 设 $A=\begin{pmatrix}1&1&a\\1&a&1\\a&1&1\end{pmatrix}$，$\beta=\begin{pmatrix}1\\1\\-2\end{pmatrix}$. 已知线性方程组 $Ax=\beta$ 有解但不唯一，试求：

(1) a 的值；(2) 正交矩阵 Q，使 $Q^{-1}AQ=Q^{\mathrm{T}}AQ=\Lambda$ 为对角矩阵.

6. 设 A 为 3 阶实对称矩阵，且满足条件 $A^2+2A=O$，若 $r(A)=2$，求 A 的全部特征值.

7. 设 3 阶实对称矩阵 A 的特征值 $\lambda_1=1,\lambda_2=2,\lambda_3=-2$，$\alpha_1=(1,-1,1)^{\mathrm{T}}$ 是 A 的属于特征值 λ_1 的一个特征向量. 记 $B=A^5-4A^3+E$，求：

(1) B 的全部特征值与特征向量；

(2) 矩阵 B.

8. 设矩阵 $A=\begin{pmatrix}1&0&1\\0&2&0\\1&0&1\end{pmatrix}$，$B=(kE+A)^2$，其中 k 为实数，求对角矩阵 Λ，使 B 与 Λ 相似.

第 4.5 节　Mathematica 软件应用

本节通过具体实例介绍如何应用 Mathematica 进行向量的内积与长度、矩阵的特征值与特征向量的计算.

1. 相关命令

利用命令 **α.β**，$\sqrt{\boldsymbol{\alpha.\alpha}}$ 可以分别计算向量的内积和长度.

利用命令 **Eigenvalues**[**A**] 可以求出矩阵 A 的特征值.

利用命令 **Eigenvectors**[**A**] 可以求出矩阵 A 的线性无关特征向量.

利用命令 **Eigensystem**[**A**] 可以同时求出矩阵 A 的特征值与对应的线性无关特征向量.

2. 应用示例

例 4.5.1　已知 $\boldsymbol{\alpha}=\begin{pmatrix}2\\1\\-3\\1\end{pmatrix}$，$\boldsymbol{\beta}=\begin{pmatrix}4\\2\\3\\-1\end{pmatrix}$，求 $\|\boldsymbol{\alpha}\|$，$\|\boldsymbol{\beta}\|$，$[\boldsymbol{\alpha},\boldsymbol{\beta}]$.

解　打开 Mathematica 4.0 窗口，键入命令

$$\boldsymbol{\alpha}=\{2,1,-3,1\};\boldsymbol{\beta}=\{4,2,3,-1\};$$

$$\sqrt{\boldsymbol{\alpha}.\boldsymbol{\alpha}}$$

$$\sqrt{\boldsymbol{\beta}.\boldsymbol{\beta}}$$

$$\boldsymbol{\alpha}.\boldsymbol{\beta}$$

按“Shift+Enter”键，即得所求，如图 4.5.1.

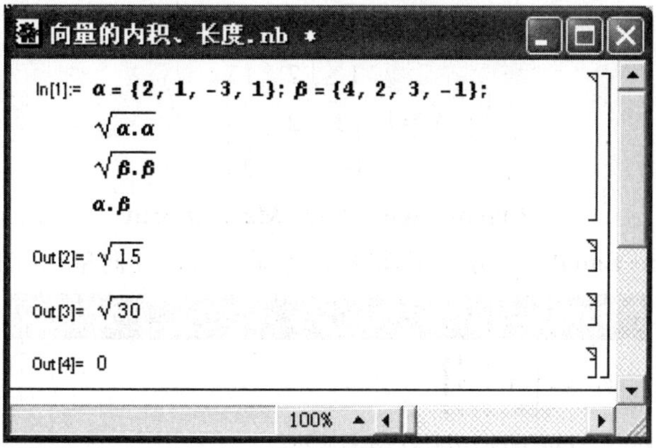

图 4.5.1

此即 $\|\boldsymbol{\alpha}\|=\sqrt{15}$，$\|\boldsymbol{\beta}\|=\sqrt{30}$，$[\boldsymbol{\alpha},\boldsymbol{\beta}]=0$.

例 4.5.2　求矩阵 $\boldsymbol{A}=\begin{pmatrix}1&2&1\\-1&2&1\\0&4&2\end{pmatrix}$ 的特征值与特征向量.

解　**方法 1**　打开 Mathematica 4.0 窗口，键入命令

$$\mathbf{A}=\begin{pmatrix}1&2&1\\-1&2&1\\0&4&2\end{pmatrix};$$

Eigenvalues[A]

Eigenvectors[A]

按“Shift+Enter”键,可得矩阵 A 的特征值与特征向量,如图 4. 5. 2.

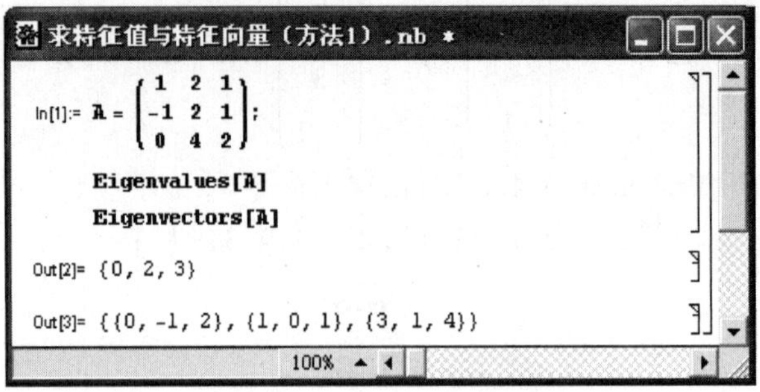

图 4. 5. 2

方法 2 打开 Mathematica 4.0 窗口,键入命令

$$\mathbf{A}=\begin{pmatrix}1&2&1\\-1&2&1\\0&4&2\end{pmatrix};$$

Eigensystem[A]//MatrixForm

按“Shift+Enter”键,可得矩阵 A 的特征值与特征向量,如图 4. 5. 3.

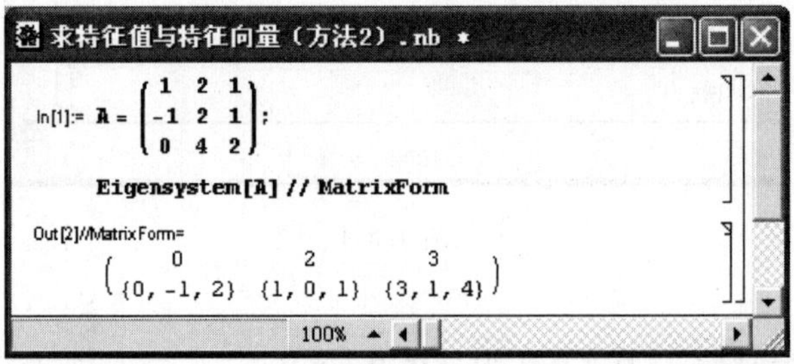

图 4. 5. 3

图 4. 5. 2 和图 4. 5. 3 表示:A 的特征值为 $\lambda_1=0,\lambda_2=2,\lambda_3=3$, 它们对应的线性无关特征向量分别为 $\boldsymbol{\xi}_1=\begin{pmatrix}0\\-1\\2\end{pmatrix},\boldsymbol{\xi}_2=\begin{pmatrix}1\\0\\1\end{pmatrix},\boldsymbol{\xi}_3=\begin{pmatrix}3\\1\\4\end{pmatrix}$.

例 4.5.3　设

$$A=\begin{pmatrix}-1 & 2 & 0\\ 1 & 2 & -1\\ 1 & 3 & 0\end{pmatrix},$$

求矩阵 A 的特征值及其对应的特征向量,并判断 A 能否对角化?

解　打开 Mathematica 4.0 窗口,键入命令

$$\mathbf{A}=\begin{pmatrix}-1 & 2 & 0\\ 1 & 2 & -1\\ 1 & 3 & 0\end{pmatrix};$$

Eigensystem[A]//MatrixForm

按“Shift+Enter”键,结果如图 4.5.4.

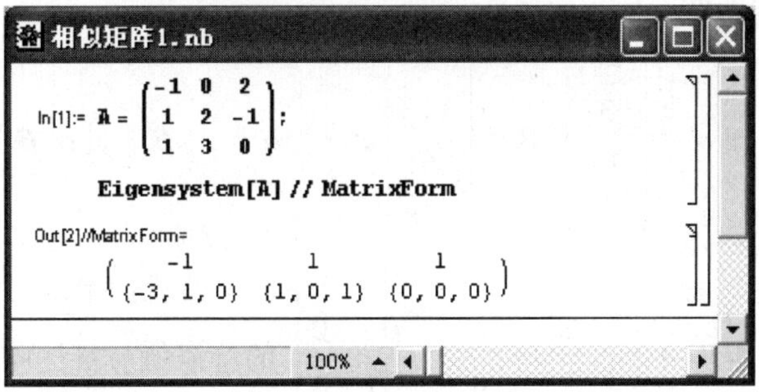

图 4.5.4

如果键入命令

Eigensystem[A]

按“Shift+Enter”键,结果如图 4.5.5.

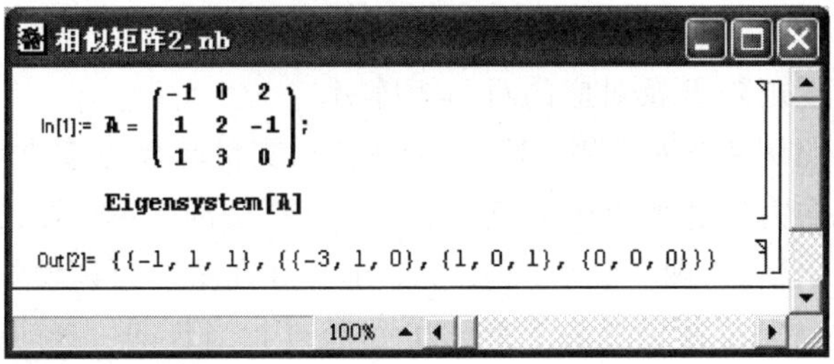

图 4.5.5

运算结果表示,A 的特征值为 $\lambda_1=-1,\lambda_2=\lambda_3=1$.

对应 $\boldsymbol{\lambda}_1=-1$ 的线性无关特征向量为 $\boldsymbol{\xi}_1=\begin{pmatrix}-3\\1\\0\end{pmatrix}$，全部特征向量为 $k_1\boldsymbol{\xi}_1(k_1\neq 0)$.

对应 $\boldsymbol{\lambda}_2=\boldsymbol{\lambda}_3=1$ 的线性无关特征向量有一个，为 $\boldsymbol{\xi}_2=\begin{pmatrix}1\\0\\1\end{pmatrix}$，全部特征向量为 $k_2\boldsymbol{\xi}_2(k_2\neq 0)$.

因为 $\boldsymbol{A}$ 的线性无关特征向量个数为 $2(<3)$，故矩阵 $\boldsymbol{A}$ 不能对角化.

注意　对 n 阶矩阵 $\boldsymbol{A}$，当线性无关的特征向量个数不足 n 个时，输出结果会显示零向量进行补充，但零向量不是特征向量.

3. 技能训练

（1）已知 $\boldsymbol{\alpha}=\begin{pmatrix}20\\3\\13\\1.9\end{pmatrix},\boldsymbol{\beta}=\begin{pmatrix}1\\4\\6\\-8\end{pmatrix}$，求 $\|\boldsymbol{\alpha}\|,\|\boldsymbol{\beta}\|,[\boldsymbol{\alpha},\boldsymbol{\beta}]$.

（2）求矩阵 $\boldsymbol{A}=\begin{pmatrix}-4&-6&0&0\\3&5&0&0\\3&6&-1&0\\0&1&1&7\end{pmatrix}$ 的特征值与特征向量.

（3）矩阵 $\boldsymbol{A}=\begin{pmatrix}-4&-6&0&0\\3&5&3&0\\3&6&-1&0\\10&1&1&7\end{pmatrix}$ 能否与对角矩阵相似？若能，写出所用的可逆矩阵 $\boldsymbol{P}$ 及对应的对角矩阵 $\boldsymbol{\Lambda}$.

（4）参照例 4.3.6，解决如下的金融公司支付基金的流动问题.

金融机构为保证现金充分支付，设立一笔总额 5 400 万元的基金，分开放置在位于甲、乙两个城市的两家公司.基金在平时可以使用，但每周末结算时必须确保总额仍然为 5 400 万元.经过相当长的一段时期的现金流动，发现每过一周，各公司的支付基金在流通过程中多数还留在自己的公司内.其中甲城公司有 10% 支付基金流动到乙城公司，乙城公司则有 12% 支付基金流动到甲城公司.如果甲城公司基金最初为 2 600 万元，乙城公司

基金为 2 800 万元.试问

（1）按此规律，两公司支付基金数额变化趋势如何？

（2）如果金融专家认为每个公司的支付基金不能少于 2 200 万元，那么是否需要在必要时调动基金？

提示：① 设第 $k+1$ 周周末结算时，甲、乙两城的两家公司的支付基金数分别为 a_{k+1}, b_{k+1}（单位：万元），则有 $a_0=2\ 600, b_0=2\ 800$，且

$$\begin{cases} a_{k+1}=0.9a_k+0.12b_k, \\ b_{k+1}=0.1a_k+0.88b_k. \end{cases}$$

令 $\boldsymbol{A}=\begin{pmatrix} 0.9 & 0.12 \\ 0.1 & 0.88 \end{pmatrix}$，则

$$\begin{pmatrix} a_{k+1} \\ b_{k+1} \end{pmatrix}=\boldsymbol{A}\begin{pmatrix} a_k \\ b_k \end{pmatrix}=\boldsymbol{A}^{k+1}\begin{pmatrix} a_0 \\ b_0 \end{pmatrix}=\boldsymbol{A}^{k+1}\begin{pmatrix} 2\ 600 \\ 2\ 800 \end{pmatrix}.$$

问题转化为

（1）确定 $\lim\limits_{k\to+\infty}\begin{pmatrix} a_{k+1} \\ b_{k+1} \end{pmatrix}=\lim\limits_{k\to+\infty}\boldsymbol{A}^{k+1}\begin{pmatrix} 2\ 600 \\ 2\ 800 \end{pmatrix}$；

（2）考察 $\lim\limits_{k\to+\infty} a_k$ 和 $\lim\limits_{k\to+\infty} b_k$ 是否小于 2 200.

② 为计算 $\boldsymbol{A}^{k+1}\begin{pmatrix} 2\ 600 \\ 2\ 800 \end{pmatrix}$，需求出 $\boldsymbol{A}^{k+1}$.

利用命令 **Eigensystem**[$\boldsymbol{A}$]，求出矩阵 $\boldsymbol{A}$ 的特征值与特征向量：

$$\lambda_1=1, \lambda_2=0.78; \boldsymbol{p}_1=\begin{pmatrix} 0.768\ 221 \\ 0.640\ 184 \end{pmatrix}, \boldsymbol{p}_2=\begin{pmatrix} -0.707\ 107 \\ 0.707\ 107 \end{pmatrix}.$$

令 $\boldsymbol{P}=(\boldsymbol{p}_1, \boldsymbol{p}_2)=\begin{pmatrix} 0.768\ 221 & -0.707\ 107 \\ 0.640\ 184 & 0.707\ 107 \end{pmatrix}$，则

$$\boldsymbol{A}^{k+1}=\boldsymbol{P}\boldsymbol{\Lambda}^{k+1}\boldsymbol{P}^{-1}=\boldsymbol{P}\begin{pmatrix} 1^{k+1} & 0 \\ 0 & 0.78^{k+1} \end{pmatrix}\boldsymbol{P}^{-1},$$

计算可得问题的解为

（1）$\{a_k\}$ 单调递增，$\{b_k\}$ 单调递减，且 $\lim\limits_{k\to+\infty}\begin{pmatrix} a_{k+1} \\ b_{k+1} \end{pmatrix}=\begin{pmatrix} 2\ 945.5 \\ 2\ 454.5 \end{pmatrix}$；

（2）由于 $\lim\limits_{k\to+\infty} a_k$ 和 $\lim\limits_{k\to+\infty} b_k$ 两者都大于 2 200，所以不需要调动基金.

复习题 4

一、单项选择题.

1. (　　)是 $\mathbf{R}^3$ 的标准正交基;

(A) $\begin{pmatrix}1\\1\\0\end{pmatrix},\begin{pmatrix}1\\-1\\0\end{pmatrix},\begin{pmatrix}0\\0\\1\end{pmatrix}$　　(B) $\begin{pmatrix}2\\0\\0\end{pmatrix},\begin{pmatrix}0\\2\\0\end{pmatrix},\begin{pmatrix}0\\0\\2\end{pmatrix}$

(C) $\begin{pmatrix}1/2\\1/2\\1/\sqrt{2}\end{pmatrix},\begin{pmatrix}1/\sqrt{2}\\-1/\sqrt{2}\\0\end{pmatrix},\begin{pmatrix}1/2\\1/2\\-1/\sqrt{2}\end{pmatrix}$　　(D) $\begin{pmatrix}1\\0\\1\end{pmatrix},\begin{pmatrix}0\\1\\0\end{pmatrix},\begin{pmatrix}0\\1\\1\end{pmatrix}$

2. 若 $\boldsymbol{A}$ 是实正交矩阵,则说法不正确的为(　　);

(A) $\boldsymbol{A}=\boldsymbol{A}^{\mathrm{T}}$　　(B) $\boldsymbol{A}\boldsymbol{A}^{\mathrm{T}}=\boldsymbol{E}$

(C) $\boldsymbol{A}^{\mathrm{T}}=\boldsymbol{A}^{-1}$　　(D) $|\boldsymbol{A}|=\pm1$

3. 设 3 阶方阵 $\boldsymbol{A}$ 的特征值为 0,1,3,则 $\boldsymbol{A}^3+\boldsymbol{A}^2+\boldsymbol{A}$ 的行列式值为(　　);

(A) 0　　(B) 1

(C) 36　　(D) 3

4. n 阶方阵 $\boldsymbol{A}$ 与 $\boldsymbol{B}$ 相似,则下列结论不成立的为(　　);

(A) $\boldsymbol{A}$ 与 $\boldsymbol{B}$ 有相同的迹、相同的行列式、相同的秩

(B) $\boldsymbol{A}$ 与 $\boldsymbol{B}$ 有相同的特征值

(C) $\boldsymbol{A}$ 与 $\boldsymbol{B}$ 相似于同一矩阵

(D) $\boldsymbol{A}$ 与 $\boldsymbol{B}$ 有相同的特征向量

5. 对于 n 阶实对称矩阵,下列结论错误的为(　　);

(A) 必有 n 个实特征值

(B) 对应于不同特征值的特征向量一定正交

(C) 对应于相同特征值的特征向量一定不正交

(D) 必有 n 个线性无关的特征向量

6. 设 $\boldsymbol{A},\boldsymbol{B}$ 可逆,且 $\boldsymbol{A}$ 与 $\boldsymbol{B}$ 相似,则下列结论错误的为(　　).

(A) $\boldsymbol{A}^{\mathrm{T}}$ 与 $\boldsymbol{B}^{\mathrm{T}}$ 相似　　(B) $\boldsymbol{A}^{-1}$与 $\boldsymbol{B}^{-1}$相似

(C) $\boldsymbol{A}+\boldsymbol{A}^{\mathrm{T}}$ 与 $\boldsymbol{B}+\boldsymbol{B}^{\mathrm{T}}$ 相似　　　　(D) $\boldsymbol{A}+\boldsymbol{A}^{-1}$ 与 $\boldsymbol{B}+\boldsymbol{B}^{-1}$ 相似

二、填空题.

1. 已知 $\boldsymbol{\alpha}=(1,0,-1)^{\mathrm{T}}, \boldsymbol{\beta}=(0,1,0)^{\mathrm{T}}$，则 $[\boldsymbol{\alpha},\boldsymbol{\beta}]=$________，$\|\boldsymbol{\alpha}\|=$________；
2. 设 3 阶正交矩阵 $\boldsymbol{A}$ 有三个实特征值，则 $|\boldsymbol{A}^{-1}+\boldsymbol{A}|$ 可能为________；
3. 设 3 阶方阵 $\boldsymbol{A}$ 的三个特征值为 1, 2, 3, 则 $\operatorname{tr}(\boldsymbol{A})=$________，$|-4\boldsymbol{A}^{-1}+2\boldsymbol{A}^{*}|=$________；
4. 设 n 阶矩阵 $\boldsymbol{A}$ 有一个特征值为 3，则 $|3\boldsymbol{E}-\boldsymbol{A}|=$________；
5. 实对称矩阵对应于不同特征值的特征向量是相互________的.

三、判断题.

1. 若向量 $\boldsymbol{\alpha}$ 与自身正交，则 $\boldsymbol{\alpha}$ 一定是零向量；(　　)
2. 若两个矩阵 $\boldsymbol{A},\boldsymbol{B}$ 有相同的特征值，则 $\boldsymbol{A}$ 与 $\boldsymbol{B}$ 相似；(　　)
3. 矩阵 $\boldsymbol{A}$ 的对应于同一特征值 λ 的特征向量的线性组合仍是对应于 λ 的特征向量；(　　)
4. 若 $\boldsymbol{A}^{\mathrm{T}}=\boldsymbol{A}^{-1}$，则 $\boldsymbol{A}$ 为正交矩阵；(　　)
5. 设 $\boldsymbol{A}$ 与 $\boldsymbol{B}$ 都是 n 阶正交矩阵，则 $\boldsymbol{AB}$ 也是正交矩阵.(　　)

四、配伍题.

已知 $\boldsymbol{A},\boldsymbol{B}$ 为非零同阶实对称矩阵，

(A) $\boldsymbol{A},\boldsymbol{B}$ 的特征值相同

(B) $\boldsymbol{A},\boldsymbol{B}$ 的正负惯性系数相同

(C) $\boldsymbol{A},\boldsymbol{B}$ 的秩相同

请将以上条件作为充分必要条件与下列条件配伍：

1. $\boldsymbol{A},\boldsymbol{B}$ 相似；
2. $\boldsymbol{A},\boldsymbol{B}$ 等价；
3. $\boldsymbol{A},\boldsymbol{B}$ 合同.

五、计算题.

1. 已知 $\boldsymbol{A}=\begin{pmatrix}1&1&1\\1&1&-1\\0&0&2\end{pmatrix}$，(1) 求 $\boldsymbol{A}$ 的特征值和特征向量；(2) $\boldsymbol{A}$ 是否相似于对角矩阵？(3) 求 $\boldsymbol{A}^2+\boldsymbol{E}$ 的特征值和特征向量.
2. 已知矩阵 $\boldsymbol{A}=\begin{pmatrix}-1&0&0\\1&2&x\\1&x&2\end{pmatrix}$ 与 $\boldsymbol{B}=\begin{pmatrix}1&0&0\\0&3&0\\0&0&y\end{pmatrix}$ 相似，(1) 求 x,y 的值；

(2) 当$x>0$时,求可逆矩阵 $\boldsymbol{P}$,使 $\boldsymbol{P}^{-1}\boldsymbol{A}\boldsymbol{P}=\boldsymbol{B}$.

3. 已知矩阵 $\boldsymbol{A}=\begin{pmatrix}1&0&1\\0&2&0\\1&0&1\end{pmatrix}$,求:(1) 正交矩阵 $\boldsymbol{T}$,使 $\boldsymbol{T}^{-1}\boldsymbol{A}\boldsymbol{T}$ 为对角矩阵;(2) $\boldsymbol{A}^{10}$.

4. 设 $\boldsymbol{A}$ 为 3 阶实对称矩阵,其特征值为 1,1,0,$(1,1,0)^{\mathrm{T}}$ 与$(0,0,1)^{\mathrm{T}}$ 为对应于特征值 1 的特征向量,求 $\boldsymbol{A}$.

5. 已知矩阵 $\boldsymbol{A}=\begin{pmatrix}0&2&-3\\-1&3&-3\\1&-2&a\end{pmatrix}$ 相似于矩阵 $\boldsymbol{B}=\begin{pmatrix}1&-2&0\\0&b&0\\0&3&1\end{pmatrix}$,求:(1) a,b 的值;(2) 可逆矩阵 $\boldsymbol{P}$,使 $\boldsymbol{P}^{-1}\boldsymbol{A}\boldsymbol{P}$ 为对角矩阵.

6. 已知矩阵 $\boldsymbol{A}=\begin{pmatrix}0&-1&1\\2&-3&0\\0&0&0\end{pmatrix}$.(1) 求 $\boldsymbol{A}^{99}$;(2) 设 3 阶矩阵 $\boldsymbol{B}=(\boldsymbol{\alpha}_1,\boldsymbol{\alpha}_2,\boldsymbol{\alpha}_3)$,满足 $\boldsymbol{B}^2=\boldsymbol{B}\boldsymbol{A}$,并记 $\boldsymbol{B}^{100}=(\boldsymbol{\beta}_1,\boldsymbol{\beta}_2,\boldsymbol{\beta}_3)$,将 $\boldsymbol{\beta}_1,\boldsymbol{\beta}_2,\boldsymbol{\beta}_3$ 分别表示为 $\boldsymbol{\alpha}_1,\boldsymbol{\alpha}_2,\boldsymbol{\alpha}_3$ 的线性组合.

六、证明题.

1. 设矩阵 $\boldsymbol{A},\boldsymbol{B}$ 可逆,且 $\boldsymbol{A}$ 与 $\boldsymbol{B}$ 相似,则其伴随矩阵 $\boldsymbol{A}^*$ 与 $\boldsymbol{B}^*$ 相似;
2. 若 n 阶矩阵 $\boldsymbol{A}$ 满足 $\boldsymbol{A}^2-\boldsymbol{A}=2\boldsymbol{E}$,则 $\boldsymbol{A}$ 可对角化.

七、应用题.

甲、乙两家公司经营同类产品,它们相互竞争.每年甲公司保持有 1/4 的顾客,而 3/4 转向乙公司;每年乙公司保持有 2/3 的顾客,而 1/3 转向甲公司.开始制造产品时,甲公司占有 3/5 的市场份额,而乙公司占有 2/5 的市场份额.试问

(1) 2 年后,两家公司所占的市场份额变化怎样? 5 年以后会怎样? 10 年以后如何?

(2) 是否有一组初始市场份额分配数据使以后每年的市场分配成为稳定不变?

第 5 章　二次型

联想是以观察为基础的，将所研究的对象或问题，与已有的知识和经验进行联想，由此及彼，由表及里，既传递信息，又获取信息.由二次型与对称矩阵形式上的对应关系，联想到应用对称矩阵理论解决二次型的标准化问题，由二次型标准化的结果联想到对称矩阵合同的相关性质，“浮想联翩”是解决问题、获取知识的有效手段.

本章建立了实二次型和实对称矩阵之间的对应关系；从矩阵变换和函数化简两个角度给出了二次型标准化的三种方法，进一步得到了二次型的规范形；并对正定二次型和正定矩阵的判别进行了讨论.学习本章后，应该掌握二次型及其矩阵表示，了解二次型的秩的概念；了解合同变换和合同矩阵的概念；了解实二次型的标准形式及其求法；了解惯性定理和实二次型的规范形；了解正定二次型、正定矩阵的概念及它们的判别方法.

二次型理论起源于解析几何中二次曲线或二次曲面方程的化简问题.

例如　在平面解析几何中，为便于研究二次曲线

$$ax^2+2bxy+cy^2=1 \tag{5.1}$$

的几何性质，通常利用适当的坐标旋转变换

$$\begin{cases}x=x'\cos\theta-y'\sin\theta,\\ y=x'\sin\theta+y'\cos\theta\end{cases} \tag{5.2}$$

把方程化为标准形

$$mx'^2+ny'^2=1. \tag{5.3}$$

根据标准形，可以识别该二次曲线的类型，进而更好地对曲线进行研究.

值得注意的是，式(5.1)的左端是一个关于变量 x,y 的二次齐次多项式，我们称其为一个二元二次型；式(5.2)是一个可逆的(且正交的)线性变换；式(5.3)左端是式(5.1)左端的二次齐次标准形.因此从代数学观点看，上述化标准形的过程就是：通过可逆线性变换将二次齐次多项式的交叉项消掉，化为只含有平方项的二次型，即标准形.

二次齐次多项式的化简不只局限于几何问题，它在求多元函数的极值

以及物理、力学等领域也有重要应用.

本章把该问题一般化,讨论 n 个变量的二次齐次多项式的标准化.

第 5.1 节　二次型与对称矩阵

1. 二次型的定义

定义 5.1.1　含有 n 个变量 $x_1,x_2,\cdots,x_n$ 的二次齐次多项式

$$f(x_1,x_2,\cdots,x_n)=a_{11}x_1^2+2a_{12}x_1x_2+2a_{13}x_1x_3+\cdots+2a_{1n}x_1x_n+ \\ a_{22}x_2^2+2a_{23}x_2x_3+\cdots+2a_{2n}x_2x_n+\cdots+ \\ a_{nn}x_n^2 \tag{5.1.1}$$

称为 n **元二次型**,简称**二次型**(quadratic form). a_{ij} $(i,j=1,2,\cdots,n)$ 称为二次型的系数,当 a_{ij} 为实数时,f 称为实二次型; a_{ij} 为复数时,f 称为复二次型.我们仅讨论实二次型.

式(5.1.1)中 $x_ix_j(i<j)$ 的系数写成 $2a_{ij}$,是为了以后讨论上的方便.

定义 5.1.2　仅含有平方项的二次型,即

$$f(y_1,y_2,\cdots,y_n)=d_1y_1^2+d_2y_2^2+\cdots+d_ny_n^2 \tag{5.1.2}$$

称为**标准形**(canonical form).

例如　$f(x_1,x_2,x_3)=x_1^2+x_3^2+4x_1x_2+2x_1x_3-2x_2x_3$ 是一个 3 元二次型,$f(y_1,y_2,y_3,y_4)=y_1^2-3y_2^2+2y_3^2-2y_4^2$ 是一个 4 元二次型的标准形.

2. 二次型的矩阵表示

矩阵是我们研究问题的重要工具,二次型也可以表示为矩阵形式.

对二元二次型,有

$$\begin{aligned} f(x_1,x_2)&=a_{11}x_1^2+a_{22}x_2^2+2a_{12}x_1x_2 \\ &=(a_{11}x_1^2+a_{12}x_1x_2)+(a_{22}x_2^2+a_{12}x_1x_2) \\ &=x_1(a_{11}x_1+a_{12}x_2)+x_2(a_{12}x_1+a_{22}x_2) \\ &=(x_1,x_2)\begin{pmatrix} a_{11}x_1+a_{12}x_2 \\ a_{12}x_1+a_{22}x_2 \end{pmatrix} \\ &=(x_1,x_2)\begin{pmatrix} a_{11} & a_{12} \\ a_{12} & a_{22} \end{pmatrix}\begin{pmatrix} x_1 \\ x_2 \end{pmatrix}=\boldsymbol{x}^{\mathrm{T}}\boldsymbol{A}\boldsymbol{x}, \end{aligned}$$

其中，$\boldsymbol{x}=\begin{pmatrix}x_1\\x_2\end{pmatrix}$，$\boldsymbol{A}=\begin{pmatrix}a_{11}&a_{12}\\a_{12}&a_{22}\end{pmatrix}$，$\boldsymbol{A}$ 是二阶实对称矩阵.

对于 n 元二次型(5.1.1)，类似可得

$$f(x_1,x_2,\cdots,x_n)=(x_1,x_2,\cdots,x_n)\begin{pmatrix}a_{11}&a_{12}&\cdots&a_{1n}\\a_{21}&a_{22}&\cdots&a_{2n}\\\vdots&\vdots&&\vdots\\a_{n1}&a_{n2}&\cdots&a_{nn}\end{pmatrix}\begin{pmatrix}x_1\\x_2\\\vdots\\x_n\end{pmatrix}=\boldsymbol{x}^{\mathrm{T}}\boldsymbol{A}\boldsymbol{x},\tag{5.1.3}$$

这里，$\boldsymbol{x}=\begin{pmatrix}x_1\\x_2\\\vdots\\x_n\end{pmatrix}$，$\boldsymbol{A}=\begin{pmatrix}a_{11}&a_{12}&\cdots&a_{1n}\\a_{21}&a_{22}&\cdots&a_{2n}\\\vdots&\vdots&&\vdots\\a_{n1}&a_{n2}&\cdots&a_{nn}\end{pmatrix}$，其中 $a_{ij}=a_{ji}\,(i,j=1,2,\cdots,n)$.

$\boldsymbol{A}$ 是 n 阶实对称矩阵，其对角线元素 a_{ii} 是二次型中 x_i^2 项的系数，$a_{ij}=a_{ji}\,(i\neq j)$ 是交叉项 x_ix_j 系数的一半.

称式(5.1.3)为**二次型的矩阵表示**.为方便起见，称 $\boldsymbol{A}$ 为**二次型的矩阵**，$\boldsymbol{A}$ 的秩称为**二次型的秩**.

例如　3 元二次型 $f(x_1,x_2,x_3)=x_1^2+x_3^2+4x_1x_2+2x_1x_3-2x_2x_3$ 的矩阵为 $\boldsymbol{A}=\begin{pmatrix}1&2&1\\2&0&-1\\1&-1&1\end{pmatrix}$，该二次型的矩阵表示为

$$f(x_1,x_2,x_3)=(x_1,x_2,x_3)\begin{pmatrix}1&2&1\\2&0&-1\\1&-1&1\end{pmatrix}\begin{pmatrix}x_1\\x_2\\x_2\end{pmatrix}.$$

4 元二次型 $f(y_1,y_2,y_3,y_4)=y_1^2-3y_2^2+2y_3^2-2y_4^2$ 的矩阵为对角矩阵 $\boldsymbol{\Lambda}=\begin{pmatrix}1&&&\\&-3&&\\&&2&\\&&&-2\end{pmatrix}$.该二次型的矩阵表示为

$$f(y_1,y_2,y_3,y_4)=(y_1,y_2,y_3,y_4)\begin{pmatrix}1&&&\\&-3&&\\&&2&\\&&&-2\end{pmatrix}\begin{pmatrix}y_1\\y_2\\y_3\\y_4\end{pmatrix}.$$

易见，n元二次型f与n阶对称矩阵之间是一一对应的，即任给一个二次型f，就唯一确定了一个n阶对称矩阵；反之，任给一个对称矩阵，也就唯一确定了一个二次型f. 因此，对二次型的讨论可以转化为关于对称矩阵的相关讨论.

停下来想一想

① 在二次型矩阵表示式(5.1.3)中，如果不要求矩阵$\boldsymbol{A}$是对称矩阵，$\boldsymbol{A}$唯一存在吗？

② 试想一下，将实二次型和实对称矩阵建立一一对应关系，相比一般矩阵，在后续讨论中有什么优势？

习题 5.1(A)

1. 单项选择题.

(1) 二次型$f(x_1,x_2)=x_1^2+6x_1x_2+3x_2^2$的矩阵表示是(　　)；

(A) $(x_1,x_2)\begin{pmatrix}1&2\\4&3\end{pmatrix}\begin{pmatrix}x_1\\x_2\end{pmatrix}$　　(B) $(x_1,x_2)\begin{pmatrix}1&3\\3&3\end{pmatrix}\begin{pmatrix}x_1\\x_2\end{pmatrix}$

(C) $(x_1,x_2)\begin{pmatrix}1&-1\\-5&3\end{pmatrix}\begin{pmatrix}x_1\\x_2\end{pmatrix}$　　(D) $(x_1,x_2)\begin{pmatrix}1&1\\5&3\end{pmatrix}\begin{pmatrix}x_1\\x_2\end{pmatrix}$

(2) 二次型$f(x_1,x_2,x_3)=x_1^2+x_2^2-2x_1x_2-2x_1x_3+2x_2x_3+x_3^2$的秩等于(　　)；

(A) 1　　(B) 2　　(C) 3　　(D) 0

(3) 二次型$f(x_1,x_2,x_3)=(x_1-x_2)^2+(x_2-x_3)^2+(x_3+x_1)^2$的矩阵$\boldsymbol{A}$和秩分别为(　　)

(A) $\boldsymbol{A}=\begin{pmatrix}1&-1&1\\-1&1&-1\\1&-1&1\end{pmatrix}$,3　　(B) $\boldsymbol{A}=\begin{pmatrix}2&-1&1\\-1&2&-1\\1&-1&2\end{pmatrix}$,2

(C) $\boldsymbol{A}=\begin{pmatrix}2&-1&1\\-1&2&-1\\1&-1&2\end{pmatrix}$,1　　(D) $\boldsymbol{A}=\begin{pmatrix}2&-1&1\\-1&2&-1\\1&-1&2\end{pmatrix}$,3

2. 判断题.

(1) n 元实二次型 $f(x_1,x_2,\cdots,x_n)=\boldsymbol{x}^{\mathrm{T}}\boldsymbol{A}\boldsymbol{x}$ 的矩阵 $\boldsymbol{A}$ 为 n 阶实对称矩阵,而不是任意 n 阶实矩阵;(　　)

(2) 即使 $\boldsymbol{A}_{n\times n}$ 不是对称矩阵,$f(x_1,x_2,\cdots,x_n)=\boldsymbol{x}^{\mathrm{T}}\boldsymbol{A}\boldsymbol{x}$ 仍为二次型,但二次型 f 的矩阵应为 $\frac{1}{2}(\boldsymbol{A}+\boldsymbol{A}^{\mathrm{T}})$.(　　)

3. 写出下列二次型的矩阵.

(1) $f(x_1,x_2,x_3)=x_1^2+3x_3^2+2x_1x_2+4x_1x_3+2x_2x_3$;

(2) $f(x_1,x_2,x_3)=2x_1x_2+2x_1x_3-6x_2x_3$;

(3) $f(x,y,z)=2x^2-z^2-2xy+2xz-4yz$;

(4) $f(x_1,x_2,x_3,x_4)=x_1^2+x_2^2+x_3^2+x_4^2+4x_1x_3-2x_2x_4+6x_3x_4$.

4. 写出下列对称矩阵所对应的二次型 $\boldsymbol{x}^{\mathrm{T}}\boldsymbol{A}\boldsymbol{x}$.

(1) $\begin{pmatrix}1&1&-2\\1&-1&1\\-2&1&0\end{pmatrix}$;　　(2) $\begin{pmatrix}2&0&-2\\0&1&3\\-2&3&-2\end{pmatrix}$;

(3) $\begin{pmatrix}-1&1&2&1\\1&0&3&-2\\2&3&1&0\\1&-2&0&5\end{pmatrix}$;　　(4) $\begin{pmatrix}a_1&&&\\&a_2&&\\&&\ddots&\\&&&a_n\end{pmatrix}$.

5. 写出二次型 $f(x_1,x_2,x_3)=\boldsymbol{x}^{\mathrm{T}}\begin{pmatrix}1&1&2\\-3&-1&0\\4&2&2\end{pmatrix}\boldsymbol{x}$ 的矩阵,求二次型的秩.

6. 若二次型 $f(x_1,x_2,x_3)=x_1^2+x_2^2+ax_3^2+4x_1x_2+6x_2x_3$ 的秩为 2, 求 a 的值.

习题 5.1(B)

1. 设 $\boldsymbol{A}$ 为 n 阶实对称矩阵,如果对任一 n 维列向量 $\boldsymbol{x}$, 有 $\boldsymbol{x}^{\mathrm{T}}\boldsymbol{A}\boldsymbol{x}=0$, 证明 $\boldsymbol{A}=\boldsymbol{O}$.

2. 设 $\boldsymbol{A}$ 为 n 阶实对称矩阵, $r(\boldsymbol{A})=n$, A_{ij} 是 $\boldsymbol{A}=(a_{ij})_{n\times n}$ 中元素 a_{ij} 的代数余子式 $(i,j=1,2,\cdots,n)$, 二次型 $f(x_1,x_2,\cdots,x_n)=\sum\limits_{i=1}^{n}\sum\limits_{j=1}^{n}\frac{A_{ij}}{|\boldsymbol{A}|}x_ix_j$. 写出二次型的矩阵,证明该二次型的矩阵为 $\boldsymbol{A}^{-1}$.

3. 设二次型 $f(x_1,x_2,\cdots,x_n)=\sum\limits_{i=1}^{n}(a_{i1}x_1+a_{i2}x_2+\cdots+a_{in}x_n)^2$,证明该二次型的矩阵为 $\boldsymbol{A}^{\mathrm{T}}\boldsymbol{A}$,其中 $\boldsymbol{A}=(a_{ij})_{n\times n}$.

第 5.2 节 二次型的标准化

将二次型化为标准形，需要借助线性变换来实现. 首先回顾线性变换的概念.

设有两组变量 $x_1,x_2,\cdots,x_n$ 和 $y_1,y_2,\cdots,y_n$，称

$$\begin{cases}x_1 = c_{11}y_1 + c_{12}y_2 + \cdots + c_{1n}y_n,\\ x_2 = c_{21}y_1 + c_{22}y_2 + \cdots + c_{2n}y_n,\\ \cdots\cdots\cdots\cdots\\ x_n = c_{n1}y_1 + c_{n2}y_2 + \cdots + c_{nn}y_n\end{cases} \tag{5.2.1}$$

为从 $x_1,x_2,\cdots,x_n$ 到 $y_1,y_2,\cdots,y_n$ 的一个线性变换. 如果记

$$\boldsymbol{x} = \begin{pmatrix}x_1\\ x_2\\ \vdots\\ x_n\end{pmatrix},\quad \boldsymbol{C} = \begin{pmatrix}c_{11} & c_{12} & \cdots & c_{1n}\\ c_{21} & c_{22} & \cdots & c_{2n}\\ \vdots & \vdots & & \vdots\\ c_{n1} & c_{n2} & \cdots & c_{nn}\end{pmatrix},\quad \boldsymbol{y} = \begin{pmatrix}y_1\\ y_2\\ \vdots\\ y_n\end{pmatrix},$$

则线性变换式(5.2.1)的矩阵表示为

$$\boldsymbol{x} = \boldsymbol{C}\boldsymbol{y}.$$

若 $\boldsymbol{C}$ 是可逆矩阵，称之为**可逆线性变换**；若 $\boldsymbol{C}$ 是正交矩阵，称之为**正交线性变换**.

对于 n 元二次型，我们关心的一个主要问题是：如何寻找可逆的线性变换 $\boldsymbol{x} = \boldsymbol{C}\boldsymbol{y}$，使

$$f(x_1,x_2,\cdots,x_n) = \boldsymbol{x}^{\mathrm{T}}\boldsymbol{A}\boldsymbol{x} = (\boldsymbol{C}\boldsymbol{y})^{\mathrm{T}}\boldsymbol{A}(\boldsymbol{C}\boldsymbol{y}) = \boldsymbol{y}^{\mathrm{T}}(\boldsymbol{C}^{\mathrm{T}}\boldsymbol{A}\boldsymbol{C})\boldsymbol{y} = \boldsymbol{y}^{\mathrm{T}}\boldsymbol{\Lambda}\boldsymbol{y} \tag{5.2.2}$$

为标准形. 这里

$$\boldsymbol{C}^{\mathrm{T}}\boldsymbol{A}\boldsymbol{C} = \boldsymbol{\Lambda} \tag{5.2.3}$$

为对角矩阵.

从矩阵运算角度来考虑，式(5.2.2)等价于：对实对称矩阵 $\boldsymbol{A}$，寻找可逆矩阵 $\boldsymbol{C}$，使 $\boldsymbol{C}^{\mathrm{T}}\boldsymbol{A}\boldsymbol{C} = \boldsymbol{\Lambda}$ 为对角矩阵. 因此，二次型的标准化可以转化为对称矩阵的相关运算.

这里，有必要将式(5.2.3)中 $\boldsymbol{A}$ 和 $\boldsymbol{\Lambda}$ 满足的特殊关系加以强调，给出以下概念.

定义 5.2.1　设 $\boldsymbol{A},\boldsymbol{B}$ 为 n 阶方阵,若存在可逆矩阵 $\boldsymbol{C}$,使

$$\boldsymbol{C}^{\mathrm{T}}\boldsymbol{A}\boldsymbol{C}=\boldsymbol{B},$$

称 $\boldsymbol{A}$ 与 $\boldsymbol{B}$ 合同(congruent),或 $\boldsymbol{A}$ 合同于 $\boldsymbol{B}$,记为 $\boldsymbol{A}\simeq\boldsymbol{B}$.

重点难点讲解 5-1
矩阵的等价、
相似与合同

容易证明,矩阵的合同关系具有下述性质:

(1) 反身性　$\boldsymbol{A}\simeq\boldsymbol{A}$;

(2) 对称性　如果 $\boldsymbol{A}\simeq\boldsymbol{B}$, 则 $\boldsymbol{B}\simeq\boldsymbol{A}$;

(3) 传递性　如果 $\boldsymbol{A}\simeq\boldsymbol{B}$, $\boldsymbol{B}\simeq\boldsymbol{C}$, 则 $\boldsymbol{A}\simeq\boldsymbol{C}$.

若二次型 $f=\boldsymbol{x}^{\mathrm{T}}\boldsymbol{A}\boldsymbol{x}$ 经过可逆线性变换 $\boldsymbol{x}=\boldsymbol{C}\boldsymbol{y}$, 化为二次型 $\boldsymbol{y}^{\mathrm{T}}\boldsymbol{B}\boldsymbol{y}$, 则

$$f=\boldsymbol{x}^{\mathrm{T}}\boldsymbol{A}\boldsymbol{x}=(\boldsymbol{C}\boldsymbol{y})^{\mathrm{T}}\boldsymbol{A}(\boldsymbol{C}\boldsymbol{y})=\boldsymbol{y}^{\mathrm{T}}(\boldsymbol{C}^{\mathrm{T}}\boldsymbol{A}\boldsymbol{C})\boldsymbol{y}=\boldsymbol{y}^{\mathrm{T}}\boldsymbol{B}\boldsymbol{y}.$$

$\boldsymbol{A},\boldsymbol{B}$ 满足 $\boldsymbol{C}^{\mathrm{T}}\boldsymbol{A}\boldsymbol{C}=\boldsymbol{B}$, 即 $\boldsymbol{A}\simeq\boldsymbol{B}$. 这表明

定理 5.2.1　可逆线性变换后的二次型矩阵与原二次型的矩阵合同.

根据定义 5.2.1,由式(5.2.3)可知,二次型的标准化问题又可以转化为:如何使一个实对称矩阵合同于一个对角矩阵.

停下来想一想

反身性、对称性和传递性在本书中不是第一次出现,矩阵的等价、相似与合同都具有这三种特性,试从定义、性质和应用三方面总结一下它们的异同,这三种关系可以相互转换吗?

及时总结,适时地对知识进行梳理,是融会贯通的好方法.

1. 正交变换法

二次型的矩阵 $\boldsymbol{A}$ 是实对称矩阵,根据定理 4.4.2 知,存在正交矩阵 $\boldsymbol{Q}$,使

$$\boldsymbol{Q}^{-1}\boldsymbol{A}\boldsymbol{Q}=\boldsymbol{Q}^{\mathrm{T}}\boldsymbol{A}\boldsymbol{Q}=\boldsymbol{\Lambda}$$

为对角矩阵.不难发现:后一个等式 $\boldsymbol{Q}^{\mathrm{T}}\boldsymbol{A}\boldsymbol{Q}=\boldsymbol{\Lambda}$, 恰好表明矩阵 $\boldsymbol{A}$ 合同于对角矩阵 $\boldsymbol{\Lambda}$. 将此结论应用于二次型,有

定理 5.2.2　任意 n 元实二次型 $f=\boldsymbol{x}^{\mathrm{T}}\boldsymbol{A}\boldsymbol{x}$, 都可经正交变换 $\boldsymbol{x}=\boldsymbol{Q}\boldsymbol{y}$ 化为标准形

$$f=\lambda_1y_1^2+\lambda_2y_2^2+\cdots+\lambda_ny_n^2=\boldsymbol{y}^{\mathrm{T}}\begin{pmatrix}\lambda_1 & & & \\ & \lambda_2 & & \\ & & \ddots & \\ & & & \lambda_n\end{pmatrix}\boldsymbol{y},$$

这里 $\lambda_1,\lambda_2,\cdots,\lambda_n$ 为 $\boldsymbol{A}$ 的全部特征值.

因此,用正交变换可以化二次型为标准形,并可通过以下步骤完成:

(1) 写出二次型 f 的矩阵 $\boldsymbol{A}$;

(2) 求正交矩阵 $\boldsymbol{Q}$,使得 $\boldsymbol{Q}^{\mathrm{T}}\boldsymbol{A}\boldsymbol{Q}=\boldsymbol{\Lambda}=\begin{pmatrix}\lambda_1 & & & \\ & \lambda_2 & & \\ & & \ddots & \\ & & & \lambda_n\end{pmatrix}$;

(3) 令 $\boldsymbol{x}=\boldsymbol{Q}\boldsymbol{y}$, 则二次型可化为标准形

$$f=\boldsymbol{y}^{\mathrm{T}}\boldsymbol{\Lambda}\boldsymbol{y}=\lambda_1y_1^2+\lambda_2y_2^2+\cdots+\lambda_ny_n^2.$$

例 5.2.1　求一正交变换 $\boldsymbol{x}=\boldsymbol{Q}\boldsymbol{y}$, 化二次型

$$f(x_1,x_2,x_3)=x_1^2+2x_2^2+x_3^2-2x_1x_3$$

为标准形.

解　二次型的矩阵 $\boldsymbol{A}=\begin{pmatrix}1 & 0 & -1\\ 0 & 2 & 0\\ -1 & 0 & 1\end{pmatrix}$. 由

$$|\lambda\boldsymbol{E}-\boldsymbol{A}|=\begin{vmatrix}\lambda-1 & 0 & 1\\ 0 & \lambda-2 & 0\\ 1 & 0 & \lambda-1\end{vmatrix}=(\lambda-2)\begin{vmatrix}\lambda-1 & 1\\ 1 & \lambda-1\end{vmatrix}=\lambda(\lambda-2)^2,$$

得 $\boldsymbol{A}$ 的特征值 $\lambda_1=0,\lambda_2=\lambda_3=2$.

当 $\lambda_1=0$ 时,解 $(0\boldsymbol{E}-\boldsymbol{A})\boldsymbol{x}=\boldsymbol{0}$, 由

$$0\boldsymbol{E}-\boldsymbol{A}=\begin{pmatrix}-1 & 0 & 1\\ 0 & -2 & 0\\ 1 & 0 & -1\end{pmatrix}\to\begin{pmatrix}1 & 0 & -1\\ 0 & 1 & 0\\ 0 & 0 & 0\end{pmatrix},$$

得线性无关特征向量 $\boldsymbol{\alpha}_1=\begin{pmatrix}1\\0\\1\end{pmatrix}$.

当 $\lambda_2=\lambda_3=2$ 时,解 $(2\boldsymbol{E}-\boldsymbol{A})\boldsymbol{x}=\boldsymbol{0}$, 由

$$2\boldsymbol{E}-\boldsymbol{A}=\begin{pmatrix}1 & 0 & 1\\ 0 & 0 & 0\\ 1 & 0 & 1\end{pmatrix}\to\begin{pmatrix}1 & 0 & 1\\ 0 & 0 & 0\\ 0 & 0 & 0\end{pmatrix},$$

得线性无关特征向量 $\boldsymbol{\alpha}_2=\begin{pmatrix}0\\1\\0\end{pmatrix},\boldsymbol{\alpha}_3=\begin{pmatrix}-1\\0\\1\end{pmatrix}$.

验证知，$\boldsymbol{\alpha}_2,\boldsymbol{\alpha}_3$ 正交，故令

$$\boldsymbol{q}_1=\frac{\boldsymbol{\alpha}_1}{\|\boldsymbol{\alpha}_1\|}=\begin{pmatrix}\frac{1}{\sqrt{2}}\\0\\\frac{1}{\sqrt{2}}\end{pmatrix},\ \boldsymbol{q}_2=\frac{\boldsymbol{\alpha}_2}{\|\boldsymbol{\alpha}_2\|}=\begin{pmatrix}0\\1\\0\end{pmatrix},\ \boldsymbol{q}_3=\frac{\boldsymbol{\alpha}_3}{\|\boldsymbol{\alpha}_3\|}=\begin{pmatrix}-\frac{1}{\sqrt{2}}\\0\\\frac{1}{\sqrt{2}}\end{pmatrix},$$

取 $\boldsymbol{Q}=(\boldsymbol{q}_1,\boldsymbol{q}_2,\boldsymbol{q}_3)=\begin{pmatrix}\frac{1}{\sqrt{2}}&0&-\frac{1}{\sqrt{2}}\\0&1&0\\\frac{1}{\sqrt{2}}&0&\frac{1}{\sqrt{2}}\end{pmatrix}$，则正交变换 $\boldsymbol{x}=\boldsymbol{Q}\boldsymbol{y}$ 将二次型化为标准形 $f=0y_1^2+2y_2^2+2y_3^2$.

正交变换是一类特殊的线性变换，它具有保持向量的内积、长度不变等优点，即若 $\boldsymbol{x}=\boldsymbol{Q}\boldsymbol{y}$ 为正交变换，则

$$[\boldsymbol{Q}\boldsymbol{y}_1,\boldsymbol{Q}\boldsymbol{y}_2]=(\boldsymbol{Q}\boldsymbol{y}_1)^{\mathrm{T}}\boldsymbol{Q}\boldsymbol{y}_2=\boldsymbol{y}_1^{\mathrm{T}}\boldsymbol{Q}^{\mathrm{T}}\boldsymbol{Q}\boldsymbol{y}_2=\boldsymbol{y}_1^{\mathrm{T}}\boldsymbol{y}_2=[\boldsymbol{y}_1,\boldsymbol{y}_2];$$

$$\|\boldsymbol{x}\|=\sqrt{\boldsymbol{x}^{\mathrm{T}}\boldsymbol{x}}=\sqrt{(\boldsymbol{Q}\boldsymbol{y})^{\mathrm{T}}(\boldsymbol{Q}\boldsymbol{y})}=\sqrt{\boldsymbol{y}^{\mathrm{T}}\boldsymbol{Q}^{\mathrm{T}}\boldsymbol{Q}\boldsymbol{y}}=\sqrt{\boldsymbol{y}^{\mathrm{T}}\boldsymbol{y}}=\|\boldsymbol{y}\|.$$

所以正交变换能保持几何图形的大小和形状不变.

例 5.2.2　已知二次型 $f(x_1,x_2,x_3)=2x_1^2+3x_2^2+3x_3^2+2ax_2x_3(a>0)$，通过正交变换化为标准形 $f=y_1^2+2y_2^2+5y_3^2$.

(1) 求参数 a，并指出二次曲面 $f(x_1,x_2,x_3)=10$ 所属的曲面类型；

(2) 当 $\boldsymbol{x}^{\mathrm{T}}\boldsymbol{x}=1$ 时，求 f 的最大值，其中 $\boldsymbol{x}=(x_1,x_2,x_3)^{\mathrm{T}}$.

解　(1) 二次型的矩阵 $\boldsymbol{A}=\begin{pmatrix}2&0&0\\0&3&a\\0&a&3\end{pmatrix}$. 经正交变换标准化后，二次型的标准形的平方项系数是矩阵 $\boldsymbol{A}$ 的特征值，根据矩阵特征值的性质，有

$$|\boldsymbol{A}|=2(9-a^2)=1\times2\times5=10,$$

解得 $a=\pm2$. 又由 $a>0$ 知，$a=2$.

经正交变换，二次曲面方程

$$f(x_1,x_2,x_3)=2x_1^2+3x_2^2+3x_3^2+4x_2x_3=10$$

化简为 $y_1^2+2y_2^2+5y_3^2=10$，这是一个椭球面，所以曲面 $f(x_1,x_2,x_3)=10$ 也是一个椭球面.

(2) 设二次型经正交变换 $\boldsymbol{x}=\boldsymbol{Q}\boldsymbol{y}$ 化为标准形，则 $\boldsymbol{x}^{\mathrm{T}}\boldsymbol{x}=\boldsymbol{y}^{\mathrm{T}}\boldsymbol{Q}^{\mathrm{T}}\boldsymbol{Q}\boldsymbol{y}=\boldsymbol{y}^{\mathrm{T}}\boldsymbol{y}$.

故当 $\boldsymbol{x}^{\mathrm{T}}\boldsymbol{x}=1$ 时有 $\boldsymbol{y}^{\mathrm{T}}\boldsymbol{y}=1$，从而

$$f=y_1^2+2y_2^2+5y_3^2\leqslant 5y_1^2+5y_2^2+5y_3^2=5(y_1,y_2,y_3)\begin{pmatrix}y_1\\y_2\\y_3\end{pmatrix}=5\boldsymbol{y}^{\mathrm{T}}\boldsymbol{y}=5,$$

故当 $\boldsymbol{x}^{\mathrm{T}}\boldsymbol{x}=1$ 时，f 的最大值为 5.

例 5.2.3 在平面直角坐标系 xOy 中，求曲线 $x^2+\sqrt{3}xy+2y^2=1$ 所围的面积.

解 为判定此方程所代表曲线的形状，可将其化为标准方程.设

$$f(x,y)=x^2+\sqrt{3}xy+2y^2.$$

由于要计算面积，线性变换必须保持曲线的长短和形状不变，因此使用正交变换.

二次型 f 的矩阵 $\boldsymbol{A}=\begin{pmatrix}1&\frac{\sqrt{3}}{2}\\\frac{\sqrt{3}}{2}&2\end{pmatrix}$，由

$$|\lambda\boldsymbol{E}-\boldsymbol{A}|=\begin{vmatrix}\lambda-1&-\frac{\sqrt{3}}{2}\\-\frac{\sqrt{3}}{2}&\lambda-2\end{vmatrix}=\left(\lambda-\frac{1}{2}\right)\left(\lambda-\frac{5}{2}\right),$$

得特征值 $\lambda_1=\frac{1}{2},\lambda_2=\frac{5}{2}$. 因此，经正交变换后，$f$ 化为标准形

$$f=\frac{1}{2}x'^2+\frac{5}{2}y'^2.$$

在新坐标系 $x'Oy'$ 中，该曲线方程为

$$\frac{1}{2}x'^2+\frac{5}{2}y'^2=1,\ \text{即}\frac{x'^2}{(\sqrt{2})^2}+\frac{y'^2}{\left(\frac{\sqrt{10}}{5}\right)^2}=1.$$

这是一个标准椭圆方程，曲线所围面积为

$$S=\pi ab=\pi\times\sqrt{2}\times\frac{\sqrt{10}}{5}=\frac{2\sqrt{5}}{5}\pi.$$

将二次型化为标准形时，如果所作的线性变换只是一般的可逆线性变

换,而不是正交线性变换,也可以将二次型化为标准形.不过,在变换后得到的标准形中,平方项系数不一定是 $\boldsymbol{A}$ 的特征值,线性变换也不再具有保持几何图形不变的优点.下面介绍的拉格朗日配方法及初等变换法是利用可逆线性变换化二次型为标准形的典型代表.

2. 配方法

以下举例说明这种方法.

例 5.2.4　用配方法化二次型为标准形,并求所用的可逆线性变换.

(1) $f(x_1,x_2,x_3)=x_1^2+2x_2^2+x_3^2+2x_1x_2+2x_1x_3+4x_2x_3$;

(2) $f(x_1,x_2,x_3)=x_1x_2+x_1x_3+x_2x_3$.

解　(1) 由于 f 中含有 x_1 的平方项,首先把含 x_1 的项归并起来进行配方,得

$$\begin{aligned}
f&=x_1^2+2x_2^2+x_3^2+2x_1x_2+2x_1x_3+4x_2x_3\\
&=x_1^2+2x_1(x_2+x_3)+2x_2^2+x_3^2+4x_2x_3\\
&=x_1^2+2x_1(x_2+x_3)+(x_2+x_3)^2-(x_2+x_3)^2+2x_2^2+x_3^2+4x_2x_3\\
&=(x_1+x_2+x_3)^2+x_2^2+2x_2x_3,
\end{aligned}$$

上式右端除第一项外已经不再含有 x_1,但含有 x_2 的平方项,将含 x_2 的项归并起来,继续配方得

$$f=(x_1+x_2+x_3)^2+(x_2+x_3)^2-x_3^2.$$

令 $\begin{cases}y_1=x_1+x_2+x_3,\\ y_2=x_2+x_3,\\ y_3=x_3,\end{cases}$ 即 $\begin{cases}x_1=y_1-y_2,\\ x_2=y_2-y_3,\\ x_3=y_3,\end{cases}$ 这是一个可逆的线性变换,线性变换的矩阵为 $\boldsymbol{C}=\begin{pmatrix}1&-1&0\\0&1&-1\\0&0&1\end{pmatrix}$, $|\boldsymbol{C}|\neq 0$, 二次型的对应标准形为

$$f=y_1^2+y_2^2-y_3^2.$$

(2) f 中不含有平方项.由于含有 x_1x_2 交叉项,故首先作可逆线性变换,将二次型转化为含平方项的类型.令

$$\begin{cases}x_1=y_1+y_2,\\ x_2=y_1-y_2,\\ x_3=y_3,\end{cases}\tag{5.2.4}$$

即 $\boldsymbol{x}=\boldsymbol{C}_1\boldsymbol{y}$，其中 $\boldsymbol{C}_1=\begin{pmatrix}1&1&0\\1&-1&0\\0&0&1\end{pmatrix}$，则

$$f=x_1x_2+x_1x_3+x_2x_3=y_1^2-y_2^2+2y_1y_3,$$

y_1 的平方项系数不为零.配方得

$$f=(y_1+y_3)^2-y_2^2-y_3^2,$$

再令 $\begin{cases}z_1=y_1+y_3,\\z_2=\qquad y_2,\\z_3=\qquad y_3,\end{cases}$ 亦即 $\begin{cases}y_1=z_1-z_3,\\y_2=\qquad z_2,\\y_3=\qquad z_3,\end{cases}$ 设 $\boldsymbol{y}=\boldsymbol{C}_2\boldsymbol{z}$，其中 $\boldsymbol{C}_2=\begin{pmatrix}1&0&-1\\0&1&0\\0&0&1\end{pmatrix}$，

则二次型的标准形为

$$f=z_1^2-z_2^2-z_3^2,$$

所用的可逆线性变换为 $\boldsymbol{x}=\boldsymbol{C}\boldsymbol{z}$，其中

$$\boldsymbol{C}=\boldsymbol{C}_1\boldsymbol{C}_2=\begin{pmatrix}1&1&0\\1&-1&0\\0&0&1\end{pmatrix}\begin{pmatrix}1&0&-1\\0&1&0\\0&0&1\end{pmatrix}=\begin{pmatrix}1&1&-1\\1&-1&-1\\0&0&1\end{pmatrix}.$$

一般地，n 元二次型都可用上述方法化为标准形：当二次型中平方项的系数不全为零时，依次把含平方的项配方；当二次型中不含平方项时，首先用可逆线性变换把 f 化成含有平方项的情形，然后再配方.可以证明

定理 5.2.3 任意 n 元实二次型 $f=\boldsymbol{x}^{\mathrm{T}}\boldsymbol{A}\boldsymbol{x}$，都可以经过可逆线性变换 $\boldsymbol{x}=\boldsymbol{C}\boldsymbol{y}$ 化为标准形

$$f=d_1y_1^2+d_2y_2^2+\cdots+d_ny_n^2.$$

用矩阵表述，即是

定理 5.2.4 对于任何实对称矩阵 $\boldsymbol{A}$，总存在可逆矩阵 $\boldsymbol{C}$，使得 $\boldsymbol{C}^{\mathrm{T}}\boldsymbol{A}\boldsymbol{C}$ 成为对角矩阵，即实对称矩阵一定合同于一个对角矩阵.

例如 由例 5.2.4(1) 可知，矩阵 $\boldsymbol{A}=\begin{pmatrix}1&1&1\\1&2&2\\1&2&1\end{pmatrix}$ 合同于对角矩阵

$\boldsymbol{\Lambda}=\begin{pmatrix}1&&\\&1&\\&&-1\end{pmatrix}$，即 $\boldsymbol{C}^{\mathrm{T}}\boldsymbol{A}\boldsymbol{C}=\boldsymbol{\Lambda}$，其中可逆矩阵 $\boldsymbol{C}=\begin{pmatrix}1&-1&0\\0&1&-1\\0&0&1\end{pmatrix}$.

停下来想一想

线性变换(5.2.4)将例 5.2.4(2)转化为平方项系数不为零的类型,这个可逆线性变换唯一吗? 进一步地,该二次型的标准形唯一吗? 所用可逆线性变换唯一吗?

3. 初等变换法

把二次型 $f(x_1,x_2,\cdots,x_n)=\boldsymbol{x}^{\mathrm{T}}\boldsymbol{A}\boldsymbol{x}$ 化为标准形的问题,实质上是如何找寻一个可逆矩阵 $\boldsymbol{C}$,使 $\boldsymbol{C}^{\mathrm{T}}\boldsymbol{A}\boldsymbol{C}=\boldsymbol{\Lambda}$ 为对角矩阵.

由于任一可逆矩阵均可表示为若干个初等矩阵的乘积,故存在初等矩阵 $\boldsymbol{P}_1,\boldsymbol{P}_2,\cdots,\boldsymbol{P}_s$,使 $\boldsymbol{C}=\boldsymbol{P}_1\boldsymbol{P}_2\cdots\boldsymbol{P}_s$. 于是

$$\boldsymbol{C}=\boldsymbol{E}\boldsymbol{P}_1\boldsymbol{P}_2\cdots\boldsymbol{P}_s, \tag{5.2.5}$$

$$\boldsymbol{C}^{\mathrm{T}}=\boldsymbol{P}_s^{\mathrm{T}}\cdots\boldsymbol{P}_2^{\mathrm{T}}\boldsymbol{P}_1^{\mathrm{T}}\boldsymbol{E},$$

$$\boldsymbol{C}^{\mathrm{T}}\boldsymbol{A}\boldsymbol{C}=\boldsymbol{P}_s^{\mathrm{T}}\cdots\boldsymbol{P}_2^{\mathrm{T}}\boldsymbol{P}_1^{\mathrm{T}}\boldsymbol{A}\boldsymbol{P}_1\boldsymbol{P}_2\cdots\boldsymbol{P}_s=\boldsymbol{\Lambda}. \tag{5.2.6}$$

第 2 章曾指出,在矩阵的左(右)边乘一个初等矩阵,就相当于对该矩阵施行一次相对应的初等行(列)变换.而对于任何初等矩阵 $\boldsymbol{P}$, $\boldsymbol{P}^{\mathrm{T}}\boldsymbol{A}\boldsymbol{P}$ 表示对 $\boldsymbol{A}$ 作一次初等行变换和一次相同的初等列变换,称这样的变换为**对 $\boldsymbol{A}$ 作一次合同变换**.式(5.2.6)表明,矩阵 $\boldsymbol{A}$ 经过一系列合同变换化为对角矩阵 $\boldsymbol{\Lambda}$;而式(5.2.5)表明,在对 $\boldsymbol{A}$ 作合同变换的同时,如果对单位矩阵 $\boldsymbol{E}$ 施行完全相同的初等列变换,就得到了可逆矩阵 $\boldsymbol{C}$.

基于上述分析,可以给出利用矩阵初等变换化二次型

$$f(x_1,x_2,\cdots,x_n)=\boldsymbol{x}^{\mathrm{T}}\boldsymbol{A}\boldsymbol{x}$$

为标准形的具体步骤:

(1) 写出二次型的矩阵 $\boldsymbol{A}$,构造 $2n\times n$ 矩阵

$$\begin{pmatrix}\boldsymbol{A}\\ \hdashline \boldsymbol{E}\end{pmatrix}=\begin{pmatrix}a_{11} & a_{12} & \cdots & a_{1n}\\ a_{21} & a_{22} & \cdots & a_{2n}\\ \vdots & \vdots & & \vdots\\ a_{n1} & a_{n2} & \cdots & a_{nn}\\ \hdashline 1 & 0 & \cdots & 0\\ 0 & 1 & \cdots & 0\\ \vdots & \vdots & & \vdots\\ 0 & 0 & \cdots & 1\end{pmatrix};$$

（2）对$\begin{pmatrix} \boldsymbol{A} \\ \hdashline \boldsymbol{E} \end{pmatrix}$的列作初等变换，同时对 $\boldsymbol{A}$ 作同样的行变换，经若干次这样的变换可以把 $\boldsymbol{A}$ 化为对角矩阵 $\boldsymbol{\Lambda}$，而此时 $\boldsymbol{E}$ 就化成了使 $\boldsymbol{A}$ 合同到对角矩阵的可逆矩阵 $\boldsymbol{C}$，即

$$\begin{pmatrix} \boldsymbol{A} \\ \hdashline \boldsymbol{E} \end{pmatrix} \xrightarrow[\text{对整体}\begin{pmatrix} \boldsymbol{A} \\ \hdashline \boldsymbol{E} \end{pmatrix}\text{作同样的列变换}]{\text{对}\boldsymbol{A}\text{施行初等行变换}} \begin{pmatrix} \boldsymbol{P}_s^{\mathrm{T}}\cdots\boldsymbol{P}_2^{\mathrm{T}}\boldsymbol{P}_1^{\mathrm{T}}\boldsymbol{A}\boldsymbol{P}_1\boldsymbol{P}_2\cdots\boldsymbol{P}_s \\ \hdashline \boldsymbol{E}\boldsymbol{P}_1\boldsymbol{P}_2\cdots\boldsymbol{P}_s \end{pmatrix} = \begin{pmatrix} \boldsymbol{\Lambda} \\ \hdashline \boldsymbol{C} \end{pmatrix}$$

（3）作可逆线性变换 $\boldsymbol{x} = \boldsymbol{C}\boldsymbol{y}$，二次型的标准形为 $f = \boldsymbol{y}^{\mathrm{T}}\boldsymbol{\Lambda}\boldsymbol{y}$.

例 5.2.5 用初等变换法，将二次型

$$f(x_1, x_2, x_3) = 2x_1^2 + x_2^2 + 3x_3^2 + 4x_1x_2 + 4x_1x_3 + 2x_2x_3$$

化为标准形，并求相应的可逆线性变换.

解 二次型 f 的矩阵 $\boldsymbol{A} = \begin{pmatrix} 2 & 2 & 2 \\ 2 & 1 & 1 \\ 2 & 1 & 3 \end{pmatrix}$，于是

$$\begin{pmatrix} \boldsymbol{A} \\ \hdashline \boldsymbol{E} \end{pmatrix} = \begin{pmatrix} 2 & 2 & 2 \\ 2 & 1 & 1 \\ 2 & 1 & 3 \\ \hdashline 1 & 0 & 0 \\ 0 & 1 & 0 \\ 0 & 0 & 1 \end{pmatrix} \xrightarrow{r_2 - r_1} \begin{pmatrix} 2 & 2 & 2 \\ 0 & -1 & -1 \\ 2 & 1 & 3 \\ \hdashline 1 & 0 & 0 \\ 0 & 1 & 0 \\ 0 & 0 & 1 \end{pmatrix} \xrightarrow{c_2 - c_1} \begin{pmatrix} 2 & 0 & 2 \\ 0 & -1 & -1 \\ 2 & -1 & 3 \\ \hdashline 1 & -1 & 0 \\ 0 & 1 & 0 \\ 0 & 0 & 1 \end{pmatrix}$$

$$\xrightarrow{r_3 - r_1} \begin{pmatrix} 2 & 0 & 2 \\ 0 & -1 & -1 \\ 0 & -1 & 1 \\ \hdashline 1 & -1 & 0 \\ 0 & 1 & 0 \\ 0 & 0 & 1 \end{pmatrix} \xrightarrow{c_3 - c_1} \begin{pmatrix} 2 & 0 & 0 \\ 0 & -1 & -1 \\ 0 & -1 & 1 \\ \hdashline 1 & -1 & -1 \\ 0 & 1 & 0 \\ 0 & 0 & 1 \end{pmatrix}$$

$$\xrightarrow{r_3 - r_2} \begin{pmatrix} 2 & 0 & 0 \\ 0 & -1 & -1 \\ 0 & 0 & 2 \\ \hdashline 1 & -1 & -1 \\ 0 & 1 & 0 \\ 0 & 0 & 1 \end{pmatrix} \xrightarrow{c_3 - c_2} \begin{pmatrix} 2 & 0 & 0 \\ 0 & -1 & 0 \\ 0 & 0 & 2 \\ \hdashline 1 & -1 & 0 \\ 0 & 1 & -1 \\ 0 & 0 & 1 \end{pmatrix} = \begin{pmatrix} \boldsymbol{\Lambda} \\ \hdashline \boldsymbol{C} \end{pmatrix}.$$

其中 $C=\begin{pmatrix}1&-1&0\\0&1&-1\\0&0&1\end{pmatrix}$ $(|C|\neq 0)$，则可逆线性变换 $x=Cy$ 化二次型为

$$f=y^{\mathrm{T}}\Lambda y=2y_1^2-y_2^2+2y_3^2.$$

例 5.2.6　用初等变换法化例 5.2.4 中(2)为标准形，并求相应的可逆线性变换.

解　二次型 $f(x_1,x_2,x_3)=x_1x_2+x_1x_3+x_2x_3$ 的矩阵为

$$A=\begin{pmatrix}0&\frac{1}{2}&\frac{1}{2}\\\frac{1}{2}&0&\frac{1}{2}\\\frac{1}{2}&\frac{1}{2}&0\end{pmatrix}.$$

对 A 作合同变换，首先化 a_{11} 位置的元素非零，然后化 A 为对角矩阵：

$$\begin{pmatrix}A\\\hline E\end{pmatrix}=\begin{pmatrix}0&\frac{1}{2}&\frac{1}{2}\\\frac{1}{2}&0&\frac{1}{2}\\\frac{1}{2}&\frac{1}{2}&0\\\hline 1&0&0\\0&1&0\\0&0&1\end{pmatrix}\xrightarrow[c_1+c_2]{r_1+r_2}\begin{pmatrix}1&\frac{1}{2}&1\\\frac{1}{2}&0&\frac{1}{2}\\1&\frac{1}{2}&0\\\hline 1&0&0\\1&1&0\\0&0&1\end{pmatrix}$$

$$\xrightarrow[c_2-\frac{1}{2}c_1]{r_2-\frac{1}{2}r_1}\begin{pmatrix}1&0&1\\0&-\frac{1}{4}&0\\1&0&0\\\hline 1&-\frac{1}{2}&0\\1&\frac{1}{2}&0\\0&0&1\end{pmatrix}\xrightarrow[c_3-c_1]{r_3-r_1}\begin{pmatrix}1&0&0\\0&-\frac{1}{4}&0\\0&0&-1\\\hline 1&-\frac{1}{2}&-1\\1&\frac{1}{2}&-1\\0&0&1\end{pmatrix}=\begin{pmatrix}\Lambda\\\hline C\end{pmatrix}.$$

故二次型的标准形为 $f=\boldsymbol{y}^{\mathrm{T}}\boldsymbol{\Lambda y}=y_1^2-\frac{1}{4}y_2^2-y_3^2$，所用的可逆线性变换为

$\boldsymbol{x}=\boldsymbol{C y}$，其中 $\boldsymbol{C}=\begin{pmatrix}1 & -\frac{1}{2} & -1\\ 1 & \frac{1}{2} & -1\\ 0 & 0 & 1\end{pmatrix}$.

对比例 5.2.4 中(2)的标准形结果可见，对二次型

$$f(x_1,x_2,x_3)=x_1x_2+x_1x_3+x_2x_3$$

采用配方法和初等变换法得到的标准形是不一样的.这从某种程度上说明了二次型的标准形不是唯一的.

习题 5.2(A)

1. 单项选择题.

(1) 二次型 $f(x_1,x_2,x_3)=x_1^2+x_2^2-2x_1x_2-2x_1x_3+2x_2x_3+x_3^2$ 的秩等于(　　)；

(A) 1　　(B) 2　　(C) 3　　(D) 0

(2) 矩阵 $\begin{pmatrix}-2 & 0 & 0\\ 0 & \frac{1}{2} & 0\\ 0 & 0 & 5\end{pmatrix}$ 与(　　)合同；

(A) $\begin{pmatrix}-1 & 0 & 0\\ 0 & -2 & 0\\ 0 & 0 & -2\end{pmatrix}$　　(B) $\begin{pmatrix}3 & 0 & 0\\ 0 & 2 & 0\\ 0 & 0 & -5\end{pmatrix}$

(C) $\begin{pmatrix}-1 & 0 & 0\\ 0 & -1 & 0\\ 0 & 0 & 1\end{pmatrix}$　　(D) $\begin{pmatrix}2 & 0 & 0\\ 0 & 2 & 0\\ 0 & 0 & 1\end{pmatrix}$

(3) 设 $\boldsymbol{A}=\begin{pmatrix}1 & 1 & 1 & 1\\ 1 & 1 & 1 & 1\\ 1 & 1 & 1 & 1\\ 1 & 1 & 1 & 1\end{pmatrix}$，$\boldsymbol{B}=\begin{pmatrix}4 & 0 & 0 & 0\\ 0 & 0 & 0 & 0\\ 0 & 0 & 0 & 0\\ 0 & 0 & 0 & 0\end{pmatrix}$，则 $\boldsymbol{A}$ 与 $\boldsymbol{B}$(　　).

(A) 合同且相似　　(B) 合同但不相似

(C) 不合同但相似　　(D) 不合同且不相似

2. 填空题.

(1) 设 3 阶实对称矩阵 $\boldsymbol{A}$ 的特征值为 0,1,2,则二次型 $f=\boldsymbol{x}^{\mathrm{T}}\boldsymbol{A}\boldsymbol{x}$ 的一个标准形为________;

(2) 二次型 $f(x_1,x_2,x_3)=x_1^2-x_3^2+2x_1x_2+2ax_2x_3$ 秩为 2,则 $a=$________;

(3) 已知实二次型 $f(x_1,x_2,x_3)=a(x_1^2+x_2^2+x_3^2)+4x_1x_2+4x_1x_3+4x_2x_3$ 经正交线性变换 $\boldsymbol{x}=\boldsymbol{P}\boldsymbol{y}$ 化成标准形 $f=6y_1^2$,则 $a=$______;

(4) 设 $\boldsymbol{A}$ 为实对称矩阵,且 $|\boldsymbol{A}|\neq 0$,把二次型 $f=\boldsymbol{x}^{\mathrm{T}}\boldsymbol{A}\boldsymbol{x}$ 化为 $f=\boldsymbol{x}^{\mathrm{T}}\boldsymbol{A}^{-1}\boldsymbol{x}$ 的线性变换是 $\boldsymbol{x}=$______$\boldsymbol{y}$.

3. 对下列对称矩阵 $\boldsymbol{A}$ 和 $\boldsymbol{B}$,求可逆矩阵 $\boldsymbol{C}$,使得 $\boldsymbol{C}^{\mathrm{T}}\boldsymbol{A}\boldsymbol{C}=\boldsymbol{B}$.

$$\boldsymbol{A}=\begin{pmatrix}0&1&1\\1&-1&3\\1&3&2\end{pmatrix},\ \boldsymbol{B}=\begin{pmatrix}-1&1&3\\1&0&1\\3&1&2\end{pmatrix}.$$

4. 用正交变换法将下列二次型化为标准形,并写出所用线性变换.

(1) $f(x_1,x_2,x_3)=2x_1^2+2x_2^2-2x_3^2-2x_1x_2$;

(2) $f(x_1,x_2,x_3)=2x_1x_2-2x_2x_3$;

(3) $f(x_1,x_2,x_3)=x_1^2+2x_2^2+3x_3^2-4x_1x_2-4x_2x_3$.

5. 设二次型 $f=x_1^2+x_2^2+x_3^2+2ax_1x_2+2x_1x_3+2bx_2x_3$ 经正交变换 $\boldsymbol{x}=\boldsymbol{Q}\boldsymbol{y}$ 化为 $f=y_2^2+2y_3^2$,求常数 a,b.

6. 已知二次型 $f(x_1,x_2,x_3)=5x_1^2+5x_2^2+cx_3^2-2x_1x_2+6x_1x_3-6x_2x_3$ 的秩为 2.

(1) 求参数 c 及此二次型对应矩阵的特征值;

(2) 指出方程 $f(x_1,x_2,x_3)=1$ 表示何种曲面.

7. 用配方法将下列二次型化为标准形,并写出所作的可逆线性变换矩阵.

(1) $f(x_1,x_2,x_3)=x_1^2+3x_3^2+2x_1x_2+4x_1x_3+2x_2x_3$;

(2) $f(x_1,x_2,x_3)=x_1x_2+x_1x_3-3x_2x_3$;

(3) $f(x_1,x_2,x_3)=x_1^2+2x_2^2+5x_3^2+2x_1x_2+2x_1x_3-2x_2x_3$.

8. 用初等变换法将下列二次型化为标准形,并写出所作的可逆线性变换矩阵.

(1) $f(x_1,x_2,x_3)=x_1^2+2x_2^2+x_3^2+2x_1x_2+4x_2x_3$;

(2) $f(x_1,x_2,x_3)=2x_1x_2+2x_1x_3-4x_2x_3$;

(3) $f(x_1,x_2,x_3)=2x_1^2+x_3^2-4x_1x_3-4x_2x_3$.

9. 设 $\boldsymbol{A},\boldsymbol{B}$ 为可逆矩阵,$\boldsymbol{A}$ 合同于 $\boldsymbol{B}$,试证 $\boldsymbol{A}^{-1}$ 合同于 $\boldsymbol{B}^{-1}$.

习题 5.2(B)

1. 设二次型 $f(x_1,x_2,x_3)=ax_1^2+2x_2^2-2x_3^2+2bx_1x_3(b>0)$ 的矩阵 $\boldsymbol{A}$ 的特征值之和为 1,特征值之积为 -12.

(1) 求 a,b 的值；

(2) 利用正交变换将二次型化为标准形,并写出所用的正交变换和对应的正交矩阵.

2. 已知二次型 $f(x_1,x_2,x_3) = (1-a)x_1^2 + (1-a)x_2^2 + 2x_3^2 + 2(1+a)x_1x_2$ 的秩为 2,求：

(1) a 的值；

(2) 正交变换 $\boldsymbol{x} = \boldsymbol{Q}\boldsymbol{y}$, 把二次型化为标准形；

(3) 方程 $f(x_1,x_2,x_3) = 0$ 的解.

3. 已知二次曲面方程 $x^2 + ay^2 + z^2 + 2bxy + 2xz + 2yz = 4$ 可以经过正交变换 $\begin{pmatrix} x \\ y \\ z \end{pmatrix} = \boldsymbol{P}\begin{pmatrix} \xi \\ \eta \\ \zeta \end{pmatrix}$ 化为椭圆柱面方程 $\eta^2 + 4\zeta^2 = 4$, 求 a,b 的值及正交矩阵 $\boldsymbol{P}$.

4. 矩阵 $\boldsymbol{A}$ 为 3 阶实对称矩阵, 且 $\boldsymbol{A}^3 + 7\boldsymbol{A}^2 + 16\boldsymbol{A} + 10\boldsymbol{E} = \boldsymbol{O}$, 求二次型 $\boldsymbol{x}^{\mathrm{T}}\boldsymbol{A}\boldsymbol{x}$ 经正交变换得到的标准形.

5. 已知 3 元二次型 $f = \boldsymbol{x}^{\mathrm{T}}\boldsymbol{A}\boldsymbol{x}$ 经正交变换化为 $f = \lambda y_1^2 - y_2^2 - y_3^2$, 且 $\boldsymbol{A\alpha} = 2\boldsymbol{\alpha}$, 其中 $\boldsymbol{\alpha} = (1, -1, 1)^{\mathrm{T}}$, 求此二次型的表达式.

6. 证明：n 元实二次型 $f(x_1,x_2,\cdots,x_n) = \boldsymbol{x}^{\mathrm{T}}\boldsymbol{A}\boldsymbol{x}$ 在 $\|\boldsymbol{x}\| = 1$ 时的最大值为矩阵 $\boldsymbol{A}$ 的最大特征值.

第 5.3 节 惯性定理 二次型的规范形

对二次型 $f(x_1,x_2,\cdots,x_n) = \boldsymbol{x}^{\mathrm{T}}\boldsymbol{A}\boldsymbol{x}$, 如果所用的可逆线性变换不同,则化成的标准形一般也不同.但是,对同一个二次型,不同的标准形还是有一些共同特性的.

1. 惯性定理

设二次型 $f(x_1,x_2,x_3) = \boldsymbol{x}^{\mathrm{T}}\boldsymbol{A}\boldsymbol{x}$ 经可逆线性变换化为标准形

$$f = y_1^2 - 4y_2^2 + 9y_3^2; \tag{5.3.1}$$

显然,继续施行可逆线性变换,式(5.3.1)可以进一步化为下面两种形式：

$$f = z_1^2 - z_2^2 + 9z_3^2 \tag{5.3.2}$$

及

$$f = u_1^2 - u_2^2 + u_3^2. \tag{5.3.3}$$

对比以上三种标准形,在实数范围内,可以推断：无论作何种可逆线性变

换,标准形中所含的非零平方项项数不变(该例中为 3);含“+”号、“-”号的项数不变(该例中分别为 2、1).该结果具有一般性,这就是实二次型的惯性定理.

定理 5.3.1(惯性定理)　设实二次型 $f(x_1,x_2,\cdots,x_n)=\boldsymbol{x}^{\mathrm{T}}\boldsymbol{A}\boldsymbol{x}$ 的秩为 r,可逆线性变换 $\boldsymbol{x}=\boldsymbol{C}_1\boldsymbol{y}$ 和 $\boldsymbol{x}=\boldsymbol{C}_2\boldsymbol{z}$ 分别把它化为标准形

$$\lambda_1y_1^2+\lambda_2y_2^2+\cdots+\lambda_py_p^2-\lambda_{p+1}y_{p+1}^2-\cdots-\lambda_ry_r^2\ (\lambda_i>0,i=1,2,\cdots,r)$$

和

$$\mu_1z_1^2+\mu_2z_2^2+\cdots+\mu_qz_q^2-\mu_{q+1}z_{q+1}^2-\cdots-\mu_rz_r^2\ (\mu_i>0,i=1,2,\cdots,r),$$

则 $p=q$.

定理 5.3.1 的证明

惯性定理告诉我们:

(1) 二次型的标准形中,平方项系数中非零的个数唯一确定,是二次型的秩;含“+”号、“-”号项的个数唯一确定,分别称为**二次型的正惯性指数**(positive index of inertia)和**负惯性指数**(negative index of inertia);正惯性指数与负惯性指数之差称为**二次型的符号差**(signature).

(2) 该定理反映在几何上,即是:通过可逆线性变换将二次曲线(面)方程化为标准方程时,方程的系数与所作的变换有关,但曲线的类型(椭圆型、双曲型等)不会因所作线性变换不同而有所改变.

2. 二次型的规范形

将 n 元二次型化为标准形后,可交换正、负项的次序(相当于作一次可逆线性变换),使这个标准形成为

$$f=d_1y_1^2+d_2y_2^2+\cdots+d_py_p^2-d_{p+1}y_{p+1}^2-\cdots-d_ry_r^2\ (d_i>0,i=1,2,\cdots,r). \tag{5.3.4}$$

例如　对于 $f=x_1^2-2x_2^2+3x_3^2-4x_4^2$,作可逆线性变换 $\begin{cases}x_1=y_1,\\ x_2=y_3,\\ x_3=y_2,\\ x_4=y_4,\end{cases}$ 则二次型进一步可化为 $f=y_1^2+3y_2^2-2y_3^2-4y_4^2$.

对式(5.3.4),继续施行可逆线性变换

$$\begin{cases} z_1 = \sqrt{d_1}\,y_1, \\ z_2 = \sqrt{d_2}\,y_2, \\ \cdots\cdots\cdots\cdots \\ z_r = \sqrt{d_r}\,y_r, \\ z_{r+1} = y_{r+1}, \\ \cdots\cdots\cdots\cdots \\ z_n = y_n, \end{cases} \quad \text{即} \begin{cases} y_1 = \dfrac{1}{\sqrt{d_1}}z_1, \\ y_2 = \dfrac{1}{\sqrt{d_2}}z_2, \\ \cdots\cdots\cdots\cdots \\ y_r = \dfrac{1}{\sqrt{d_r}}z_r, \\ y_{r+1} = z_{r+1} \\ \cdots\cdots\cdots\cdots \\ y_n = z_n, \end{cases}$$

式(5.3.4)化为

$$f = z_1^2 + z_2^2 + \cdots + z_p^2 - z_{p+1}^2 - \cdots - z_r^2. \tag{5.3.5}$$

称形如式(5.3.5)的标准形为**二次型的规范形**.

定理 5.3.2 任何二次型都可通过可逆线性变换化为规范形,且规范形是由二次型本身决定的唯一形式,与所作的可逆线性变换无关.

定理 5.3.2 的证明

例 5.3.1 化二次型

$$f(x_1,x_2,x_3) = 2x_1^2 + x_2^2 + 3x_3^2 + 4x_1x_2 + 4x_1x_3 + 2x_2x_3$$

为规范形,并求该二次型的正、负惯性指数.

解 由例 5.2.5 知,经可逆线性变换,二次型可化为

$$f(y_1,y_2,y_3) = 2y_1^2 - y_2^2 + 2y_3^2.$$

令

$$\begin{cases} z_1 = \sqrt{2}\,y_1, \\ z_2 = \sqrt{2}\,y_3, \\ z_3 = y_2, \end{cases} \quad \text{即} \quad \begin{cases} y_1 = \dfrac{1}{\sqrt{2}}z_1, \\ y_2 = z_3, \\ y_3 = \dfrac{1}{\sqrt{2}}z_2, \end{cases}$$

得二次型的规范形为

$$f = z_1^2 + z_2^2 - z_3^2.$$

二次型的正、负惯性指数分别为 2 和 1.

可逆线性变换前后二次型的矩阵具有合同关系,因此,关于实对称矩阵,有下述结论成立.

推论 1　任意实对称矩阵 $\boldsymbol{A}$ 合同于对角矩阵

$$\begin{pmatrix} \boldsymbol{E}_p & & \\ & -\boldsymbol{E}_{r-p} & \\ & & \boldsymbol{O} \end{pmatrix},$$

其中，r 为矩阵 $\boldsymbol{A}$ 的秩，p 为对应二次型 $\boldsymbol{x}^{\mathrm{T}}\boldsymbol{A}\boldsymbol{x}$ 的正惯性指数.

推论 2　两个实对称矩阵合同的充分必要条件是它们具有相同的正、负惯性指数.

例如　设 $\boldsymbol{A}=\begin{pmatrix} 1 & & \\ & -1 & \\ & & 1 \end{pmatrix}, \boldsymbol{B}=\begin{pmatrix} -2 & & \\ & 3 & \\ & & 5 \end{pmatrix}, \boldsymbol{C}=\begin{pmatrix} -2 & & \\ & 3 & \\ & & -5 \end{pmatrix}$，

则 $\boldsymbol{A}$ 与 $\boldsymbol{B}$ 合同，$\boldsymbol{A}$ 与 $\boldsymbol{C}$ 不具有合同关系.

停下来想一想

全体 n 阶实对称矩阵按合同与否进行分类，共有几类？

习题 5.3(A)

1. 单项选择题.

(1) 设 4 阶实对称矩阵 $\boldsymbol{A}$，满足 $\boldsymbol{A}^2=\boldsymbol{A}$，且 $\boldsymbol{A}\boldsymbol{x}=\boldsymbol{0}$ 最多有两个线性无关的解，则二次型 $f=\boldsymbol{x}^{\mathrm{T}}\boldsymbol{A}\boldsymbol{x}$ 的符号差等于(　　)；

(A) 1　　(B) 2　　(C) -2　　(D) 0

(2) 矩阵 $\begin{pmatrix} -2 & 0 & 0 \\ 0 & \frac{5}{2} & 0 \\ 0 & 0 & -\frac{2}{3} \end{pmatrix}$ 对应的二次型的规范形为(　　)；

(A) $z_1^2+z_2^2+z_3^2$　　(B) $z_1^2-z_2^2+z_3^2$

(C) $-2z_1^2+\frac{5}{2}z_2^2-\frac{2}{3}z_3^2$　　(D) $z_1^2-z_2^2-z_3^2$

(3) 若实对称矩阵 $\boldsymbol{A}$ 与 $\boldsymbol{B}$ 有相同的规范形，则(　　)；

(A) $\boldsymbol{A}$ 与 $\boldsymbol{B}$ 相似　　(B) $\boldsymbol{A}$ 与 $\boldsymbol{B}$ 有相同的特征值

(C) $\boldsymbol{A}$ 与 $\boldsymbol{B}$ 有相同的行列式　　(D) $\boldsymbol{A}$ 与 $\boldsymbol{B}$ 有相同的秩

(4) 若实对称矩阵 $\boldsymbol{A}$ 的负惯性指数为 0，则(　　).

(A) $|x\boldsymbol{E}-\boldsymbol{A}|=0$ 的根均大于零

(B) $|x\boldsymbol{E}-\boldsymbol{A}|=0$ 的根均小于或等于零

(C) $|x\boldsymbol{E}-\boldsymbol{A}|=0$ 的根均大于或等于零

（D）以上都不对

2. 填空题.

（1）设 4 阶实对称矩阵 $\boldsymbol{A}$ 的特征值为 3,2,−1,0,则二次型 $f=\boldsymbol{x}^{\mathrm{T}}\boldsymbol{A}\boldsymbol{x}$ 的正惯性指数为________,负惯性指数为________;

（2）化二次型 $f(x_1,x_2,x_3)=x_1^2+4x_2^2-3x_3^2$ 为规范形,所用可逆线性变换为______;

（3）3 元二次型 $f=x^{\mathrm{T}}\boldsymbol{A}x$ 的规范形有________种;

（4）若 4 元二次型 $f=\boldsymbol{x}^{\mathrm{T}}\boldsymbol{A}\boldsymbol{x}$ 符号差为 3,则规范形为________.

3. 写出习题 5.2(A)中第 3 题和第 6 题各二次型的规范形,并指出其正惯性指数及秩.

4. 设 4 阶实对称矩阵 $\boldsymbol{A}$ 的特征值为 −2,3,−1,2,求二次型 $\boldsymbol{x}^{\mathrm{T}}\boldsymbol{A}\boldsymbol{x}$ 的规范形,指出二次型的秩及正、负惯性指数和符号差.

5. 设二次型

$$f(x_1,x_2,x_3,x_4)=-(x_1+2x_2+x_3)^2+(x_2+2x_3+x_4)^2+(x_1+x_3+2x_4)^2,$$

求二次型的秩,正、负惯性指数和符号差.

习题 5.3(B)

1. 设矩阵 $\boldsymbol{A}=\begin{pmatrix}2&-1&-1\\-1&2&-1\\-1&-1&2\end{pmatrix}$,$\boldsymbol{B}=\begin{pmatrix}1&0&0\\0&1&0\\0&0&0\end{pmatrix}$,判断 $\boldsymbol{A}$ 与 $\boldsymbol{B}$ 是否相似? 是否合同?

2. 设二次型 $f(x_1,x_2,x_3)=(x_1+x_2)^2+(x_2-x_3)^2+(x_3+x_1)^2$,求二次型的秩.

3. 设二次型

$$f(x_1,x_2,\cdots,x_n)=(nx_1)^2+(nx_2)^2+\cdots+(nx_n)^2-(x_1+x_2+\cdots+x_n)^2,$$

求二次型的秩.

4. 设二次型 $f(x_1,x_2,x_3)=x_1^2+ax_2^2+x_3^2+2x_1x_2-2ax_1x_3-2x_2x_3$ 的正、负惯性指数都是 1,求参数 a.

5. 设二次型 $f(x_1,x_2,x_3,x_4)=x_1^2+2x_1x_2-x_2^2+4x_2x_3+3x_3^2+kx_4^2$ 的秩为 4,符号差为 2,求参数 k 及二次型的正、负惯性指数.

6. 求二次型 $f(x_1,x_2,x_3)=(x_1+x_2)^2+(2x_1+3x_2+x_3)^2-5(x_2+x_3)^2$ 的规范形.

7. 若实对称矩阵 $\boldsymbol{A}$ 与矩阵 $\boldsymbol{B}=\begin{pmatrix}2&0&0\\0&0&1\\0&1&0\end{pmatrix}$ 合同,求二次型 $\boldsymbol{x}^{\mathrm{T}}\boldsymbol{A}\boldsymbol{x}$ 的规范形.

8. 设矩阵 $\boldsymbol{A}=\begin{pmatrix}-1&0&0\\0&1&2\\0&2&1\end{pmatrix}$,下列矩阵中与 $\boldsymbol{A}$ 合同的是哪一个?

(1) $\begin{pmatrix}1&0&0\\0&1&0\\0&0&1\end{pmatrix}$；　(2) $\begin{pmatrix}1&0&0\\0&1&0\\0&0&-1\end{pmatrix}$；

(3) $\begin{pmatrix}1&0&0\\0&-1&0\\0&0&-1\end{pmatrix}$；　(4) $\begin{pmatrix}-1&0&0\\0&-1&0\\0&0&0\end{pmatrix}$.

第 5.4 节　正定二次型

二次型的有定性在数学的各分支和微观经济分析的许多问题中具有广泛应用,本节将主要介绍正定二次型及有关性质.

1. 二次型的有定性

定义 5.4.1　设实二次型 $f(x_1,x_2,\cdots,x_n)=\boldsymbol{x}^{\mathrm{T}}\boldsymbol{A}\boldsymbol{x}$, 如果对任意 $\boldsymbol{x}\neq\boldsymbol{0}$, 都有

$$f(x_1,x_2,\cdots,x_n)=\boldsymbol{x}^{\mathrm{T}}\boldsymbol{A}\boldsymbol{x}>0,$$

称 f 为**正定二次型**(positive definite quadratic form),相应的矩阵 $\boldsymbol{A}$ 称为**正定矩阵**(positive definite matrix),记为 $\boldsymbol{A}>0$;若对任意 $\boldsymbol{x}\neq\boldsymbol{0}$ 都有 $f<0$, 称 f 为**负定二次型**,相应的矩阵 $\boldsymbol{A}$ 称为**负定矩阵**;若对任何 $\boldsymbol{x}\neq\boldsymbol{0}$ 都有 $f\geqslant 0$, 称 f 为**半正定二次型**,若 $f\leqslant 0$, 称 f 为**半负定二次型**,相应的矩阵 $\boldsymbol{A}$ 分别称为**半正定**、**半负定矩阵**.

容易验证:

$f(x_1,x_2,x_3)=x_1^2+x_2^2+3x_3^2$ 为正定二次型;

$f(x_1,x_2,x_3)=-x_1^2-2x_2^2-4x_3^2$ 为负定二次型;

$f(x_1,x_2,x_3)=x_1^2+x_2^2$ 为半正定二次型;

$f(x_1,x_2,x_3)=-x_1^2-3x_3^2$ 为半负定二次型.

教学演示实验 5-1
二次型正定性几何解释

二次型的正定(负定)、半正定(半负定)统称为二次型及其矩阵的**有定性**,不具备有定性的二次型及其矩阵是**不定的**.

对二次型的标准形,很容易由平方项系数的特点判别它的有定性.那么,对于一般二次型,是否可以结合它的标准形来判定有定性呢? 以下重点讨论正定二次型.

2. 正定二次型的判别法

定理 5.4.1 n 元二次型 $f(x_1,x_2,\cdots,x_n)=\boldsymbol{x}^{\mathrm{T}}\boldsymbol{A}\boldsymbol{x}$ 正定的充分必要条件是标准形的 n 个系数均为正.

证 设存在可逆线性变换 $\boldsymbol{x}=\boldsymbol{C}\boldsymbol{y}$ 使

$$f(x_1,x_2,\cdots,x_n)=\boldsymbol{x}^{\mathrm{T}}\boldsymbol{A}\boldsymbol{x}=\boldsymbol{y}^{\mathrm{T}}(\boldsymbol{C}^{\mathrm{T}}\boldsymbol{A}\boldsymbol{C})\boldsymbol{y}=\boldsymbol{y}^{\mathrm{T}}\boldsymbol{\Lambda}\boldsymbol{y}$$
$$=\lambda_1y_1^2+\lambda_2y_2^2+\cdots+\lambda_ny_n^2,$$

由于 $\boldsymbol{C}$ 可逆,所以 $\boldsymbol{x}\neq\boldsymbol{0}$ 与 $\boldsymbol{y}\neq\boldsymbol{0}$ 等价.而 $\boldsymbol{y}\neq\boldsymbol{0}$ 时,$\lambda_1y_1^2+\lambda_2y_2^2+\cdots+\lambda_ny_n^2>0$ 的充分必要条件是 $\lambda_i>0(i=1,2,\cdots,n)$,即标准形的 n 个系数均为正.

推论 1 n 元二次型 $f=\boldsymbol{x}^{\mathrm{T}}\boldsymbol{A}\boldsymbol{x}$ 正定的充分必要条件是正惯性指数等于 n.

推论 2 n 元二次型 $f=\boldsymbol{x}^{\mathrm{T}}\boldsymbol{A}\boldsymbol{x}$ 正定的充分必要条件是 $\boldsymbol{A}$ 的特征值都大于零.

推论 3 n 元二次型 $f=\boldsymbol{x}^{\mathrm{T}}\boldsymbol{A}\boldsymbol{x}$ 正定的充分必要条件是 $\boldsymbol{A}$ 合同于单位矩阵,即存在可逆矩阵 $\boldsymbol{C}$,使得 $\boldsymbol{A}=\boldsymbol{C}^{\mathrm{T}}\boldsymbol{C}$.

推论 4 n 元二次型 $f=\boldsymbol{x}^{\mathrm{T}}\boldsymbol{A}\boldsymbol{x}$ 正定,则 $|\boldsymbol{A}|>0$.

例 5.4.1 如果实对称矩阵 $\boldsymbol{A}$ 为正定矩阵,证明 $\boldsymbol{A}^{-1}$ 也是正定矩阵.

证 由 $\boldsymbol{A}=\boldsymbol{A}^{\mathrm{T}}$ 得 $(\boldsymbol{A}^{-1})^{\mathrm{T}}=(\boldsymbol{A}^{\mathrm{T}})^{-1}=\boldsymbol{A}^{-1}$,所以,$\boldsymbol{A}^{-1}$ 是对称矩阵.

又 $\boldsymbol{A}$ 为正定矩阵,故存在可逆矩阵 $\boldsymbol{C}$,使得 $\boldsymbol{A}=\boldsymbol{C}^{\mathrm{T}}\boldsymbol{C}$. 于是

$$\boldsymbol{A}^{-1}=(\boldsymbol{C}^{\mathrm{T}}\boldsymbol{C})^{-1}=\boldsymbol{C}^{-1}(\boldsymbol{C}^{-1})^{\mathrm{T}}.$$

记 $\boldsymbol{B}^{\mathrm{T}}=\boldsymbol{C}^{-1}$,则 $\boldsymbol{A}^{-1}=\boldsymbol{B}^{\mathrm{T}}\boldsymbol{B}$,因此 $\boldsymbol{A}^{-1}$ 也是正定矩阵.

本题还可以通过矩阵特征值的性质得到证明.

一般情况下,借助于二次型 $f=\boldsymbol{x}^{\mathrm{T}}\boldsymbol{A}\boldsymbol{x}$ 的矩阵 $\boldsymbol{A}$ 的特征值或将二次型化为标准形来判别其是否正定比较麻烦.以下给出一种直接利用二次型的矩阵 $\boldsymbol{A}$ 判别它是否正定的方法.

首先给出如下概念.

定义 5.4.2 设 n 阶矩阵 $\boldsymbol{A}=(a_{ij})_{n\times n}$,$\boldsymbol{A}$ 的子式

$$|\boldsymbol{A}_k|=\begin{vmatrix}a_{11}&a_{12}&\cdots&a_{1k}\\a_{21}&a_{22}&\cdots&a_{2k}\\\vdots&\vdots&&\vdots\\a_{k1}&a_{k2}&\cdots&a_{kk}\end{vmatrix}\quad(k=1,2,\cdots,n)$$

称为矩阵 $\boldsymbol{A}$ 的 k **阶顺序主子式**.

定理 5.4.2　二次型 $f(x_1,x_2,\cdots,x_n)=\boldsymbol{x}^{\mathrm{T}}\boldsymbol{A}\boldsymbol{x}$ 正定（或 $\boldsymbol{A}>0$）的充分必要条件是 $\boldsymbol{A}$ 的各阶顺序主子式都大于零.

定理 5.4.2 的证明

例 5.4.2　判断二次型

$$f(x_1,x_2,x_3)=6x_1^2+5x_2^2+7x_3^2-4x_1x_2+4x_1x_3$$

是否正定.

解　**方法 1**（由定义）　利用配方法将二次型化为标准形

$$\begin{aligned}f&=6x_1^2+5x_2^2+7x_3^2-4x_1x_2+4x_1x_3\\&=6\left(x_1-\frac{1}{3}x_2+\frac{1}{3}x_3\right)^2+\frac{13}{3}\left(x_2+\frac{2}{13}x_3\right)^2+\frac{243}{39}x_3^2,\end{aligned}$$

故对任意 $\boldsymbol{x}=(x_1,x_2,x_3)^{\mathrm{T}}\neq\boldsymbol{0}$，恒有 $f>0$，即二次型正定.

方法 2（特征值法）

$$|\lambda\boldsymbol{E}-\boldsymbol{A}|=\begin{vmatrix}\lambda-6&2&-2\\2&\lambda-5&0\\-2&0&\lambda-7\end{vmatrix}=(\lambda-3)(\lambda-6)(\lambda-9),$$

因 $\boldsymbol{A}$ 的特征值 $\lambda_1=3,\lambda_2=6,\lambda_3=9$ 均为正数，故 f 为正定二次型.

方法 3（顺序主子式法）　二次型的矩阵 $\boldsymbol{A}=\begin{pmatrix}6&-2&2\\-2&5&0\\2&0&7\end{pmatrix}$，

$$a_{11}=6>0,\quad\begin{vmatrix}a_{11}&a_{12}\\a_{21}&a_{22}\end{vmatrix}=\begin{vmatrix}6&-2\\-2&5\end{vmatrix}=26>0,$$

$$|\boldsymbol{A}|=\begin{vmatrix}6&-2&2\\-2&5&0\\2&0&7\end{vmatrix}=162>0,$$

从而，f 为正定二次型.

相比较而言，顺序主子式法更容易实现.

例 5.4.3　t 取何值时，二次型

$$f(x_1,x_2,x_3)=4x_1^2+2x_2^2+3x_3^2+4tx_1x_2+2x_1x_3$$

是正定的.

解　二次型 f 的矩阵 $\boldsymbol{A}=\begin{pmatrix}4&2t&1\\2t&2&0\\1&0&3\end{pmatrix}$，由

$$4>0,\quad \begin{vmatrix} 4 & 2t \\ 2t & 2 \end{vmatrix} = 4(2-t^2)>0,\quad \begin{vmatrix} 4 & 2t & 1 \\ 2t & 2 & 0 \\ 1 & 0 & 3 \end{vmatrix} = 2(11-6t^2)>0,$$

解不等式 $\begin{cases} 2-t^2>0, \\ 11-6t^2>0, \end{cases}$ 得 $|t|<\sqrt{\dfrac{11}{6}}$，即当 $|t|<\sqrt{\dfrac{11}{6}}$ 时，二次型 f 是正定的.

关于负定二次型也有类似于正定二次型的结论.这里给出几个常用的判别方法.

显然，二次型 $f=\boldsymbol{x}^{\mathrm{T}}\boldsymbol{A}\boldsymbol{x}$ 负定的充分必要条件是 $-f=-\boldsymbol{x}^{\mathrm{T}}\boldsymbol{A}\boldsymbol{x}$ 正定. 因此，有

定理 5.4.3 (1) n 元二次型 $f=\boldsymbol{x}^{\mathrm{T}}\boldsymbol{A}\boldsymbol{x}$ 负定的充分必要条件是标准形的 n 个系数均为负；

(2) n 元二次型 $f=\boldsymbol{x}^{\mathrm{T}}\boldsymbol{A}\boldsymbol{x}$ 负定的充分必要条件是负惯性指数等于 n；

(3) n 元二次型 $f=\boldsymbol{x}^{\mathrm{T}}\boldsymbol{A}\boldsymbol{x}$ 负定的充分必要条件是 $\boldsymbol{A}$ 的特征值都小于零；

(4) n 元二次型 $f=\boldsymbol{x}^{\mathrm{T}}\boldsymbol{A}\boldsymbol{x}$ 负定的充分必要条件是 $\boldsymbol{A}$ 合同于 $-\boldsymbol{E}$；

(5) n 元二次型 $f=\boldsymbol{x}^{\mathrm{T}}\boldsymbol{A}\boldsymbol{x}$ 负定的充分必要条件是 $\boldsymbol{A}$ 的奇数阶顺序主子式都小于零，而偶数阶顺序主子式都大于零.

停下来想一想

n 元半正定(或半负定)二次型标准形的 n 个系数有什么特点?

n 元半正定(或半负定)二次型的正、负惯性指数有什么特殊性?

与 n 元半正定(或半负定)二次型的矩阵合同的最简形矩阵是什么形式?

n 元半正定(或半负定)二次型对应矩阵的特征值有什么性质?

n 元半正定(或半负定)二次型对应矩阵的行列式是多少?

*3. 二次型有定性在求函数极值中的应用

在数理经济分析中，经常需要讨论一些经济函数极值存在的条件.关于一元函数和二元函数极值的判定比较容易，但是，对于两个以上自变量的多元函数极值的判定就比较困难了.这里从二元函数的极值入手，利用正定二次型的理论，给出一般多元函数极值判定的一个充分条件.

二元函数 $z=f(x,y)$ 极值判别的一个充分条件为：

设函数 $z=f(x,y)$ 在点 (x_0,y_0) 的某邻域内连续,存在二阶连续偏导数,且 $\left.\dfrac{\partial f}{\partial x}\right|_{(x_0,y_0)}=\left.\dfrac{\partial f}{\partial y}\right|_{(x_0,y_0)}=0$, 记

$$A=\left.\frac{\partial^2 f}{\partial x^2}\right|_{(x_0,y_0)},\ B=\left.\frac{\partial^2 f}{\partial x\partial y}\right|_{(x_0,y_0)},\ C=\left.\frac{\partial^2 f}{\partial y^2}\right|_{(x_0,y_0)},$$

若 $B^2-AC<0$ 且 $A>0$(或 $C>0$), 则 $f(x_0,y_0)$ 为极小值;

若 $B^2-AC<0$ 且 $A<0$(或 $C<0$), 则 $f(x_0,y_0)$ 为极大值.

若记 $\boldsymbol{H}_f(x_0,y_0)=\begin{pmatrix}\left.\dfrac{\partial^2 f}{\partial x^2}\right|_{(x_0,y_0)} & \left.\dfrac{\partial^2 f}{\partial x\partial y}\right|_{(x_0,y_0)}\\ \left.\dfrac{\partial^2 f}{\partial y\partial x}\right|_{(x_0,y_0)} & \left.\dfrac{\partial^2 f}{\partial y^2}\right|_{(x_0,y_0)}\end{pmatrix}=\begin{pmatrix}A & B\\ B & C\end{pmatrix}$, 结合正定矩阵的相关理论,上述结论可叙述为:

(1) 若 $\boldsymbol{H}_f(x_0,y_0)$ 为正定矩阵($A>0, AC-B^2>0$),则 $f(x_0,y_0)$ 为极小值;

(2) 若 $\boldsymbol{H}_f(x_0,y_0)$ 为负定矩阵($A<0, AC-B^2>0$),则 $f(x_0,y_0)$ 为极大值.

将这一结果推广到判定 n 元函数极值,有如下一般结论:

设 n 元函数 $f(x_1,x_2,\cdots,x_n)$ 在点 $\boldsymbol{a}=(a_1,a_2,\cdots,a_n)$ 的某邻域内连续,存在二阶连续偏导数,记 $\boldsymbol{x}=(x_1,x_2,\cdots,x_n)$. 若点 $\boldsymbol{a}$ 是 $f(x_1,x_2,\cdots,x_n)$ 的驻点,即

$$\left.\frac{\partial f}{\partial x_1}\right|_{\boldsymbol{x}=\boldsymbol{a}}=\left.\frac{\partial f}{\partial x_2}\right|_{\boldsymbol{x}=\boldsymbol{a}}=\cdots=\left.\frac{\partial f}{\partial x_n}\right|_{\boldsymbol{x}=\boldsymbol{a}}=0,$$

记 $\boldsymbol{H}_f(\boldsymbol{a})=\begin{pmatrix}\dfrac{\partial^2 f(\boldsymbol{a})}{\partial x_1^2} & \dfrac{\partial^2 f(\boldsymbol{a})}{\partial x_1\partial x_2} & \cdots & \dfrac{\partial^2 f(\boldsymbol{a})}{\partial x_1\partial x_n}\\ \dfrac{\partial^2 f(\boldsymbol{a})}{\partial x_2\partial x_1} & \dfrac{\partial^2 f(\boldsymbol{a})}{\partial x_2^2} & \cdots & \dfrac{\partial^2 f(\boldsymbol{a})}{\partial x_2\partial x_n}\\ \vdots & \vdots & & \vdots\\ \dfrac{\partial^2 f(\boldsymbol{a})}{\partial x_n\partial x_1} & \dfrac{\partial^2 f(\boldsymbol{a})}{\partial x_n\partial x_2} & \cdots & \dfrac{\partial^2 f(\boldsymbol{a})}{\partial x_n^2}\end{pmatrix}$ (称之为 $f(\boldsymbol{x})$ 在点 $\boldsymbol{x}=\boldsymbol{a}$ 的**黑塞矩阵**),则

数学家小传 5-1
黑塞

(1) 当 $\boldsymbol{H}_f(\boldsymbol{a})$ 是正定矩阵时, $\boldsymbol{x}=\boldsymbol{a}$ 为函数 $f(\boldsymbol{x})$ 的极小值点;

(2) 当 $\boldsymbol{H}_f(\boldsymbol{a})$ 是负定矩阵时, $\boldsymbol{x}=\boldsymbol{a}$ 为函数 $f(\boldsymbol{x})$ 的极大值点.

看一个具体例子.

例 5.4.4 已知一垄断企业生产三种相关产品,售价分别为 P_1,P_2,P_3,销售量分别为 Q_1,Q_2,Q_3,其需求函数及总成本函数分别为

$$P_1=70-2Q_1-Q_2-Q_3,$$
$$P_2=120-Q_1-4Q_2-2Q_3,$$
$$P_3=90-Q_1-Q_2-3Q_3;$$
$$C(Q_1,Q_2,Q_3)=Q_1^2+Q_1Q_2+2Q_2^2+2Q_2Q_3+Q_3^2+Q_1Q_3,$$

求三种产品的供应量为多少时,可使垄断商的总利润最大?

解 设总利润函数为 $R(Q_1,Q_2,Q_3)$,则

$$\begin{aligned}R(Q_1,Q_2,Q_3)&=P_1Q_1+P_2Q_2+P_3Q_3-C(Q_1,Q_2,Q_3)\\&=-3Q_1^2-6Q_2^2-4Q_3^2-3Q_1Q_2-3Q_1Q_3-\\&\quad 5Q_2Q_3+70Q_1+120Q_2+90Q_3,\end{aligned}$$

首先求 $R(Q_1,Q_2,Q_3)$ 的驻点,令

$$\begin{cases}\dfrac{\partial R}{\partial Q_1}=0,\\[2mm]\dfrac{\partial R}{\partial Q_2}=0,\\[2mm]\dfrac{\partial R}{\partial Q_3}=0,\end{cases}$$

得方程组

$$\begin{cases}6Q_1+3Q_2+3Q_3=70,\\3Q_1+12Q_2+5Q_3=120,\\3Q_1+5Q_2+8Q_3=90,\end{cases}$$

解得方程组的唯一解为

$$\begin{cases}\overline{Q}_1=\dfrac{125}{21},\\[2mm]\overline{Q}_2=\dfrac{45}{7},\\[2mm]\overline{Q}_3=5.\end{cases}$$

计算 $R(Q_1,Q_2,Q_3)$ 在 $(\overline{Q}_1,\overline{Q}_2,\overline{Q}_3)$ 的黑塞矩阵为

$$\boldsymbol{H}_R(\overline{Q}_1,\overline{Q}_2,\overline{Q}_3)=\begin{pmatrix}-6 & -3 & -3\\ -3 & -12 & -5\\ -3 & -5 & -8\end{pmatrix},$$

因为

$$-6<0,\ \begin{vmatrix}-6 & -3\\ -3 & -12\end{vmatrix}=63>0,\ \begin{vmatrix}-6 & -3 & -3\\ -3 & -12 & -5\\ -3 & -5 & -8\end{vmatrix}=-357<0,$$

所以 $\boldsymbol{H}_R(\overline{Q}_1,\overline{Q}_2,\overline{Q}_3)$ 是负定矩阵,因而 $(\overline{Q}_1,\overline{Q}_2,\overline{Q}_3)$ 是 $R(Q_1,Q_2,Q_3)$ 的最大值点.即当 $Q_1=\dfrac{125}{21},Q_2=\dfrac{45}{7},Q_3=5$ 时,垄断商的总利润最大.

习题 5.4(A)

1. 单项选择题.

(1) $\boldsymbol{A}_{n\times n}$ 为正定矩阵的充要条件是(　　　);

(A) $|\boldsymbol{A}|>0$

(B) 存在 n 阶矩阵 $\boldsymbol{C}$,使 $\boldsymbol{A}=\boldsymbol{C}^{\mathrm{T}}\boldsymbol{C}$

(C) 其对应的二次型的负惯性指数为零

(D) 各阶顺序主子式均大于零

(2) 实对称矩阵 $\boldsymbol{A}$ 的所有特征值均大于零是 $\boldsymbol{A}$ 正定的(　　)条件;

(A) 充分　　(B) 必要　　(C) 充分必要　　(D) 无关

(3) 若 $\boldsymbol{A},\boldsymbol{B}$ 都是 n 阶正定矩阵,则 $\boldsymbol{AB}$ 一定为(　　　);

(A) 实对称矩阵　　(B) 正交矩阵

(C) 正定矩阵　　(D) 可逆矩阵

(4) 若 $\boldsymbol{A},\boldsymbol{B}$ 都是 n 阶正定矩阵,则(　　　).

(A) $\boldsymbol{AB},\boldsymbol{A}+\boldsymbol{B}$ 都正定　　(B) $\boldsymbol{AB}$ 正定,$\boldsymbol{A}+\boldsymbol{B}$ 非正定

(C) $\boldsymbol{AB}$ 非正定,$\boldsymbol{A}+\boldsymbol{B}$ 正定　　(D) $\boldsymbol{AB}$ 不一定正定,$\boldsymbol{A}+\boldsymbol{B}$ 正定

2. 填空题.

(1) 当矩阵 $\boldsymbol{A}=\begin{pmatrix}t & 1\\ 1 & t\end{pmatrix}$ 正定时,t 满足的条件为________;

(2) 若 $\boldsymbol{A}$ 是 n 阶正交正定矩阵,则 $\boldsymbol{A}=$________________.

3. 判断下列二次型的正定性.

(1) $f(x_1,x_2,x_3)=2x_1^2+5x_2^2+5x_3^2+4x_1x_2-4x_1x_3-8x_2x_3$;

(2) $f(x_1,x_2,x_3)=-x_1^2-3x_2^2-9x_3^2+2x_1x_2-4x_1x_3$;

(3) $f(x_1,x_2,x_3)=x_1^2+2x_2^2+6x_3^2+2x_1x_2+2x_1x_3+6x_2x_3$.

4. t 满足什么条件时，下列二次型正定？

(1) $f(x_1,x_2,x_3) = 5x_1^2 + x_2^2 + tx_3^2 + 4x_1x_2 - 2x_1x_3 - 2x_2x_3$；

(2) $f(x_1,x_2,x_3) = x_1^2 + 2x_2^2 + 3x_3^2 + tx_1x_2 + tx_1x_3 + x_2x_3$.

5. 设 $\boldsymbol{A} = \begin{pmatrix} 1 & 2 & 0 & 0 \\ 2 & x & 0 & 0 \\ 0 & 0 & 2 & -1 \\ 0 & 0 & -1 & y \end{pmatrix}$ 是正定矩阵，求 x,y 满足的条件.

6. 证明：(1) 若 $\boldsymbol{A}$ 是可逆矩阵，则 $\boldsymbol{A}^{\mathrm{T}}\boldsymbol{A}$ 为正定矩阵；

(2) 若 $\boldsymbol{A}$ 是 n 阶正定矩阵，$\boldsymbol{B}$ 为 n 阶可逆矩阵，则 $\boldsymbol{B}^{\mathrm{T}}\boldsymbol{A}\boldsymbol{B}$ 为正定矩阵；

(3) 若 $\boldsymbol{A},\boldsymbol{B}$ 是同阶正定矩阵，则 $\lambda\boldsymbol{A} + \mu\boldsymbol{B}$($\lambda,\mu$ 为正数)也是正定矩阵；

(4) 若 3 阶实对称矩阵 $\boldsymbol{A}$ 的特征值为 $\lambda_1 = \lambda_2 = \dfrac{1}{2}, \lambda_3 = -4$. 而

$$\boldsymbol{B} = (\boldsymbol{A}^*)^2 - 4\boldsymbol{A}^* + 4\boldsymbol{E},$$

则 $\boldsymbol{B}$ 是正定矩阵；

(5) 若 $\boldsymbol{A}$ 是实对称矩阵，则必有数 a 使 $\boldsymbol{A} + a\boldsymbol{E}$ 为正定矩阵；

(6) 若 $\boldsymbol{A}$ 是 n 阶正定矩阵，$\boldsymbol{E}$ 是 n 阶单位矩阵，则 $|\boldsymbol{A} + \boldsymbol{E}| > 1$.

习题 5.4(B)

1. n 阶实对称矩阵 $\boldsymbol{A}$ 正定的充分必要条件是(　　).

(A) 二次型 $\boldsymbol{x}^{\mathrm{T}}\boldsymbol{A}\boldsymbol{x}$ 的负惯性指数为 0；

(B) 存在可逆矩阵 $\boldsymbol{P}$，使得 $\boldsymbol{P}^{-1}\boldsymbol{A}\boldsymbol{P} = \boldsymbol{E}$；

(C) 存在 n 阶矩阵 $\boldsymbol{C}$，使得 $\boldsymbol{A} = \boldsymbol{C}^{\mathrm{T}}\boldsymbol{C}$；

(D) $\boldsymbol{A}$ 的伴随矩阵 $\boldsymbol{A}^*$ 与 $\boldsymbol{E}$ 合同.

2. 实二次型

$$f(x_1,x_2,x_3) = (ax_1 + x_2 - x_3)^2 + (x_2 + x_3)^2 + (x_1 - 2x_2 + ax_3)^2$$

是正定二次型的充分必要条件是(　　).

(A) $a = 0$；　(B) $a > 0$；　(C) $a < 0$；　(D) a 为任意实数.

3. 设 $\boldsymbol{A}$ 为 3 阶实对称矩阵，$\boldsymbol{A}$ 的全部特征值为 $-2,-2,0$. k 为何值时，$\boldsymbol{A} + k\boldsymbol{E}$ 为正定矩阵？

4. 试证二次型 $\sum\limits_{i=1}^{n} x_i^2 + \sum\limits_{1 \leqslant i < j \leqslant n} x_ix_j$ 正定.

5. 设有 n 元实二次型

$$f(x_1,x_2,\cdots,x_n) = (x_1 + a_1x_2)^2 + (x_2 + a_2x_3)^2 + \cdots + (x_{n-1} + a_{n-1}x_n)^2 + (x_n + a_nx_1)^2,$$

$a_1,a_2,\cdots,a_n$ 满足何种条件时，该二次型正定？

第 5. 5 节 Mathematica 软件应用

本节通过具体实例介绍如何应用 Mathematica 写出二次型的标准形及判定二次型的有定性.

1. 相关命令

利用命令 **Eigensystem[A]**可以求出矩阵 $\boldsymbol{A}$ 的特征值与特征向量,进而求出正交变换,化二次型为标准形.

利用命令 **Eigenvalues[A]**可以求出矩阵 $\boldsymbol{A}$ 的特征值,进而求出对应二次型的标准形、规范形,判别二次型的有定性.

2. 应用示例

例 5. 5. 1 已知实对称矩阵 $\boldsymbol{A}=\begin{pmatrix}2&0&-1\\0&3&0\\-1&0&2\end{pmatrix}$,求一正交线性变换 $\boldsymbol{x}=\boldsymbol{Q}\boldsymbol{y}$ 化二次型 $\boldsymbol{x}^{\mathrm{T}}\boldsymbol{A}\boldsymbol{x}$ 为标准形,写出对应的标准形.

解 打开 Mathematica 4.0 窗口,键入命令

$$\mathbf{A}=\begin{pmatrix}2&0&-1\\0&3&0\\-1&0&2\end{pmatrix};$$

Eigensystem[A]//MatrixForm

按"Shift+Enter"键,得矩阵 $\boldsymbol{A}$ 的特征值与特征向量,如图 5. 5. 1.

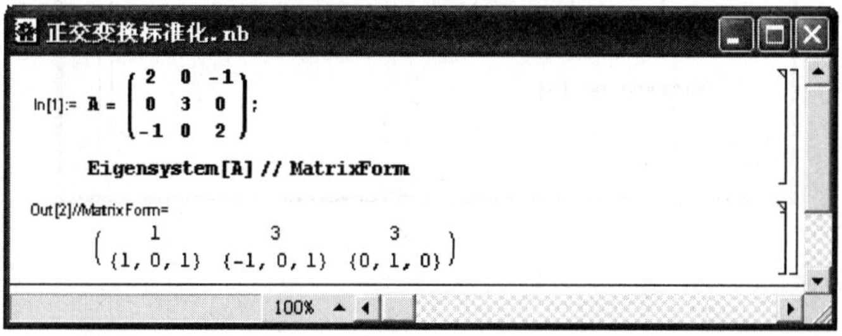

图 5. 5. 1

$\boldsymbol{A}$ 的特征值为 $\lambda_1=1,\lambda_2=\lambda_3=3$, 它们对应的线性无关的特征向量分

别为 $\boldsymbol{\xi}_1=\begin{pmatrix}1\\0\\1\end{pmatrix}$, $\boldsymbol{\xi}_2=\begin{pmatrix}-1\\0\\1\end{pmatrix}$, $\boldsymbol{\xi}_3=\begin{pmatrix}0\\1\\0\end{pmatrix}$. $\boldsymbol{\xi}_1,\boldsymbol{\xi}_2,\boldsymbol{\xi}_3$ 已经两两正交,将它们单位化为

$$\boldsymbol{q}_1=\begin{pmatrix}\frac{1}{\sqrt{2}}\\0\\\frac{1}{\sqrt{2}}\end{pmatrix},\ \boldsymbol{q}_2=\begin{pmatrix}-\frac{1}{\sqrt{2}}\\0\\\frac{1}{\sqrt{2}}\end{pmatrix},\ \boldsymbol{q}_3=\begin{pmatrix}0\\1\\0\end{pmatrix},$$

记 $\boldsymbol{Q}=(\boldsymbol{q}_1,\boldsymbol{q}_2,\boldsymbol{q}_3)$, 则 $x=Qy$ 即为所求正交线性变换,二次型的标准形为 $f=y_1^2+3y_2^2+3y_3^2$.

例 5.5.2 写出二次型 $f(x_1,x_2,x_3)=2x_1x_2+2x_1x_3+2x_2x_3$ 的标准形及规范形,并判定是否正定.

解 打开 Mathematica 4.0 窗口,键入命令

$$\mathbf{A}=\begin{pmatrix}0&1&1\\1&0&1\\1&1&0\end{pmatrix};$$

Eigenvalues[A]

按"Shift+Enter"键,得矩阵 $\boldsymbol{A}$ 的特征值,如图 5.5.2.

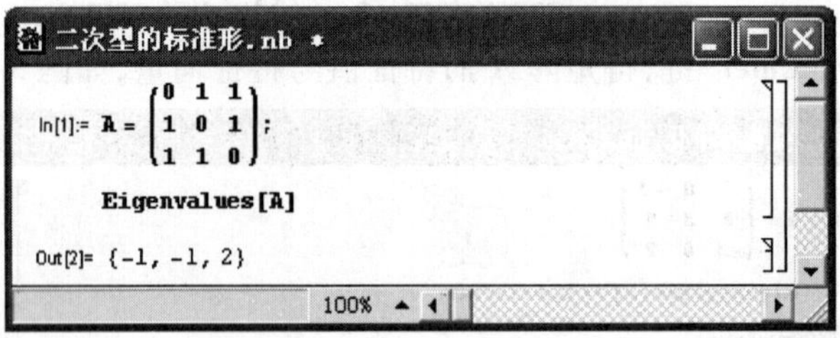

图 5.5.2

因此,二次型 f 的标准形为 $f=-y_1^2-y_2^2+2y_3^2$,规范形为 $f=z_1^2-z_2^2-z_3^2$. 由于该二次型的特征值不都大于零,故该二次型不是正定二次型.

3. 技能训练

（1）设实对称矩阵 $\boldsymbol{A}=\begin{pmatrix}1&1&0\\1&1&0\\0&0&3\end{pmatrix}$，

① 求正交矩阵 $\boldsymbol{Q}$，使 $\boldsymbol{Q}^{-1}\boldsymbol{A}\boldsymbol{Q}=\boldsymbol{Q}^{\mathrm{T}}\boldsymbol{A}\boldsymbol{Q}=\boldsymbol{\Lambda}$ 为对角矩阵；

② 写出化二次型 $f(x_1,x_2,x_3)=\boldsymbol{x}^{\mathrm{T}}\boldsymbol{A}\boldsymbol{x}$ 为标准形所用正交线性变换及其对应的标准形，并回答该二次型是否正定.

（2）设二次型

$$f(x_1,x_2,x_3)=x_1^2+3x_2^2+x_3^2-2x_1x_2+4x_1x_3+2x_2x_3,$$

写出二次型的标准形、规范形及正、负惯性指数，并判定是否正定.

*（3）给定三个有一定需求关系的市场，它们由一个垄断商供货，三个市场对应的需求函数分别为

$$P_1=14-2Q_1-Q_2-Q_3,\quad P_2=24-2Q_1-4Q_2-2Q_3,$$
$$P_3=36-2Q_1-4Q_2-6Q_3;$$

假定其总成本函数为

$$C(Q_1,Q_2,Q_3)=3+2Q_1+2Q_2+2Q_3,$$

试结合 Mathematica 软件求使得利润最大化的 Q_1,Q_2,Q_3.

提示：参考例 5.4.4.

答案：最大利润值点为 $Q_1=\dfrac{5}{7},Q_2=\dfrac{11}{14},Q_3=\dfrac{95}{42}$.

复习题 5

一、单项选择题.

1. 下列 3 元二次型中，（　　）是正定的；

（A）$f=x_1^2-3x_2^2+x_3^2$

（B）$f=x_1x_2+x_1x_3+x_2x_3$

（C）$f=(x_1+x_2+x_3)^2+(x_2-x_3)^2+(x_2+x_3)^2$

（D）$f=(x_1+x_2+x_3)^2+(x_2+x_3)^2$

2. 3 元二次型 $f=y_1^2-y_2^2+3y_3^2$ 的正惯性指数为（　　）；

（A）2　　（B）-1　　（C）3　　（D）1

3. 若实对称矩阵 $\boldsymbol{A}$ 与矩阵 $\boldsymbol{B}=\begin{pmatrix}2&0&0\\0&-1&0\\0&0&4\end{pmatrix}$ 合同,则二次型 $\boldsymbol{x}^{\mathrm{T}}\boldsymbol{A}\boldsymbol{x}$ 的规范形为(　　);

(A) $z_1^2-z_3^2$　　(B) $z_1^2-z_2^2-z_3^2$　　(C) $z_1^2+z_2^2-z_3^2$　　(D) $z_1^2+z_2^2+z_3^2$

4. 下面说法正确的是(　　);

(A) 负定矩阵行列式小于零

(B) 半正定矩阵行列式等于零

(C) 若实对称矩阵 $\boldsymbol{A}$ 的各阶顺序主子式大于零,则特征值均大于零

(D) 若实对称矩阵 $\boldsymbol{A}$ 的各阶顺序主子式小于零,则特征值均小于零

5. 矩阵 $\begin{pmatrix}0&1&0\\1&0&0\\0&0&-1\end{pmatrix}$ 合同于(　　　);

(A) $\begin{pmatrix}1&0&0\\0&1&0\\0&0&-1\end{pmatrix}$　　(B) $\begin{pmatrix}3&0&0\\0&-2&0\\0&0&5\end{pmatrix}$

(C) $\begin{pmatrix}1&0&0\\0&1&0\\0&0&1\end{pmatrix}$　　(D) $\begin{pmatrix}-2&0&0\\0&2&0\\0&0&-1\end{pmatrix}$

6. 设二次型 $f(x_1,x_2,x_3)$ 在正交变换 $\boldsymbol{x}=\boldsymbol{P}\boldsymbol{y}$ 下的标准形为 $2y_1^2+y_2^2-y_3^2$,其中 $\boldsymbol{P}=(\boldsymbol{e}_1,\boldsymbol{e}_2,\boldsymbol{e}_3)$,若 $\boldsymbol{Q}=(\boldsymbol{e}_1,-\boldsymbol{e}_3,\boldsymbol{e}_2)$,则 (x_1,x_2,x_3) 在正交变换 $\boldsymbol{x}=\boldsymbol{Q}\boldsymbol{y}$ 下的标准形为(　　　).

(A) $2y_1^2-y_2^2+y_3^2$　　(B) $2y_1^2+y_2^2-y_3^2$

(C) $2y_1^2-y_2^2-y_3^2$　　(D) $2y_1^2+y_2^2+y_3^2$

二、填空题.

1. 矩阵 $\begin{pmatrix}1&2&3\\2&-1&4\\3&4&5\end{pmatrix}$ 对应的二次型是________________;

2. 设二次型 $f(x_1,x_2,x_3)=2x_1^2+x_2^2+3x_3^2+2tx_1x_2+2x_1x_3$ 正定,则 t 的取值范围是____;

3. n 元二次型 $\boldsymbol{x}^{\mathrm{T}}\boldsymbol{A}\boldsymbol{x}$ 正定⇔规范形为____________________;

⇔正惯性指数为____________________;

$\Leftrightarrow$与 $\boldsymbol{A}$ 合同的最简形矩阵为________________；

$\Leftrightarrow\boldsymbol{A}$ 的顺序主子式________________________.

4. 某个 4 元二次型 $\boldsymbol{x}^{\mathrm{T}}\boldsymbol{A}\boldsymbol{x}$ 的标准形为 $2y_1^2-3y_2^2+y_3^2+4y_4^2$，则与矩阵 $\boldsymbol{A}$ 合同的一个对角矩阵为 $\boldsymbol{\Lambda}=$__________，二次型的规范形为________________，正惯性指数为______，负惯性指数为______，符号差为______；
5. 化二次型 $f(x_1,x_2,x_3)=x_1^2+4x_2^2-3x_3^2$ 为规范形，所用可逆线性变换为______.

三、判断题.

1. 正、负惯性指数数相同的矩阵相似；(　　)
2. 负定矩阵的特征值一定均小于零；(　　)
3. n 阶对称矩阵 $\boldsymbol{A}$ 的 n 个特征值均大于零，则二次型 $f(x_1,x_2,\cdots,x_n)=\boldsymbol{x}^{\mathrm{T}}\boldsymbol{A}\boldsymbol{x}$ 为正定二次型；(　　)
4. 二次型的标准形唯一存在；(　　)
5. 两个对称矩阵相似则必合同.(　　)

四、完成下列各题.

1. 若二次型 $f(x_1,x_2,x_3)=x_1^2+2x_2^2+x_3^2+2tx_1x_2+2x_2x_3$ 的秩为 2，求 t 的值.
2. 判断下列二次型的正定性.

   (1) $f(x_1,x_2,x_3)=x_1^2+x_2^2+x_3^2+2x_1x_2+2x_1x_3+2x_2x_3$；

   (2) $f(x_1,x_2,x_3)=x_1^2+2x_2^2+9x_3^2-2x_1x_2-4x_1x_3$.
3. 设二次型 $f(x_1,x_2,x_3)=x_1^2+3x_3^2+2x_1x_2+4x_1x_3+2x_2x_3$.

   (1) 化二次型为标准形，写出所用的可逆线性变换；

   (2) 指出二次型的秩及其正、负惯性指数；

   (3) 写出二次型的规范形.
4. 若二次型 $f(x_1,x_2,x_3)=-x_1^2-x_2^2-5x_3^2+2ax_1x_2+2x_1x_3$ 负定，则 a 应满足什么条件？

五、证明题.

1. $\boldsymbol{A}$ 是正定矩阵，证明存在可逆矩阵 $\boldsymbol{B}$ 满足 $\boldsymbol{A}=\boldsymbol{B}^2$.
2. (1) 同阶正定矩阵与半正定矩阵的和是正定矩阵；

   (2) 对于任意 n 阶方阵 $\boldsymbol{A}$，证明 $\boldsymbol{A}^{\mathrm{T}}\boldsymbol{A}+\boldsymbol{E}$ 正定；
3. 设二次型

$$f(x_1,x_2,x_3)=2(a_1x_1+a_2x_2+a_3x_3)^2+(b_1x_1+b_2x_1+b_3x_3)^2,\boldsymbol{\alpha}=\begin{pmatrix}a_1\\a_2\\a_3\end{pmatrix},\boldsymbol{\beta}=\begin{pmatrix}b_1\\b_2\\b_3\end{pmatrix}.$$

(1) 证明二次型 f 对应的矩阵为 $2\boldsymbol{\alpha}\boldsymbol{\alpha}^{\mathrm{T}}+\boldsymbol{\beta}\boldsymbol{\beta}^{\mathrm{T}}$；

(2) 若 $\boldsymbol{\alpha},\boldsymbol{\beta}$ 正交且为单位向量,证明 f 在正交变换下的标准形为 $2y_1^2+y_2^2$.

习题答案与提示

第 1 章

第 2 章

第 3 章

第 4 章

第 5 章

参 考 文 献

郑重声明

高等教育出版社依法对本书享有专有出版权。任何未经许可的复制、销售行为均违反《中华人民共和国著作权法》,其行为人将承担相应的民事责任和行政责任;构成犯罪的,将被依法追究刑事责任。为了维护市场秩序,保护读者的合法权益,避免读者误用盗版书造成不良后果,我社将配合行政执法部门和司法机关对违法犯罪的单位和个人进行严厉打击。社会各界人士如发现上述侵权行为,希望及时举报,本社将奖励举报有功人员。

反盗版举报电话　　(010)58581999　58582371　58582488

反盗版举报传真　　(010)82086060

反盗版举报邮箱　　dd@hep.com.cn

通信地址　　北京市西城区德外大街4号
　　　　　　高等教育出版社法律事务与版权管理部

邮政编码　　100120

防伪查询说明

用户购书后刮开封底防伪涂层,利用手机微信等软件扫描二维码,会跳转至防伪查询网页,获得所购图书详细信息。用户也可将防伪二维码下的20位密码按从左到右、从上到下的顺序发送短信至106695881280,免费查询所购图书真伪。

反盗版短信举报

编辑短信"JB,图书名称,出版社,购买地点"发送至10669588128

防伪客服电话

(010)58582300

网络增值服务使用说明

一、注册/登录

访问 http://abook.hep.com.cn/,点击"注册",在注册页面输入用户名、密码及常用的邮箱进行注册。已注册的用户直接输入用户名和密码登录即可进入"我的课程"页面。

二、课程绑定

点击"我的课程"页面右上方"绑定课程",正确输入教材封底防伪标签上的20位密码,点击"确定"完成课程绑定。

三、访问课程

在"正在学习"列表中选择已绑定的课程,点击"进入课程"即可浏览或下载与本书配套的课程资源。刚绑定的课程请在"申请学习"列表中选择相应课程并点击"进入课程"。

如有账号问题,请发邮件至:jiacp@hep.com.cn。